计算机
在化学化工中的应用

JISUANJI ZAI HUAXUE HUAGONG ZHONG DE YINGYONG

第四版
Fourth Edition

方利国 编著

化学工业出版社

·北京·

本书是介绍计算机在化学化工中应用的实用基础教程，全书分为 3 篇 12 章。上篇（第 1～5 章）主要介绍如何利用计算机高速精确的计算功能，解决化学化工中的实际问题。包括：VB 编程语言应用基础、MATLAB 编程应用基础、实验数据处理及拟合、模型参数计算、各类非线性方程的求解、大型线性方程组求解、常微分方程及偏微分方程等计算机求解方法。以上内容均结合化工的实际例子进行讲解，并配有调试通过的各类程序供读者使用。中篇（第 6～9 章）分别介绍了 Office、Origin、AutoCAD 及 Aspen Plus 四个软件在化学化工中的实际应用，通过大量的化学化工应用实例，使读者快速掌握该四种软件在化学化工中的具体应用。尤其针对 Office 系列软件中的 Excel 软件，介绍了参数拟合、单变量方程求解、规划求解、回归分析、宏编程等非常实用的内容。下篇（第 10～12 章），分别介绍了 AutoCAD 中的 Visual LISP 语言的二次开发、化工过程计算机自动测量和仿真模拟系统、化学化工通用试题库开发等化工应用实例软件并配有调试通过的程序。

本书可作为化学化工类专科、本科生计算机应用教科书，也可以作为从事计算机化学化工应用科技人员的参考书。本书还可以作为化学化工类专业短学时计算机编程语言的教材。

图书在版编目（CIP）数据

计算机在化学化工中的应用/方利国编著 .—4 版. —北京：
化学工业出版社，2017.9（2024.9 重印）
ISBN 978-7-122-30353-0

Ⅰ.①计…　Ⅱ.①方…　Ⅲ.①计算机应用-化学-高等学校-教材②计算机应用-化学工业-高等学校-教材　Ⅳ.① O6-39②TQ015.9

中国版本图书馆 CIP 数据核字（2017）第 183844 号

责任编辑：廉　静　　　　　　　　文字编辑：孙凤英
责任校对：王素芹　　　　　　　　装帧设计：王晓宇

出版发行：化学工业出版社（北京市东城区青年湖南街 13 号　邮政编码 100011）
印　　装：北京科印技术咨询服务有限公司数码印刷分部
787mm×1092mm　1/16　印张 29　字数 776 千字　2024 年 9 月北京第 4 版第 4 次印刷

购书咨询：010-64518888　　　　　售后服务：010-64518899
网　　址：http://www.cip.com.cn
凡购买本书，如有缺损质量问题，本社销售中心负责调换。

定　　价：59.00 元

前　言

随着互联网＋浪潮的不断渗透，化学化工行业也迎来了"互联网＋"化学化工的新时代。拙作《计算机在化学化工中的应用》也迎来了第 3 次修订良机。本次修订结合化学化工类专业教学培养方案中将编程语言和计算机应用两门课程合并的机会，在新修订教材中增加了 VB 编程语言应用基础及 MATLAB 编程应用基础新内容，在此基础上，本次修订还进行了以下工作：

1. 将原第 2 章、第 3 章合并为 1 章，并删除了一些数学公式，将重点放在了具体问题的求解策略上。

2. 将原第 4 章、第 5 章合并为 1 章，并增加了自主开发的常微分方程求解器。

3. 在原第 6 章中删除了有关 PPT 的内容，在 Excel 软件中增加了宏编程、回归分析等新内容，并提供了实际应用的源文件。

4. 在原第 10 章二次开发中增加了有关立体图绘制的 Visual LISP 命令，并增加了立体图参数化绘制系统的程序。

5. 将原第 11、第 13 章合并为 1 章，并删除了第 11 章中的部分内容，使本教材的总篇幅调整为 12 章。

6. 部分软件版本有所更新，各种应用案例也有所增加。

秉承开放共享的理念，编著者将陆续上传本书全部章节的 PPT 及计算机应用源文件到化学工业出版社的网站供读者免费下载。同时读者也可以进入华南理工大学有关慕课和精品课程的网站，下载或在线学习有关该课程的慕课或微课的内容。如上述途径仍无法获得资料，可直接通过 Lgfang@scut.edu.cn 联系作者，同时我们这里也有化工专利书写及化工实验正交表设计的 PDF 文档供读者参考。

本书编著过程中唐永铨、姚远、彭艳君等参加了本书的电子文本输入及 PPT 开发编辑等工作。华南理工大学教务处及化学与化工学院对本书修订出版给予了大力支持。本书在编著过程中，参考了大量的文献及教材，在此特表示感谢。参考文献中如有遗漏之处，敬请谅解。

本书虽经编著者多年编写及修订，但由于水平有限，不足之处在所难免，望同行及读者予以批评指正。

编著者
2017 年 5 月

第一版前言

随着现代科学技术的发展和计算机的广泛使用，各学科对计算机的依赖程度越来越高，化学化工领域也不例外。从实验数据的处理及拟合、模型参数的确定、非线性方程的求解到化工过程模拟，均离不开计算机的帮助，对这方面内容计算机主要发挥的是高速的数值计算功能；另一方面，我们还要利用计算机进行化工信息的发布、化工流程图的制作等一系列其他非计算性的工作，同时还需利用计算机进行化工实用软件的开发工作。

"计算机在化学化工中的应用"是一门旨在提高学生专业计算机应用水平的课程。尽管学生在基础阶段的学习中已经学过了"计算机应用基础"、"VB编程"等有关计算机的基础课程，但在毕业设计阶段还经常碰到有些学生无法利用计算机进行毕业设计的有关工作：如利用计算机进行网上文献检索，实验模型参数的确定，微分方程的离散化计算，化工论文的编辑，化工信息的多媒体发布，常用化工计算机软件如CAD、ASPEN、ORIGIN等的应用以及实用化工程序或软件的开发。产生上述问题的主要原因是基础阶段的学习中讲授的仅是计算机的基本理论和基本知识，没有讲授这些理论和知识在具体专业中的应用。而"计算机在化学化工中的应用"正是结合专业的实际情况讲授计算机的具体应用，是培养学生开发化学化工应用软件的入门课程。本书遵循简明、实用的原则，对化工实验数据处理、化工计算及模拟等需要用到复杂数学知识的内容，以简单实用的形式呈现给读者，并提供了可供应用的程序代码；对一些常用软件及化工软件的介绍采用化工实例应用的形式；对于新开发的化工应用软件，着重于介绍软件开发的环境、方法及思路，力争为读者提供一种化工软件开发的基本思路。

本书分三篇12章。上篇（1～5章）是有关数值计算的内容，这是作为一个21世纪的化学化工工作者所必须掌握的基本内容，也为本科学生继续深造或攻读硕士研究生打下基础；中篇（6～9章）主要介绍了目前应用较广且较为实用的一些软件，站在化学化工工作者的角度，讲解了它们的主要功能及应用技巧；下篇（10～12章）介绍了计算机在化工中成功应用的几个实例。本书附送光盘一张，光盘不仅将书中的主要内容做成PowerPoint演示文档，方便读者快速查找各章节的内容，同时也提供了大量可执行的应用程序，有助于加深读者对书本知识的理解，而且也为化学化工实验数据处理及模拟提供了帮助。

本书由华南理工大学的方利国、陈砺主编，参加编写的还有茂名学院的谢颖。其中第1～7章，第9章第1、2节，第10～12章由方利国编写，第8章由陈砺编写，第9章第3节由谢颖编写。全书由方利国统稿。向仲华、朱汉材、李娟娟、孙健等同学参加了本书的文本输入及编排等工作；华南理工大学教务处及化工学院对教材的出版给予了大力支持；华南理工大学化工学院现代化工实验中心计算机房及郑玉秀老师对Aspen Plus软件的使用提供了方便。

本书在编写过程中，参考了大量的科技图书及教材，在此特表示感谢。本书虽经编者多年编写，并已以讲义的形式在华南理工大学试用3年，但由于作者水平有限，错误在所难免，望同行及读者予以批评指正。

编者
2003年4月于广州

第二版前言

随着计算机软硬件的更新速度不断加快，计算机在化学化工中的应用范围及深度也不断发展，由作者编著出版的《计算机在化学化工中的应用》也需要与时俱进，进行修订再版了。本次修订再版的主要修改之处有以下几个方面：

1. 对有些软件进行版本更新，在新版本的基础上进行重新编写；

2. 对第一版中提供的大部分程序进行重新开发完善，以便读者使用，同时会增加第一版没有开发的程序；

3. 对第一版本中某些章节的编写结构进行调整，同时在举例及习题中尽量增加化学化工中的实际例子，以提高读者的学习兴趣及解决实际问题的能力；

4. 将开发篇的内容进行扩充和替换，但仍保持原来简明实用的编写原则；

5. 增加大部分程序的源程序，以便读者二次开发利用。

全书共分 3 篇 14 章。上篇（1～5 章）是有关数值计算的内容，这是作为一个 21 世纪化学化工工作者所必须掌握的基本内容，也为本科学生继续深造或攻读硕士研究生打下基础；中篇（6～9 章）主要介绍了目前应用较广且较为实用的一些软件，站在化学化工工作者的角度，讲解了它们的主要功能及应用技巧；下篇（10～14 章）介绍了计算机在化学化工中成功应用的几个实例。

本书由华南理工大学方利国主编，参加编写的还有华南理工大学陈砺、广东茂名学院的谢颖。其中第 1～7 章，第 9 章 9.1 节、9.2 节，第 10～14 章由方利国编写，第 8 章由陈砺编写，第 9 章 9.3 节由谢颖编写。全书由方利国统稿。王聃、张震宇、甘振华等同学参加了本书的文本输入及编辑等工作。华南理工大学教务处及化工与能源学院对教材的出版给予了大力支持。

本书在编写过程中参考了大量的科技图书及教材，在此特表示感谢。本书虽经编者多年编写及修订，但由于水平有限，疏漏与不足之处在所难免，望同行及读者予以批评指正。

编者
2006 年 4 月于广州

第三版前言

承蒙读者厚爱，《计算机在化学化工中的应用》已连印 7 次。值此第 8 次印刷之际，作者根据读者建议及软件版本更新的实际情况，对该教材进行了第二次修订。本次修订工作主要涉及原来的第 6 章、第 7 章、第 8 章、第 9 章、第 11 章，对这几章的内容进行了调整，同时删掉了原来的第 10 章。其中第 6 章增加了 Excel 2003/2008 数据拟合、单变量求解、规划求解等新内容。第 7 章采用了 Origin 8.0 版本，新增加了多图层制作、数据拟合等内容，同时添加了一些化工应用实例。第 8 章在保持原编写风格的基础上，采用了 AutoCAD 2008 版本进行了改写，对具体的操作有了更加详细的描述；同时增加了提醒功能，更加有利于读者模仿本教材的操作过程，以达到举一反三之功能。第 9 章在软件的版本、教材内容、书写格式等方面都有较大的改变。软件采用了目前较常用的 11.1 版本，增加了大量的化工实用案例，涉及精馏、反应、换热、压缩、灵敏度分析、优化及设计规定等许多内容，大大增强了教材的实用性。第 11 章增加了 AutoLISP 语言基础，以便于读者更好地理解本章开发的实例，同时新增了一个三维视图绘制的实例。

本次修订仍附送光盘一张。光盘内容除了 PPT 文档及 VB 运行程序外，新增本版第 6～9 章的实际操作文档。读者可直接打开这些操作文档，并对照书本进行操作，可提高对书本知识的理解，快速掌握软件的应用。至于涉及的应用软件需读者自己安装，否则无法运行第 6～9 章的操作文件。

在本教材编写过程中，王建昌、李小杜、张梦怡等同学参加了光盘制作及部分文本输入工作。华南理工大学教务处及化学与化工学院对教材的出版给予了大力支持。本书在编写过程中，参考了相关的科技图书及教材，在此特表示感谢。本书虽经编者多年编写及修订，但由于编者水平有限，不足之处在所难免，望同行及读者予以批评指正。

华南理工大学

方利国

2010 年 7 月

目　　录

中篇　化工常用软件应用

下篇 化工应用软件开发

上篇

化工编程应用基础

第1章

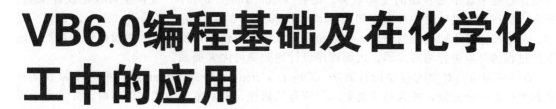

VB6.0编程基础及在化学化工中的应用

1.1 VB概述

1.1.1 VB发展历史

20世纪60年代中期 Dartmouth 学院的 John G. Kemeny 与 Thomas E. Kurtz 两位教授创立了 BASIC 语言，该语言属于高阶程式语言的一种，英文名称的全名是 "Beginner's All-Purpose Symbolic Instruction Code"，取其首字字母简称 BASIC。就其名称的含意来看，是 "适用于初学者的多功能符号指令码"，是一种在计算机发展史上应用最为广泛的程式语言。

BASIC 语言既是一种设计给初学者使用的程序设计语言也是一种直译式的编程语言，在完成编写后不须经由编译及链接等手续即可运行，但如果需要单独运行则仍然需要将其创建成可执行文件。BASIC 语言适用于早期计算机系统的 DOS 系统，没有图形用户界面。如果用户需要图形界面，就需要编写繁复的程序。基于以上情况，当操作系统进入 Windows 的视窗系统时，1988 年微软公司推出了 Visual Basic for Windows，至 1991 年 VB 的最早版本 Visual Basic 1.0 由微软公司正式推出。

Visual Basic 是一种包含协助开发环境的事件驱动编程语言，拥有图形用户界面（Graphical User Interface，简称 GUI）和快速应用程序开发（Rapid Application Development，简称 RAD）系统。程序员可以轻松地创建 ActiveX 控件，使用 VB 提供的组件快速建立一个应用程序，主要用于开发在 Windows 环境下运行的具有图形用户界面的应用程序。

由于 VB 的强大功能，因此它一经推出就大受欢迎，并且随着计算机硬、软件技术的发展，不断推出新的版本，1992 年推出 Visual Basic 2.0；1993 年推出 Visual Basic 3.0；1995 年推出 Visual Basic 4.0；1997 年推出 Visual Basic 5.0，至此 VB 的主要功能已基本成熟。1998 年推出的 Visual Basic 6.0 有学习版、专业版和企业版三个不同版本，可以说 Visual Basic 6.0 基本上是 VB 的终结版，至于以后的 Visual Basic. NET 完全是为了 . NET Framework 这一全新的平台而设计的，而设计者一开始没有掌握好新平台和旧语言的平衡，从而导致 Visual Basic 7.0 也许永远不会出现了。总之 Visual Basic 6.0 已经是非常成熟稳定的开发系统，能让企业快速建立多层的系统以及 Web 应用程序，成为当前 Windows 上最流行的 Visual Basic 版本。

1.1.2　VB 语言特性

VB 最显著的特点可以概括为可视化、面向对象和事件驱动。可视化的特点是利用预先建立的控件拖放到窗体上可以很方便地创建程序界面；面向对象的程序设计方法有效降低了编程的复杂性，提高了编程效率；事件驱动使得对用户界面上的任何操作都会自动转到对相应的代码进行处理，同时也为程序运行过程中各对象之间的关联建立了有效的机制。

在传统的程序设计语言编程时，一般需要程序员通过编写程序来设计应用程序的界面，在设计过程中看不见界面的实际效果。而在 Visual Basic 6.0 中，提供了可视化设计工具，开发人员在界面设计时，可以直接用 Visual Basic 6.0 的工具箱在屏幕上"画"出窗口、菜单、命令按键等不同类型的对象，并为每个对象设置属性。开发人员要做的仅仅是对要完成事件过程的对象进行编写代码，因而程序设计的效率可大大提高。

VB 采用面向对象的程序设计方法（Object-Oriented Programming），把程序和数据封装起来作为一个对象，并为每个对象赋予应有的属性，使对象成为实在的东西，并且由于可视化的特性，使得每个对象都是可视的。面向对象的程序设计方法就好像搭积木一样，程序员可根据程序和界面设计要求把复杂的程序设计问题分解为一个个能够完成独立功能的相对简单的对象集合。所谓"对象"就是一个可操作的实体，如窗体、窗体中的命令按钮、标签、文本框等。

传统的面向过程的程序是由一个主程序和若干个子程序及函数组成的。程序运行时总是先从主程序开始，由主程序调用子程序和函数，开发人员在编程时必须事先确定整个程序的执行顺序。而 Visual Basic 6.0 事件驱动的编程是针对用户触发某个对象的相关事件进行编码，每个事件都可以驱动一段程序的运行。开发人员只要编写响应用户动作的代码即可。这样的应用程序代码精简，比较容易编写与维护。

VB 除了上述 3 个最显著的特点外，还具有以下几个特点。

（1）结构化的程序设计语言

Visual Basic 6.0 具有丰富的数据类型和众多的内部函数。其采用模块化和结构化程序设计语言，结构清晰，语法简单，容易学习，是理想的结构化语言。

（2）强大的数据库功能

Visual Basic 6.0 利用数据控件可以访问 Access、FoxPro 等多种数据库系统，也可以访问 Excel、Lotus 等多种电子表格。同时 VB 6.0 提供的 ADO 控件，不但可以用最少的代码实现数据库操作和控制，也可以取代 Data 控件和 RDO 控件。

（3）支持对象的链接与嵌入技术

VB 提供了 ActiveX（OLE）技术，使开发人员摆脱了特定语言的束缚，方便地使用其他应用程序提供的功能，使 Visual Basic 6.0 能够开发集声音、图像、动画、字处理、电子表格、Web 等对象于一体的应用程序。

（4）网络功能

VB 6.0 提供了 IIS 和 DHTML（Dynamic HTML）设计工具。利用这两种技术可以动态创建和编辑 Web 页面，使用户在 VB 中开发多功能的网络应用软件而无需再学习编写脚本和操作 HTML 标记。

（5）软件的集成式开发

VB6.0 为编程提供了一个集成开发环境。在这个环境中，编程者可设计界面、编写代码、调试程序，直至把应用程序编译成可在 Windows 中运行的可执行文件，并为它生成安装程序。

（6）多个应用程序向导

VB6.0 提供了多种向导，如应用程序向导、安装向导、数据对象向导和数据窗体向导，通过它们可以快速地创建不同类型、不同功能的应用程序。

（7）支持动态交换、动态链接技术

通过动态数据交换（DDE）的编程技术，VB 开发的应用程序能与其他 Windows 应用程序之间建立数据通信。通过动态链接库技术，在 VB 程序中可方便地调用 C 语言或其他汇编语言编写的函数，也可调用 Windows 的应用程序接口函数。

（8）联机帮助功能

在 VB 中，利用帮助菜单和 F1 功能键，用户可随时方便地得到所需要的帮助信息（软件安装时需要安装上帮助文件库，否则没有这个功能）。VB 帮助窗口中显示了有关的示例代码，通过复制、粘贴操作可获取大量的示例代码，为用户的学习和使用提供方便。另外 VB 还具有定制 ActiveX 控件及 ActiveX 文档等功能。

1.1.3 VB 安装及启动

1.1.3.1 VB 安装

Visual Basic 6.0 的安装工作由系统提供的相应安装程序 Setup.exe 完成，见图 1-1 中打圈部分。

图 1-1　VB 安装程序 Setup.exe

点击图 1-1 中的 Setup.exe 安装程序，系统弹出安装程序向导，用户根据安装程序向导的提示，选择安装目录，安装类型（一般选择典型安装），依次操作就可完成程序的安装。程序安装完成后，会在开始菜单中添加 VB6.0 的程序组及在桌面添加 VB6.0 的快捷方式，见图 1-2。

图 1-2　VB6.0 的程序组及桌面快捷方式

1. 1. 3. 2　VB 启动

VB6.0 的启动非常方便快速，既可通过在图 1-2 中所示的程序组中点击"Microsoft Visual Basic 6.0 中文版"进行启动，也可双击桌面上"快捷方式到 Microsoft Visual Basic 6.0"进行启动。无论采用哪一种启动方式，系统都会出现图 1-3 所示的界面。

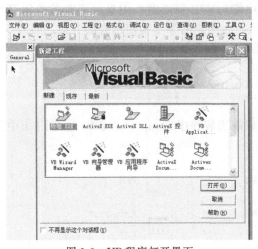

图 1-3　VB 程序打开界面

双击图 1-3 中所示的"标准 EXE"，系统弹出图 1-4 所示的 VB6.0 程序开发环境。程序开发环境主窗口的顶部包含标题栏、主菜单和工具栏；主窗口下部有几个子窗口：工具箱、工程资源窗口和属性窗口等。根据需要，可以在主窗口上打开不同的子窗口。在这个环境中编程者可设计界面、编写代码、调试直至把应用编译成可在 Windows 中运行的可执行文件，并为它生产安装包。因此，VB 集成开发环境为编程者提供了极大的方便。

工程资源管理器窗口类似于 Windows 中的资源管理器。在这个窗口中列出了当前工程中的窗体和模块，其结构用树形的层次管理方法显示。应用程序就是在工程的基础上完成的，而工程又是各种类型的文件的集合。这些文件可以分为以下几类：

① 工程文件（.vbp）和工程组文件（.vbg）：保存的是与该工程有关的所有文件和对象的清单；每个工程对应一个工程文件；当一个应用程序包含两个以上的工程时，这些工程构成一个工程组，存储为工程组文件。

② 窗体文件（.frm）：窗体及其控件的属性和其他信息都存放在窗体文件中；一个工程可以有多个窗体（最多可达 255 个）。

③ 标准模块文件（.bas）：纯代码性质的文件，不属于任何一个窗体；主要用来声名全局变量和定义一些通用的过程，可以被不同窗体的过程调用。

④ 类模块文件（.cls）：VB 提供了大量预定义的类，同时也允许用户定义自己的类，

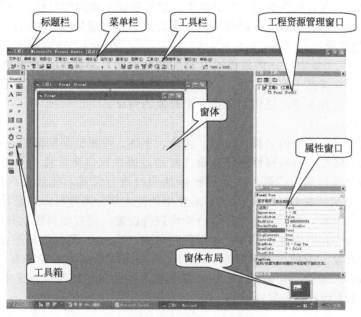

图 1-4　VB6.0 程序开发环境

每个类都用一个文件来保存，称为类模块文件。

1.1.4　VB 未来展望

　　VB 作为一种相对简单、实用、占用内存空间少、功能相对完善的结构化高级编程语言，无论是过去、现在还是将来都将是程序开发人员入门的首选学习编程语言之一。尽管 VB6.0 只完善到 Windows XP，但是从目前反馈的信息来看，Windows 7、Windows 8甚至是 Windows 10，只要进行适当的设置，均可比较流畅地运行 VB6.0。甚至有人预言，只要 Windows 主要框架结构不变，VB6.0 就将永远陪伴 Windows 作为初学编程语言的首选语言之一。

1.2　VB 主要控件介绍

1.2.1　对象及其要素

1.2.1.1　对象与类

　　我们身边的一切事物如一棵树、一个人、一只鸟、一台计算机等都可称为对象（Object），每个对象都有各自的属性和行为。人们把具有相同属性和相同操作的同种对象称为"类"（Class），如前面所述的一棵树属于植物类、一个人属于动物类。

　　VB 是面向对象的结构化高级编程语言，VB 应用程序的基本单元是对象，用 VB 编程就是用对象组装程序，对象可以被看做 VB 程序设计的核心。

　　在 VB 程序中，对象可大可小，可以将整个应用程序看成一个对象；而整个应用程序又可以由许多窗体（From），命令按钮（Command），菜单（Menu）、文本框（Text）等相对较小的对象组成。VB 程序中，对象分为两类：一类是由系统设计好的，称为预定义对象，如图 1-4 中所示的工具箱中的各种控件及窗体，可以直接使用或对其进行操作；另一类需要用户自己定义，建立用户自己的对象。在 VB 程序中，将打印机、剪贴板、屏幕等也看作对象。需要注意的是在 VB 程序中同一类对象不一定具有完全相同的特性，而具有某些相同特性的对象不一定是同一类对象。一般而言同一类对象的绝大部分特性相同。

1.2.1.2 对象的要素

VB 对象具有三大要素，分别是描述对象的特性，即对象属性；对象执行的某种行为，即对象的方法，如在屏幕上打印；作用在对象上的动作，即事件，如单击鼠标。在 VB 中，可以通过属性、方法和事件来说明和衡量一个对象的特征。

（1）属性（Property）

属性是指用于描述对象的名称、位置、颜色、字体、可视性等特征的一些指标。可以通过属性改变对象的特性。有些属性可以在设计时通过属性窗口来设置，不用编写任何代码；而有些属性则必须通过编写代码，在运行程序的同时进行设置，比如说列表框（ListBox）的 Additem 属性就只能在运行时设置。VB 对象中的绝大部分属性可以在设计阶段通过图 1-4 中所示的属性窗口设置，也可以在程序运行阶段进行设置，但有些属性就只能在设计阶段进行设置，不能在程序运行中进行设置，如对象的名称（Name）属性就只能在设计阶段设置。有些属性是所有对象共有的，如名称（Name）；有些属性是某些对象特有的，如时钟控件（Timer）的 Interval 属性。有关属性的知识将在具体控件介绍及程序开发中不断深入介绍，图 1-5 所示是几个常用控件的属性列表。

图 1-5 四个常用控件的属性列表

仔细观察图 1-5 中所示四个控件的属性，有相同的，也有不同的。如取消（Cancel）属性只有命令控件有，而可视（Visible）属性则四个控件都有。有时为了保持程序界面风格一致，需要对某些相同的属性进行统一设置。这时可以利用鼠标同时选中这些对象或控件，如图 1-6 中所示的四个控件。这时属性窗口就会显示这四个控件可以统一设置的属性，如字体（Font）、背景颜色（Backcolor）等。

有些属性既可以在运行时读取，也可以在运行中设置取值，这些属性称为读写属性。例如文本框（TextBox）控件中的文本（Text）属性，既可以在程序运行中读取，将其赋值给需要的变量，如可以设置 Name_school＝Text1. Text，Text1 文本框中的内容就赋值给了

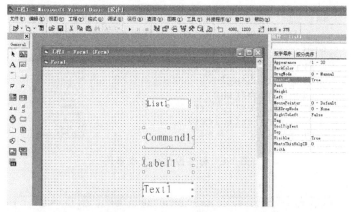

图 1-6　同时选中四个控件时的共有属性

Name _ school；当然也可以写成 Text1. Text＝Name _ school，这时原来 Text1 文本框中的内容将会被 Name _ school 这个变量代替，如果没有定义过 Name _ school 这个变量，则 Text1 文本框中的内容直接显示 Name _ school。获取文本框中文本属性值时要注意获取的是数值变量还是字符串变量，一般可通过 a＝Val（Text1. Text），b＝Str（Text1. Text）等来设置。其中 a 获取的是数值变量，b 获取的是字符串变量。有些属性在程序运行时只能读取不能设置，这些属性称为只读属性，如命令（Command）控件的名称（Name）属性。

（2）事件（Event）

所谓事件（Event），是由 VB 预先设置好的、能够被对象识别的动作。例如：Click（单击）、DblClick（双击）、Load（装入）、Gotfocus（获得焦点）、Activate（被激活）、Change（改变）等。不同的对象能够识别的事件也不一样。例如，窗体能识别单击和双击事件，而命令按钮只能识别单击事件。事件又可分为鼠标事件和键盘事件。总之，事件指明了对象"什么情况下做？"，常用于定义对象发生某种反映的时机和条件，但响应某个事件后所执行的操作是通过一段代码来实现的，这段代码就叫做事件过程。在 VB 中，编程的核心就是为每个要处理的对象事件编写相应的事件过程，以便在触发该事件时执行相应的操作。事件过程编程的一般格式如下：

```
Private Sub 对象名_事件名([参数列表])
    …(程序代码)
End Sub
```

其中事件过程的开始（Private Sub 对象名 _ 事件名）和结束（End Sub）是由系统自动生成的，编程人员只需在事件过程中编写对事件做出响应的程序代码。

常见的鼠标事件有单击、按下、双击、移动、放开等事件，图 1-7、图 1-8、图 1-9 分别显示了命令控件、标签控件、文本框控件可以发生的事件。值得一提的是命令控件只有鼠标

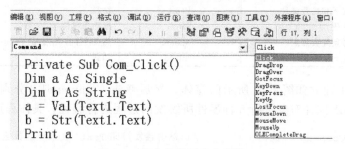

图 1-7　命令控件可发生事件

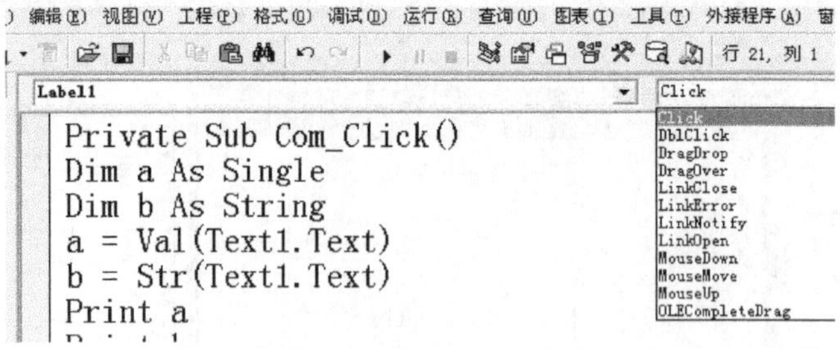

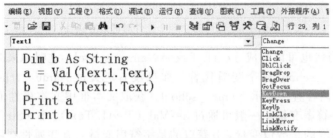

图 1-8　标签控件可发生事件

图 1-9　文本框控件可发生事件

单击事件，没有双击事件，而文本框控件具有改变（Change）事件，其他两个控件不具有改变事件。

　　表 1-1 是所有对象和控件的主要可发生事件的中英文对照表。提醒读者注意的是许多事件的具体操作过程差别不大，有的是在操作初期触发事件，有的是在操作过程中触发事件，有的是在操作结束后触发事件，读者一定要自己多实践并认真体会方可掌握这些事件的差别之处。下面以单击鼠标、按下鼠标、松开鼠标、鼠标移动、获得焦点为例说明如何触发这些事件。

表 1-1　主要事件中英文对照

英文	中文含义	英文	中文含义
Change	控件内容改变	MouseUp	松开鼠标事件
Click	单击	MouseMove	移动鼠标事件
DblClick	双击	OLECompleteDrag	原控件拖放到目标控件
DragDrop	拖放	OLEDragDrop	原控件决定拖放操作
DragOver	鼠标拖放过程	OLEDragOver	一个控件在另一个控件上拖动
GotFocus	对象获得焦点	OLEGiveFeedback	在 OLEDragOver 事件后发生的事件
KeyDown	对象按下键盘	OLESetData	目标控件在对象上执行 GetData 方法事件
KeyUp	对象松开键盘	OLEStartDrag	在对象上执行了 GetData 方法事件
KeyPress	按下和松开键盘	Paint	绘制
Load	装载	Scroll	滚动条事件
LostFocus	对象失去焦点	Validate	焦点转移前该控件的 CausesValidation 属性为 True
MouseDown	按下鼠标事件	Unload	卸载

　　首先在 VB 上建立如图 1-10 所示的窗体，然后双击 Command1，分别选择上述 5 种事件，对 Command1 控件对象进行 5 种事件所触发的过程进行编程，具体程序如下。

```
Private Sub Command_Click()        //鼠标单击触发打印 Text1 文本框的数值
Dim A As Single
```

```
    A=Val(Text1. Text)
    Print "A=";A
    End Sub


   Private Sub Command_MouseDown(Button As Integer,Shift As Integer,X As Single,Y As
Single)                           //鼠标按下触发打印 Text2 文本框的数值
    Dim B As Single
    B=Val(Text2. Text)
    Print "B=";B
    End Sub


   Private Sub Command_MouseUp(Button As Integer,Shift As Integer,X As Single,Y As Sin-
gle)                            //鼠标松开触发打印 Text3 文本框的数值
    Dim C As Single
    C=Val(Text3. Text)
    Print "C=";C


   End SubPrivate Sub Command_MouseMove(Button As Integer,Shift As Integer,X As Single,
Y As Single)                    //鼠标移动触发打印 Text4 文本框的数值
    Dim D As Single
    D=Val(Text4. Text)
    Print "D=";D
    End Sub


   Private Sub Command_GotFocus()    //获得焦点触发打印 Text5 文本框的数值
    Dim E As Single
    E=Val(Text5. Text)
    Print "E=";E
    End Sub


   Private Sub Timer1_Timer()        //时钟设置
    Label1. Caption=Time
    End Sub
```

运行上面所编的程序，系统得到图 1-11(a) 所示的界面；在 5 个文本框中分别输入 1～5，得到图 1-11(b) 所示的界面；将鼠标缓慢靠近 Command1，注意一定要慢，当屏幕显示"D=4"，停止移动鼠标，这时系统得到图 1-11(c) 所示的界面，表明这时触发了鼠标移动事件，因为我们在鼠标移动事件中编写了有关打印 D 的代码；再按下鼠标左键，注意不要松手，这时将触发获得焦点及鼠标按下事件，系统得到图 1-11(d) 所示的界面，由图可知，先打印 B 的值，在打印 E 的值，表明在鼠标按下的瞬间，先触发鼠标按下事件，再触发获得焦点事件；再放开鼠标，这时得到图 1-11(e) 所示的界面，由图可知，这时共依次触发了 3 个事件，分别是单击鼠标、放开鼠标、鼠标移动。由此可见，鼠标的上述 5 种事件所进行的操作非常

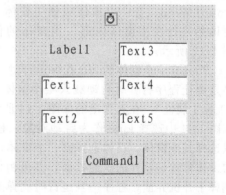

图 1-10　鼠标的 5 种事件演示程序初始界面

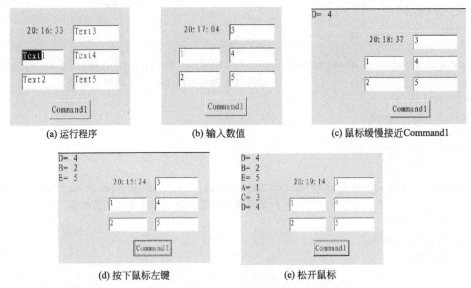

图 1-11　鼠标的 5 种事件操作结果

相近，一定要认真体会其差别之处。键盘的操作事件也和鼠标的这 5 种事件非常类似，望读者自己编程验证。

（3）**方法**（Method）

方法是用来控制对象的功能及操作的内部程序。在 Visual Basic 中，对象所能提供的种种功能和操作，就称作方法。总之，方法指明了对象能做什么，常用于定义对象的功能和操作。常用的方法有打印（Print）、显示（Show）、隐藏（Hide）、移动（Move）等。方法的调用模式是＜对象名＞.＜方法名＞[参数 1,参数 2,…]。

1.2.2　窗体对象

窗体（Form）是设计 VB 应用程序的基本平台，窗体本身是一个对象，又是其他对象的载体或容器。多数应用程序是从窗体开始执行的，一个程序可以有多个窗体也可以只有一个窗体。窗体可分为单文档窗体（Single Document Interface，简称 SDI,）和多文档窗体（Multiple Document Interface，简称 MDI）。SDI 是指一个程序只能同时打开一个文档，比如记事本、IE 浏览器什么的；MDI 主要应用于基于图形用户界面的系统中，可以同时打开和显示多个文档，便于参考和编辑资料。在多文档界面中，如 Microsoft Word，有一个窗体叫做主窗体（又称为 MDI 窗体），其他窗体称为子窗体。子窗体始终处在主窗体内部，主窗体的位置移动会导致子窗体的位置发生相应变化，如图 1-12 所示。

当只有一个窗体的 VB 程序运行时，系统默认打开该窗体；但是对于多窗体的程序，如果是要让程序打开时自动载入某个窗体，那么必须通过点击如图 1-13 所示的工程菜单下的"工程 1 属性"，在其弹出的如图 1-14 所示的窗口中选择"启动对象"为所需要打开的窗体，如图 1-14 中选择 kjjm 作为启动对象，程序一运行，首先打开的就是 kjjm 窗体，当然也可以选择其他窗体，具体选择哪一个窗体，由开发的程序决定。一般而言，程序一运行就打开的窗体常常是软件的欢迎界面，并可由此界面转到其他需要操作的界面。如图 1-14 中所示选择了开机界面，程序一旦运行时就弹出图 1-15 所示的界面。

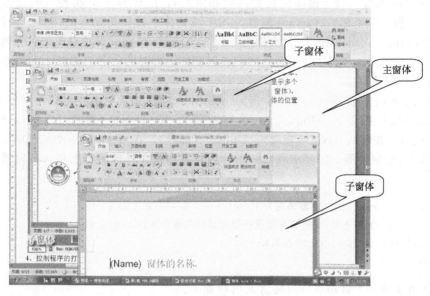

图 1-12 多文档窗体示意图

图 1-13 工程菜单栏内容

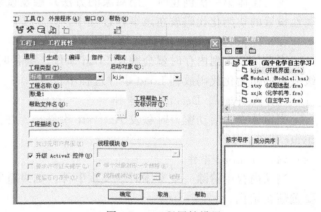

图 1-14 工程属性设置

窗体作为 VB 程序开发中首先遇到的对象，必须详细了解和掌握窗体的属性、事件、方法这 3 个要素。窗体的主要属性有 Name 属性（用于设置窗体的名称，通过该名称引用窗体对象及其属性、事件和方法），Caption 属性（用于设置窗体标题栏上的标题内容），Appearance 属性（用于设置窗体的外观是平面还是三维），BackColor 和 ForeColor 属性（设置窗体的背景色和前景色），BorderStyle 属性（返回或设置对象的边框样式），ControlBox、Maxbutton、Minbutton 属性（用于控制是否有控制菜单、最大化按钮、最小化按钮），Enabled 属性（用于确定窗体是否能够对用户产生的事件做出反应），

图 1-15 程序运行初试界面

Height 和 Width 属性（确定窗体的初始高度和宽度），Left 和 Top 属性（确定窗体的左上角在屏幕上的横、纵坐标），Picture 属性［用于在窗体上设置要显示的图形，调用形式为：［对象.］Picture＝LoadPicture（"文件名"）］，Visible 属性（设置对象的可见性，默认值为 True），WindowState 属性（用于返回或设置窗体运行时的状态，选择 1 为最小化，选择 2 为最大化，一般选择 2）

　　窗体的的常用事件有 Click（单击）、DblClick（双击）、MouseMove（鼠标移动）、MouseDown（鼠标按下）、MouseUp（鼠标释放）、KeyDown（键按下）、KeyUp（键弹起）、KeyPress（按键）、Load（装载）、Unload（卸载）、Activate（活动）、Deactivate（非活动）、Paint（绘制）等。如要求程序一运行后，窗体就在屏幕的右上角，可以通过下面的程序实现。

```
Private Sub Form_Load()//窗体名为 Form1
Form1.Top＝0//如果不是,则需要在程序中改为具体的窗体名,如 kjjm.Top＝0
Form1.Left＝Screen.Width-Form1.Width
End Sub
```

　　与窗体有关的几个常用事件具体含义解释如下：
　　（1）Initialize 事件
　　仅当窗体第一次创建时（用对象的方法）触发该事件。编程时一般将窗体或其他对象的属性设置的初始化代码放在该事件过程中。
　　（2）Load 事件
　　当窗体装入到内存时就会触发 Load 事件。编程时，一般把设置控件属性默认值和窗体级变量的初始化代码放到 Load 事件过程中。
　　（3）Activate、Deactivate 事件
　　当窗体变为活动窗口时触发 Activate 事件，而在另一个窗体变为活动窗口前触发 Deactivate 事件。
　　（4）UnLoad 事件
　　当从内存中清除一个窗体时触发该事件。如果重新装入该窗体，则窗体中所有的控件都要重新初始化。
　　（5）Click 事件
　　其为单击鼠标左键时发生的事件。程序运行时，单击窗口内的空白处将调用窗体的 Form _ Click 事件过程，否则调用控件的 Click 事件过程。
　　（6）DblClick 事件
　　其为双击鼠标左键时发生的事件。
　　（7）Paint 事件
　　为了确保程序运行时不至于因某些原因使窗体内容丢失，通常用 Paint 事件过程来重画窗体内容。程序运行时，如果出现以下情况会自动触发 Paint 事件：
　　① 窗体被最小化成图标，然后又恢复为正常显示状态。
　　② 全部或者部分窗体内容被遮住。
　　③ 窗体的大小发生改变。
　　（8）Resize 事件
　　运行时如果改变窗体的大小，则会自动触发该事件。
　　窗体的常用方法有以下几个：
　　① Show 方法：用于快速显示一个窗体，使该窗体变成活动窗体。

② Hide 方法：用于隐藏 Form 对象，将其 Visible 属性设置为 False。

③ Print 方法：用于在窗体上输出表达式的值。

④ Cls 方法：用于清除运行时在窗体中显示的文本或图形，Picture 属性和控件不受影响，激活前把 AutoDraw 属性设置为 True。

⑤ Move（移动）方法：用于移动并改变窗体或控件的位置和大小。

可以通过窗体 Show 方法和 Hide 方法，使程序在两个窗体间转换，如需要从 Form1 转到 Form2，只需运行以下程序即可：

```
Form1.Hide
Form2.Show
```

当然也可以通过属性设置来达到上述目的，程序如下：

```
Form1.Visible=False
Form2.Visible=True
```

窗体移动的格式如下：

```
[对象名.]Move X[,Y[,Width[,Height]]]
```

窗体调用该方法可以进行移动，并可在移动中动态改变窗体的大小。参数 X 和 Y 表示移动到目标位置的坐标；Width 和 Height 表示移动到目标位置后窗体的宽度和高度，通过这两个参数实现窗体大小的调整。若省略 Width 和 Height 参数，则移动过程中窗体大小不变。例如，要将 Form1 移动到屏幕的（100，100）处，并使其大小变为高 2000、宽 3000，可使用如下语句：

```
Form1.Move 100,100,3000,2000
```

1.2.3　主要控件

前面介绍了 VB 的主要对象窗体的使用方法。在此基础上，如果再在窗体上放上一些控件对象，就可以完成许多计算任务。控件一般可以分为以下 3 类。

① 标准控件：由 VB 本身提供的控件，如标签、文本框、图片框等。启动 VB 后，这些控件就显示在工具箱中，不能删除。

② ActiveX 控件：微软或第三方开发的控件。这些控件使用前必须添加到工具箱中，否则不能在窗体中使用。

③ 可插入对象：是由其他应用程序创建的不同格式的数据。如 Microsoft Excel。因为这些对象能添加到工具箱中，所以可以把它们当作控件使用。

启动 VB 6.0 后，工具箱中列出的就是标准控件，如图 1-16 所示。

如果想要添加标准控件以外的其他控件或对象，则可以在图 1-13 所示工程菜单栏中根据添加的内容选择具体的选项。如要添加富文本框（Rich Textbox），需在工程菜单栏下选择部件，在部件对话框中选中 Microsoft Rich Textbox Control 6.0，再点击应用，就可以看到在原标准控件下面增加了新的富文本框控件，见图 1-17。用户如需添加其他控件和对象也可以仿此操作。

（1）命令按钮控件

命令按钮（CommandButton）控件（本文简称命令控件）是 VB 程序中最重要的控件之一，几乎所有的 VB 程序都需要用到该控件。它通常用于完成某种特定功能，当用户单击命令按钮时就会引发相应的动作。命令按钮没有双击事件。命令按钮的主要属性如下。

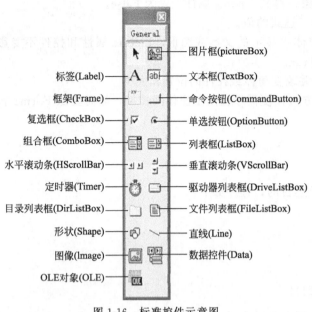

图片框(pictureBox)

标签(Label)

文本框(TextBox)

框架(Frame)

命令按钮(CommandButton)

复选框(CheckBox)

单选按钮(OptionButton)

组合框(ComboBox)

列表框(ListBox)

水平滚动条(HScrollBar)

垂直滚动条(VScrollBar)

定时器(Timer)

驱动器列表框(DriveListBox)

目录列表框(DirListBox)

文件列表框(FileListBox)

形状(Shape)

直线(Line)

图像(Image)

数据控件(Data)

OLE对象(OLE)

图 1-16　标准控件示意图

富文本框控件

图 1-17　添加控件

① Caption 属性：设置命令按钮上显示的文字。默认值为 Command1。

② Default（默认按钮）属性：设置命令按钮是否为默认按钮。程序运行时，不论窗体中哪个控件（命令按钮除外）具有焦点，按回车键都相当于单击默认按钮。True：设为默认按钮。False：不是默认按钮。默认值为 False。

③ Cancel（取消按钮）属性：设置命令按钮是否为取消按钮。程序运行时，不论窗体中哪个控件具有焦点，按 Esc 键都相当于单击取消按钮。True：设为取消按钮。False：不是取消按钮。默认值为 False。

④ Style（样式）属性：设置按钮是标准的还是图形的。共两种取值：0——标准的；1——图形的。默认值为 0。

⑤ Picture 属性：设定按钮上的图形。只有当 Style 属性为 1 时，Picture 属性才会起作用。默认值为 None。

命令控件最常见的事件是单击事件，除此之外还有鼠标按下、移动、放开等事件。更多的命令控件事件可参见图 1-7 中左边所示。

（2）文本框控件

文本框（TextBox）是用于输入和输出信息的最主要方法。当程序运行时，用户可以直接编辑文本框中的信息作为下一步程序处理的数据来源，文本框的主要属性有：

① Text（文本）属性：显示在文本框上的文本，为字符串型。默认值为 Text1。

② MaxLength（文本最大长度）属性：限制允许在文本框中输入的最多字符个数。默认值为 0，表示不限长度。

③ MultiLine（多行）属性：设置文本框中是否可以输入或显示多行文本。取值为 True，则允许多行显示，即当输入的文本超出文本框边界时，将自动换行；取值为 False，则只能单行显示文本内容。默认值为 False。

④ PasswordChar（密码字符）属性：向文本框中输入密码时，所有字符均显示为该属性设定的字符（如"＊"）。

⑤ Locked（锁定）属性：决定文本框中内容是否可编辑。取值为 True 时，不能修改，

只能对文字做选取和滚动显示；取值为 False 时，允许修改。默认值为 False。

⑥ ScrollBars（滚动条）属性：为文本框添加滚动条，仅当 MultiLine 属性为 True 时才起作用。共四种取值：0——None，无滚动条；1——Horizontal，水平滚动条；2——Vertical，垂直滚动条；3——Both，水平和垂直滚动条均出现。默认值为 0。

⑦ SelStart 属性：返回或设置选中文本的起始位置，为整型。

⑧ SelLength 属性：返回或设置选中文本的长度（字符个数），为整型。

⑨ SelText 属性：返回或设置选中文本的内容，为字符串型。

除上述属性外，决定文本控件大小和位置的属性是 Height、Width、Top、Left，其具体含义见图 1-18。

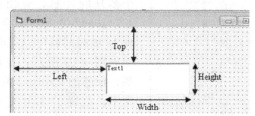

图 1-18　文本框 Height、Width、Top、Left 属性含义示意图

文本框可以识别键盘、鼠标操作的多个事件，其中 Change、KeyPress、LostFocus、GotFocus 是最重要的事件。

① Change 事件：当文本框中的内容发生改变时，触发 Change 事件。用户输入新内容或将 Text 属性设置新值，都会改变文本框的内容。当用户输入一个字符时，就会触发一次 Change 事件。例如，用户输入 SCUT 一词时，会触发 Change 事件 4 次。

② KeyPress 事件：当用户按下并且释放键盘上的一个按键时，就会触发焦点所在控件的 KeyPress 事件，用于监视用户输入到文本框中的内容。用户输入的字符会通过 KeyAscii 参数返回到该事件过程中。例如，用户输入 SCUT 并回车时，会引发 KeyPress 事件 5 次，每次反映到 KeyAscii 参数中的数据分别是字母 S、C、U、T 的 ASCII 值，以及回车符的 ASCII 值 13。

③ GotFocus 与 LostFocus 事件：当一个对象获得焦点时，触发事件 GotFocus；反之，失去焦点则触发 LostFocus 事件。以下几种情况对象能够获得焦点：

a. 鼠标点击某对象；

b. 按 Tab 键使焦点落在某个对象上；

c. 在程序代码中利用 SetFocus 方法使某对象获得焦点。

在使某控件获得焦点的同时，也使得其他控件失去了焦点。文本框常用方法是设定焦点（SetFocus），其格式是"［对象名.］SetFocus"，该方法可以把焦点移到指定的控件中。该方法还适用于可以获得焦点的其他对象，如 CheckBox、CommandButton 和 ListBox 等控件。如程序中编写 Text2.SetFocus，当程序运行到此语句时，鼠标焦点将对准 Text2 文本框，这在数据输入时常常会用到。

（3）标签控件

标签（Label）的用途就是显示文字。标签的 Caption 属性就决定了将要显示的文字信息，标签的主要属性如下。

① Name（名称）属性：标签的名称。默认值为 Label1。

② Caption（标题）属性：设置要在标签上显示的文字。默认值为 Label1。

③ AutoSize（自动调整大小）属性：当取值为 True 时，使标签能够自动水平扩充来适

应标签上显示的文字；取值为 False 时，控件大小不变。默认值为 False。

④ Alignment（对齐）属性：标签中文本的对齐的方式。共三种取值：0——靠左对齐；1——靠右对齐；2——居中对齐。默认值为 0。

对于标签大小位置的属性 Height、Width、Top、Left 和文本的属性含义一致，不再赘述。

标签的常用事件有单击（Click）、双击（DblClick）和改变（Change）。标签只用于显示文字，一般不需要编写事件过程。

有了标签、命令按钮、文本框就可以进行一些简单程序的开发。如据说祖冲之利用割圆术，从正六边形出发，通过不断对分，经过一个多月的计算，算出圆周率在 3.1415926 与 3.1415927 之间。如今利用 VB 程序，几乎不到 1s 的时间就可以完成计算。该程序的窗体界面如图 1-19 所示，在窗体上共放置了 3 个标签，标签的 Caption 属性就是图 1-19 中显示的文字；放置了 3 个文本框，将文本框的 Text 属性设为空白；放置 1 个命令按钮，设置其 Caption 属性为计算。

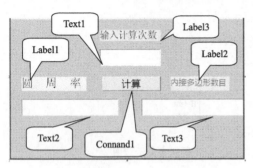

图 1-19　利用割圆术计算圆周率界面

开发好图 1-19 的程序界面后，点击计算命令按钮，添加如下程序：

```
Private Sub Command1_Click()
Dim a0,a1,a2 As Double
Dim i,k,n1,n0
k＝Val(Text1.Text)                    //从正 6 边形出发的对分次数
a0＝1                                 //圆半径为 1
n0＝6
For i＝1 To k
a1＝a0/2
a2＝Sqr(a1^2＋(1- Sqr(1- a1^2))^2) //新的正 6(1＋i)边形的边长
n1＝n0 * 2
a0＝a2
n0＝n1
Next i
Text2.Text＝Str(n0 * a0/2)            //圆周率
Text3.Text＝Str(n0)                   //正多边形数
End Sub
```

运行上述程序，输入计算次数为 12，得到图 1-20 所示的结果。此时你是否认为如果增加计算次数，得到的圆周率会更精确。如果你这样想，你就大错特错了，当我们输入计算次数为 540 时，得到的圆周率居然为 0，这是由于计算的截断误差引起的，见图 1-21。如果想获得更多位数的圆周率，必须采用其他数据处理的方法，程序也将完全不同。

（4）定时器控件

该控件有时也叫时钟控件和计时器控件，用来显示时间、计算时间、定时触发等场合，它是按照一定的时间间隔（Interval）周期性地自动触发 Timer 事件的控件，类似于循环结构。该控件不能改变大小，只有在程序设计过程中才看得见，在程序运行时是看不见的。许多自动测量及控制等程序也常常需要用到它。

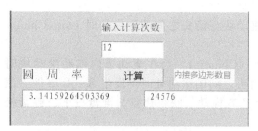

图 1-20　计算次数为 12 时的圆周率

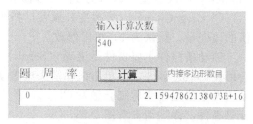

图 1-21　计算次数为 540 时的圆周率

定时器控件的事件只有 Timer 事件，每当间隔时间达到 Interval 属性的数值时，就触发 Timer 事件。定时器控件的属性不多，总共才 7 个属性，分别是 Name（默认为 Timer1）、Enabled（默认为 True）、Index、Interval（默认为 0）、Left、Tag（存储程序所需的附件数据）、Top。其中最重要的属性是 Interval，若要使时钟控件起作用，则其值必须大于零，如取 Interval 的值为 1000，意味着每 1000ms 即 1s 时钟控件自动触发一次，这时如果配合标签控件，就可以方便地在程序中显示时间，其代码如下：

```
Private Sub Timer1_Timer()       //时钟设置其 Interval 值为 1000
    Label1.Caption＝Time
End Sub
```

Enabled 属性也是定时器控件的重要属性，该属性值为逻辑型，用来设置定时器是否有效。经常通过设置 Enabled 属性为 True（默认值）来开启定时器；设置为 False 来关闭定时器，此时不论 Interval 属性值为何值，定时器均不起作用，Timer 事件永远不会触发。

（5）滚动条（HscrollBar 与 VscrollBar）控件

滚动条控件有水平（HscrollBar）和垂直（VscrollBar）两种，它常常用来附在某个窗口上帮助观察数据或确定位置，也可以用来作为数据输入的工具。两种滚动条除方向不同外，属性、事件和方法完全一样。

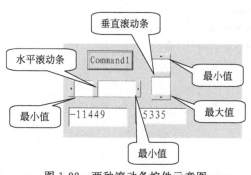

图 1-22　两种滚动条控件示意图

滚动条的主要属性是 Max（最大值）与 Min（最小值）属性，二者均为整型值，取值范围为－32768～32767 之间。Max 的默认值为 32767，Min 默认值为 0，也可将其设置为－32767。滚动条的最大用途是通过它的 Value 属性获取数值，如图 1-22 所示。移动滚动条，再单击命令按钮，在对应的文本框中就显示滚动条的数值，其代码如下：

```
Text6.Text＝Hscroll1.Value
Text7.Text＝Vscroll1.Value
```

滚动条除 Max（最大值）与 Min（最小值）属性外，以下几个属性也比较重要，它们是：

① Value（值）属性　Value 属性值用于返回或设置滚动块在当前滚动条中的位置，默认值为零，可介于 Min 和 Max 属性值之间（包括这两个值）。当滚动块移动时，Value 属性值随之改变。

② SmallChange（小改变）属性　指当单击滚动条左右边上或上下边上的箭头时 Small-

Change 值的改变量，默认为 1，可以修改。

　　③ LargeChange（大改变）属性　指当单击滚动块与箭头之间的空白处时 LargeChange 值的改变量，默认为 1，可以修改。

　　滚动条控件主要事件是滚动（Scroll）与变化（Change）。当在滚动条内拖动滚动块时会触发 Scroll 事件，但单击滚动箭头或滚动块与箭头之间的空白处时不发生 Scroll 事件。滚动块发生位置改变后则会触发 Change 事件。当然还有拖动、获得焦点、键盘按下、键盘松开等事件，详细请参看图 1-23。

　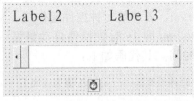　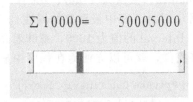

图 1-23　滚动条事件　　图 1-24　滚动条和时钟结合初始界面　　图 1-25　滚动条和时钟结合运行界面

　　利用滚动条控件和时钟控件相结合，可以在移动滚动条的同时，自动计算滚动条 Value 属性值对应的自然数加和，其初始界面如图 1-24 所示。运行程序并移动滚动条后可以得到自然数的加和值，见图 1-25，其程序代码如下：

```
Private Sub Timer1_Timer()      //触发 Timer 事件
Dim i,n,s                       //定义三个变量
s＝0                            //给定初始为零
n＝HScroll1.Value               //获取滚动条的数值
For i＝1 To n                   //利用循环语句进行加和计算
    s＝s＋i
Next i
Label2.Caption＝"∑" & n & "＝"
Label3.Caption＝s               //显示答案
End Sub
```

　　(6)　框架（Frame）

　　框架是一种比较特殊的容器控件，用来对其他控件进行分组，常作为辅助控件使用。在程序开发中，为了实现了视觉上的区分，将不同控件放在一个框架中，框架内的所有控件可以随着框架一起移动、显示、消失和禁用，方便程序开发人员的界面设计。框架的主要属性有：

　　① Caption（标题）属性　用来设置框架的标题，为字符串型。框架的标题位于框架的左上角。如果 Caption 属性值为空串，则框架为封闭的矩形。

　　② Enabled（使能）属性　用来设置框架是否有效，为逻辑型。共两种取值：True，有效；False，无效，框架标题为灰色，框架内所有控件均被屏蔽，不允许用户操作。默认值为 True。

　　③ Visible（可见）属性　用来设置框架是否可见，为逻辑型。共两种取值：True，可见；False，不可见，框架及框架内的所有控件均不可见。默认值为 True。

框架尽管有许多事件（见图 1-26），但框架通常不使用它的方法和事件，只是用它对其他控件进行分组，它是一个比较消极的控件。需要注意的是如果想将某个控件放入框架中，必须将整个控件放置在框架内，否则可能出现假性放入。所谓假性放入，就是说表面看上去某个控件在框架内，但当移动框架时，该控件并不移动，原来只不过和框架重叠。同一框架内不同控件之间的关系和同一窗体内不同控件的关系一致（这些窗体内的控件不属于任何框架）。

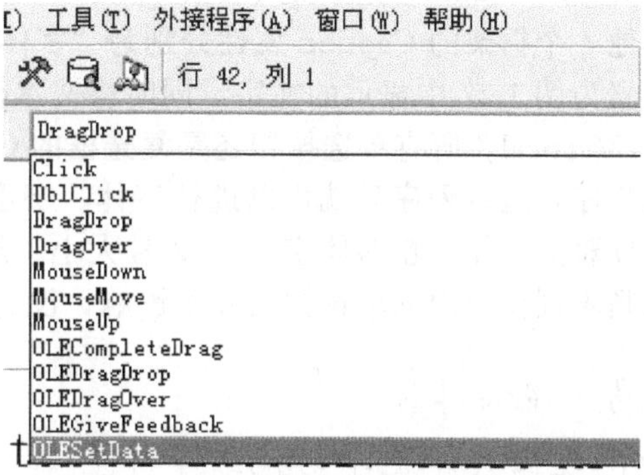

图 1-26　框架事件

（7）单选按钮

单选按钮一般常用来选择，同时放置多个单选按钮，只能选中其中一个；当选中新的按钮后，原来的按钮自动转为放弃即未被选中。单选按钮选中后如果再次点击，则无论多少次，也无法使其转为未选中。只有单击另外一个单选按钮时，才可以使原来选中的按钮转为未选中状态，也可以是所有的单选按钮都处于未选中状态。一般程序刚运行时，所有的单选按钮均处于未选中状态。单选按钮的主要属性有：

① Value（值）属性　单选按钮选中时，Value 值为 True；未被选中时，Value 值为 False。默认值为 False。

② Caption（标题）属性　用于设置单选按钮的标题。默认值为 Option1。

③ Alignment（对齐）属性　决定单选按钮中的文本（标题）的对齐方式。共两种取值：0——Left Justify，表示左对齐；1——Right Justify，表示右对齐。默认值为 0。

④ Style（样式）属性　用于控制单选按钮的外观。共两种取值：0——Standard，标准模式；1——Graphical，图形模式。默认值为 0。

单选按钮最主要的事件是单击事件。当用鼠标点击某单选按钮时，该单选按钮变为选中状态，其 Value 值变为 True，同组的其他所有单选按钮均变为未选中状态，即 Value 值均为 False。

（8）复选框控件（CheckBox）

复选框有别于单选按钮的最大区别就是可以同时选中多个按钮，互相之间没有关联，如我们既可以选择黑体字，同时又可以选择字体下面加横线，还可以选中斜体。复选框的主要属性有以下几个。

① Value（值）属性　当复选框被选中时，Value 值为 1；未被选中时，Value 值为 0；禁止对该复选框进行选择时，Value 值为 2。默认值为 0。注意复选框控件中 Value 和单选按钮中 Value 值的不同，单选按钮被选中时，Value 值为 True；未被选中时，Value 值为 False，是逻辑型数据。

② Caption（标题）属性、Alignment（对齐）属性和 Style（样式）属性　复选框的这些属性与单选按钮类似不再赘述，复选控件最主要的事件是 Click 事件。当用鼠标点击某复选框时，如果该复选框原先处于选中状态，则变为未选中状态，其 Value 值由 1 变为 0；如果该复选框原先处于未选中状态，则变为选中状态，其 Value 值由 0 变为 1。同组的其他所有复选框均不受影响。

【例 1-1】　利用框架、单选按钮、复选按钮及文本框开发简易文本编辑器。

解：首先在窗体上设计如图 1-27 所示的界面。该界面上共有 5 个框架（Frame），一个文本框（TextBox），12 个单选按钮，4 个复选框。注意 5 个框架之间的从属关系，

Frame2～Frame5 放置在大框架 Frame1 中，Frame1 的 Caption 属性为"简易文字编辑器"，其他 4 个框架的 Caption 属性分别为"字体、字形、字号、颜色"；一个文本框中的 Text 属性置为图 1-27 中显示的文字，同时将文本框的 Multiline 置为 True，ScrollBars 的属性置为 2 _ Vertical。所有单选按钮还是复选框的 Caption 属性均为图 1-27 中的提示文字，编写下面程序，运行程序后就可以进行字体、字形、字号、颜色等编辑工作。图 1-28 显示了采用微软雅黑字体、粗斜体字形、22 号大小、红色状态下文本的显示状态。需要提醒读者注意的是不同框架内的单选按钮互不影响，没有关联关系。

图 1-27　简易文字编辑器初始界面

图 1-28　简易文字编辑器运行界面

```
Private Sub Check1_Click()
If Check1.Value=1 Then
  Text9.FontBold=True
Else
  Text9.FontBold=False
    End If
End Sub
Private Sub Check2_Click()
If Check2.Value=1 Then
  Text9.FontItalic=True
Else
  Text9.FontItalic=False
    End If
End Sub

Private Sub Check3_Click()
If Check3.Value=1 Then
  Text9.FontUnderline=True
Else
  Text9.FontUnderline=False
End If
```

```vb
End Sub
Private Sub Check4_Click()
If Check4.Value=1 Then
    Text9.FontStrikethru=True
Else
    Text9.FontStrikethru=False
    End If
End Sub

Private Sub Command2_Click()
Text8.FontSize=38
Text8.FontUnderline=True
Text8.FontName="微软雅黑"
Text8.FontItalic=True
Text8.FontBold=True
Text8.FontStrikethru=True
End Sub

Private Sub Option1_Click()
If Option1.Value=True Then
    Text9.FontName="微软雅黑"
  Else
    Text9.FontName="宋体"
End If
End Sub

Private Sub Option13_Click()
If Option13.Value=True Then
    Text9.ForeColor=vbRed
Else
    Text9.ForeColor=vbBlack
End If
End Sub
Private Sub Option14_Click()
If Option14.Value=True Then
    Text9.ForeColor=vbYellow
    Else
      Text9.ForeColor=vbBlack

    End If
End Sub
Private Sub Option15_Click()
If Option13.Value=True Then
  Text9.ForeColor=vbBlue
  Else
    Text9.ForeColor=vbBlack
  End If
End Sub
```

```
Private Sub Option16_Click()
If Option16. Value=True Then
    Text9. ForeColor=vbGreen
  Else
    Text9. ForeColor=vbBlack
  End If
End Sub

Private Sub Option2_Click()
If Option2. Value=True Then
    Text9. FontName="楷体_GB2312"
  Else
    Text9. FontName="宋体"
  End If
End Sub

Private Sub Option3_Click()
If Option3. Value=True Then
  Text9. FontName="隶书"
Else
    Text9. FontName="宋体"
  End If
End Sub

Private Sub Option4_Click()
If Option4. Value=True Then
    Text9. FontName="幼圆"
  Else
    Text9. FontName="宋体"
End If
End Sub

Private Sub Option9_Click()
  If Option9. Value=True Then
    Text9. FontSize=12
  Else
    Text9. FontName=20
  End If

End Sub
Private Sub Option10_Click()
  If Option10. Value=True Then
    Text9. FontSize=18
  Else
    Text9. FontName=20
  End If

End Sub
```

```
 Private Sub Option11_Click()
    If Option11.Value=True Then
       Text9.FontSize=22
     Else
       Text9.FontName=20
     End If

 End Sub
 Private Sub Option12_Click()
    If Option12.Value=True Then
       Text9.FontSize=26
     Else
       Text9.FontName=20
     End If
 End Sub
```

1.3　VB 编程基础及化工应用案例介绍

任何程序的编写离不开变量、常量、运算规则、内部函数、编码规则等内容。一个完整的 VB 应用程序由界面和程序代码组成。VB 的界面一般无需编程，可通过控件的直接拖放及属性设置完成，当然有时也可以对界面进行编程。一般而言，VB 的编程主要是程序代码的编写，下面介绍程序代码编写中用到的基本知识。

1.3.1　变量与常量

1.3.1.1　变量

VB 变量是指在运行时其值可以被改变的量。不同于常量，变量是可以多次赋值的，因此变量常用于保存程序中的临时数据。变量在程序中使用频繁，VB 编程者必须熟练使用变量，了解各种与变量有关的知识。

（1）变量命名

变量必须是以字母、汉字开头，不能以数字开头。字母、汉字、数字、下划线组成的字符串构成了一个完整的变量，如 Fscut、Fscut_chem、华南理工_Fscut 均可以作为变量，且第一个字符必须是英文字母或者汉字，最后一个字符可以是类型说明符，变量名中不能有空格。变量名不能包含＋－＊/！@＃￥？小数点等字符，且长度不能超过 255；不能用 Visual Basic 的保留字（例如 End、Len、Sub 等）作为变量名，但可以把保留字嵌入变量名中，同时变量名也不能是末尾带有说明符的保留字；VB 不区分变量名和其他名字中字母的大小写，但习惯上，符号常量一般用大写字母定义，如变量 SCUT 和 scUT 在程序中认为是同一个变量。

（2）变量的类型

变量是程序中临时存放的数据，数据有多种类型，变量也有多种类型，VB 程序中是可以分为 12 种类型，分别如下：

① 整数型 Integer（类型符％）　Integer 指的是－32768 到＋32767 之间的整数，通常这个范围已经涵盖了大多数可能会用到的数字。如果认为要用到的数字可能会超出这个范围，可以考虑将其定义为 Long。

② 长整数型 Long（类型符＆）　这种数据类型的数字有时又称为 Long Integer。这种

数据类型可以处理 -2147483648 到 $+2147483647$ 之间的所有数字。与使用 2 个字节的 Integer 不同，它使用 4 字节内存存储数据。

③ 单精度型 Single（类型符!） Single 适用于需要小数点的数字。Single 可以处理 $-3.402823E38$ 到 $-1.401298E-45$ 之间的负值和 $1.401298E-45$ 到 $3.402823E38$ 之间的正值。它使用 4 字节内存存储数据。

④ 双精度型 Double（类型符#） 这种变量的类型需要使用 8 字节内存来存储数据。如果程序运行时变量可能出现超大范围的变化，就必须定义该类变量。Double 可以精确到 15 或 16 位十进制数，即 15 或 16 位有效数字。其取值范围负数为：$-1.797693134862316D+308 \sim -4.94065D-324$；正数为 $4.94065D-324 \sim 1.797693134862316D+308$。比如 12.33D6，表示它是一个双精度数，表示 12.33 乘以 10 的 6 次方，这里用 D 来表示 10 的次方，一般正的次方"+"可以省略。

⑤ 货币型 Currency（类型符@） 这种类型的变量主要适用于货币值，一般用于金融及财务计算。它需要 8 字节的（64 位）内存来存储数据。这种类型的变量具有固定的小数位数（4 位），整数部分为 15 位，其取值范围为 $-922337203685447.5808 \sim 922337203685447.5807$。

⑥ 字节型 Byte 某些情况下，可能需要以单个字节的形式来访问数据。在这种情况下，就需要使用 Byte 数据类型。它主要包括 0 到 255 之间的整数。Byte 数据类型通常用于访问二进制文件、图形和声音文件，一般用于存储二进制数。字节型数据在内存中占 1 个字节（8 位）。

⑦ 字符串型 String（类型符$） String 变量仅用于存储字符串。符串是一个字符序列，必须用双引号括起来。双引号为分界符，输入和输出时并不显示。字符串中包含字符的个数称为字符串长度。长度为零的字符串称为空字符串，比如""，引号里面没有任何内容。字符串中包含的字符区分大小写。字符串可分为变长字符串和定长字符串两种。变长字符串一般用"Dim a as string"定义；定长字符串用"dim a as string * 8"定义，表示 a 这个变量用 8 个字符串来表示。对于定长字符串，当字符长度低于规定长度时，即用空格填满；当字符长度多于规定长度时，则截去多余的字符。

⑧ 逻辑型 Boolean 这种变量类型的值只能是 True 或 False，占用 2 个字节。对于 Visual Basic，False 关键字表示零值，True 表示非零值。

⑨ 日期型 Date 这种类型的变量用来表示日期，占用 8 个字节。在内存中占用 8 个字节，以浮点数形式存储。日期型变量的日期表示范围为 100 年 1 月 1 日～9999 年 12 月 31 日；日期型变量的时间表示范围为 00:00:00～23:59:59。用#括起来放置日期和时间，允许用各种表示日期和时间的格式。日期可以用"/"、","、"—"分隔开，可以是年、月、日，也可以是月、日、年的顺序。时间必须用":"分隔，顺序是时、分、秒。例：2000 年 9 月 10 日可以用#09/10/2000#或#2000-09-10#表示。例如下面程序中定义了 mydate 变量的类型为日期型，可以从日期型变量中分别提取时间和日期两个变量，运行这个程序，可得到图 1-29 所示的结果。

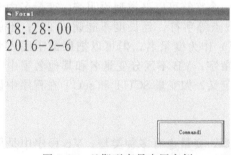

图 1-29 日期型变量应用实例

```
Private Sub Command1_Click()
Dim mydate As Date
mydate= #2/6/2016 6:28:00 PM#
Time=mydate
```

```
Date＝mydate
Print Time
Print Date
End Sub
```

⑩ 变体型 Variant   变体型变量是一种可变类型的变量，它能够表示所有系统定义的变量类型数据，占用 16 个字节。变体型变量可以在程序执行期间存放不同类型的数据，VB 会自动完成任何必要的转换。如 a 是变体型变量可用 "Dim a As Variant" 来定义。在实际程序编写过程中，如果无法确定变量类型，就干脆用 "Dim a" 来定义，不指定任何类型。

⑪ 自定义型   对于某些特定的具有从属关系的变量，如某一化学物质的性质，这些性质包括分子式、分子量、密度、饱和蒸气压、常压沸点等。由于这些性质均从属与某一物质，最好能构建诸如 "物质名．性质" 的变量类项，这时就需要利用 VB 的自定义变量，其定义格式如下：

　　　　Type ＜自定义类型变量名＞
　　　　　　＜元素 1＞　　As＜数据类型 1＞
　　　　　　＜元素 2＞　　As＜数据类型 2＞
　　　　　　　　…
　　　　　　＜元素 n＞　　As＜数据类型 n＞
　　　End Type

下面是学生成绩管理系统中自定义学生（Student）的变量程序：

```
Type Student
Num As Long            //学号
Name As String         //姓名,用长度为 10 的定长字符串来存储
Sex As String          //性别,用长度为 5 的定长字符串来存储
Score As Single        //得分,用单精度数来存储
End Type
```

必须注意上述程序段要通过工程菜单，添加模块后在模块上编写。自定义类型的变量是公用的，在整个应用程序中都可以使用。如利用上面在模块中自定义的 Student 变量，可在窗体上添加下面程序加以使用：

```
Private Sub Command3_Click()
Dim stu As Student
stu. Name＝"华南理工大学"
stu. Num＝1
stu. Score＝100
stu. Sex＝"中"
Print stu. Name
Print stu. Sex
Text3. Text＝stu. Name
Text2. Text＝stu. Num
Text1. Text＝stu. Score
End Sub
```

图 1-30 所示是程序设计界面，图 1-31 所示是程序运行后的界面。由图 1-31 可以，通过自定义变量类型，确实可以使用像 "stu. Name" 之类的变量，并且当输完 "stu." 后，系统会自定弹出在模块中定义好的 4 个选型，方便用户使用。

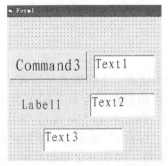

图 1-30 自定义变量类型初始界面　　　　图 1-31 自定义变量类型运行界面

⑫ 对象型（Object） 对象型变量占 4 个字节，VB 使用此类型变量用于存放引用对象。

（3）变量作用范围及声明方法

VB 的程序一般由窗体和模块组成（类模块本书不讨论），而窗体又由许多控件和对象组成。为了完成 VB 程序的任务，需要涉及许多的变量。有些变量需要在整个程序中通用；有些变量只在某个窗体中通用；而又有些变量只在某个过程中使用。因此 VB 程序的开发人员必须搞清楚每一个变量的作用范围，并在适当的地方加以声明，使程序更加清晰完善。

变量作用范围一般可以分为 4 个层次，分别是局部变量、窗体变量、标准模块变量、全局变量。其中局部变量只能在某一过程中使用，只作为该过程的临时变量存放，所以不同过程中可以使用相同名称的变量，不会互相影响。局部变量在过程中用 Dim 和 Static 声明，一般格式为：

```
Private Sub Command_Click()
Dim A As Single,B As Double,C As Long
Static Name As String
…
End Sub
```

在这个命令控件过程中，共定义了 4 个变量，这 4 个变量只在命令控件中的过程有效，其中 Name 定义为静态的字符串变量。

窗体变量（有些教材将其归入模块变量中，本书认为将其单独列出更方便理解）是在整个窗体的各个对象中均可以使用的变量。它和局部变量的最大不同是当窗体内某一个对象修改了该变量之后，窗体内另一个对象调用该变量时，该变量值也随之改变。也就是说窗体变量在整个窗体内的各个对象之间是互相影响的，可以用 Dim 和 Private 申明。下面通过具体程序及界面来说明窗体变量在窗体内各个对象过程中的传递。图 1-32 所示是整个程序的初始界面，在窗体上放置了 2 个命令按钮、2 个文本框，具体程序如下：

```
Dim scutnum As Single              //在通用部分设置,Dim 也可以用 Private 代替
Private Sub Form_Load()
scutnum＝0                          //窗体加载时初值为 0
End Sub
Private Sub Command4_Click()
Text1. Text＝scutnum                //显示从其他对象传递过来的值或原值
scutnum＝scutnum＋3
Text2. Text＝scutnum                //显示加 3 后的结果
End Sub
```

```
Private Sub Command5_Click()
Text1. Text＝scutnum          //显示从其他对象传递过来的值或原值
scutnum＝scutnum＋6
Text2. Text＝scutnum          //显示加 6 后的结果
End Sub
```

运行程序，单击 Command4 按钮，程序显示图 1-33 所示的结果，表明此过程结束后，窗体变量 scutnum 已变成 3；再单击 Command5 按钮，程序显示图 1-34 所示的结果，表明此过程结束后，窗体变量 scutnum 已变成 9，而此时 Text1 文本框的值为 3，说明当单击 Command4 按钮后窗体变量 scutnum 变成 3 的值已传递到 Command5 的过程。当我们再次单击 Command4 按钮时，程序显示了图 1-35 所示的结果，表明 Command5 过程中的 scutnum 值也可以传递到 Command4 的过程。由上述程序运行过程可知，窗体变量在整个窗体中有效，它们可以在整个窗体的各个对象间传递。

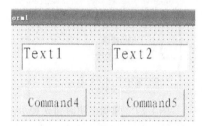

图 1-32　窗体变量演示初始界面图

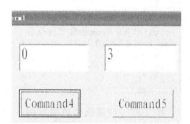

图 1-33　窗体变量初次单击 Command4

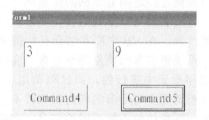

图 1-34　窗体变量初次单击 Command5

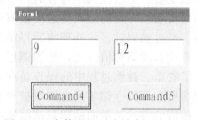

图 1-35　窗体变量再次单击 Command4

模块级变量对该模块的所有过程都可用，但对其他模块的代码不可用。可在模块顶部的声明段用 Private 或 Dim 关键字声明模块级变量，从而建立模块级变量。例如 "Private scutnum As Integer"。在模块级，Private 和 Dim 之间没有什么区别，但 Private 更好些，因为很容易把它和 Public 区别开来，使代码更容易理解。

为了使模块级的变量在其他模块中也有效变成全局变量，只要在模块中用 Public 关键字声明变量即可。全局变量中的值可用于应用程序的所有过程。和所有模块级变量一样，也在模块顶部的声明段来声明公用变量。例如 "Public scutnum As Integer"。Public 是在公共模块中定义变量、对象和过程时使用的，定义的变量、对象和过程可以在整个程序的各个模块中使用，包括窗体模块和标准模块。使用 Public 在窗体模块或者类模块中定义的变量、对象和过程，通过窗体名称或者类名称的引用也可以在其他模块中使用；而使用 Private 在模块级别中定义的变量、对象和过程只能在本模块内使用。

VB 中还有一种特殊的变量——静态变量。在每次调用后不会被释放，即其生存周期为整个程序运行期。声明格式为：Static＜变量名＞[As＜数据类型＞]。

一般情况下，在使用变量之前，首先需要声明变量即显式声明。就是说，必须事先告诉编译器在程序中使用了哪些变量，以及这些变量的数据类型和变量的长度。这是因为在编译程序执行代码之前编译器需要知道如何给语句变量开辟存储区，这样可以优化程序的执行。但变量也可以不经声明直接使用，即隐式声明，此时 VB 给该变量赋予缺省的类型和值。这种方式比较简单方便，在程序代码中可以随时命名并使用变量，但不易检查。

为了避免写错变量名引起的麻烦，用户可以规定，只要遇到一个未经明确声明就当成变量的名字，VB 就发出错误警告。方法是强制显式声明变量。要强制显式声明变量，只须在类模块、窗体模块或标准模块的声明段中加入"Option Explicit"这条语句。这条语句规定了在本模块中所有变量必须先声明再使用，即不能通过隐式声明来创建变量。在添加 Option Explicit 语句后，VB 将自动检查程序中是否有未定义的变量，发现后将显示错误信息。如图 1-36 所示，在窗体通用部分用 Option Explicit 声明，当运行图 1-36 所示的程序时，由于变量 i 和 s 均没有定义，因此系统无法运行，弹出图 1-37 所示的错误提示。

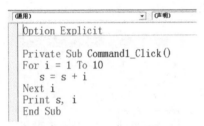 

图 1-36　变量强制声明示例　　　　　　　　图 1-37　强制声明时错误提示

在 VB 中，使用变量前先定义变量名及类型，以便系统为它分配存储单元，声明后即可以使用该变量。变量在调用过程时，一般主调过程与被调过程之间有数据的传递问题，即主调过程的实参以一定的形式传递给被调过程的形参，完成实参与形参的结合，然后执行被调过程体。经过被调过程的处理将所得结果返回给主调过程。在 VB 中形实结合有传值和传地址两种方式。所谓传值方式，是当调用一个过程时，系统将实参的值复制给形参，实参与形参断开了联系。被调过程中的操作是在形参自己的存储单元中进行的，当过程调用结束时，这些形参所占用的存储单元也同时被释放，因此在过程调用中对形参的任何操作都不会影响实参。传值的方式是单向的即只能由实参传递给形参，形参的值不能返回给实参。在编程时想明确指定参数是按值传递的，用关键字 ByVal。VB 默认参数是按地址传递的，所谓传地址方式，就是当调用一个过程时，系统将实参的地址传递给形参，即实参与形参变量被分配为同一存储单元。因此在被调用过程中对形参的任何操作都变成了对相应实参的操作，实参的值会随着形参的改变而改变。传地址方式在调用时将实参变量的值传递给形参，经过处理后，又将其结果通过形参返回给实参，这种传递是双向的。在编程时想明确指定参数是按地址传递的，用关键字 ByRef。

1.3.1.2　常量

常量顾名思义是在 VB 程序运行过程中保持不变的量，也可以广义地理解为不变的变量。在一般的程序中，你把它当作变量一样来处理，丝毫不会影响程序的运行，当然对于大型的程序，还是和变量进行区别处理为好。常量分为文字常量、符号常量和系统常量 3 种。其中文字常量又可以分为字符串常量、数值常量、逻辑（布尔）常量和日期常量；而数值常量又可以分为整数型、长整数型、货币型数和浮点数。浮点数又可以分为单精度浮点数和双精度浮点数。其实常量的以上分类方法和变量一致，故不再详细介绍。对于程序中经常用到的常数值可用符号常量来表示，其定义格式为：

[Public][Private]Const< 符号常量名> [As 类型]=表达式

其中［Public］表示公用常量，在整个工程中使用，一般在模块中定义；而［Private］是局部常量，一般在过程中定义，如"Private Const Pi♯＝3.141592654"，其中的"♯"表示该符号常量是双精度浮点数。

VB 系统提供了应用程序和控件的系统定义的常量，这些常量可以与应用程序的对象、方法和属性一起使用。它们存放于系统的对象库中，在 VB（Visual Basic）和 VBA（Visual Basic for Application）对象库中列举了 VB 的常量，其他提供了对象库的应用程序，如 Micorsoft Excel 和 Micorsoft Proiect 也提供了常量列表。在每个 ActiveX 控件的对象库中也提供了常量。为了避免不同对象中同名变量的混淆，在引用时通常使用前缀加以标记，如 Vb 表示 VB 和 VBA 的常量；Xl 表示 Excel 常量；Db 表示 Date Access Object 库中的常量，通常使用系统常量可以使程序更加易于阅读和理解。例如，窗体状态 WindowsState 属性可取 0、1、2 三个值。显然将窗口最小化语句写成 Myform. WindowsState＝vbMinimized，要比使用 Myform. WindowsState＝1，易于阅读和理解。

1.3.2 运算符与常用函数

运算符与常用函数是 VB 编程的基础知识，学习 VB 语言就必须了解和掌握这些知识。

1.3.2.1 运算符与表达式

运算符是在程序代码中对各种变量进行运算的符号。例如算术运算符有加、减、乘、除及指数等；逻辑运算符有与、或、非、异或等。表达式是由运算符、运算对象及圆括号组成的一个序列，它是由常量、变量、函数等用运算符连接而成式子，是构成程序代码的最基本要素。

VB 提供了 8 种算术运算符，表 1-2 是按优先运算等级降序排列的 8 种算术运算符应用列表。

表 1-2 8 种算术运算符应用示意表

运算	运算符	通例	特例	结果	备注
指数	^	$X \wedge Y$	$3 \wedge 2$	9	当 Y 为非整数时，要求 $X \geqslant 0$
取负	−	$-X$	-8	-8	
乘法	*	$X * Y$	$3 * 5$	20	
浮点除法	/	X/Y	$3/5$	0.6	$Y \neq 0$
整数除法	\	$X \backslash Y$	$5 \backslash 3$	1	先进行除法再求整除部分，$Y \neq 0$
求余数	Mod	X Mod Y	17 Mod 5	2	又称取模，实为求余数，$Y \neq 0$
加法	+	$X+Y$	$3+5$	8	
减法	−	$X-Y$	$6-3$	3	

表 1-3 所示是 VB 语言的 8 种关系运算符。读者应注意由于精度原因，表面上看起来是恒等的式子如 1.0/7.0 * 7.0=1.0，如果用 VB 程序代码"if   1.0/7.0 * 7.0=1.0   then"进行判断的话，可能得到等式并不成立的结果，建议用"Abs(1.0/7.0 * 7.0−1.0)＜1E−5"来代替原来的相等关系。其中 1E−5＝10^{-5} 是一个很小的数。

表 1-3 8 种关系运算符应用示意表

运算关系	运算符	通例	特例	结果	备注
相等	=	$X=Y$	3=3	True	"="也用于程序中的赋值，如 $A=$ 6，注意精度问题

运算关系	运算符	通例	特例	结果	备注
不相等	<>或><	$X<>Y$ 或 $X><Y$	$A<>6$	True	比较前 A 已赋值为 8
小于	<	$X<Y$	$5<3$	False	
大于	>	$X>Y$	$5>3$	True	
小于或等于	<=	$X<=Y$	$6<=6$	True	
大于或等于	>=	$X>=Y$	$17>=5$	True	
比较样式	Like				用于数据库查询
比较对象变量	Is				用于对象操作

表 1-4 所示是 VB 语言的 6 种逻辑关系运算符及其应用实例,本书中采用 True 和 False 来表示两个进行运算的逻辑运算表达式,有些教材采用 -1 和 0,并引入真值表,反而比较难以理解,例如 "-1 or 0" 运算后其结果为 -1,这里 -1 其实代表 True,0 代表 False。

有关 VB 中的字符串运算符只有 2 个,它们是 "&" 和 "+",其作用是将两个字符串连接起来。无论是 "Ch" & "ina" 还是 "Ch" + "ina" 其返回的结果都是 China,表明 "&" 和 "+" 都能将两个字符串连接起来。但当进行下面程序运行时,表明 "+" 操作的两边一定要都是字符串,否则提示出错;而 "&" 操作的两边,可以是其他数据类项。

```
Print "Ch" & 18        //返回 Ch 18,程序先将"18"转化成字符串
Print "Ch"+18          //提示实时错误 13,数据类型不匹配
Print 9+9              //返回 18,程序进行加法运算
Print 9 & 9            //返回 99
```

表 1-4 6 种逻辑运算符及其应用实例

逻辑关系	运算符	通例	特例		结果	备注
非	Not	Not X	T		F	T 表示 True,F 表示 False,
			F		T	下同
与	And	X And Y	X	Y		
			T	T	T	只有两个判断式同时为真时,
			T	F	F	结果才为真,其余为假,如$(5>3)$
			F	T	F	And$(6<9)$结果为真
			F	F	F	
或	Or	X Or Y	T	T	T	
			T	F	T	只有两个判断式同时为假时,
			F	T	T	结果才为假,其余为真,如$(5<3)$
			F	F	F	Or$(6>9)$结果为假
异或	Xor	X Xor Y	T	T	F	
			T	F	T	只有两个判断式结果不同时,
			F	T	T	结果才为真,其余为假,如$(5>3)$
			F	F	F	Xor$(6>9)$结果为真

逻辑关系	运算符	通例	特例		结果	备注
等价	Eqv	X Eqv Y	T	T	T	只有两个判断式结果相同时，结果才为真，其余为假，如 $(5>3)$ Eqv$(6>3)$ 结果为真
			T	F	F	
			F	T	F	
			F	F	T	
蕴含	Imp	X Imp Y	T	T	T	只有第一个判断式结果为真，第二个判断式结果为假时，结果才为假，其余均为真，如 $(5>3)$ Imp$(6<3)$ 结果为假
			T	F	F	
			F	T	T	
			F	F	T	

前面已经说过表达式是 VB 程序的最基本要素，利用上面介绍的各种运算符将各种数据和变量连接起来就可以组成各种表达式。表达式的执行顺序是按函数运算、算术运算（按表 1-2 所示顺序）、关系运算（＝，＞，＜，＜＞，＜＝，＞＝）、逻辑运算（按表 1-4 所示顺序）的顺序。当然表达式中的括号是最优先的，括号可以多重嵌套，但必须成对出现，下面通过具体程序来说明其运算结果。

```
Print(3^2-4*3)/2+2        //先算括号内,括号先算指数结果为 9,再算乘法结果为 12,再算减
                            法结果为-3,算完括号算除法结果为-1.5,再算加法,结果
                            为 0.5
Print Sin(3.1415926/2)^2+3 //先算正弦函数其值为 1,再算指数其值为 1,再算加法结果为 4
Print Not 0+7              //同时对 0 和 7 进行逻辑非运算,得到结果为-8,而不是一般想象的-7。
```

1.3.2.2 常用函数

VB 提供了大量的内部函数供用户使用，它们分别是数学函数、字符串函数、转换函数、日期和时间函数以及格式输出函数。下面通过表格的形式来说明这些函数的功能及应用，用于数学运算的各种数学函数见表 1-5，用于各种转换关系的见表 1-6，用于各种字符串处理的见表 1-7。

表 1-5 数学函数

名称	函数	实例	结果	备注
正弦函数	$\text{Sin}(x)$	$\text{Sin}(\pi/2)$	1	以弧度为值计算度
余弦函数	$\text{Cos}(x)$	$\text{Cos}(0)$	1	π 值需预先定义
正切函数	$\text{Tan}(x)$	$\text{Tan}(\pi/4)$	1	
求反正切	$\text{Atn}(x)$	$\text{Atn}(1)$	0.78985	
求绝对值	$\text{Abs}(x)$	$\text{Abs}(3)$	3	
		$\text{Abs}(-23)$	23	
自然指数	$\text{Exp}(x)$	$\text{Exp}(2)$	7.38906	取 e 的 x 次幂,也可用 e^x
自然对数	$\text{Log}(x)$	$\text{Log}(10)$	2.30259	取以 e 为底的对数 $x>0$
随机函数	$\text{Rnd}[(x)]$	Rnd	0.533423	随机产生 $0\sim1$ 之间的数,x 可以省略,$x>0$ 或为空,则取序列下一随机值;$x=0$,则生产与上一随机值相同的数

名称	函数	实例	结果	备注
取整函数	Int(x)	Int(99.8)	99	求取不大于 x 的最大整数
		Int($-$99.2)	$-$100	
截断函数	Fix(x)	Fix(99.8)	99	只截取整数部分,注意和 Int(x) 的不同
		Fix($-$99.2)	$-$99	
圆整函数	Round(x,n)	Round(3.14159,3)	3.142	四舍六入五考虑求取小数位为 n 位的 x 值,具体数值修约的方法为"四舍六入五考虑,五后非零应进一,五后皆零视奇偶,五前为偶应舍去,五前为奇则进一"
		Round(3.25,1)	3.2	
		Round(3.253,1)	3.3	
		Round(3.26,1)	3.3	
符号函数	Sgn(x)	Sgn($-$8)	$-$1	判断数值正负,当 $x>0$ 时为 1;$x=0$ 时为 0;$x<0$ 时为 $-$1
		Sgn(0)	0	
		Sgn(3)	1	
求平方根	Sqr(x)	Sqr(2)	1.414213	$x \geqslant 0$ 时,也可以用 x ^ 0.5 表示
	Randmize n	Randomize 3		启动随机数种子
	$C=$Int(($B-A+1$) * Rnd$+A$)	Int((18$-$10$+$1) * Rnd$+$10)	10~18 随机数	取介于 A 和 B 之间的随机正数 C,条件($B>A$)

表 1-6 转换函数

函数	功能	实例	结果	备注
Hex(x)	十进制返回十六进制值	Hex(291)	123	直接表示 &Hxx,最大 8 位。$1 \times 16^2 + 2 \times 16 + 3 = 291 = $&H123 最多 8 位
Oct(x)	十进制返回八进制值	Oct(123)	173	直接表示 &Oxx
Asc(x)	返回 x 中第一个字符的 ASCII 值	Asc("FLG")	70	
Chr(x)	返回 ASCII 值为 x 的字符	Chr(70)	F	
Cbool(x)	转换为逻辑数据	Cbool($-$1)	True	只有 $x=0$ 是转换为 false,其余均为 True,如 Cbool(8)$=$True
Cdate(x)	将字符串转换为日期数据	Cdate("February 8,2016")	2016-2-8	直接转换时一定要加双引号,通过变量转换时不要加双引号
Str(x)	把 x 值转换为字符串	Str(123)	123	屏幕显示时是 123,而不是想当然的字符串表达型的"123"
Val(x)	把字符串 x 转化为数值	Val("12.45")	12.45	其中双引号可以省略,如 Val(12.45),结果也为 12.45,如原来已用字母定义字符串,则不能再用双引号,否则输出为零,如 Val("ina"),结果为零
Cbyte(x)	数值转化为字节	Cbyte(1)	1	$x<255$,转换为字节
Csng(str)	转换为单精度数值	Csng("12.436")	12.436	

函数	功能	实例	结果	备注
Cdbl(str)	转换为双精度数值	Cdbl("12.436")	12.436	
Ccur(str)	转换为现金格式	Ccur("12.43685")	12.4369	只有4位小数点,第5位四舍五入

表 1-7　字符串函数

函数	功能	实例	结果
Len(str)	计算字符串长度	Len("scut2016 华工")	10
Mid(str,β,n)	从第 β 个字符开始取 n 个字符	Mid("scut2016",1,3)	"scu"
Left(str,n)	从左边起截取 n 个字符	Left("scut2016",3)	"scu"
Right(str,n)	从右边起截取 n 个字符	Right("scut2016",3)	016
Lcase(str)	字符串转成小写	Lcase("scUT2016")	"scut2016"
Ucase(str)	字符串转成大写	Ucase("scut2016")	"SCUT2016"
Trim(str)	去除字符串两端空格	Trim("scut2016")	"scut2016"
Ltrim(str)	去除字符串左侧空格	Ltrim("scut2016")	"scut2016"
Rtrim(str)	去除字符串右侧空格	Rtrim("scut2016")	"scut2016"
StrReverse(str)	反转字符串	StrReverse("scut2016")	"6102tucs"

注意表 1-7 中 Len（str）中的中文字符长度也计为一个字符，Mid（str，β，n）中 β 是起始字符位置，n 为读取长度，从左边数起。字符串函数除表 1-7 以外，还有 Replace（替换）、InStr（检测）、Split（分）割、InStrRev（反向检测）等函数。

在 VB 程序中有非常多的格式输出形式，它通过定义格式字符串来达到以一定的格式输出文本和数据的目的。常用的格式定义为：

Format(< 表达式 >,< 格式字符串>)

其中，<表达式>是要格式化的数值、日期或字符串表达式；<格式字符串>是指定表达式的值的输出格式。格式字符有三类：数值格式、日期格式和字符串格式。格式字符要加引号。如果将格式定义中的 Format 改写成 Format $ ，则强制返回为文本，否则为返回变体。表 1-8 所示是一些常见的格式输出函数，更多的格式输出函数可参见 VB 的帮助文档或其他专著。

表 1-8　格式输出函数

格式字符	功能	实例	结果
dddddd	显示包括年、月、日的日期	Format(Date,"dddddd")	2016 年 2 月 8 日
mmmm	显示月的英文全名	Format(Date,"mmmm")	February
yyyy	显示年份	Format(Date,"yyyy")	2016
hh:mm:ss	用数字显示时、分、秒	Format(Time,"hh:mm:ss")	16:53:06
ttttt	显示完成时间	Format(Time,"ttttt")	16:53:06
tttttAM/PM	显示完成时间及上、下午提示符 AM/PM	Format(Time,"tttttAM/PM")	16:53:06PM
0	数字占位符,不够时用 0 代替	Format(2016.28,"00000.000")	02016.280

格式字符	功能	实例	结果
#	数字占位符,不够时保持原样	Format(2016.28,"#####.###")	2016.28
.	小数点占位符与#和0一起使用		
,	千分位符	Format(83662016.2,"#,###.#")	83,662,016.2
%	百分位符号,表达式需乘100,有四舍五入	Format(0.62016,"###.##%")	62.02%
@	字符占位符,不够时显示空白	Format("scut","@@@@@")	"scut"
&	字符占位符,不够时保持原样	Format("scut","&&&&&")	"scut"
<	强制小写	Format("SCUT","<&&&&&")	"scut"
>	强制大写	Format("scut",">&&&&&")	"SCUT"
!	强制由左向右占位,默认则相反	Format("scut","!@@@@@")	"scut"

表 1-9 所示是日期和时间函数,用来获取系统的日期、时间并通过一定的程序来计算日期和事件间隔,进而用于实时测量、定时触发及实时控制等领域。

表 1-9 日期和时间函数

函数	功能	实例	结果	备注
date	取系统当前日期	Print date	2016-2-8	下面省去 Print
time	取系统当前时间	time	16:53:06	
now	取系统当前时间及日期值	now	2016-2-8 16:53:06	
Timer	返回从午夜零点到当前已过秒数	Timer	60766.3	
weekday(date)	计算本星期第几天	weekday(date)	2	date 可用 now 代替
MonthName(n)	输出月份名	MonthName(3)	三月	
year(date)	截取年份	year(date)	2016	
month(date)	截取月份	month(date)	2	
day(date)	截取日	day(date)	8	
hour(time)	截取小时	hour(time)	16	time 可用 now 代替
minute(time)	截取分钟	minute(time)	53	
second(time)	截取秒	second(time)	6	

1.3.3 VB 程序运行控制结构

VB 程序运行的基本结构有 3 种,它们分别是顺序结果、循环结构、选择结构。这 3 种结构具有单入口、单出口的特点,各种其他不同的程序结构就是由若干 3 种基本结构组成的。

1.3.3.1 顺序结构

VB 程序针对不同的问题有不同的算法,算法是为解决某一特定问题而采取的方法和步骤。VB 编程时将具体的问题分解为若干个计算机可以顺序执行的基本步骤,然后用计算机语言将这些步骤描述出来,就是解决问题的计算机程序。一个算法一般具有有穷性、确定性、有效性、输入、输出 5 个特征。描述算法最常用的工具是流程图，流程图有如图 1-38 所示 5 种基本符号。

起止点　　　　输入/输出　　　　处理　　　　判断　　　　流线

图 1-38　算法常用 5 种符号

图 1-39～图 1-41 是 VB 程序运行的 3 种基本结构示意图。所谓顺序结构就是程序的执行按照代码语句的先后次序顺序运算和处理，如图 1-39 所示。

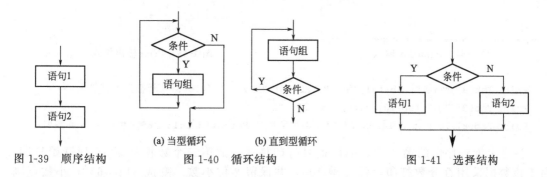

图 1-39　顺序结构　　　　图 1-40　循环结构　　　　图 1-41　选择结构

顺序结构中的语句除了前面介绍的表达式外，还有 Rem 语句（注释，用于程序解释，也可在语句前面加英文状态下的单引号"'"）、Unload 语句（卸载某个对象，如 Unload me，卸载当前窗体）、Beep 语句（响铃，通过计算机喇叭发出声音）、Stop 语句（暂停，当程序执行到此语句时，自动打开"立即"窗口，主要用于程序调试，程序完善后续删除）、End（结束，用于退出菜单、关闭窗口及结束程序）语句等。

无论哪一种结构，算法中的输入特征可以用 InputBox 函数来实现。当然通过文本框利用程序读取或通过打开数据文件读取均可以。InputBox 函数的格式为：InputBox(<提示信息>[,对话框标题][,默认值])。其功能为在屏幕显示一个如图 1-42 所示的输入框，等待用户输入信息后，将输入信息作为字符串返回。<提示信息>为字符串表达式，为必选项。在对话框内显示提示信息，提示用户输入的数据的范围、作用等。如果要显示多行信息，则可在各行行末用回车符 Chr(13)、换行符 Chr(10)、回车换行符的组合 Chr(13)&Chr(10) 或系统常量 vbCrLf 来换行。[对话框标题] 为字符串表达式，为可选项。运行时该参数显示在对话框的标题栏中，如果省略，则在标题栏中显示当前的工程名。[默认值] 为字符串表达式，为可选项，显示在文本框中，在没有其他输入时作为缺省值，如果省略，则文本框为空。例如：

ChStr＝InputBox("请输入饱和蒸气压"& vbCrLf &"范围:1～10000Pa","输入饱和蒸气压","2018")

运行结果如图 1-42 所示。

VB 算法中的输出特征可以通过 Print 方法来实现，当然也可以通过数据文件及文本框输出数据。Print 方法的调用格式为：[对象名.]Print[<表达式表>][,|;]。其功能为在指定的对象中输出表达式的值。对象名可以是窗体名、图片框名、打印机或立即窗口（Debug），若省略对象名，则表示在当前窗体上输出；<表达式表>可以是一个或多个表达式。各表达式之间如果使用分号分隔符，则以紧凑格式输出，若以逗号隔开，则按标准格式输出数据，每个表达式占 14 个字符位置。如果是数值表达式，则先计算表达式的值，然后输出，输出数值的前面有一个符号位（正数显示空格，负数显示负号"－"），数值后面有一个空格；如果是字符串表达式，则原样输出，输出的字符串前后都没有空

格；若省略表达式，则输出一个空行。在一般情况下，每执行一次 Print 方法都会自动换行，即后一个 Print 语句的执行结果总是显示在前一个 Print 语句的下一行。为了仍在同一行上显示，可以在 Print 语句的末尾加上逗号或者分号。其中，分号表示紧凑格式，逗号表示标准格式。Print 方法可结合前面介绍的格式输出函数，实现各种符合要求的打印。如下面程序：

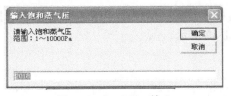

图 1-42　InputBox 输入　　　　　　　　图 1-43　Print 输出格式

```
Print Tab(8);"物质";Tab(18);"沸点";Tab(28);"比热容"//Tab(8)表示在第 8 列输出
Print Tab(8);"水";Tab(18);"100";Tab(28);"1"
Print Tab(8);Format(3.14159265,"#.####"),Format(3.14159265,"###.##%")
```

　　注意上面程序中的第 3 行，采用逗号打印格式，故第二个数据从第 15 列开始打印，由于该数据采用百分数打印，需先乘 100，并保留 2 位小数，变成 314.16%，小数点刚好在第 18 列，和上面一行程序中 Tab (18) 对应的"100"中的 1 处在同一列，均为 18 列，见图 1-43。Print 方法和输出格式函数配合使用还有更加多的形式，读者自己可以大胆尝试。

1.3.3.2　循环结构

　　循环结构最简单的形式是由循环次数确定的循环结构，该结构采用 For…Next 格式，其程序执行过程见图 1-44。其程序格式为：

```
For< 循环变量> =< 初值> To< 终值> [Step< 步长> ]
    [循环体]
Next< 循环变量>
```

　　首先计算初值、终值和步长，将初值赋给循环变量。若循环变量的值大于终值（步长为正数）或小于终值（步长为负数），则退出循环；否则继续循环，执行循环体，直至执行 Next 语句，将循环变量的值加上一个步长值，再返回去判断条件（与终值做比较），如果满足条件继续循环，否则结束 For 循环，转去执行 Next 语句之后的语句。当步长为 1 时，Step1 可以省略。循环体中可以包含 Exit For 语句，该语句一般会出现在 If 语句中，用于表示当某种条件成立时，强行退出循环，转去执行 Next 语句之后的语句，也可直接利用 Goto 语句强制退出循环，不过建议尽量少用此语句。For…Next 循环也称为计数循环，循环次数利用式(1-1) 计算。

$$循环次数＝Int((终值－初值)/步长)＋1 \tag{1-1}$$

　　注意式(1-1) 中循环次数加了 1，因为初次计算时循环变量没有加步长。同时应该注意的是退出循环时，循环变量大于终值，如果初值、终值为整数，步长为 1，则程序最后得到的循环变量的值为终值加 1。下面以计算 1～20 的自然数平方和的程序为例说明问题。

```
Dim n,m,i,S As Single
    n＝InputBox("请输入最大自然数"& vbCrLf &"范围:1～100","自然数平方求和","20")
```

```
S=0: m=0
For i=1 To n Step 1
  S=S+i^2
  m=m+1
Next i
Print"S=";S,"循环次数=";m,"循环变量=";i
```

上面程序的计算结果见图 1-45。由图 1-45 可知，当我们输入 20 时，计算 1～20 的自然数平方和，程序循环计算 20 次，结果为 2870，但循环变量 i 的值为 21；同样，输入 80 时，结果为 173880，此时循环变量 i 的值为 81，均比我们设置的终值大 1。

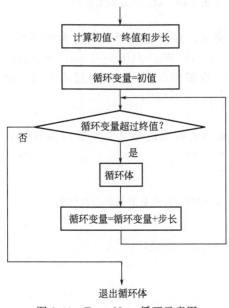

图 1-44 For…Next 循环示意图

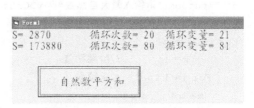

图 1-45 自然数平方求和结果

循环结构除了上面简单的 For…Next 格式外，还有 Do…Loop 语句，Do…Loop 循环结构共有四种语法格式。它们分别是先测试当型循环，其格式为 Do While＜条件＞＿［循环体］＿Loop ，见图 1-46；后测试当型循环，其格式为 Do ＿［循环体］＿Loop While ＜条件＞ ，见图 1-47；前测试直到型循环，其格式为 Do Until ＜条件＞＿［循环体］＿Loop，见图 1-48；后测试直到型循环，其格式为 Do ＿［循环体］＿Loop Until ＜条件＞，见图 1-49。

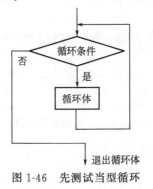

图 1-46 先测试当型循环

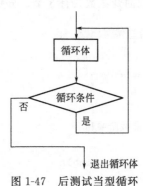

图 1-47 后测试当型循环

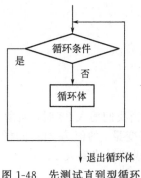
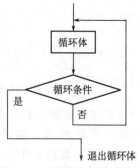

图 1-48　先测试直到型循环　　　　　图 1-49　后测试直到型循环

上述各种循环结构可以任意互相嵌套，但不能交叉，外循环必须完全包含内循环，如 For i＝… _ For j＝…Next j _ …Next i; For i＝… _ Do While/Until…Loop _ …Next i; Do While/Until… _ Do While/Until…Loop _ …Loop 等多种形式。下面通过两个例子来说明多重循环的例子。

【例 1-2】　计算自然数 $1 \sim n$ 的阶乘和。

解：每一个自然数的阶乘需要通过循环计算，而所有阶乘的和又需要通过循环加和计算，故共有 2 层循环。程序如下，结果见图 1-50。

```
Dim n,m,i,j,S As Single
n=InputBox("请输入最大自然数"& vbCrLf &"范围:1～20","自然数阶乘求和","5")
S=0                //求和初值
For i=1 To n
      m=1          //阶乘初值
   For j=1 To i    //求阶乘
    m=m*j
   Next j
   S=S+m           //求和
Next i
Print "S="; S,"循环次数＝"; n
```

【例 1-3】　求 4 位数中各位数的四次方之和就是该 4 位数的四面开花数。

解：共需要验证 1000～9999 共 9000 个自然数，需要通过循环程序，同时每一个循环均需要进行提取各位数及四次方加和运算和判断是否等于该数本身，程序如下，结果见图 1-51。由图 1-51 可知，四面开花数共有 3 个，分别是 1634、8208、9474。

图 1-50　求自然数阶乘和

图 1-51　求四面开花数

```
Dim i,j,k,l,m,n As Single
Dim num As String
    n=0
```

```
For i＝1000 To 9999
   num＝Str(i)
   j＝Val(Mid(num,2,1))'千位
   k＝Val(Mid(num,3,1))'百位
   l＝Val(Mid(num,4,1))'十位
   m＝Val(Mid(num,5,1))'个位
     If i＝j^4＋k^4＋l^4＋m^4 Then
       n＝n＋1
       Print"四面开花"& n &"＝";i;
     Else
     End If
   Next i
```

如果程序稍作修改，就可以求三面开花数也称水仙花数，其各位数字的立方和等于该 3 位数本身。水仙花数共 4 个，分别是 153、370、371 和 407。读者自己还可以求证是否存在五面开花数、六面开花数等更多位数的开花数。

1.3.3.3 选择结构

程序控制结构除了顺序结构、循环结构外，还有选择结构。选择结构最简单的形式是单行结构 If 语句，该语句的格式是：If＜条件＞Then＜语句组 1＞［Else＜语句组 2＞］，如果条件表达式为真（True），则执行语句组 1，否则执行语句组 2，然后去执行该 If 语句的下一条语句，如图 1-52(b) 所示。当然［Else＜语句组 2＞］可以省略，此时，如果条件表达式为真（True），则执行语句组 1，否则直接去执行该 If 语句的下一条语句，如图 1-52(a) 所示。＜条件＞可以是关系表达式、逻辑表达式或数值表达式(0 按 False 处理，非 0 按 True 处理)。单行 If 语句必须在一个语句行内完成。语句组中允许有多条语句，但各语句之间要用"："隔开。

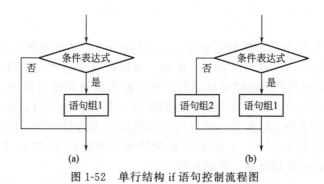

图 1-52　单行结构 if 语句控制流程图

当单行结构 if 语句中的语句组内容较多时，如强行在一行内表达，将造成超长的行，若用续行符号，则影响程序阅读，这时可采用块结构的双分支 If 语句，其格式如下：

```
If＜ 条件＞ Then
  ＜ 语句组 1＞
[Else
  ＜ 语句组 2＞ ]
End If
```

块结构的双分支 If 语句的执行过程和单行结构相仿，＜语句组 2＞也可以省略，和单行结构最大的不同是增加了"End If"这条语句。块结构的 If 语句也可以采用多分支结构，一

且符合条件就结束选择，如果省略 Else 子句，而且所有条件都不满足，则任何语句组都不执行，直接去执行 End If 下边的语句，关键字 ElseIf 中间没有空格，其执行过程如图 1-53，其格式如下：

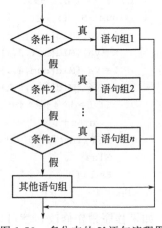

图 1-53　多分支的 If 语句流程图

```
If< 条件 1> Then
   < 语句组 1>
ElseIf< 条件 2> Then
   < 语句组 2>
......
ElseIf< 条件 n> Then
   < 语句组 n>
[Else
   < 其他语句组> ]
End If
```

If 语句除了上述 3 种结构之外，还可以像 For 语句的多种嵌套一样，进行多层嵌套，其格式如下：

```
If< 条件 1> Then
   If< 条件 2> Then
      < 语句组 1>
   Else
      < 语句组 2>
   End If
Else
   < 语句组 3>
End If
```

嵌套必须完全"包住"，不能相互交叉，<语句组 1>、<语句组 2>和<语句组 3>中还可以嵌入其他 If 语句，形成多层嵌套。在含有多层嵌套的程序中，最好使用缩进对齐方式，以方便阅读理解和维护。块结构 If 语句中可以嵌入任何其他 If 语句，但单行 If 语句中只能嵌入其他单行 If 语句。Else 与 If 的配对原则是一个 Else 总是与其前方最近的尚未配对的 If 配对。尽管利用多分支结构及嵌套结构可以解决许多选择问题，但对某些枚举型的选择问题，如当 x 分别为 1、2、…、10 时，希望程序分别进行 10 种运算，这时采用 Select Case 语句就可以很好地解决问题，其语句格式为：

```
Select Case 表达式
Case 表达式列表 1
    语句组 1
Case 表达式列表 2
    语句组 2
......
Case 表达式列表 n
    语句组 n
Case Else
    语句组 n＋1
End Select
```

若表达式的值与某个表达式列表的值相匹配，则执行该表达式列表后的相应语句组，Case Else 语句可以省略。采用 Select Case 语句可以更方便地实现多分支程序的设计，且结构清晰，容易阅读，效率更高。Select Case 语句中的表达式可以是一个数值表达式或字符串表达式，通常是一个变量。如果表达式与某个 Case 子句的表达式列表相匹配，则执行该 Case 子句中的语句组。Case 子句中的表达式列表可以有 3 种表示形式：

① 一个或多个常量，多个常量之间用"，"分开；
② 使用 To 关键字，用以指定一个数值范围，要求值小的数在 To 之前，如 1 To 10；
③ Is 关键字与关系运算符配合使用，用以指定一个数值范围，如 Is>10。

在每个 Case 子句的"表达式列表"中，以上 3 种形式可以任意组合使用。如：

```
Case  3,5,7 To 9,Is> 10
```

Select Case 语句也可以实现嵌套，每个语句组中又可以出现其他 If 语句或 Select Case 语句。当然，块结构 If 语句中也可以出现 Select Case 语句。如某分段函数如式(1-2)所示：

$$y = \begin{cases} 3x & x \leqslant 10 \\ 2x+10 & x \leqslant 20 \\ x+40 & x \leqslant 30 \\ 50+0.5x & x > 30 \end{cases} \tag{1-2}$$

其计算程序如下：

```
Dim x As Single,y As Single
x=Val(Text1.Text)          //存放 x 值
Select Case x
    Case Is< =10
        y=3 * x
    Case Is< =20
        y=2 * x+10
    Case Is< =30
        y=x+30
    Case Else
        y=0.5 * x+45
End Select
y=Val(Text2.Text)          //存放 y 值
```

1.3.3.4　MsgBox 函数

VB 程序执行过程中常常利用内部 MsgBox 函数来决定程序的下一步操作，该内部函数的格式为：

```
MsgBox(< 提示信息> [,< 按钮类型> ][,< 对话框标题> ])
```

其功能为在屏幕显示一个消息框，等待用户单击按钮，返回一个整数告诉用户单击了哪个按钮。<提示信息>用字符串表达式，用于指定显示在对话框中的信息。如果要显示多行信息，则可在各行行末用回车符 Chr（13）、换行符 Chr（10）、回车换行符的组合 Chr（13）&Chr（10）或系统常量 vbCrLf 来换行。<按钮类型>是数值型数据，是可选项，用来指定对话框中出现的按钮和图标的种类及默认按钮。可以用按钮值，也可以用系统常量。"按钮类型"的设置值及含义如表 1-10 所示。

表 1-10　按钮类型设置表

分类	按钮值	系统常量	含义
按钮类型	0	vbOKOnly	只显示"确定"按钮
	1	vbOKCancel	显示"确定"、"取消"按钮
	2	vbAbortRetryIgnore	显示"终止"、"重试"、"忽略"按钮
	3	vbYesNoCancel	显示"是"、"否"、"取消"按钮
	4	vbYesNo	显示"是"、"否"按钮
	5	vbRetryCancel	显示"重试"、"取消"按钮
图标类型	16	vbCritical	显示停止图标⊗
	32	vbQuestion	显示询问图标❓
	48	vbExclamation	显示警告图标⚠
	64	vbInformation	显示信息图标ℹ
默认按钮	0	vbDefaultButton1	第一个按钮是默认按钮
	256	vbDefaultButton2	第二个按钮是默认按钮
	512	vbDefaultButton3	第三个按钮是默认按钮

表 1-11 是单击按钮与系统返回值之间的关系表。通过系统返回值，可以给某些变量赋值，再通过对赋值变量的判断，决定程序的具体运行。下面通过具体的程序来说明其运行情况，程序如下：

```
Private Sub Command6_Click()
a＝MsgBox("是否交换位置?",3＋32＋512,"位置互换提示")
Select Case a
    Case 6          //单击是,两文本框内容互换
        b＝Text1.Text: Text1.Text＝Text2.Text: Text2.Text＝b
    Case 7          //单击否,不变
    Case 2          //单击取消,将两个文本框内容删除
        Text1.Text＝"": Text2.Text＝""
    End Select
End Sub
```

表 1-11　单击按钮与系统返回值

系统常量	返回值	按钮
vbOK	1	确定
vbCancel	2	取消
vbAbort	3	终止
vbRetry	4	重试
vbIgnore	5	忽略
vbYes	6	是
vbNo	7	否

运行上述程序后，见图 1-54 所示界面，点击"是"，得到图 1-55 所示结果；点击取消，得到图 1-56 所示内容；单击否，结果不变。

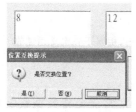

图 1-54　运行初试界面

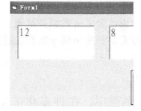

图 1-55　单击"是"界面

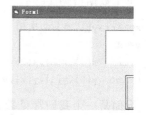

图 1-56　单击"取消"界面

1.3.4　数组与过程

数组与过程是编写复杂 VB 程序的必备知识。数组就是存放具有相同性质的一组数据，数组中的数据必须是同一个类型和性质。VB 的程序是由一个个过程构成的，除了 VB 系统提供了大量使用的内部函数过程和事件过程外，VB 系统还允许用户根据各自需要自定义过程。通过使用自定义的过程使程序简练、高效、便于程序的调试和维护。

1.3.4.1　数组

数组一般可以分为一维数组、二维数组、动态数组及控件数组等四种，当然你也可以使用三维、四维甚至更高维数的数组，但一般较少使用。

（1）一维数组

一维数组顾名思义就是只有一个下标的数组。数组也属于变量范畴，也可以和变量一样定义数值的数据类型，数组的定义格式如下：

Public | Private | Dim | Static 数组名([< 下界> to]< 上界>)[As< 数据类型>]

其中 Public | Private | Dim | Static 决定了数组的作用范围，其含义和变量的作用范围一致，例如用 Public 定义的是公用数组，用 Private | Dim 建立的是模块数组或局部数组。数组名需要遵循标识符的命名规则。标识符是程序员为变量、常量、数据类型、过程、函数等定义的名字，和变量的命名原则一致。第一个为英文大、小写字母，后面跟着若干数字、英文大小写字母，下划线" _ "或美元符号" $ "，总长度不要超过 255 个。下界和上界必须是常量。下界是数组元素的最小下标，上界是最大下标。若省略下界，则默认为 0。可以用"Option Base 1"将下界的默认值设置为 1，但该语句必须放置在相应模块的通用声明段。如需定义一组 10 变量的数组，可采用下面语句进行定义：

Dim a(1 To 10)As Single 或者　Dim a! (1 To 10)As Single

数组必须先定义后使用，否则在程序运行时会提示下标越界错误。数组元素的输入和变量输入的方法一样，可以通过多种途径输入，如文本框、数据文件、InputBox 函数等方法输入数组。也可以用 Array（）函数为数组整体赋值，如"x＝Array（1，2，3，4，5，6）"语句，该语句相当于下面 3 个语句：

```
Dim x(5)
x(0)＝1:x(1)＝2:x(2)＝3
x(3)＝4:x(4)＝5:x(5)＝6
```

整个数组的复制时建议通过循环语句来实现，当然也可以强制用数组 2＝数值 1 这样的语句，这时数组 2 定义时的下标范围必须覆盖数组 1 的下标范围，也可以不定义数组 2，直接赋值，如在上面赋值 x 的基础上，直接用"y＝x"就相当于变量 y 其实也是一个数组，其结果和 x 完全一致，例如下面几个语句运行后直接在屏幕上打印两行"１２３４５６"的数据，每个数据占据 14 列。

```
x＝Array(1,2,3,4,5,6)          //直接定义 x 数组并赋值
y＝x                          //无需预先申明 y 数组,通过赋值语句,相当于先定义后赋值
Print   x(0),x(1),x(2),x(3),x(4)
Print   y(0),y(1),y(2),y(3),y(4)
```

下面是一个我们常见数据的排序程序。在许多化工实验中，常常需要将数据绘制成曲线，如温度和比热容的关系曲线，反应时间和转化率的关系，这些数据是成对出现的，在绘制曲线时既要求一一对应，又要求自变量从小到大排列，否则所画的曲线会折返交叉，通过下面利用一维数组的程序就可以将测量得到的实验数据按由小到大的顺序排列，用于进一步绘制曲线数据。

```
Private Sub paixu_Click()
Dim i,j As Integer
Dim tempx,tempy As Double
Dim m,x(10),y(10)
m＝5: x(1)＝5: x(2)＝12: x(3)＝-3: x(4)＝7: x(5)＝1
y(1)＝15: y(2)＝9: y(3)＝6: y(4)＝16: y(5)＝1
Print "排序前数据"
For i＝1 To m
    Print x(i),
Next i: Print
For i＝1 To m
    Print y(i),
Next i: Print
    For i＝1 To m-1
        For j＝i+1 To m
            If x(i)> x(j)Then '//由小到大排序,由大到小只需将"> "改成"< "
              tempx＝x(i): x(i)＝x(j): x(j)＝tempx
              tempy＝y(i): y(i)＝y(j): y(j)＝tempy '交换位置
            Else
            End If
          Next j
      Next i
Print "排序后数据"
For i＝1 To m
    Print x(i),
Next i: Print
For i＝1 To m
    Print y(i),
Next i: Print
End Sub
```

运行上述程序，得到图 1-57 所示的结果，由图 1-57 所示的结果可知，排序后的第一行数据从小到大排列，同时也将对应的 y 数组的数据也对应调整过来，达到了程序预定的目的。

（2）二维数组

二维数组就是有两个下标的数组，第一个下标为行，第二下标为列，其定义的格式为：

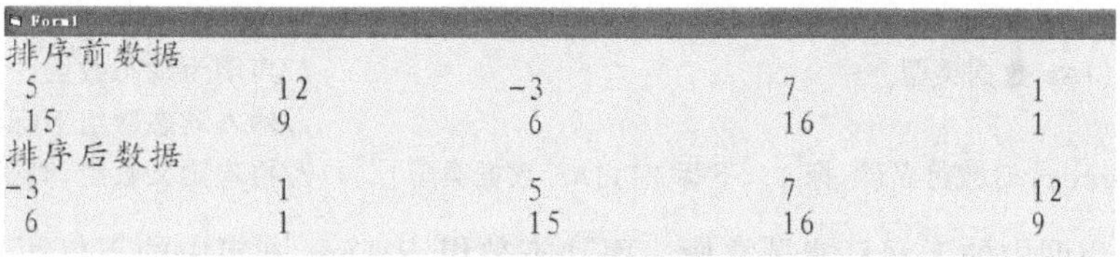

图 1-57 排序程序示例

Public │ Private │ Dim │ Static 数组名([< 下界>]to< 上界> ,[< 下界> to]< 上界>)[As< 数据类型>]

其中的参数含义与一维数组完全相同，其应用也和一维数组相同，二维数组在内存中的存放顺序是"先行后列"。如定义二维数组 x(2,2)，则 x 存放顺序：

x(0,0)→x(0,1)→x(0,2)→   //第一行
x(1,0)→x(1,1)→x(1,2)→   //第二行
x(2,0)→x(2,1)→x(2,2)→   //第三行

【例 1-4】 利用二维数组打印 9×9 乘法表。

解：9×9 乘法表共有 9 行，每一行的列数由小到大，最后一行共有 9 列，故可采用 s(9,9) 二维数组来定义 81 句口诀。具体程序如下，程序运行结果见图 1-58。

```
Dim i As Integer,j As Integer
Dim s(9,9)As String
For i＝1 To 9                    //循环 9 次,共打印 9 行
j＝0
Do                             //直到型循环,每行打印 i 列
j＝j+1
s(i,j)＝Str(j)& "×" & Str(i)& "＝" & Str(j * i)
Print Tab(11 * j－9); s(i,j);    //利用 Tab()定位
Loop Until(j> ＝i)
Print                          //换行打印
Next i
End Sub
```

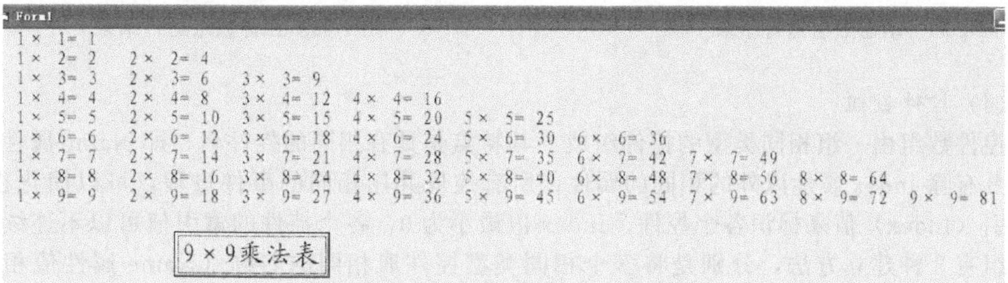

图 1-58 9×9 乘法表运行结果

（3）动态数组

前面讲述的一维数组和二维数组都是事先定义好的固定大小的数组，称为静态数组（定长数组）。有些程序事先并不知道需要多大的数组，所以希望能够在程序运行时改变数组大小，这就需要使用动态数组。建立动态数组包括数组声明和定义大小，其格

式如下：

```
Dim 数组名()As 数据类型                              //声明为动态数组
语句组 1                                          //输入动态数组下标的最大数值
ReDim [Preserve]数组名(下标 1[,下标 2])[As 数据类型]    //再次定义数组,有确定的下标
```

静态数组声明中的下标只能是常量，而动态数组 ReDim 语句中的下标可以是常量，也可以是有了确定值的变量。ReDim 语句可以多次使用，用来改变数组的维数和大小。但不能改变数据类型。ReDim 重新定义动态数组时，数组中内容将被清除，但如果使用 Preserve 选项，则保留数组中原来的数据。下面通过具体的程序来说明 ReDim 及参数 Preserve 的应用。

```
Private Sub Command2_Click()
Dim Address_Name()As String
ReDim Address_Name(2)As String
      Address_Name(1)="中国": Address_Name(2)="广州"
   Print Address_Name(1);Address_Name(2)
ReDim Preserve Address_Name(3)As String           //不清空原内存
      Address_Name(3)="华工"
   Print Address_Name(1);Address_Name(2);Address_Name(3)
ReDim Address_Name(4)As String                    //清空原内存
      Address_Name(4)="化工学院"
   Print Address_Name(1);Address_Name(2);Address_Name(3);Address_Name(4)
End Sub
```

运行上述程序，得到图 1-59 所示的结果。由图可知，当不使用 Preserve 参数时，数组以前赋值的数据将清空，故第 3 行打印时只剩下"化工学院"。

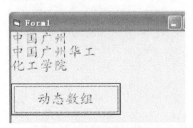

图 1-59　动态数组运行结果

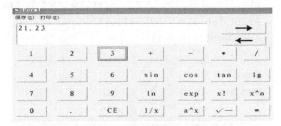

图 1-60　控件数组运行结果

（4）控件数组

控件数组由一组相同类型的控件组成。其特点是具有相同的控件名，即 Name 属性值相同；具有除 Index 属性以外的相同的属性；所有控件共用相同的事件过程，可以简化程序；以索引（Index）值来标识各个控件，Index 值最小为 0，各个控件的索引值可以不连续。控件数组有 3 种建立方法，分别是将多个相同类型控件取相同的名称（Name 属性值相同）；复制现有的控件，并将其粘贴到窗体上（建议采用此方法）；给控件设置一个 Index 属性值。下面以作者申请的授权登记软件 2015SR230919 多功能计算及绘图器软件中利用 Command 控件数组为例，来说明控件数组的应用。在多功能计算及绘图器软件中需要输入数据并及时显示，采用 Command 控件数组中的索引值作为数据输入，可以大大简化程序，所有的数据输入简化为一条语句，整个数据输入的程序如下。图 1-60 所示是程序运行后分别单击 2、1、"."、2、3 后形成的界面。利用 Command1（）控件数组可以方便地输入 0～9 及 "." 等其

他符号，需要全部程序的读者可通过邮件联系作者索取。

```
Private Sub Command1_Click(Index As Integer)
Text1.Text＝Text1.Text & Command1(Index).Caption
End Sub
```

1.3.4.2　过程

在前面介绍对象的三要素时曾经介绍对象事件过程和系统提供的内部函数的过程，这是VB 中的一类过程，另一类过程是用户根据需要自己编写的、供事件过程或其他过程调用的自定义过程，称为通用过程。一个 VB 应用程序（工程）通常由多个模块组成，如窗体模块和标准模块等。每个模块中又包含多个过程，过程是具有一定语法格式、可以完成一个相对独立功能的程序段，将程序分成多个过程的形式进行编写和开发，可使程序简单、清晰、层次分明及易于理解和进一步拓展。这里主要讲述通用过程。通用过程又分为两种，分别是Sub 过程（子过程）和 Function 过程（函数过程）。

（1）Sub 过程

Sub 过程的定义格式是：［Private|Public |Static］Sub＜过程名＞(［形参表］)_语句组（过程体）_End Sub。Private | Public | Static 是可选的，它决定了此过程的作用域，默认为 Public，其具体含义和前面介绍的变量作用域一致，过程名需符合标识符的命名规则。过程体由若干条 VB 语句组成，其中可以包含 Exit Sub 语句，其功能是结束该子过程的执行并返回到调用过程，程序接着从调用该子过程的下一条语句继续执行，在某一过程体中，不能再定义其他过程，但可以调用其他 Sub 过程或Function 过程。形参表指明从调用过程传送给该子过程的变量个数和类型，各变量之间用逗号间隔。Sub 过程的建立分

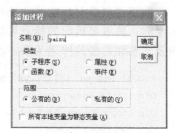

图 1-61　添加过程

为两种方法。一种是选择"工具"菜单中的"添加过程"菜单项，打开"添加过程"对话框，如图 1-61 所示，输入名称为"paixu"，选择类型为"子程序"，选择作用范围为"公有的"，点击确认后，系统会自动转到子程序编写状态，显示"Public Sub paixu()……End Sub"。另一种是在程序中直接输入"Sub paixu"，按回车键后也会自动显示"Sub paixu()……End Sub"，只不过没有对过程作用域进行定义，而是默认形式。注意输入"Sub paixu"不要在任何对象程序的内部，而是要在"End Sub"的后面或像"Private Sub Command1_Click()"之类的前面。

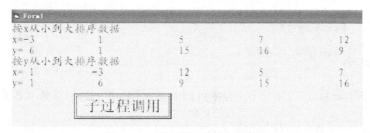

图 1-62　子过程调用及参数传递

要执行一个子过程，必须调用该子过程。每次调用子过程都会执行 Sub 与 End Sub 之间的语句组（过程体）。调用该子过程的过程称为主调过程，也称主程序；该子过程称为被调过程，也称子程序。调用子过程有两种方法：方法一是使用 Call 语句调用，其格式为"Call＜过程名＞(［实参表］)"；方法二为直接使用过程名调用，其格式为"＜过程名＞

［实参表］"。实参表是实际参数列表，参数与参数之间要用逗号间隔。实参要与子过程中的形参——对应，即个数相同、数据类型一致。实参可以是常量、变量和表达式等。当实参为数组时，数组名后面要加一对圆括号。当用 Call 语句调用子过程时，其过程名后必须加圆括号。若有参数，则参数必须放在圆括号之内；若省略 Call 关键字，则过程名后不能加圆括号。若有参数，则参数直接跟在过程名之后，参数与过程名之间用空格间隔，参数与参数之间用逗号间隔。在调用过程时，一般主调过程与被调过程之间有数据传递。子程序中的形参相当于过程中的过程级变量，参数传递相当于给形参赋值，过程结束后，形参所占用的内存空间被释放。形参只能是变量或数组。实参是指在调用 Sub 或 Function 过程时，传送给被调过程的常量、变量、表达式或数组名。其作用是将它们的数据（数值或地址）传送给被调过程中与其对应的形参变量。在参数传递时，实参在个数、位置、数据类型等方面与形参要——对应。实参与形参的结合有按值传递和按地址传递两种方式，一般默认方式是按地址传递，只有这样才能将子过程中形参的改变通过同一地址传递给主程序中的实参。但按地址传递参数必须同时满足下面两个条件：

① 定义过程时，形参前加 ByRef 关键字，或既无 ByRef 也无 ByVal 关键字；

② 调用过程时，实参必须是变量或数组元素。

数组做形参时只能按地址传递参数，必须省略数组的上下界，但括号不能省略。数组做实参时，数组名后面的括号可以省略。下面通过利用子程序重写排序程序来说明子过程的调用及实参和形参的传递关系，程序如下：

```
Public Sub paixu(x(),y(),m)        //子程序
Dim i,j As Integer
Dim tempx,tempy As Double
    For i＝1 To m－1
        ……                        //省略内容见前面
      Next i
End Sub
Private Sub Command1_Click()       //主程序
Dim x(6),y(6)                      //不能定义类项,以变体形式
m＝5: x(1)＝5: x(2)＝12: x(3)＝－3: x(4)＝7: x(5)＝1
y(1)＝15: y(2)＝9: y(3)＝6: y(4)＝16: y(5)＝1
Call paixu(x(),y(),m)
Print "按 x 从小到大排序数据": Print "x＝";
For i＝1 To m
    Print x(i),
Next i: Print: Print "y＝";
For i＝1 To m
    Print y(i),
Next i: Print
Call paixu(y(),x(),m)              //将 y()实参调入子程序中的 x()形参,实际是以 y 数组的值进
                                     行比较
Print"按 y 从小到大排序数据":Print "x＝";
For i＝1 To m
    ……                            //打印部分和 x 排序程序一致
Next i: Print
End Sub
```

运行上述程序，得到图 1-62 所示的结果。

（2）Function（函数）过程

函数过程的定义与子过程的定义很相似。不同的是，函数过程可以返回一个值。其格式为："[Private|Public] Function<函数过程名>([形参表])[As<数据类型>]_<过程体>_End Function"。在过程体中，可以使用 Exit Function 语句退出函数过程。默认的数据类型为 Variant，函数过程的返回值依靠函数名传递回去。所以，在过程体中需要有一条给函数名赋值的语句为"函数名＝表达式"。函数过程语法中其他部分的含义与子过程相同，其建立方法也与子过程相同。可以像调用 VB 内部函数一样来调用 Function 函数过程。即在表达式中，通过函数过程调用参加表达式运算，其格式为"<函数过程名>([实参表])"。函数过程名后面的一对圆括号是不可以省略的。函数过程调用的三种常用方式如下：

① 可以直接放在赋值号右端，如 a＝f()；

② 可以放到表达式中参与运算，如 b＝f()＋a；

③ 可直接作为某过程或函数的实际参数，如 f1(f(),2)。

下面以抛物线绘制为例，说明函数过程的调用。系统要求开发如图 1-63 所示运行结果的程序，由于要多次计算抛物线的函数值，因此可以通过函数过程简化程序。首先添加一个自定义的函数过程，其程序如下：

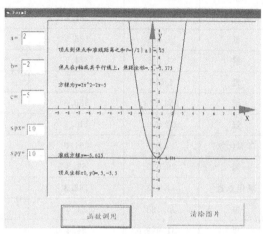

图 1-63　函数调用实例

```
Public Function fpwx(x)
fpwx＝c＋b＊x＋a＊x＾2        //注意 a、b、c 作为模块变量已在外部定义,变量 x 作为变体
End Function
```

关键的函数调用绘制程序为：

```
    x1＝(x0－8－0.1)
    y1＝fpwx(x1)              //函数调用,作为绘制初始点
  For i＝(x0－8)To(x0＋8)Step 0.1  //步长要较小,否则抛物线变成折线
    x2＝i
    y2＝fpwx(x2)              //函数调用,作为绘制的下一点
    Picture1.Line(x1＊spx,y1＊spy)－(x2＊spx,y2＊spy),vbBlue
                             //用蓝色绘制直线
    x1＝x2:y1＝y2             //数据替换,循环绘制,直线变成曲线
Next i
```

有关更为详细的绘图说明及功能介绍见 1.4 节的内容。

1.3.5　基本文件操作基础

在 VB 程序中，需要输入少量数据时，可通过程序中直接赋值来完成，或通过输入函数以获取数据；但输入大量的数据时，这些方法易造成数据输入和数据存储不方便，在重复输入相同的数据时，易造成数据不一致。鉴于这种情况，可以将这些大量的数据存储在一个或多个文件中，使用时再从相应的文件中读取。文件是存储在计算机存储器中信息的集合，是程序、数据和文档的统称。每个文件具有唯一的文件标识，即文件名。文件路径由盘符和文件夹名构成，文件名由主文件名和扩展名构成。例如"D：\Chemical\Wuxing.dat"，表示文件 Wuxing.dat 存放在 D 盘的 Chemical 文件夹中，文件的扩展名为 .dat。例如在某物性数据库中我们存放了物质名称、分子量、正常凝固点、正常沸点、临界温度、临界压力等数据，可以用表 1-12 来表示文件。

表 1-12　物质性质文件表

名称	分子量	凝固点/K	沸点/K	临界温度/K	临界压力/atm
水	18.015	273.2	373.2	647.3	217.6
硫化氢	34.080	187.6	212.8	373.2	88.2
氨	17.031	195.4	239.7	405.6	111.3
肼	32.045	274.7	386.7	653.0	145.0
氦	4.003	4.21	5.19	2.24	57.3
碘	253.808	386.8	457.5	819	115
氪	83.800	115.8	119.8	209.4	54.3
二氧化氮	46.006	261.9	294.3	431.4	100
氮	28.013	63.3	77.4	126.2	33.5
氧化亚氮	44.013	182.3	184.7	309.6	71.5
氖	20.183	24.5	27.0	44.4	27.2
氧	31.999	54.4	90.2	154.6	49.8

注：1atm＝101325Pa。

在 VB 中，共有顺序文件、随机文件、二进制文件等 3 种文件访问类型。顺序文件是普通的纯文本文件，可以用记事本查看内容，读写操作只能按顺序从头到尾依次进行，不能直接定位到想要处理的数据，不能同时进行读写操作。随机文件以固定长度的记录为单位进行存储，且每条记录有一个记录号，对文件中记录的读或写可根据记录号直接进行，即可以按任意顺序访问记录。随机文件打开后既可读又可写，不能用记事本查看，只能通过程序访问其数据，但用 VB 创建的 *.txt 和 *.dat 随机文件可以用记事本打开，只不过其记录显示格式和顺序文件有所不同。二进制文件与随机文件类似，区别在于记录长度不固定，以字节为单位进行访问。

（1）顺序文件的操作

1）打开顺序文件

顺序文件的打开可用 Open 语句，其格式如下：

Open< 文件名> For< 打开方式> As　[#]< 文件号>

文件名用一个字符串表示，要加双引号，包括文件路径及文件名称，如"D：\Chemical\Wuxing.dat"。打开方式可以取 Input、Output、Append 三种之一，其含义如下：

① Input：为读操作打开文件。要打开的文件必须存在。

② Output：为写操作打开文件。要打开的文件如果不存在，则将创建该文件；如果已经存在，则将覆盖该文件。

③ Append：向文件中追加数据。若文件不存在，则新建；若存在，则所添加的数据将存放到原来的数据的后面。

文件号是一个整数，介于 1 和 511 之间。用 Open 语句打开文件时，必须为被打开的文件分配一个有效的文件号，以后对文件的读、写操作等都是通过文件号进行的。

2）关闭顺序文件

关闭顺序文件可用 Close 语句，其格式如下：

```
Close[[#]文件号][,[#]文件号]
```

文件号为 Open 语句中的文件号，如果指定了文件号，则关闭所指定的文件；如果省略了文件号，则关闭所有打开的文件。例如"Close #1，#3"，关闭打开的 #1 和 #3 文件；而"Close"则关闭所有打开的文件。

3）读顺序文件

读顺序文件的格式可用 Input # 语句和 Line Input # 语句，一般采用为 Input # 语句，其格式为：

```
Input #文件号,[变量名表]
```

从指定的顺序文件中读取数据，并把数据分别赋给"变量名表"中的变量，即读取用 Write # 语句生成的顺序文件中的数据，也可读取直接在记事本输入的数据，注意记事本上的每一个数据之间要空格或用逗号分隔，数据按行读取，读完上一行后再读下一行。在读取数据时，如果已到达文件末尾，继续读会被终止并产生一个错误；为了避免出错，常在读操作前用 Eof（文件号）函数检测是否已经到达文件末尾，若 Eof 为 True，则表明已到文件末尾，否则 Eof 为 False。至于 Line Input # 语句常用于文本文件的复制，其格式如下：

```
Line Input #文件号,< 字符串型变量名>
```

其功能是从顺序文件中读取一整行字符并赋给后面的变量，每行对应一个字符串。文件中的行以回车换行符作为结束符。行中的所有字符均不经转换地赋给变量，"字符串型变量名"可以是一个字符串型的简单变量名或数组元素名。

4）写顺序文件（输出）

写顺序文件可用 Print # 语句或 Write # 语句，其格式为：

```
Print | Write #文件号,[表达式列表]
```

利用上述语句可以将数据写入顺序文件，其中 Print # 语句中的表达式列表由用逗号、分号分隔的各种表达式组成，分号表示紧凑格式，逗号表示标准格式；而用 Write # 语句的不管表达式用何种分隔方法，数据文件中的数据均采用紧凑格式存放，数据项之间自动用逗号分开，同时表达式中的字符串自动用双引号括起来。

（2）随机文件的操作

① 打开随机文件　随机文件采用下面格式打开：

```
Open 文件名[For Random]As[#]文件号[Len=记录长度]
```

其中文件名、文件号的使用与顺序文件相同。For Random 是必选项，表示以随机方式打开文件，打开后既可读又可写。要打开的文件可以存在，也可以不存在。对不存在的文件则先自动创建文件。记录长度是一个整型表达式，表示随机文件的记录长度（字节数）。随机文件中每条记录的长度都是固定的，记录长度可以用 Len 函数计算，一般用 Len＝Len（变量名）。

② 关闭随机文件　随机文件的关闭方法和顺序文件关闭方法相同，不再赘述。

③ 读随机文件　读随机文件采用 Get # 语句，其格式如下：

```
Get #文件号,[记录号],< 变量名>
```

其功能是读取随机文件中记录号所指定的记录，并赋给指定的变量。变量一般为自定义数据类型。若省略记录号，则将当前记录读出。

④ 写随机文件　写随机文件采用 Put ♯ 语句，其格式如下：

```
Put ♯文件号,[记录号],变量名
```

其功能是把变量值写入到指定的随机文件中，位置由记录号指明。如果省略了记录号（逗号不能省略），则写入最近一次执行 Get ♯ 语句或 Put ♯ 语句后的记录，即当前记录。随机文件的每个记录包含若干字段，记录和字段都有固定的长度。文件中的第一个记录或字节位于位置 1，第二个记录或字节位于位置 2，依此类推。如果省略记录号，则将上一个 Get 或 Put 语句之后的（或上一个 Seek 函数指出的）下一个记录或字节写入。记录都有相同的结构和数据类型，在建立和使用随机文件前，必须先声明记录结构和处理数据所需的变量。声明记录结构和数据类型一般用自定义数据类型。指定记录号参数时，写入的记录用指定记录号标识。若已有指定记录号的记录，则此记录被覆盖；若不指定记录号，则默认为上一次使用 Put 或 Get 语句操作的记录的下一个记录，若还没执行过 Put 或 Get 语句，则默认为第一条记录。记录变量应与记录结构的类型一致，若不知已有多少个记录，则可用 Lof 函数（它返回打开文件的长度）除以记录长度计算，计算公式为：Lof（文件号)/记录长度。如果要向文件末尾添加记录，则添加的记录的记录号为：Lof（文件号)/记录长度＋1。

（3）二进制文件

二进制文件保存的数据是无格式的字节序列，文件中没有记录或字段这样的结构。二进制访问能提供对文件的完全控制，因为文件中的字节可以代表任何东西。例如，通过创建长度可变的记录可保存磁盘空间。当要保持文件的尺寸尽量小时，应使用二进制型访问。读写操作需要知道当前文件指针的位置，所以在程序中应实时跟踪文件指针的位置。需要注意的是，当把二进制数据写入文件中时，使用变量是 Byte 数据类型的数组的，而不是 String 变量。

① 打开二进制文件　打开二进制文件可用 Open 语句，其格式为：

```
Open< 文件名> For Binary As ♯< 文件号>
```

参数意义同顺序文件。对二进制文件，打开方式用 Binary。

② 关闭二进制文件　关闭二进制文件用 Colse 语句，其格式和应用同顺序文件。

③ 读|写二进制文件操作　二进制文件的读写操作与随机文件的读写操作类似，其读|写数据用 Get|put 语句，格式为：

```
Get | Put ♯< 文件号> ,[读取位置|写入位置],< 变量名>
```

读取位置指定读取数据的起始位置，读出的数据存入变量名指定的变量中；写入位置指定写入数据的起始位置，写入的数据即为变量名指定的变量的值，它可以是字符型，也可以是数值型。打开一个二进制文件时，文件指针指向 1，使用 Get 或 Put 操作语句将改变文件指针的位置。每个打开的二进制文件都有自己的文件指针，文件指针是一个数字值，指向下一次读写操作在文件中的位置。二进制文件中的每一个位置对应一个数据字节，因此，有 n 个字节的文件就有从 1 到 n 的位置。经过对二进制文件进行读写操作，会自动改变文件指针的位置。也可自由地改变文件指针或是获得指针的值，此时用 Seek 语句或 Seek（）、Loc（）函数。Seek 语句格式为：

```
Seek ♯< 文件号> ,< 新位置值>
```

其功能是将文件指针设置为所指定的新位置值，而 Seek（< 文件号>）则返回当前的文件指针位置（下一个将要读写的字节），而 Loc（＜文件号＞）则返回上一次读写的位置。一般的，Loc（）回值总比 Seek（）的返回值小 1，除非用 Seek 语句移动了指针。在随机文件中也可使用 Seek 语句或 Seek（）、Loc（）函数，但文件指针指向记录，而二进制文件中文件指针指向字节。

（4）文件操作实例

① 顺序文件操作　前面已提到物性数据库，现将表 1-12 所示的数据先利用记事本写入并以 Wuxing.dat 的名字保存保存在"D：\ Chemical"目录下，其具体的数据格式如图 1-64 所示，同一行数据之间用逗号隔开。

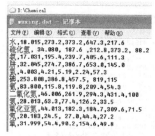
图 1-64　记事本数据

图 1-65　顺序文件打开数据

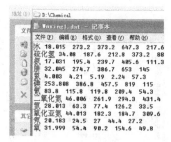
图 1-66　Print 语句分号记录

现利用循序文件打开，并按一定规律显示在屏幕上，其程序代码如下：

```
Private Sub Command1_Click()
Dim i,j,wx
For i＝1 To 6
  For j＝1 To 6
    Input ＃1,wx                          //读入数据
    Print wx;                             //紧凑格式打印数据
  Next j: Print: Print                    //换行打印
Next i
End Sub
Private Sub Command2_Click()
Close ＃1                                 //关闭文件
End
End Sub
Private Sub Form_Load()
Open "d:\Chemical\Wuxing.dat" For Input As ＃1      //打开文件
End Sub
```

运行上述程序后，其结果见图 1-65。至于顺序文件的记录，我们利用已用记事本记录的 Wuxing.dat 作为原数据，分别用 Print 和 Write 语句创建 Wuxing1.dat 和 Wuxing2.dat 及 Wuxing3.dat，其核心代码为：

```
Dim i,j,wx
Open "d:\Chemical\Wuxing1.dat" For Output As ＃2
Open "d:\Chemical\Wuxing2.dat" For Output As ＃3
Open "d:\Chemical\Wuxing3.dat" For Output As ＃4
For i＝1 To 12
  For j＝1 To 6
```

```
      Input #1,wx
      Print #2,wx;
      Print #3,wx,
      Write #4,wx,
   Next j:Print #2,:Print #3,:write #4,
  'Next j
Next i
Close
```

得到的 3 个数据记录文件用记事本打开后的格式见图 1-66～图 1-68。

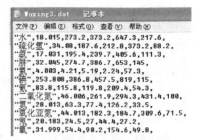

图 1-67　Print 语句逗号记录　　　　　　　　　　图 1-68　Write 语句逗号记录

② 随机文件操作　随机文件的数据类型一般采用前面介绍过的 Type 语句进行自定义数据类型。随机文件记录时除记录数据外，还需同时记录记录号，下面是利用已知数据记录 Wuxing.dat 创建随机记录文件 Wuxing4.dat 及打印随机文件的程序：

```
Private Type wuxing                                    //自定义数据类型
   Name As String * 20
   Molwt As String * 20
   TFP As String * 20
   TB As String * 20
   TC As String * 20
   PC As String * 20
End Type
Dim wx As wuxing
Dim num As Integer                                     //定义记录号
Private Sub 退出_Click()
   Close                                               //关闭文件
   End
End Sub
Private Sub 打印记录_Click()
   Get #2,Val(Text1.Text),wx                           //读出指定记录到变量 wx 中
   Print wx.Name,wx.Molwt,wx.TFP,wx.TB,wx.TC,wx.PC
End Sub
Private Sub Form_Load()
   Open "D:\Chemical\Wuxing.dat" For Input As #1
   Open "D:\Chemical\Wuxing4.dat" For Random As #2 Len=Len(wx)      //打开随机文件
End Sub
Private Sub 创建记录_Click()
Dim i
```

```
num＝1
For i＝1 To 12
    Input ＃1,wx. Name,wx. Molwt,wx. TFP,wx. TB,wx. TC,wx. PC
    Put ＃2,num,wx                                    //num 为记录号,wx 为记录数据
    num＝num＋1
Next i
End Sub
```

运行上述程序后，得到如图 1-69 所示的数据记录及图 1-70 所示的打印数据。其中图 1-69 所示是点击自动换行得到的数据排列，如不点击自动换行，则原文件记录是很长的 2 行。

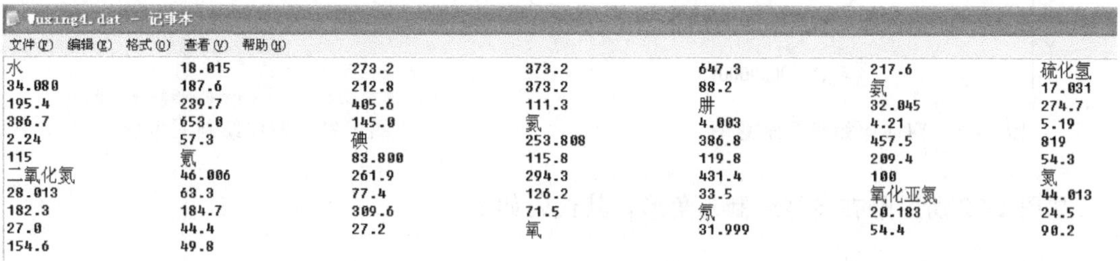

图 1-69　随机创建的文件记录

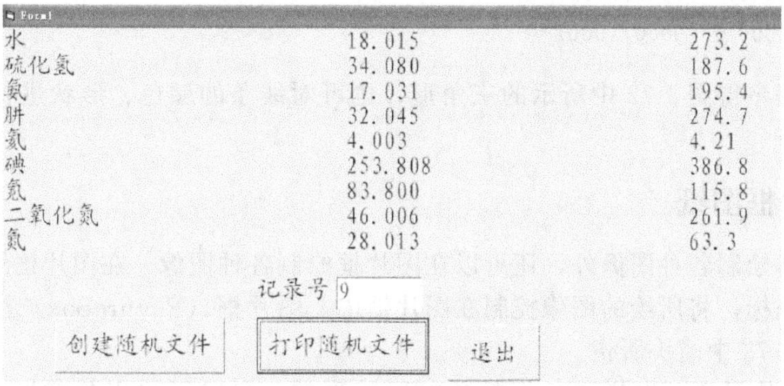

图 1-70　打印随机文件

1.3.6　数据库应用程序设计

有关数据库的知识请参见第 12 章的知识。

1.4　VB 绘图基础及化工应用案例介绍

在 VB6.0 中绘图其实和手工在图纸上绘图是相当的，手工绘制需要的一些准备工作，如图纸、铅笔、橡皮擦、三角板、圆规等工具对应成计算中的各种设置和命令，绘图时要做的第一件事是准备好图纸。在 VB6.0 中常用的图纸是窗体及图片框控件，当然能存放其他控件的控件均可以。

1.4.1　窗体图纸

窗体图纸将整个窗体作为绘图的范围。其坐标的确定方法如下：原点位于窗体左上角像

素点，坐标为（0，0），从原点水平向右为 X 轴正方向，从原点垂直向下为 Y 轴正方向。坐标系单位为 1Twip（特维），$1Twip=1/1440in=0.01763888889mm$，一般最大坐标值可达 10000Twip 以上，这和屏幕的大小有关。图 1-71 是窗体原始坐标示意图。

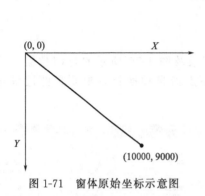

图 1-71　窗体原始坐标示意图

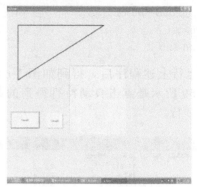

图 1-72　窗体绘制三角形

如图 1-72 所示是在窗体绘制三角形，其代码如下：

```
DrawWidth＝3    '线宽为 3
Line(1000,1000)－(1000,5000)
Line(1000,1000)－(9000,1000)
Line(1000,5000)－(9000,1000)
```

运行上述程序得图 1-72 中所示的三角形，也可对线条的颜色、形状进行设置，后面有介绍。

1.4.2　图片框图纸

除了在窗体绘制各种图像外，还可以在图片框绘制各种图像。在图片框绘制图像的好处是可以自定义坐标，将所绘的图像控制在图片框内。图片框（PictureBox）控件可通过工具箱加载，见图 7-73 中箭头所指。

PictureBox 的对象可以说是任何对象的原始形态，它除了可以加载图片、显示文字、画图外，还能与 Frame 的对象一样，在自己本身里头加载其他的对象而自成一个小群组。用图片框可以仿真出任何对象的外观。图片框是 VB 基本控件里变化最多、功能最多的一个控件，也是令人最想去征服它的一个控件。图片框与 Frame 对象一样，本身都能装载其他的对象而自己形成一个对象群组。当要拿图片框装载对象时，可以把它视为 Frame 来使用。在设计阶段，以 Picture 属性来加载图片，在属性对话窗口按一下“…”钮后，跳出“加载图片”对话框，选择所要的图档，然后加载。在执行阶段，可以用 VB 的函数来帮图片框加载图片。在设计阶段，若后悔加载图片，想把它消除，则可以把图片框按 Delete 键删掉，然后从工具箱中拖曳一个新的图片框；或是用属性对话框里的 Picture 属性把“(Bitmap)”这几个反白；或是移到“(”的最前端，按一下键盘的 Delete 键即可移除图片。若在执行阶段，想把 PictureBox 内的图片移除，则可再用 LoadPicture 函数，并且传空字符串给它：

```
Private Sub Command1_Click()
Picture1.Picture＝LoadPicture("")
End Sub
```

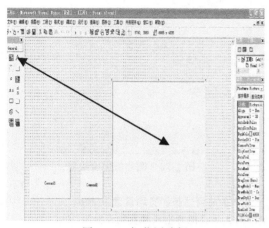
图 1-73　加载图片框

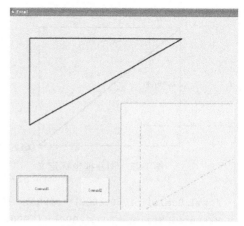
图 1-74　图片框不完全绘制

图片框的主要事件有单击（Click）、双击（DblClick）和改变（Change）、聚焦以及键盘和鼠标等。图片框的主要方法有 Cls 清除所有图像和 Print 输出以及 Line、Pset、Circle 等方法。

图片框如不进行新的坐标设置，那么其坐标和窗体中的原始坐标系相仿，只不过原点移到了图片框的左上角，但图片框中每个坐标单位的大小仍然是 1Twip，由于图片框一般比窗体小很多，此时如仍调用原窗体坐标数据绘制图形，图形就可能不全，如在 command2 中输入以下代码：

```
Picture1.Line(1000,1000)-(1000,5000),RGB(0,0,255)'颜色设置蓝
Picture1.Line(1000,1000)-(9000,1000),RGB(0,255,0)'颜色设置绿
Picture1.Line(1000,5000)-(9000,1000),RGB(255,0,0)'颜色设置红
```

运行上述程序，得图 1-74 所示结果。请仔细观察图 1-73，你会发现在文本框中的三角形只画了一部分，同时线条形状成了点划线，有 3 种颜色，这是由于下面 3 个原因造成的：

① 图片框过小；

② 在图片框中对 drawstyle 属性进行了设置，其值为 3；

③ 程序中代码加了 RGB(*,*,*)，三个 * 分别代表红、绿、蓝的值，其值范围为 0～255。

利用图片框控件绘制图形时，最好进行自定义坐标设置，通过定义左上角及右下角坐标，可将任意大小的图片框用相同的坐标进行定义，单位坐标的大小和原始坐标系中的不同，原始坐标系中的单位坐标＝0.017888889mm，自定义坐标系中单位坐标随图片框及其他可以画图的控件（又称容器，本书中称图纸）大小而变化（图 1-75）。自定义命令：

```
<控件名>.Scale(x1,y1)-(x2-y2)
```

如在原来绘制三角形的程序代码前加上下面语句：

```
Picture1.Scale(0,0)-(10000,10000)    //图片框的左上角坐标定义为(0,0),右下角坐标定义为
(10000,10000)
```

运行程序后就会得到如图 1-76 所示的结果，此时整个三角形的图案均在图片框内。有时为了方便坐标的计算和标示，可以将图片框以及窗体通过自定义，将它们中心点的坐标设置为（0，0），同时其他方向符合常规的数学坐标标示形式，可采用下面语句：

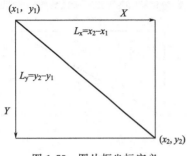

图 1-75　图片框坐标定义

图 1-76　图片框完全绘制

```
Form1.Scale(-1000,1000)-(1000,-1000)      //人为将窗体长和宽均设置为 2000
Picture1.Scale(-1000,1000)-(1000,-1000)   //人为将图片框长和宽均设置为 2000
```

　　自定义坐标系中单位坐标的距离和初始窗体坐标系中的距离是不相同的，由于人为设置，可能造成 X 轴单位坐标距离（D_x）和 Y 轴单位坐标距离（D_y）不同，出现所画的圆变成了椭圆的现象，控件自定义坐标后的实际单位坐标距离可用下面公式计算：

```
X 轴单位坐标距离(Dx)＝控件名.width * 0.017888889/Lx
Y 轴单位坐标距离(Dy)＝控件名.height * 0.017888889/Ly
```

　　其中 $L_x = x_2 - x_1$；$L_y = y_2 - y_1$。若窗体 Form1 的坐标原点设置在屏幕中心，则单位坐标的实际距离为：

```
Dx＝17400 * 0.017888889/2000＝0.1556(mm)
Dy＝12630 * 0.017888889/2000＝0.111297(mm)
```

　　其中 Form1.width＝x_w＝17400；Form1.height＝y_h＝12630。由上面计算可知，此时 X 轴和 Y 轴单位坐标距离是不同的，如果在如此定义的窗体上按常规的数学方法绘制圆，得到的图像其实是椭圆，同样图片框的原实际大小可用"Picture1.Height、Picture1.Width"计算。

1.4.3　直线的绘制

　　前面介绍了 VB 绘图过程中图纸的准备工作。VB 中的所谓图纸可以直接设置为窗体或利用图片框控件均可。有了图纸及图纸范围的确定，就可以绘制图像了。VB 中利用 Line、Pset、Circle 等绘图等方法进行绘制图像。Line 是最常用的绘制方法，几乎可以绘制所有形状的图形，其完整的格式是：

```
< object. > Line[step][(x1,y1)]-[step](x2,y2),[color],[B][F]
```

　　<object.>是必需的项目，只有容器控件是窗体时才可以省略；带中括号如"［＊＊＊］"的项目是可以省去的项目。格式中各项意义如下。

　　Step：表示在原来点的基础上增加，相当于 Auto CAD 中的相对坐标，其绝对坐标值等于原来点的坐标加上 Step 后面的坐标数据，如 Line Step(1000,1000)-Step(1000,5000)，相当于 Line(1000＋0,1000＋0)-(1000＋1000,5000＋1000)＝Line(1000,1000)-(2000,6000)。注意最初画线时，初始坐标为（0，0）。

　　［(x1,y1)］：表示第一点可以省略，如果省略第一点，则表示从上一次最后一点接着画。如下面程序"Form1.Line(1000,5000)-(9000,1000)；Line-(9000,9000)"其图像如

图 1-77 所示。

[B][F]：这两个选项相互之间有逻辑关系，如果选择了 B，可以选 F，也可以不选 F；如果没有选 B，则不能选 F。选 B 表示所画图形为以（x1,y1）－（x2,y2）为对角线的矩形，如命令 "Line（15000,5000）－（10000,10000），vbBlue，B"，表示以（15000,5000）－（10000,10000）为对角线，线条颜色为绿色的矩形。如果同时选择 F，则表示以矩形线条颜色填充整个矩形，见图 1-78。

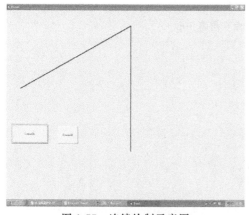

图 1-77　连续绘制示意图

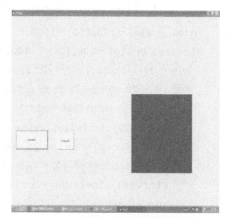

图 1-78　填充矩形绘制示意图

[color]：此项表示所绘图像线条的颜色，如果无此项，但又有下面的 B、F 等项，则必须添加 "，"，否则不能绘制矩形，而是将后面的 B、F 当做颜色的代码。如果默认此项，则一般颜色为黑色（如刚设置过颜色，则以设置过的为准）。举例如下：

```
Form1.ForeColor＝&HFF&   //颜色设置为红色
Line(15000,5000)－(10000,10000),,BF
```

颜色设置一般有 3 种方法：第一种直接用 vbRed、vbblue、vbBlack、vbGreen 等表示，就是 vb 加颜色的英文名即可；第二种用 RGB（＊，＊，＊），三个 ＊ 分别代表红、绿、蓝的值，其值范围为 0～255；第三种用 16 进制的数来表示颜色，如 &HFF&，具体数字见图 1-79 所示的调色板。

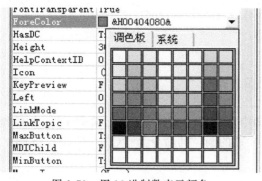

图 1-79　用 16 进制数表示颜色

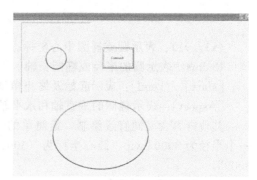

图 1-80　2 种不同圆的绘制

尽管 Line(x1,y1)－(x2,y2) 只是绘制直线的命令，但如果能配合其他程序，几乎可以绘制所有的图形，绘制三角形前面已有介绍，那绘制圆可以吗？尽管绘制圆有专门的命令（后面有介绍），但通过编程可以方便地用 LINE 命令绘制圆。已知圆方程为：

$$x^2 + y^2 = 900$$

其绘制圆的代码为：

```
Private Sub Command1_Click()
Dim x0,y0,x1,y1
Picture1.Width=3800: Picture1.Height=3800
DrawWidth=3: Picture1.DrawWidth=3
DrawStyle=3
Form1.Scale(-100,100)-(100,-100)          //原点在屏幕中心
Picture1.Scale(-100,100)-(100,-100)
  x0=-30: y0=Sqr(900-x0^2)
  For i=-29.999 To 30 Step 0.001
      x1=i: y1=Sqr(900-x1^2)
      Line(x0,y0)-(x1,y1),vbRed
      Line(x0,-y0)-(x1,-y1),vbBlue
      Picture1.Line(x0,y0)-(x1,y1),vbRed
      Picture1.Line(x0,-y0)-(x1,-y1),vbBlue
      x0=x1: y0=y1
  Next i
End Sub
```

为什么在窗体上绘制的圆是椭圆，而在图片框中的绘制的圆就是圆（图 1-80）？这是因为在窗体上绘制时，由于自定义坐标的原因，使得两个不同方向的单位坐标的长度不一样，而在图片框中，先定义了一样长、宽的图片框，再定义一样大小的两个方向坐标，所以绘制出来的圆就是真实的圆。

1.4.4 圆及椭圆的绘制

圆和椭圆的绘制属于同一个命令，采用不同的选项。要绘制出真正的圆，必须将绘图的容器设置成正方形，如不是正方形，则需要进行坐标校正。当然如果是原始窗体坐标不作调整，也可以画圆，但原点坐标及其他计算会较复杂，其绘制格式如下：

< object. > Circle [step](x1,y1),[color],Radius,[start],[end],[Aspect]

(x1，y1)：表示圆或椭圆中心坐标。

Radius：表示圆的半径或椭圆长轴。

[start] / [end]：表示起始及终止角度，单位为弧度。

[Aspect]：表示椭圆的垂直轴和水平轴之比。

其他内容含义同直线绘制，最简单的绘圆命令为"Circle（x1，y1），Radius"，如绘制一个半径为 3000Twip、圆心坐标为（5000，5000）的圆，其命令为"Circle(5000，5000)，3000"。

如绘制椭圆，则其命令为：

```
Circle(10000,5000),3000,vbRed,0,0,2//长轴为Y 轴
Circle(10000,5000),3000,vbBlue,0,0,0.5//长轴为X 轴
```

可绘制如图 1-81 所示的椭圆。

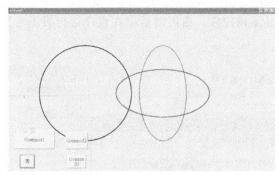

图 1-81　绘制不同的椭圆

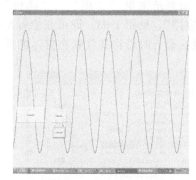

图 1-82　点绘制示意图

1.4.5　点的绘制

有时利用点的绘制可以更加方便地绘制复杂函数的图像。点的绘制相比于直线绘制，其优点是只要一个点的坐标即可，其绘制格式为：

< object.> Pest [step](x1,y1)[color]

格式中各项的含义和直线绘制相同，下面是利用点绘制语句绘制的三角函数图像的程序代码，绘制结果图见图 1-82。

```
Dim x0,x1,y0,y1
DrawWidth＝3
Form1.Scale(－100,100)－(100,－100)
For i＝－80 To 80 Step 0.01
    x1＝i＊5
    y1＝80＊Sin(i)
    PSet(x1,y1),vbRed
        Next i
```

1.4.6　化工工艺流程图绘制

利用上面介绍的绘图技术，再结合化工工艺流程图绘制的图样及要求，我们就可以开发出简单的化工工艺流程图绘制软件，在介绍该软件之前，先补充介绍该软件中用到的几个新的知识点。

1.4.6.1　软件所用新控件及菜单制作

（1）通用对话框（CommonDialog）

通用对话框（CommonDialog，以下简称 CDg）是一个 VB 控件，用于创建具有标准界面和使用方法的公共对话框。CDg 控件提供一组标准的操作对话框，进行诸如打开和保存文件、设置打印选项以及选择颜色和字体等操作。通过运行 Windows 帮助引擎控件还能显示帮助。CDg 控件在 Visual Basic 和 Microsoft Windows 动态连接库 Commdlg.dll 例程之间提供了接口。为了用该控件创建对话框，必须要求 Commdlg.dll 在 Microsoft Windows \ System 目录下。为了在应用程序中使用 CDg 控件，应将其添加到窗体上并设置属性。控件显示的对话内容由控件的方法决定。运行时，调用相应方法后将显示对话框或执行帮助引擎；设计时在窗体上将 CDg 控件显示成一个图标，此图标的大小不能改变。CDg 控件可以显示常用对话框有"打开"、"另存为"、"颜色"、"字体"、"打印"等。添加通用对话框控件通过系统菜单"工程"—"部件",选择"Microsoft Common Dialog Control 6.0",点击"应用",见图 1-83,即可在原标准控件窗口显示该控件。通用对话框在程序运行后不可见,故在设计时可将其放置在窗体的任何地方。

图 1-83　加载通用对话框控件

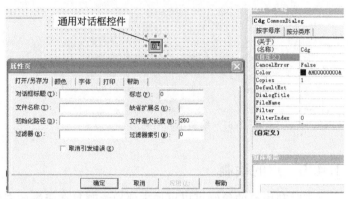

图 1-84　通用对话框控件属性设置

在窗体上添加通用对话框后,可在属性窗口中单击"自定义"的按钮或者用鼠标右键单击对话框控件,打开"属性"选项,见图 1-84。通过设置不同的 Action 属性值（只能在程序中设置）或调用不同的方法来决定对话框的类型,具体使用参考表 1-13。

表 1-13　通用对话框的方法及对应 Action 属性值

显示的对话框	方法	Action 属性值
"打开"对话框	ShowOpen	1
"另存为"对话框	ShowSave	2
"颜色"对话框	ShowColor	3
"字体"对话框	ShowFont	4
"打印机"对话框	ShowPrinter	5
"帮助"对话框	ShowHelp	6

在本节介绍的软件中,将所绘流程图保存的对话框程序如下:

```
Private Sub Command1_Click()
Picture1.AutoRedraw＝True          //一定要设置为 True,否则保存的是空白图片框

With Cdg                           //已将控件名改为 CDG
.FileName＝""
.Filter＝"位图文件(＊.bmp)|＊.bmp"
.ShowSave                          //调用保存对话框
If Len(.FileName)＞0 Then
SavePicture Picture1.Image,.FileName
End If
End With
End Sub
```

（2）工具条（Toolbar）

工具条（Toolbar）是 Windows 环境下应用程序常用的界面元素。把菜单中常用的命令做成按钮安排在工具条中，配上适当的图标符号和文本提示，极大地方便了用户使用软件。

工具条控件常和图像列表（ImageList）一起使用。这两个控件在 Microsoft Windows Common Controls 6.0 部件中，可以通过选择"工程"—"部件"—"Microsoft Windows Common Controls 6.0"把工具条控件添加到工具栏中。然后在窗体上分别画一个 Toolbar 和一个 imagelist。通过点击右键选择属性或在 Imagelist 属性窗口中点击"（自定义）"（属性页），均可出现图 1-85 所示属性页，插入一系列工具条所需的图标，记住索引号及关键字。同样选择 Toolbar 在属性窗口中的"（自定义）"（属性页），将"图像列表"设为 Imagelist 的名称，见图 1-86。在按钮选项卡中，插入按钮，输入标题、关键字，设置好选项，"图像"为 Imagelist 中所需图像的索引号。当点击工具条时，通过工具条按钮对应的关键字触发某一过程，其具体程序如下：

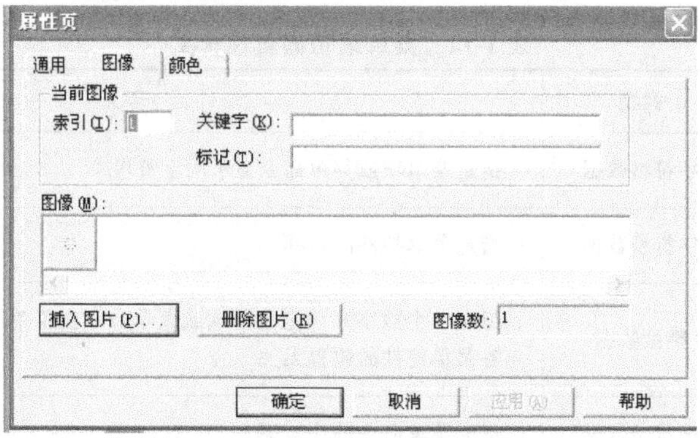

图 1-85　图像列表属性页

```
 Private Sub Toolbar1_ButtonClick(ByVal Button As MSComctlLib.Button)
Select Case Button.Key
Case "< 按钮关键字 1> "
过程
Case "< 按钮关键字 2> "
过程
……
End Select
End Sub
```

（3）菜单制作

制作菜单也是为了方便用户的使用，将同一类功能的操作集中在同一菜单栏下。菜单有下拉式菜单和弹出式菜单两种。下拉式菜单结构分为主菜单栏、子菜单栏；子菜单又分为菜单命令或选项、子菜单标题和分隔条；菜单命令或选项可以直接执行；子菜单标题可以再拉出下一级菜单；分隔条用于对子菜单项进行分组。以下 4 种方法均可以进入菜单编辑器，菜单编辑器见图 1-87，菜单编辑器中的各项属性含义见表 1-14。

① 点击"工具"菜单栏，选择"菜单编辑器"按钮；

② 直接执行热键（快捷键）Ctrl＋E；

③ 单击工具栏上的菜单编辑器▥；

④ 在要建立菜单的窗体上单击鼠标右键，打开快捷菜单，选择"菜单编辑器"。

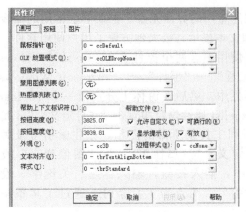

图 1-86 工具条属性页

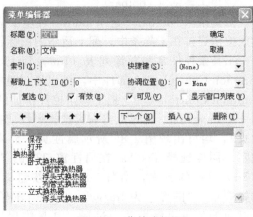

图 1-87 菜单编辑器

表 1-14 菜单编辑器属性含义

名称	类型	含义
标题(Caption)	字符型数据	指定菜单项或菜单命令显示的字符串
名称(Name)	字符型数据	指定菜单控件的名称
索引	整型数据	指定一个数字来确定菜单项或菜单命令在菜单控件数组中的序号,该序号与各菜单控件的位置无关
快捷键	字符型数据	指定菜单命令的快捷键
复选	逻辑型数据	指定是否允许在菜单项的左边设置复选标记
有效	逻辑型数据	指定该菜单项是否可操作
可见	逻辑型数据	设置是否将该菜单项显示在菜单上
显示窗口列表	逻辑型数据	在多重文档(MDI)程序中指定该控件是否包含一个打开 MDI 子窗体列表

菜单编辑器中"名称"属性是菜单项的必要属性,必须给定;在输入菜单标题时在某个字母前输入一个 & 符号,该字母就成了热键,在窗体上显示时该字母带有下划线,操作时用 Alt+该字母就激活菜单或执行该菜单命令;在菜单的标题栏输入"-"号,则菜单显示时形成一个分隔符。菜单分层编辑时每单击一次"→"按钮,产生"….",称为内缩号,用来确定菜单项的层次,每单击一次,菜单项下移一个等级;单击"←"可把选定的菜单上移一个等级;单击"↑"可把选定的菜单在同级菜单内向上(前)移动一个位置;单击"↓"可把选定的菜单在同级菜单内向下(后)移动一个位置;单击"下一个"开始一个新的菜单项(命令);单击"插入"则在当前的菜单项前插入一个新的菜单项;单击"删除"则删除当前的菜单项。

动态菜单是指菜单项或菜单命令在程序的运行过程中有增有减;可设计一个菜单控件数组,即同一菜单上享有相同的名称和事件过程的一组菜单项(命令)的集合,通过菜单控件数组的下标来访问该数组中的某一个具体菜单项或菜单命令。使用 Load 方法在菜单控件数组中增加一个新的菜单项(命令),也可以用 Unload 方法从菜单控件数组中删除一个菜单项。

弹出式菜单独立于菜单栏，直接显示在窗体上。弹出式菜单通常是单击鼠标右键打开，又称为"右键菜单"或"快捷菜单"，其创建方法和下拉式菜单基本一致，只不过在图 1-87 所示的菜单编辑器中，对最高一级菜单的"可见"属性设置为 False，然后调用 PopupMenu 方法将其作为快捷菜单显示出来，其格式为：

```
[对象名].PopMenu  菜单名,[flags],[X],[Y],[DefaultMenu]
```

其中对象名是可选项，默认为当前窗体；菜单名为必选项，要显示的弹出式菜单名是在菜单编辑器中定义的主菜单标题，该主菜单标题至少含有一个子菜单；flags 是可选项，是一个数值或符号常量，用于指定弹出式菜单的位置和行为，其所取值及含义见表 1-15 和表 1-16。

表 1-15　flags 位置取值含义

值	位置常量	说明
0	vbPopMenuLeftAlign	缺省值,弹出式菜单的左上角位于坐标(x,y)处
4	vbPopMenuCenterAlign	弹出式菜单的上边框的中央位于坐标(x,y)处
8	vbPopMenuCenterRight	弹出式菜单的右上角位于坐标(x,y)处

表 1-16　Flags 行为取值含义

值	位置常量	说明
0	vbPopMenuLeftButton	缺省值,弹出式菜单中的命令只接受鼠标左键单击
2	vbPopMenuRightButton	缺省值,弹出式菜单中的命令只接受鼠标右键单击

若要同时指定菜单位置和行为，则将两个参数值用 or 连接如"8 or 2"。"X，Y"是指定显示弹出式菜单的 x 坐标和 y 坐标，省略时为鼠标的当前坐标；"DefaultMenu"指定弹出式菜单中要显示为黑体的菜单控件的名称，省略时，则弹出式菜单没有以黑体字出现的菜单项；在显示弹出式菜单时，一般把 PopupMenu 方法放在 MouseDown 事件中，该事件响应所有的鼠标单击事件。通过鼠标右键打开弹出式菜单，可以用 Button 参数来判断，左键的 Button 参数为 1，右键的 Button 参数为 2。

1.4.6.2　简易化工流程图绘制软件简介

软件分为以下三个功能模块：设备预览、设备介绍、简易化工流程图绘制。本软件设备图库收录了常用的各类化工设备，包括 7 种换热器、10 种容器与罐体、18 种阀门、7 种动力装置、3 种反应器、3 种塔器等多种设备，能基本满足常规简易化工流程图的设备图例需求。在设备菜单栏处选择所需设备，设备预览区将显示设备的图例，同时在下方设备介绍区显示该种设备的文字简介，用户可根据以上信息判断该设备是否能满足设计需要。如能满足，则可用鼠标将该设备图例放入绘制区的适当位置，并利用画线功能将其与其他设备按设计需要连接在一起，并将最终图纸导出为 BMP 格式的图像文件。对绘制过程出现的错误，也有相应的修改功能。本软件的国家软件登记号为 2016SR21323，需要详细软件的读者请通过邮箱联系作者。

软件利用 VB6.0 编程技术，界面简洁清晰，使用方便，能基本满足化工类学生基本的化工流程图绘制要求，可缩短绘图时间，提高学生学习效率，同时也给学生提供了解各类化工设备的渠道。图 1-88 所示是软件运行时的初始界面。图 1-89 是某一过程绘制的化工工艺流程图。

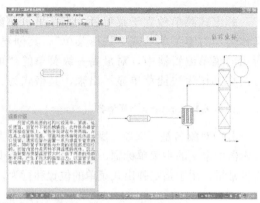

图 1-88　软件运行初试界面　　　　　　　　图 1-89　流程图绘制界面

习　题

1. 利用 VB 语言，开发一个用于化学化工领域的计算软件，要求具备常规计算器的功能和一些化学化工常见的参数及计算公式。

2. 利用 VB 语言，开发一个化工工艺流程图绘制的软件，要求可以绘制基本的化工工艺流程图，至少具备 16 个基本图形及线条连接功能。

3. 以小组为单位，确定一个具体的化工应用方向，如某课程习题通用计算、某实验研究报告及数据处理，要求开发出功能相对完善的程序，并按申请国家软件登记号要求写出申请文本。

第2章
MATLAB编程基础及在化学化工的应用

2.1 MATLAB 概述

MATLAB 是矩阵实验室（Matrix Laboratory）之意，它是一种科学计算软件，专门以矩阵的形式处理数据。MATLAB 将高性能的数值计算和可视化集成在一起，并提供了大量的内置函数，从而被广泛地应用于科学计算、系统控制、参数辨识、人工智能、过程仿真、系统优化、信息处理等领域，可以说是无所不能的科学计算软件。自从 1984 年发布 MATLAB 1.0 版本以来，利用 MATLAB 产品的开放式结构，几乎每年对 MATLAB 的功能进行扩充，不断完善 MATLAB 产品以提高产品自身的竞争能力。

2.1.1 版本介绍

20 世纪 70 年代后期，美国 New Mexico 大学计算机系系主任的 Cleve Moler 利用业余时间为学生编写 EISPACK 和 LINPACK 的接口程序，并给这个接口程序取名为 MATLAB。1983 年春天，Cleve Moler 到 Standford 大学讲学，MATLAB 深深地吸引了工程师 John Little。John Little 和 Cleve Moler、Steve Bangert 一起用 C 语言开发了第二代专业版 MATLAB。1984 年，Cleve Moler 和 John Little 成立了 Math Works 公司，正式把 MATLAB 1.0 推向市场，一个强大的科学计算软件从此诞生，并在历年不断研究完善的过程中发布新的版本，功能不断完善，性能更加强大。

1986 年 MATLAB 2.0 发布，至 2004 年 MATLAB 7.0 发布，其功能已相对完善。其所需空间相对较少，大约 1G，对于 32 位的 XP 系统，建议安装 MATLAB 7.0，完全可以胜任各类化学化工的计算问题。发展到 2014 年，MATLAB 2014b 发布，其所需空间已增加到 8G 左右，分有 32 位系统和 64 位系统，建议 Windows 8 或以上的系统安装 MATLAB 2014b 或更高的版本，最新已到 MATLAB 2016b。

2.1.2 安装启动

MATLAB 的安装和其他软件一样，双击其安装文件夹下的图标，即"setup.exe"文件，按照系统的提示依次安装即可。由于所需空间较大，一般 C 盘已安装操作系统，建议安装在 D 盘等非操作系统所在的盘。下面以 MATLAB 7.0 为例说明软件的启动及应用（高于此版本的，所有步骤基本相仿，笔者将在 MATLAB 7.0 开发的程序放在 MATLAB2014b 的中文版本中使用，完全可以顺利运行）。

安装好 MATLAB 软件后，桌面会出现快捷方式，双击这个快捷方式，进入如图 2-1

所示的 MATLAB 集成开发环境。

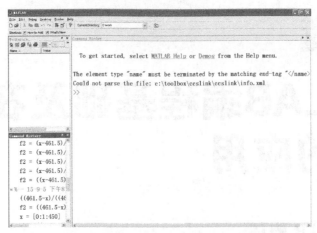

图 2-1　　MATLAB 7.0 集成开发环境

在 MATLAB 集成开发环境中共有 3 个窗口，分别是右边的命令窗口、左上部的工作空间及左下部的历史记录。在命令窗口中，"≫"是 MATLAB 的命令提示符，可直接在命令提示符下输入各种命令，直接回车后系统就会在命令窗口显示运行结果。如键入下面命令：

≫x＝8;y＝3;z＝x＾2＋y

回车后，屏幕上就会显示"z＝67"，注意"z＝"和"67"不在同一行上。MATLAB程序中如要加说明内容可用"%"，"%"后面的内容，系统自动认为是说明内容，程序运行时并不执行，并且用绿色字体表示。命令行中对于分号结束的内容，只运行并不显示；对于无分号的内容则显示运行的结果。

一些简单的运算可以直接在命令窗口计算，如矩阵求逆，直接键入下面命令：

≫A＝inv([1 2 3;1 3 2;1 0 1])

直接回车可以得到图 2-2 所示的运算结果，如将所求得的逆阵和原来的矩阵相乘，就可以得到单位矩阵，见图 2-2 的下部。

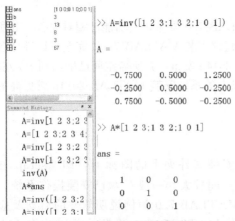

图 2-2　命令窗口矩阵求逆

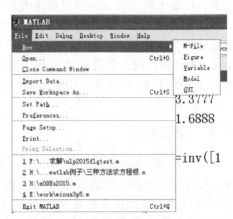

图 2-3　M 文件编辑窗口打开方法

对于复杂的计算，需要先编写 M 文件。M 文件的编写窗口需要从"File"的菜单栏下

"New"子菜单栏中选择"M-File",见图2-3。点击"M-File"后,系统弹出M文件编辑窗口,可在该窗口中编辑所需的程序,见图2-4。

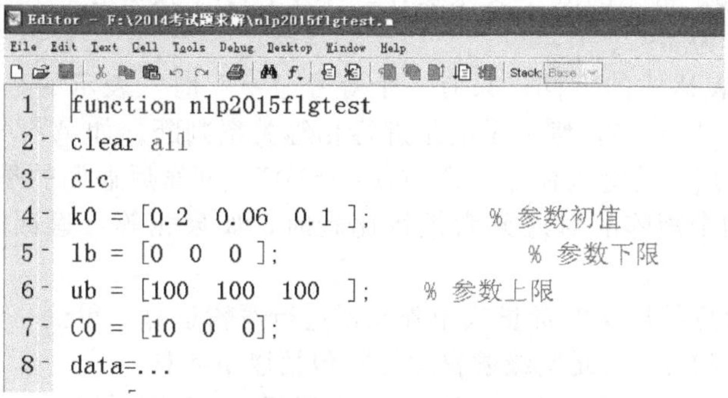

```
1   function nlp2015flgtest
2   clear all
3   clc
4   k0 = [0.2  0.06  0.1 ];        % 参数初值
5   lb = [0  0  0 ];               % 参数下限
6   ub = [100  100  100 ];    % 参数上限
7   C0 = [10  0  0];
8   data=...
```

图2-4 M文件编辑窗口

2.1.3 主要功能

MATLAB的基本数据单位是矩阵,它的指令表达式与数学、工程中常用的形式十分相似,故用MATLAB来解算问题要比用C、FORTRAN等语言完成相同的事情简捷得多;并且MATLAB也吸收了像Maple等软件的优点,使MATLAB成为一个强大的数学软件。在新的版本中也加入了对C、FORTRAN、C++、JAVA的支持,可以直接调用这些软件开发的程序。用户也可以将自己编写的实用程序导入到MATLAB函数库中方便自己以后调用。此外许多的MATLAB爱好者都编写了一些经典的程序,用户直接进行下载就可以用。

MATLAB将数值分析、矩阵计算、科学数据可视化以及非线性动态系统的建模和仿真等诸多强大功能集成在一个易于使用的视窗环境中,为科学研究、工程设计以及必须进行有效数值计算的众多科学领域提供了一种全面的解决方案,并在很大程度上摆脱了传统非交互式程序设计语言的编辑模式,代表了当今国际科学计算软件的先进水平。

MATLAB包括拥有数百个内部函数主工具箱和三十几种工具箱。工具箱又可以分为功能工具箱和学科工具箱。功能工具箱用来扩充MATLAB的符号计算、可视化建模仿真、文字处理及实时控制等功能。学科工具箱是专业性比较强的工具箱,如控制系统工具箱(Control System Toolbox)、财政金融工具箱(Financial Toolbox)、图像处理工具箱(Image Processing Toolbox)、动态仿真工具箱(Simulink Toolbox)、小波工具箱(Wavele Toolbox)等。MATLAB具有以下主要优点:

① 友好的工作平台和编程环境;
② 简单易用的程序语言;
③ 强大的科学计算机数据处理能力;
④ 出色的图形处理功能;
⑤ 应用广泛的模块集合工具箱;
⑥ 实用的程序接口和发布平台。

2.1.4 基本知识

2.1.4.1 基本运算符

运算符是一个符号,它告诉软件编译器执行特定的数学或逻辑操作。MATLAB有算术运算符、关系运算符、逻辑运算符等3种主要运算符,还有位运算、集合运算等其他运算。

MATLAB的编程语言非常接近一般科学计算表达式,大部分操作符合自然科学的表达形式或十分接近，非常容易学习和编写。常见的 6 个算术操作符"加、减、乘、除、乘方、左除"的符号为"＋、－、＊、/、^、\"，而左除表示用后面的数除以前面的数，如"12\6"其结果为 0.5。常见的 6 个关系操作"小于、小于或等于、大于、大于或等于、等于、不等于"的符号为"＜、＜＝、＞、＞＝、＝＝、～＝"，注意等于"＝＝"与不等于"～＝"和一般数学表达式的不同，只有一个等号"＝"时，表示的是赋值语句，如"a＝6"；如果是两个等号"＝＝"，则表示的是进行相等关系判断。如 A＝[1 2 3；4 5 6；7 8 9]，B＝[1 2 3；1 2 3；7 2 1]，若键入命令"C＝(A＝＝B)"，回车后返回的是"C＝[1 1 1；0 0 0；1 0 0]"。当 A、B 两个矩阵的对应元素进行比较时，如果相等，返回 1；如果不相等，返回 0。

元素级的逻辑运算符用于对标量或矩阵元素进行逻辑运算，得到一个结果标量或结果矩阵。假设操作数为 a 和 b，则元素级逻辑运算符包括以下 4 种：

① a&b：与运算，两标量或两元素均非 0 则返回 1，否则返回 0。

② a|b：或运算，两标量或者两元素至少有一个是非 0 则返回 1，否则返回 0。

③ ～a：非运算，对作用的标量或矩阵元素求补，如果标量或者矩阵元素为 0 则结果为 1，如果标量或矩阵元素不为 0 则结果为 0。

④ xor(a,b)：异或运算，两标量或两元素均非 0 或均为 0 则返回 0，否则返回 1。

如设 a＝[1 2 0],b＝[1 5 7]，则 a&b 返回 [1 1 0]，a|b 返回 [1 1 1]，～a 则返回 [0 0 1]，xor(a,b) 则返回 [0 0 1]。

值得注意的是前面介绍的乘法、除法及乘方运算中，如果不是纯数量，而是向量或矩阵的话，有点乘".＊"、点除"./"、点乘方".^"的区别，以前面矩阵 A、B 的数据为例，具体运算如下：

A^2：返回 [30 36 42；66 81 96；102 126 150]，分号表示换号，这里为节约版面其实是矩阵，以下均同，按常规的矩阵相乘计算新的矩阵。

A.^2：返回 [1 4 9；16 25 36；49 64 81]，两矩阵对应元素分别相乘后构建的新矩阵。

A./B：返回 [1 1 1；4 2.5 2；1 4 9]，两矩阵对应元素分别相除后构建的新矩阵。

A.＊B：返回 [1 4 9；4 10 18；49 16 9]，两矩阵对应元素分别相乘后构建的新矩阵。

A/B：由于 B 矩阵是奇异的，返回的元素中有 NaN 及 Inf，其中 NaN 表示不是一个数，Inf 表示无穷大。

在 MATLAB 运算中不会出现像 VB 程序中遇到被 0 除的运算式时就中断计算的情况，而是用 Inf 表示，其他代码继续执行。MATLAB 还可以很好地进行复数运算，软件默认 i 和 j 为虚数单位，如 6＋3i，表示实部为 6，虚部为 3 的复数，也可以用 6＋3j 表示。当然你也可以将 i 和 j 重新定义为其他数。

2.1.4.2　变量及表达式

（1）变量

在 MATLAB 中，变量名由 A～Z、a～z、数字和下划线组成，且变量的第一个字符必须是字母。尽管变量名可以是任意长度，但是 MATLAB 只识别名称的前 63 个字符（版本不同，识别的字符个数也不同，63 个字符是 MATLAB7.0 版本的）。MATLAB 是区分大小写的，如 a 和 A 是不同的两个变量，MATLAB 自带的命令通常都是由小写字母组成的，例如 abs(A) 是计算出 A 的绝对值。

MATLAB 中的语法不同于 Java、C，其变量的定义和创建可以直接通过赋值来实现，而不需要单独声明，也不需要指定其数据类型，如果需要使用一个矩阵，可以直接给其元素赋值，不需要指定它的具体维度，大大方便了用户的使用。

MATLAB 变量作用域有局部的和全局的，如要在不同函数中使用同一个变量，则需要用 global 关键字来定义。在局部作用的变量中还分有局部变量和局部静态变量，默认形式是局部变量。局部静态变量只能在某个 M 文件中声明和使用，且使用它的函数内需要有声明。只要包含局部静态变量的函数存在于内存中（没有通过 clear 命令删除，没有重新编辑），该局部静态变量就一直存在。

由于 MATLAB 数据的基本单位是矩阵，无需像在 VB 程序中定义下标变量，也无需定义是字符串变量还是数值型变量，甚至连是纯数标量还是向量或矩阵都无需定义。如 a=1，可以是看作一个标量，也可以看作一个 1×1 的矩阵或仅有一个元素的数组即向量。MATLAB 显示计算结果的数据默认是 4 位小数，如要增加显示位数，可利用 "format long" 来实现；如要恢复 4 位小数则可用 "format short"。

（2）表达式

MATLAB 中的各种表达式非常接近自然的数学表达式，利用矩阵作为基本数据单位，极大地方便数据的表达及定义，下面通过一些具体的例子来说明表达式的应用，也包括某些内部的函数：

```
≫a=-3;(exp(0.3*a)-exp(0.2*a))/2*sin(a+0.3)    %返回 ans=0.0304,没有定义表达时
```
名称默认是 ans
```
≫y=1-4*8/3^1.2+log10(10)    %返回 y=-6.5625
≫pi    %返回 ans=3.1416
≫x=[1:0.5:3]    %返回 x=[1.0000  1.5000  2.0000  2.5000  3.0000],0.5表示增量
≫x=[1:2:5;0:1:2;3:3:9]    %返回一个 3×3 的矩阵
x=

    1    3    5
    0    1    2
    3    6    9
≫t=x(1,:)    %返回矩阵 x 的第 1 行所有元素,显示 t=[1    3    5]
≫t=x(2:3,2:3)    %返回矩阵 x 的第 2 行到第 3 行中第 2 列到第 3 列的所有元素的子矩阵,默认增
                  量为 1
t=

    1    2
    6    9
≫t=[x;x]    %返回由两个相同的矩阵 x 上下叠加而成的新矩阵
≫t=[x x]    %返回由两个相同的矩阵 x 左右叠加而成的新矩阵
t=


    1    3    5    1    3    5
    0    1    2    0    1    2
    3    6    9    3    6    9
≫ones(2,3,4)    %产生 2×3×4 的三维 1 数组
≫zeros(2,3)    %产生 2×3 的二维 0 数组
≫ones(3)    %产生 3×3 的二维 1 数组,括号内只有一个数值时,默认为二维数组,第二维大小和第
             一维一致
≫zeros(3)    %产生 3×3 的二维 0 数组
≫p=size(t)    %返回矩阵 t 的行数及列数,p=[3    6],其中 p(1)=3,p(2)=6,已最后定义的 t
               为准
≫y=[1 2 3 4 5];p=length(y)    % length 函数为内部函数,求向量的长度,返回 p=5,共 5 个元素
≫rand(3,5)    %产生 2×3 的元素为 0～1 之间的随机矩阵
≫x=[1:2:5;0:1:2;3:3:9];Tmax=find(x==max(max(x)))    %寻找矩阵 x 中最大的元素,将其值
```

```
≫x=[1:2:5;0:1:2;3:3:9];Tmax=max(max(x))    %直接利用求最大值函数寻找矩阵 x 中最大的
                                              元素,将其值赋给 Tmax
≫x=[1:2:5;0:1:2;3:3:9];Tmin=min(min(x))    %直接利用求最小值函数寻找矩阵 x 中最小的
                                              元素,将其值赋给 Tmin,即 Tmin＝0
≫x=[1:2:5;0:1:2;3:3:9];[i,j]=find(x==max(max(x)))  %寻找矩阵 x 中最大值所在的位
                                              置,将行号赋给 i,将列好赋给
                                              j,即 i＝3、j＝3
≫x=[1:2:5;0:1:2;3:3:9];[i,j]=find(x==5)    %寻找矩阵 x 中元素为 5 所在的位置,将行号赋
                                              给 i,将列好赋给 j,即 i＝1、j＝3
≫x=[1:2:5;0:1:2;3:3:9]; [i,j]=find(x>5);k=length(i);for n=1:k;y(n)=x(i(n),j
(n)),end
```

   %寻找矩阵 x 中大于 5 的元素,并将其值赋给 y,注意矩阵 x 是以增量形式表示,实际数据为 x＝[1 3 5;
   0 1 2;3 6 9],大于 5 的元素有 2 个,分别是 6 和 9,结果 y(1)＝6,y(2)＝9

2.1.4.3 数据输入与输出

(1) 数据输入

MATLAB 的数据输入可以通过直接赋值、input 语句、M 文件、Mat 文件及 dat 文件等多种输入方法,具体采用哪种输入方法,需要根据输入数据的多少及数据是否确定等情况来选择。

① 直接赋值 MATLAB 程序中许多确定的数据可以直接赋值来输入数据,对于数据较少的应用程序直接赋值是不错的选择,如在化工实验参数拟合过程中的测量数据。直接赋值就是通过"＝"将变量的值直接由等号右边的数据给定,变量可以是标量、向量、矩阵等各种形式,如直接赋值实验温度"T＝[273:10:373]",也可以用下面两个内部函数,赋值大量的等间距数据。

a. linspace (初值,终值,n),产生初值到终值之间等间距的 n 个数据,n 缺省则取 100。如 linspace(1,5,7) 产生 [1.0000 1.6667 2.3333 3.0000 3.6667 4.3333 5.0000] 7 个从 1 开始到 5 结束的等间距数据。

b. linspace (初值,终值,n),产生对数等间距的 n 个数据,n 缺省则取 50。注意这里的初值指的是原数据取以 10 为底的对数后得到的值,终值也一样。如 logspace(-1,2,6) 产生的 6 个对数等间距数为 [0.1000 0.3981 1.5849 6.3096 25.1189 100.0000]。

② input 语句 对于某些在应用程序中需要通过用户外部输入的数据,如参数拟合时的拟合最高次方或其他需要用户选择的参数,最好通过 input 语句输入。如下面语句:

```
≫n=input('请输入拟合方程的次数=')
```

回车后出现提示"请输入拟合方程的次数＝",输入 3 后回车,则出现"n＝3"。

③ M 文件 当应用程序中涉及的数据较多,且不同的应用程序均需要调用这些数据时,可采用 M 文件输入数据。M 文件中的数据既可在 MATLAB 的编辑器窗口中编辑并取名默认保存,此时文件的后缀为".m",也可用其他编辑器用后缀".m"保存。如将下面代码保存为 shuju. m:

```
datax_y=[1 2 3 ; 4 5 6; 7 8 9]
```

当需要调用 datax_y 时,只要在程序中增加一行"shuju",就直接将原文件中的 datax_y 变量调入新的应用程序中。注意调用时无需文件的后缀,变量名不变,还是原 M 文件中的

变量名。

④ Mat 文件　Mat 文件只能由 MATLAB 程序运行时通过 save 语句产生，save 语句的格式是"save 文件名/变量名"，如果是变量名则只保存指定变量；如果是文件名，则是保存全部变量。如运行下面程序，系统就会自动在当前目录下产生"datax_y.mat"文件。

```
x=[1:3:16];
y=[1 2 3 ;4 5 6;9 8 7];
save datax_y
```

当我们需要调用上述文件中的数据时，用"load datax_y"即可调用，注意此时连变量名也一起调入我们的应用程序，如果要查询是否调入，则可以在命令窗口输入"who"，回车后系统提示"Your variables are：x y"。

⑤ dat 文件和 txt 文件　通常在 VB 程序中会产生 dat 文件，也可以在记事本中编辑产生 dat 及 txt 文件，此时可以通过 fscanf 内部函数来调用 dat 及 txt 文件，调用格式如下：

```
fid=fopen('data2.txt');    %先打开 data2.txt 文件
a=fscanf(fid,'%g')         %把已打开文件中的所有数据依次读入变量 a 中，
                            其中"%g"为数据读写格式
fclose(fid)                %关闭文件
```

需要注意以下 3 点问题，一是数据读写格式有多种，如%d、%i,%o,%u,%x、%e、%f,%s,%c 等。"%5d"表示 5 为十进制整数；"%e、%f、%g"为浮点数；"%s"表示字符串，更为详细的说明可以在命令窗口中输入"help fscanf"来获取帮助文档。如不指定数据读入的规模大小，则其数据从上到下、从左到右依次读入，如原 data2.txt 中的数据按 3×3 放置，读入后变成了一列数据；如指定数据读入规模，则一定要注意数据读入后得到的其实是放在 data2.txt 文件中的转置后的数据。一定要再转置后才得到原数据。其调用形式如下：

```
a=fscanf(fid,'%g %g',[3 3])以 3 行 3 列规模读入数据
a=a'   %转置
```

（2）数据输出

MATLAB 程序在运行时如果对应的语句不是以分号结束的，则其计算结果就会在命令窗口显示出来，并且这些数据是可以选择复制到其他文档如 Word 进行处理的，对于用绘图命令绘制的图像也可以复制到到 Word 进行处理。除此之外，MATLAB 还可以通过前面介绍的 save 命令来保存数据，也可以通过 fpring（）及 disp（）语句在屏幕上按一定格式显示。下面通过具体的代码来说明 fpring（）及 disp（）语句的应用。

```
≫x=0:0.1:1;y=0:10:100;
≫fprintf('\t%.2f',x)    %显示"0.00  0.100.200.300.400.500.600.700.800.901.00"
≫fprintf('\t%3d',y)     %显示"0 10 20 30 40 50 60 70 80 90100"
≫disp('计算结果为')      %显示"计算结果为"
≫disp(x.^2)             %显示"0    0.0100    0.0400    0.0900    0.1600    0.2500
                              0.3600    0.4900    0.6400    0.8100    1.0000"
```

"\t"相当于按一次 Tab 键，表明第一个数据从左边起始位置移动一个标准制表位后才显示；"%.2f"表示 2 位小数点的浮点数；"%3d"表示 3 位的十进制数。

2.1.4.4　各种函数

MATLAB 提供了大量的内部函数，这些内部函数除了数学上常见的三角函数、对数函

数之外，还有许多简化编程的 MATLAB 内部开发的函数，如 sum（sum（A）），表示求矩阵 A 的所有元素和，由于这些命令和使用非常接近自然科学的表达形式，故不再一一举例，在程序中具体用到时再作说明，下面将一些常用的内部函数或命令的英文及简要说明列出：

pi：圆周率 π（＝3.1415926…）。

realmax：系统所能表示的最大数值，回车后显示 ans＝1.7977e＋308。

realmin：系统所能表示的最小数值，回车后显示 ans＝2.2251e－308。

nargin：函数的输入引数个数，需在 Function 函数体内。

nargout：函数的输出引数个数，需在 Function 函数体内。

lasterr：存放最新的错误信息，回车后显示最新错误。

lastwarn：存放最新的警告信息，回车后显示最新警告。

abs(x)：实数变量的绝对值或复数变量的模数，abs(4＋3i) 返回 5，abs(－8) 返回 8。

angle(z)：复数 z 的相角（Phase angle），angle(1＋i) 返回 0.7548。

sqrt(x)：开平方，可以是负数或负数，sqrt(－4)，返回 ans＝0＋2.0000i，sqrt(2i) 返回 ans＝1.0000＋1.0000i。

real(z)：复数 z 的实部，z＝4＋3i；real(z) 返回 4。

imag(z)：复数 z 的虚部，z＝4＋3i；imag(z) 返回 3。

conj(z)：复数 z 的共轭复数，z＝4＋3i；conj(z) 返回 ans＝4－3i。

round(x)：四舍五入至最近整数，round(3.5)＝4，round(－3.5)＝－4。

fix(x)：无论正负，舍去小数至最近整数，fix(3.7)＝3，fix(－3.7)＝－3。

floor(x)：下取整，即舍去正小数至最近整数，floor(3.7)＝3，floor(－3.7)＝－4。

ceil(x)：上取整，即加入正小数至最近整数，ceil(3.2)＝4，ceil(－3.2)＝－3。

rat(x)：将实数 x 化为多项分数展开，rat(3.1415926)＝3＋1/(7＋1/(16))。

rats(x)：将实数 x 化为分数表示，rats(3.1415926)＝355/113。

sign(x)：符号函数（Signum function），当 x＜0 时，sign(x)＝－1；当 x＝0 时，sign(x)＝0；当 x＞0 时，sign(x)＝1。

rem(x, y)：求 x 除以 y 的余数，rem(20, 3)＝2。

gcd(x, y)：整数 x 和 y 的最大公因数，gcd(28,12)＝4。

lcm(x, y)：整数 x 和 y 的最小公倍数，lcm(128, 54)＝3456。

exp(x)：自然指数，exp(1)＝2.7183。

pow2(x)：2 的指数，pow2(8)＝256。

log(x)：以 e 为底的对数，即自然对数，log(10)＝2.3026。

log2(x)：以 2 为底的对数，log2(10)＝3.3219。

log10(x)：以 10 为底的对数，log10(10)＝1.0000。

mean(x)：向量 x 的元素的平均值，如果 x 是矩阵的话，则其形式为 mean(x,dim)，dim＝1 时按列求平均，dim＝2 时按行求平均，如

$\gg$x＝$\begin{bmatrix} 1 & 2 & 3 \\ 2 & 3 & 5 \\ 3 & 4 & 6 \end{bmatrix}$

$\gg$mean(x, 1)％ 按列加和取平均值，返回一行向量 ans＝$\begin{bmatrix} 2.0000 & 3.0000 & 4.6667 \end{bmatrix}$。

$\gg$mean(x,2)％ 按行加和取平均值，返回一列向量 ans＝[2.0000；3.3333；4.3333]。

min(x)：向量 x 的元素的最小值，如求矩阵所有元素，则需要用 min(min(x))，也可用 min(x, dim)，处理方法同 mean。

max(x)：向量 x 的元素的最大值，如求矩阵所有元素，则需要用 max(max(x))，也可用 max(x，dim)，处理方法同 mean。

median(x)：向量 x 的元素的中位数，median([1 2 30 40－2])＝2，当 x 时是矩阵时，处理格式同 mean。

std(x)：向量 x 的元素的标准差，当 x 时是矩阵时，处理方法同上。

diff(x)：向量 x 的相邻元素的差，当 x 时是矩阵时，处理方法同上。

sort(x)：对向量 x 的元素进行排序，当 x 时是矩阵时，处理方法同上。

length(x)：向量 x 的元素个数。

size(x)：矩阵 x 的大小，行数×列数。

norm(x)：向量 x 的欧氏（Euclidean）长度，矩阵时是矩阵 x 奇异值中的最大值，可用 norm(x,2) 表示，norm(x,2)＝max(svd(x))，svd(x) 表示求矩阵 x 的奇异值，norm(x,1) 表示矩阵 x 绝对值列之和中的最大值，即 max(sum(abs(x)))。

sum(x)：向量 x 的元素总和，当 x 时是矩阵时，处理方法同 mean 函数。

prod(x)：向量 x 的元素总乘积，当 x 时是矩阵时，处理方法同 mean 函数。

cumsum(x)：向量 x 的依次累计元素总和构建新向量，cumsum([1 2 4 6])返回［1　3　7　13］；如果 x 是矩阵的话，则其形式为 cumsum(x,dim)，dim＝1 时按行累计加和，dim＝2 时按列累计加，如

$$x=\begin{bmatrix}1 & 2 & 3 \\ 2 & 3 & 5 \\ 3 & 4 & 6\end{bmatrix}$$

cumsum(x，1) 返回

$$ans=\begin{bmatrix}1 & 2 & 3 \\ 3 & 5 & 8 \\ 6 & 9 & 14\end{bmatrix}$$

第一行元素不变，第二行元素为第一行加原第二行元素；第三行元素为新第二行元素加原第三行元素，如 dim＝2，则为对应列元素的操作。

cumprod(x)：向量 x 的依次累计元素总乘积构建新向量，矩阵情况处理同 cumsum。

dot(x，y)：向量 x 和 y 的内积，对应元素分别相乘后加和，如 x＝1：2：7，y＝2：3：11，则 dot(x,y)＝134；如果 x、y 是矩阵，则可以用 dot(x,y,dim)，对 dim 的处理方法同 cumsum 函数。

cross(x,y)：向量 x 和 y 的外积。两向量的外积计算公式如下：

$$\vec{a}\times\vec{b}=(a_yb_z-a_zb_y, a_zb_x-a_xb_z, a_xb_y-a_yb_x)$$

如 x＝1：2：5，y＝2：3：8，则 cross(x,y) 返回 ans＝[－1　2　－1]。如果 x、y 是矩阵，则可以用 cross(x,y,dim)，对 dim 的处理方法同 cumsum 函数。

eig(x)：求矩阵 x 的特征值，如 x＝[1 2 3；4 5 6；7 8 12]，则 eig(x)＝[17.9721；－0.6939；0.7217]。

rank(x)：求矩阵 x 的秩，rank(x)＝3（x 为上面值，下同）。

inv(x)：求矩阵 x 的逆阵，inv(x)＝[－1.3333　0.0000　0.3333；0.6667　1.0000　－0.6667；0.3333　－0.6667　0.3333]。

det(x)：求矩阵 x 的行列式值，det(x)＝－9。

2.1.4.5　应用程序与自定义函数

编写 MATLAN 应用程序时应尽量将其分割成较小的逻辑部件，使每一个逻辑部件实现特定的任务，整个应用程序由这些应用部件按一定顺序连接而成。每一个逻辑部件可以称

为一个过程，MATLAB 中的过程主要有函数（function）和脚本（Script）文件，它们均可以保存为 M 文件。MATLAB 的应用程序可以调用这些 M 文件。需要注意的是这里所有的函数是用户自定义的函数，而非 MATLAB 的内部函数。

（1）脚本文件

MATLAB 脚本文件可在 MATLAB 编辑器编辑后保存，此时自动将文件扩展名取为".m"，若在其他文本中编辑，则必须强制将文件扩展名取为".m"。脚本文件可在命令窗口或其他应用程序中调用，调用时只需键入脚本文件名（无需扩展名），脚本文件按代码顺序执行，其变量的作用域是全局性的。例如下面脚本文件：

```
clc
clear all
x=1:2:11;
y=linspace(12,20,6);
a=x. * y
```

取名 ysrp. m 保存后，只要在同一文件目录下，任何其他 MATLAB 应用程序只要写入一行"ysrp"就可以方便地调入该脚本的所有代码，也可以在目录窗口键入"ysrp"后回车，就可以得到 a=[12.0000　40.8000　76.0000　117.6000　165.6000　220.0000]。

（2）函数

这里所指的函数特指用户自定义函数，包含无返回值的主函数（也可称为主程序）及有返回值的子函数，其格式为：

```
function  [y1,y2,…,yn]=Fname(x1,x2,…,xm)
```

具体函数程序如下，包含一个主函数、一个子函数：

```
function  major  %定义无返回值的主函数
clc %清屏
clear all %清除所有内存变量
x=1:12;
[m,s]=stat(x)  %调用自定义的子函数 stat,返回 m 和 s 两个值
function [mean,stdev]=stat(x)%定义子函数,供函数调用,仅在本应用程序内,外部不行
n=length(x);
mean=sum(x)/n;
stdev=sqrt(sum((x−mean). ^2)/n);
```

运行上述程序，得到 m=6.5000，s=3.4521。

2.1.4.6　程序控制

程序控制是任何计算机语言所必须具备的功能，因为并不是所有的程序代码都按照先后顺序执行，有时需要根据运算的结果通过判断确定下一步的执行命令。MATLAB 常用的程序控制命令有 if 选择语句、switch 多重分支语句、for 循环语句、while 循环语句、try…catch 语句、continue 语句、break 和 pause 语句、return 语句等，下面简要介绍其应用。

（1）if 选择语句

if 选择语句有三种形式，分别是单分支结构的 if 语句、双分支结构的 if 语句及多分支结构的 if 语句。单分支结构的 if 语句格式是：

```
 if < 条件>
< 语句组 1>
 end
```

单分支 if 语句执行时如果条件表达式为真（True），则执行语句组 1，否则执行 end 后的语句。双分支构方 if 语句的格式为：

```
if  < 条件>
< 语句组 1>
else
< 语句组 2>
end
```

双分支 if 语句执行时如果条件表达式为真（True），则执行语句组 1，否则执行语句组 2，然后去执行 end 后的语句。多分支结构的 if 语句的格式为：

```
if< 条件 1>
  < 语句组 1>
elseif< 条件 2>
  < 语句组 2>
……
elseif< 条件 n>
  < 语句组 n>
else
  < 其他语句组>
end if
```

多分支结构的 if 语句，其流程见图 2-5，执行过程中一旦符合条件就结束选择，如果省略 else 子句，而且所有条件都不满足，则任何语句组都不执行，直接去执行 end 下边的语句。关键字 elseif 中间没有空格。下面是某多分支 if 语句：

```
function iftest1
clc,clear all
x=－3;y=0;
if x> 3
    y=5;
elseif x> 2
    y=9;
elseif x> 1
    y=2;
%else
    % y=18;
end
fprintf('\ty=\t%3d',y)
```

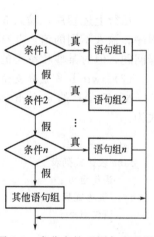

图 2-5 多分支的 if 语句流程图

if 语句除了上述 3 种结构之外，还可以像 for 语句的多种嵌套一样，进行多层嵌套，其格式如下：

```
if< 条件 1>
    if< 条件 2>
      < 语句组 1>
    else
      < 语句组 2>
```

```
        end
    else
        < 语句组 3>
    end
```

嵌套必须完全"包住"，不能相互交叉，<语句组 1>、<语句组 2>和<语句组 3>中还可以嵌入其他 if 语句，形成多层嵌套。在含有多层嵌套的程序时，最好使用缩进对齐方式，以方便阅读理解和维护。else 与 if 的配对原则是一个 else 总是与其前方最近的尚未配对的 if 配对。下面是某多重嵌套程序：

```
function iftest2
x=input('x=')
if x> 3
    if x< 16
        y=9
    else
        y=18
    end
else
    y=8
end
fprintf('\ty=%g',y)
```

运行上述程序，输入 5，得到 y=9；输入 2，得到 y=8；输入 19，得到 y=18。运行该程序，输入不同的值，共有 3 种输出结果。尽管利用多分支结构及嵌套结构可以解决许多选择问题，但对某些枚举型的选择问题，还是选用下面的 switch 多重分支语句为好。

（2）switch 多重分支语句

MATLAB 的 switch 多重分支语句基本上和 VB 的 Select Case 语句相同，其语句格式为：

```
switch 表达式
case 表达式列表 1
    语句组 1
case 表达式列表 2
    语句组 2
……
case 表达式列表n
    语句组n
otherwise
    语句组n +1
end select
```

若表达式的值与某个表达式列表的值相匹配，则执行该表达式列表后的相应语句组 otherwise 语句可以省略。采用 switch…case…otherwise 语句可以更方便地实现多分支程序的设计，且结构清晰，容易阅读，效率更高。switch 语句中的表达式可以是一个数值表达式或字符串表达式，通常是一个变量。如果表达式与某个 case 子句的表达式列表相匹配，则执行该 case 子句中的语句组。下面是某分段函数计算的程序：

```
function iftest3
```

```
clc,clear all
x＝input('x＝')
switch x
case x< ＝10
        y＝3 * x;
case x< ＝20
        y＝2 * x＋10;
case x< ＝30
        y＝x＋30;
otherwise
        y＝0.5 * x＋45;
end
fprintf('\ty＝%g',y)
```

需要注意的是 MATLAB 在 case 子句的表达式列表中表达像大于或小于等于等不是唯一确定值的情况时，直接用不等式表达，而这一点在 VB 中是用"is＜＝10"等语句表达的。运行上面程序，输入 x＝10，结果为 y＝30；如输入 x＝40，结果为 y＝65。

（3）for 循环结构

for 循环结构是循环次数确定的循环结构，该结构采用 for…end 格式，其程序执行过程见图 2-6。其程序格式为：

  for< 循环变量> ＝< 初值> : [Step< 步长>]:< 终值>
   [循环体]
  end

首先计算初值、终值和步长，将初值赋给循环变量。若循环变量的值大于终值（步长为正数）或小于终值（步长为负数），则退出循环；否则继续循环，执行循环体，直至执行 end 语句，将循环变量的值加上一个步长值，再返回去判断条件（与终值做比较），如果满足条件继续循环，否则结束 for 循环，转去执行 end 语句之后的语句。当步长为 1 时，Step 可以省略。循环体中可以包含 break 语句，该语句一般会出现在 if 语句中，用于表示当某种条件成立时，强行退出循环，转去执行 end 语句之后的语句。for…end 循环也称为计数循环，循环次数利用下式计算。

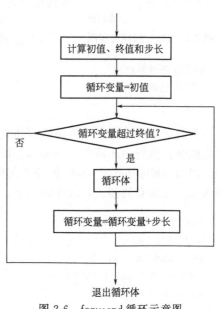

图 2-6 for…end 循环示意图

$$循环次数＝Int((终值－初值)/步长)＋1$$

注意 for 循环语句可以多重嵌套，但不能互相交叉，下面通过两个互相嵌套的循环语句来说明循环变量、步长、中断循环的具体应用，程序如下：

```
clc;clear all
n＝0;m＝0;
for i＝1:3:11
    n＝n＋1;
for j＝1:4
    if j＝＝3
```

```
        break
      end
    m=m+1;
    end
  end
end
fprintf('\tn=%g,\tm=%g,\ti=%g',n,m,i)
```

在 MATLAB 的编辑器窗口运行上述程序，在命令窗口得到"n＝4，m＝8，i＝10"，可见"for i"的循环运行了 4 次，"for m"的循环总共运行了 8 次，因为每当 j＝3 时，退出了本轮的"for m"循环，实际上每轮"for m"只循环了 2 次。

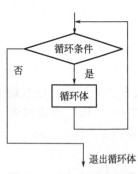

因为"for m"在"for i"内，而"for i"循环 4 次，所以"for m"总共循环 4×2＝8 次，这可由 m＝8 获证。同时当"for i"进行第 5 次循环比较时，循环变量 i＝13，已大于循环终值，故退出循环，此时 i 退回第 4 次循环时的值，恢复 i＝10。这一点和 VB 程序不同，VB 程序对循环变量的修改并不退回原值。如果将"for i"循环的语句改为"for i＝11：－3：1"，此时步长为－3，运行结果为"n＝4，m＝8，i＝2"。

图 2-7　while 循环流程图

（4）while 循环语句

while 循环语句的流程图见图 2-7，其程序格式为：

```
while 条件表达式
    语句组
end
```

先测试条件表达式，当条件表达式为真时，执行语句组，然后继续测试，直至条件表达式为假时，执行 end 语句，结束 while 循环语句。如果一开始测试为假则直接执行 end 语句，退出 while 循环。while 循环语句内可嵌套 if 语句及 for 语句，但不能互相交叉，下面是多重互相嵌套的例子，其代码如下：

```
function whiletest
clc,clear all
x=input('x=');
y=0;p=0;Tsum=0;Tx=x;n=0;
while x>=0
    y=8;
    if x<6
      p=3;
    else
      p=9;
      Tsum=0;
      for i=1:p
        Tsum=Tsum+i;
      end
    end
  x=x-1;n=n+1;
  end
fprintf('\tTx=%g\ty=%g\tp=%g\tTsum=%g\tn=%g ',Tx,y,p,Tsum,n)
```

当运行程序，输入 x＝8 时，输出结果为 Tx＝8、y＝8、p＝3、Tsum＝45、n＝9，表明内部循环了 9 次，当第 10 次测试时，x＝－1，退出循环；当输入 x＝3 时，输出结果为 Tx＝3、y＝8、p＝3、Tsum＝0、n＝4，表明没有进入 for 循环语句，while 语句循环了 4 次。需要注意的是，如果在循环体内不设置改变循环条件的语句，那么，一旦第一次测试符合循环条件的话，系统将进入死循环。

（5）try…catch 语句

try…catch 语句用于对异常情况的处理，当语句组 1 中有异常情况时，语句组 2 就会捕捉到该异常情况，并针对不同的错误情况，进行相应的处理。如果语句组 1 中没有异常情况，则不会启动语句组 2。其格式如下：

```
try
    语句组 1
catch
    语句组 2
end
```

如运行以下程序：

```
function trytest
clc
try
  x＝5;
catch
  x＝8;
end
fprintf('\tx＝%d',x)
```

先运行 try 和 catch 之间的命令，由于没有错误，因此 catch 和 end 之间的代码并不运行，运行结果显示 x＝5。

（6）continue 语句

该语句常置于 for 和 while 循环内，根据条件执行 continue 语句。当运行至 continue 语句时，直接跳出循环体内尚未执行的语句，进行下一轮循环的判断。其应用例子如下：

```
function testcontinue
clc;count＝0;
x＝input('x＝');
while x> 12
x＝x－1 ;
    if  x> 16
        continue
    end
    count＝count＋1;
end
disp(sprintf('\tn＝%d',count))
```

运行上述代码，当 x≥17 时，结果显示 n＝5，当 x≤12 时，显示 n＝0；当 12＜x＜17 时，显示 n＝x－12。

（7）break 和 pause 语句

break 语句也通常置于 for 和 while 循环内，常和 if 语句配合使用，当符合条件时，直接退出循环，不再进行测试，这一点和 continue 语句不同。pause 语句将使程序暂停以等待用户按键，当用户按下任意键后，程序继续执行。

（8）return 语句

return 常置于某个函数内部，当条件符合时，执行 return 语句，直接退出该函数，并返回到调用它的函数，继续运行。

2.1.4.7　绘图基础

MATLAB 程序开发了大量的绘图内部函数，这些函数不仅可以绘制二维图形，也可以绘制三维图形。在绘制图形时，可以通过各种命令选型对绘制图形的线条粗细、颜色、形状进行设置；也可以对坐标轴的范围、内容进行标记；也可以指定任意坐标位置处，写入文本内容。

（1）二维图形的绘制

二维图形绘制用 plot 语句，其调用格式为：

```
plot(x1,y1[,s1,x2,y2,s2,…])
```

中括号内的内容可以不选，此时默认绘制。默认绘制时颜色是当前系统中的颜色，如果没有定义过颜色，则默认为蓝色、实线。调用格式中的所有变量可以是向量和矩阵，以最简单的 plot(x,y)h 绘制命令为例，如果 x 为 n 维向量，y 为矩阵，则矩阵 y 中的行数或列数至少一个为 n，以此为匹配原则绘制多条曲线；反之，如果 x 为矩阵，y 为 n 维向量，则绘制匹配要求和结果相仿。如果 x 和 y 都是矩阵的话，则两者的列向量对应绘制多条曲线，注意此时两个矩阵的大小是一致的，及 size(x)＝size(y)，否则就会出错提示。下面是矩阵变量绘制的曲线代码：

```
x＝[2:11;12:21;32:41];
y＝[2:2:20;3:5:48;5:4:41];
plot(x,y)
```

直接在命令窗口运行上述代码后，得到图 2-8 所示的曲线，共有 10 条曲线，标明是按列匹配对应绘制的曲线。

对于图 2-8 的绘制，当然也可以通过向量变量，利用 plot(x1,y1,s1,x2,y2,s2,…,x10,y10,s10) 来绘制，但相对命令就比较繁杂。对于 plot 格式中的 s1、s2 等说明项是字符串变量，该字符串变量依次表明所绘曲线的颜色、图标、线型，最多可用 3 个符号，当然可以用1、2 个符号，各符号的含义见表 2-1。

表 2-1　plot 命令中 s 字符串含义

线条颜色		数据点标记				线条类型	
符号	含义	符号	含义	符号	含义	符号	含义
b	蓝	v	下三角形	·	小圆点	—	实线
g	绿	^	上三角形	o	小圆圈	:	点虚线
r	红	＜	左三角形	x	X 型	-.	点划线
c	青	＞	右三角形	＋	＋形	— —	长虚线
m	洋红	p	五角形	*	* 型	" "	无线条
y	黄	h	六角形	s	方形		
k	黑	d	菱形				

说明项字符串变量 s 中"无线条"类型必须和数据点标记联合使用时才生效，如没有使

用数据点标记，则"无线条"类型命令失效，此时默认为直线，如 plot(x，y，'r') 表示绘制红色的实现；若为 plot（x，y，'rp'），则表示颜色为红色，用五角形绘制的数据点，无线条；而若为 plot(x，y，'rp—.')，则表示红色、五角形绘制的数据点、数据点之间用点划线连接。如果对所绘曲线还有更多的设定的话，可以在 s 字符串后添加"字符串，数值"的形式来设置，如命令 plot(x,y,'p:','LineWidth',3,'Color',[0.6 0 0])，表示五角形、点虚线、线宽为 3，颜色的三维数为 [0.6 0 0] 即棕褐色的图像，见图 2-9。注意用三维数表示的颜色每一个数字应小于 1 大于 0，这和 VB 程序中表示颜色的数字不同。

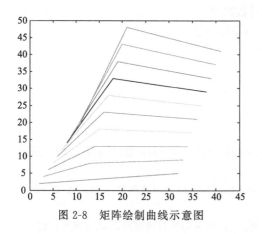

图 2-8　矩阵绘制曲线示意图

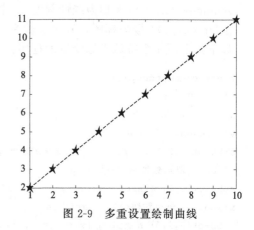

图 2-9　多重设置绘制曲线

　　图 2-8 和图 2-9 中没有坐标轴的名称、曲线的说明等内容，MATLAB 可以通过其他命令对图像进行进一步处理，如坐标轴的内容、图形内容说明、网格线等可直接通过下面命令添加：

```
function plottest
T=273:10:373;
P2=linspace(1,101,11);
P1=linspace(10,600,11);
plot(T,P1,'rp—',T,P2,'bp—','LineWidth',2)
xlabel('温度,K')% x 轴注解
ylabel('饱和蒸气压,kPa')% y 轴注解
title('两种物质饱和蒸气压')% 图形标题,添加在图形顶部
legend('甲醇','水')% 图形注解,添加在图形中间,可任意移动
grid on %显示格线
```

　　运行上述代码命令后，绘制出图 2-10。注意绘制多条曲线时，'LineWidth' 只能放在最后一条曲线上，否则会出错。

　　如果需要在坐标轴的任意位置添加文本内容，则可以用 gtext（'文本内容'），具体位置用鼠标捕捉。如确定位置则用 text（300,100，'文本内容'），表明在横坐标为300、纵坐标为 100 的位置开始显示"文本内容"4 个字。如果要对坐标轴的起始及终止进行设定，则可以用 axis（[xmin xmax ymin ymax]）来设置，注意数据和数据之间

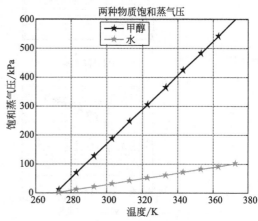

图 2-10　设置坐标轴名称

要有空格，中括号在里面，小括号在外面，也可以直接用 axis 获取当前坐标轴的刻度范围。如果要绘制多图，则每个图之间要加 figure 命令，否则前面绘制的图像将被清除，只绘制一个图像。如果在 plot 命令后用 axis('square') 命令，则绘制将在正方形内作图，当然可以用 axis('normal') 恢复到正常比例。如果需要采用特殊的坐标格式，如对数坐标及其坐标等，可以用下面命令：

loglog（x，y）：x 轴和 y 轴均为对数刻度（logarithmic scale）。

semilogx（x，y）：x 轴为对数刻度，y 轴为线性刻度。

semilogy（x，y）：x 轴为线性刻度，y 轴为对数刻度。

polar（x，y）：极坐标图，其中 x 轴为角度，y 轴为长度。

以下是上面 4 个特殊坐标绘制的程序：

```
function testsubplot
clf;t=0:.01:2*pi;
x=273:10:373;
y=linspace(10,600,11)
subplot(2,2,1),loglog(x,y,'linewidth',2)% x轴和y轴均为对数刻度(logarithmic scale)
xlabel('双对数坐标');grid on
subplot(2,2,2),semilogx(x,y,'g-.','linewidth',2)% x轴为对数刻度,y轴为线性刻度
xlabel('x轴单对数坐标');grid on
subplot(2,2,3),semilogy(x,y,'mp:','linewidth',2)% x轴为线性刻度,y轴为对数刻度
xlabel('y轴单对数坐标');grid on
subplot(2,2,4),polar(t,sin(2*t).*cos(2*t),'--r')%极坐标图
xlabel('极数坐标');grid on
```

运行上述程序，得到图 2-11。注意在上面程序中用到了 subplot(m，n，p) 命令，该命令表示将 $m \times n$ 个图形放在一起组团显示，其中 m 表示行数，n 表示列数，p 表示在组图中的第几个图形，按从上到下、从左到右计数。对于二维图的绘制也可以用函数绘制命令 fplot('函数表达式',[变量起点,变量终点])，如 fplot('3*x+x.^2+2',[-4,2])。

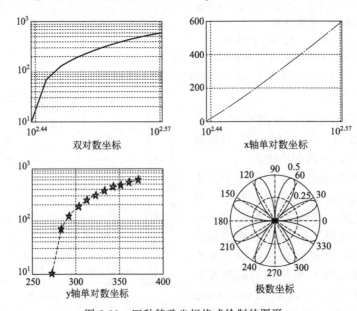

图 2-11　四种特殊坐标格式绘制的图形

（2）三维图形的绘制

对于三维图像的绘制，MATLAB 也开发了许多的绘制方法，同时也提供了许多已绘制好的图像命令，如在命令窗中输入"quake"，回车后可得可视化地震波图；输入"earthmap"回车可得地球仪，还有许多类似的命令。对于化学化工人员来说，比较常用的是三维曲线图 $plot3(x, y, z)$、三维网格图 $mesh(x, y, z)$、三维彩色曲面图 $surf(x, y, z)$。如果需要显示等高线，则可以用 $meshc(x, y, z)$ 和 $surfc(x, y, z)$。如果需要单独显示等高线则可用 $contour(x, y, z, n)$，表示要显示等高线的条数；如果要显示等高线的值，则需用：

[c,h]＝contour(x,y,z);set(h,'ShowText','on')

如要指定等高线的值则用：

[c,h]＝contour(x,y,z);set(h,'ShowText','on','LevelList',[p1 p2…pn])

其中 p1 p2…pn 是指定等高线的值。对于三维图像，MATLAB 提供了大量的修饰工具，视角改变可以用 view(alfa,beita)；颜色高度对应条可用 colorbar('horiz'['vert'])，默认为 horiz 即水平颜色条；如作等值线的标签可用 clabel(c,h)，其中 h 为句柄；总之还有许多可以用于修饰三维图形的内部命令，用到时可以通过 help 命令来获取帮助。为了方便三维图形绘制，MATLAB 还创立了许多可以直接定义网格的函数，如 $peaks(n)$ 高斯分布、$sphere(n)$ 单位球坐标网格、$cylinder(n)$ 单位圆柱坐标网格，默认值分别为 49、20、20。下面是三维图绘制的具体应用程序：

```
function d3test
clc%三维图方利国调试通过 2016 年 2 月 26 日
x＝－10:0.1:10;y＝x;
[x,y]＝meshgrid(x,y);
z＝sqrt(x. ^2＋y. ^2);%调试时 z＝(x. ^2＋y. ^2)*sin(10*x. ^2＋10*y. ^2)忘记点乘,产生
错误图形
subplot(3,3,1);plot3(x,y,z)
title('三维线条')
subplot(3,3,2);surf(x,y,z)
title('三维曲面')
shading flat
subplot(3,3,3);surfc(x,y,z)
title('三维等高线曲面')
shading interp
subplot(3,3,4);mesh(x,y,z)
title('三维水平颜色条网格面')
colorbar('vert')
subplot(3,3,5);meshc(x,y,z)
title('三维垂直颜色条网格面')
colorbar('horiz')
lighting flat %平光
subplot(3,3,6);[c,h]＝contour(x,y,z,10)
title('绘制十条等高线')
set(h,'ShowText','on')%显示等高线的值
subplot(3,3,7)
[c,h]＝contour(x,y,z)
set(h,'ShowText','on','LevelList',[1 2 3 4 5 6 7 8])%设定等高线的值
```

```
title('设定等高线的值')
[x0,y0,z0]=ellipsoid(0,0,0,1.2,2.5,4.5);
[x,y,z]=sphere(50);  %40条网格线单位球体
subplot(3,3,8),surf(x,y,z);shading interp  %插值着色
hold on; mesh(x0,y0,z0),colormap(hsv),hold off
hidden off
title('绘制透明球');axis equal
axis off
subplot(3,3,9)
t=-10:1:10;
[x,y,z]=cylinder(2*t.^2+cos(t));  %母线方程,绕 z 轴旋转
surf(x,y,z)
title('圆柱坐标绘制')
shading flat    %平滑着色
view(45,45)
```

图 2-12 所示为不同情况下绘制的三维图。

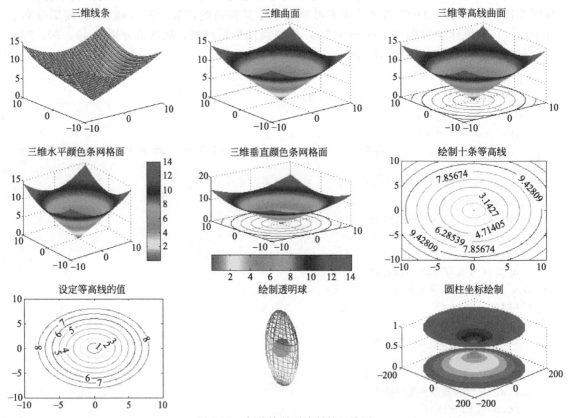

图 2-12　九种情况下绘制的三维图

2.1.4.8　符号计算基础

在科学研究和工程应用中，除了存在大量的数值计算外，还有对符号对象进行的运算，即直接对抽象的符号对象进行的计算，并将所得到的结果以标准的符号形式来表示。符号计算可以得到比数值计算更一般的结果。MATLAB 的符号计算是通过集成在 MATLAB 中的符号运算工具箱（Symbolic Math Toolbox）来实现的。在进行符号运算前首先要建立符号

对象，然后才可以进行符号对象的运算。

（1）符号对象及符号表达式建立方法

MATLAB 符号计算必须首先建立符号对象，否则会按数值运算，建立符号运算有 sym 函数、syms 函数。建立符号表达式除了 sym 函数，还可以直接用已定义的符号对象或利用单引号生成符号表达式。sym 函数定义符号的格式为：

>>sym('符号')　%每次只能定义一个符号变量或常量,需加英文状态下单引号

如对符号或表达式需要定义具体格式的话，可用：

>>sym(符号,'标记')　% 标记可以'r','d','e',或 'f',默认为'r',即实数,此时符号不必加单引号。如 sym(4/3,'d'),返回 1.3333333333333332593184650249896,有精度损失。

syms 函数的格式为：

>>syms 符号 1 符号 2 …符号 n　%每次可以定义多个符号变量,不能定义常量

sym 函数定义符号表达式时，无需对表示式的变量定义，可直接定义，其格式为：

>>符号变量=sys('符号表达式')%如 U=sym('3*x^2-5*y+2*x*y+6')

sym 函数也可以生成函数符号矩阵，如 M=sym('[a,b;c,d]')，注意表达式中的逗号也可以用空格代替。单引号定义表达式的格式为：

>>符号变量='符号表达式'　%如 y='1/sqrt(2*x)'

单引号也可定义方程，如 f='cos(x^2)-sin(2*x)=0'。

（2）符号的基本运算

只要定义了符号变量或符号表达式，符号之间的各种运算可以用数值运算的"+-*/^"运算符来实现符号运算。如下面计算：

```
>>syms a b c d %定义符号
>>v=[a,b;d,c] %构建符号矩阵
>>y=[d,a;c,b]
>>z=v.*y %符号矩阵点阵乘,返回
z=
[a*d,b*a]
[d*c,c*b]
>>r=v*z　%符号矩阵相乘,返回
r=
[a^2*d+b*d*c,b*a^2+c*b^2]
[a*d^2+d*c^2,d*b*a+c^2*b]
>>t=r-z %符号矩阵相减,返回
t=
[a^2*d+b*d*c-a*d,b*a^2+c*b^2-b*a]
[a*d^2+d*c^2-d*c,d*b*a+c^2*b-c*b]
```

如果符号表达式是一个有理分式或可以展开为有理分式，则可利用 numden 函数来提取符号表达式中的分子、分母，调用格式为：

>>[n,d]=numden(s)

该函数提取符号表达式 s 的分子和分母，分别存入 n 和 d 中。如[n,d]=numden(sym

(0.1234)),返回 n＝617，d＝5000。注意此时 0.1234 没有加单引号，若加单引号，则结果不同。若是函数表达式求分子分母，则表达式必须加单引号，如[n,d]＝numden(sym('a＊x^2/(b＋x)'))则返回 n＝a＊x^2，d＝b＋x。

MATLAB 提供了符号表达式的因式分解和展开的函数，主要有 factor(s)，对符号表达式 s 进行分解因式；expand(s)，对 s 进行展开计算并合并同类项；collect(s)，对 s 进行合并同类项；collect(s,v)，对 s 按变量 v 合并同类项。

```
≫syms a b x y;                          %定义符号变量
≫A＝a^3＋b^3;                            %定义符号表达式
≫T＝factor(A)                           %展开表达式,返回
T＝(a－b)＊(a^2＋a＊b＋b^2)
≫s＝(－5＊x^2－6＊y^3)＊(－x^2＋3＊y^3)
≫T＝expand(s)                          %对 s 展开,返回
T＝5＊x^4－9＊x^2＊y^3－18＊y^6
≫T＝collect(s,x)                       %对 s 按变量 x 合并同类项,返回
T＝5＊x^4－9＊x^2＊y^3－18＊y^6
```

MATLAB 提供的对符号表达式化简的函数有 simplify(s)，应用函数规则对 s 进行化简；simple(s)，调用 Matlab 的其他函数对表达式进行综合化简，并显示化简过程（限于篇幅不再一一举例，请读者自己验证）。函数 numeric 或 eval 可以将符号表达式变换成数值表达式。

MATLAB 中的符号可以表示符号变量和符号常量，findsym 可以帮助用户查找一个符号表达式中的符号变量。该函数的调用格式为 findsym(s,n)，函数返回符号表达式 s 中的 n 个符号变量，若没有指定 n 则返回 s 中的全部符号变量。

（3）符号函数的极限

MATLAB 中求极限的函数是 limit，可以用来求函数在指定点的极限值和左、右极限。对于没有定义的极限，MATLAB 给出的结果为 NaN；极限值为无穷大时，MATLAB 给出的结果为 inf。limit 的调用格式如下：

① limit(f,x,a)，求符号函数 $f(x)$ 的极限。即当 x 趋向于 a 时，$f(x)$ 的极限值。

② limit(f,a)，求符号函数 $f(x)$ 的极限。由于没有指定自变量，则使用该格式时，符号函数 $f(x)$ 的变量为函数 findsym(f) 确定的默认自变量，即变量 x 趋向于 a。

③ limit(f)，求符号函数 $f(x)$ 的极限。没有指定变量的目标值，系统默认变量趋近于 0 时的情况。

④ limit($f,x,a,$'right')，求极限。'right'表示变量 x 从右边趋近于 a。

⑤ limit($f,x,a,$'left')，求极限。'left' 表示变量 x 从左边趋近于 a。

下面是求极限的具体应用程序及计算结果：

```
≫syms a m x; %定义符号变量
≫f＝(x^(1/m)－a^(1/m))/(x－a);% 定义函数表达式
≫limit(f,x,a)   %求函数 f 在 x＝a 处的极限,返回 ans＝a^(1/m)/a/m,其实是 a^(1/m－1)/m
≫f＝(sin(a＋x)－sin(a－x))/x;
≫limit(f)  %求默认符号变量为 x,默认在 x＝0 处的极限,返回 ans＝2＊cos(a)
≫f＝x＊(sqrt(x^2＋1)－x);
≫limit(f,x,inf,'left')%求函数 f 在 x 无穷大处的左极限,返回 ans＝1/2
≫f＝(sqrt(x)－sqrt(a)－sqrt(x－a))/sqrt(x＊x－a＊a);
≫limit(f,x,a,'right')求函数 f 在 x＝a 处的右极限,返回 ans＝－1/2＊2^(1/2)/a^(1/2)
```

（4）符号函数求导及其应用

diff 函数用于对符号表达式求导数，其调用格式为：

① diff(f)，没有指定变量和导数阶数，则系统按 findsym(f) 函数指示的默认变量对符号表达式求一阶导数。

② diff(f,v)，以 v 为自变量对符号表达式 f 求一阶导数。

③ diff(f,n)，对 f 求 n 阶导数，n 为正整数，自变量为默认变量。

④ diff(f,v,n)，以 v 为自变量，对 f 求 n 阶导数。

下面是符号函数求导具体应用程序及计算结果：

```
≫syms x
≫f＝sqrt(x＋exp(x));%定义函数
≫diff(f)    %对默认变量求一阶导数,返回 ans＝1/2/(x＋exp(x))^(1/2)*(1＋exp(x))
≫f＝x*sin(x)＋log(x);
≫diff(f,x,2)%对 x 求二阶导数,返回 ans＝2*cos(x)－x*sin(x)－1/x^2
≫diff(f,x,3)%对 x 求三阶导数,返回 ans＝－3*sin(x)－x*cos(x)＋2/x^3
```

（5）符号函数的不定积分

在 MATLAB 中，int 函数用于求符号函数的不定积分，有两种格式。一种为 int(f)，没有指定积分变量和积分阶数时，系统按 findsym 函数指示的默认变量对被积函数求不定积分；另一种为 int(f,v)，以 v 为自变量对被积函数求不定积分。下面是具体应用例子。

```
syms x
f＝(log(x)－x^2)^2
int(f)    %返回 ans＝x*log(x)^2－2*x*log(x)＋2*x－2/3*x^3*log(x)＋2/9*x^3＋1/5*x^5
f＝sin(x)^2/(1＋x)
int(f)    %返回 ans＝1/2*log(1＋x)－1/2*sinint(2*x＋2)*sin(2)－1/2*cosint(2*x＋2)*cos(2)
syms alpha t;
f＝exp(alpha*t)＋2*t;
int(f)    %返回 ans＝1/alpha*exp(alpha*t)＋t^2,自动寻找自变量为 t
f＝5*x*t/(1＋x^2)
int(f,t)  %指定 t 为自变量,此时 x 作为参数,返回 ans＝5/2*x*t^2/(x^2＋1)
```

（6）符号函数的定积分

在 MATLAB 中，求符号函数的定积分也是使用 int 函数，调用格式为 int(f,v,a,b)，其中，a、b 分别表示定积分的上下限；v 为指定的自变量，缺省时取默认值，一般为 x。该函数求被积函数 f 在区间 $[a, b]$ 上的定积分。a、b 可以是两个具体的数，也可以是一个符号表达式，还可以是无穷（inf）。当函数 f 关于变量 x 在闭区间 $[a, b]$ 上可积时，返回一个定积分结果。当 a、b 有一个是 inf 时，返回一个广义积分。当 a、b 有一个是符号表达式时，函数返回一个符号函数。

求下列定积分：

```
syms x t; %定义符号变量
int(abs(1－x),1,2)%对 abs(1－x)从 1 积分到 2,返回 ans＝1/2
f＝1/(1＋x^2);
int(f,－inf,inf)   %对 1/(1＋x^2)从－∞但＋∞进行积分,返回 pi
f＝x^3/(x－1)^10;
I＝int(f,2,3)% 返回 I＝138535/129024
double(I)%把结果转换为数值,返回 1.0737
```

```
int(4*x/t,t,2,sin(x))%以 t 为自变量对 4*x/t 从 2 积分到 sin(x),返回
    ans=*log(sin(x))*x-4*log(2)*x
```

(7) 函数变换与级数求和

MATLAB 符号运算中的积分变换有傅里叶（Fourier）变换、拉普拉斯变换（Laplace）、Z（ztrans）变换及逆 Z(iztrans) 变换，有关变换的内容不再介绍。对于无穷级数求和，sum 是无能为力的，需要使用符号表达式求和函数 symsum，调用格式为：

```
symsum(a,v,m,n)
```

其中 a 表示一个级数的通项，是一个符号表达式；v 是求和变量，缺省时采用默认值；m、n 分别是求和的开始项和末项，无穷项时，末项用 inf 表示。例如下面是两个无穷级数求和：

```
syms  n
s1=symsum(1/n^2,n,1,inf)        %返回 s1=1/6*pi^2
s2=symsum((-1)^(n+1)/n,1,inf)   %默认变量,返回 s2=log(2)
```

(8) 函数的泰勒级数

泰勒（Taylor）级数将一个任意函数表示为一个幂级数，并且，在许多情况下，只需要取幂级数的前有限项来表示该函数，这对于大多数工程应用来说，精度已经足够。Matlab 提供了 taylor 函数将函数展开为幂级数，调用格式为 taylor(f,v,n,a)。该函数将 f 按变量 v 展开为泰勒级数，展开到第 n 项（即变量 v 的 $n-1$ 次幂）为止。n 的默认值为 6，v 的默认值与前面介绍相同，参数 a 指定将函数 f 在自变量 $v=a$ 处展开，a 的默认值为 0。下面是泰勒级数展开的具体应用程序：

求函数的泰勒级数展开：

① 求 f1=sqrt(1-2*x+x^3)-(1-3*x+x^2)^(1/3)的 5 阶泰勒级数展开；
② 将 f2=(1+x+x^2)/(1-x+x^2)在 $x=1$ 处按 5 次多项式展开（$n=6$）。

```
syms x %定义符号变量
f1=sqrt(1-2*x+x^3)-(1-3*x+x^2)^(1/3)%定义符号函数
f2=(1+x+x^2)/(1-x+x^2)
taylor(f1,x,5)      %求函数 f1 对自变量 x 在 0 出展开泰勒级数至第 5 项,返回 ans=1/6*x^2+x^3
                    +119/72*x^4
taylor(f2,6,1)      %求函数 f2 对默认自变量 x 在 1 处,展开泰勒级数至第 6 项,返回
                    ans=3-2*(x-1)^2+2*(x-1)^3-2*(x-1)^5
```

(9) 符号代数方程求解

代数方程是指未涉及微积分运算的方程，相对比较简单。在 MATLAB 中，求解用符号表达式表示的代数方程可由函数 solve 实现，调用格式有下面几种。

① solve(eq)：求解符号表达式表示的代数方程 eq，求解变量为默认变量，当方程右端为 0 时，方程 eq 中可以不包含右端项和等号，而仅列出方程左边的表达式。

② solve(eq,v)：求解符号表达式表示的代数方程 eq，求解变量为 v。

③ solve(eq1,eq2,…,$v1,v2$…)：求解符号表达式 eq1，eq2…组成的代数方程组，求解变量为 $v1$，$v2$…

命令如下：

```
x=solve('1/(x+2)+4*x/(x^2-4)=1+2/(x-2)','x')%返回 x=1
x=solve('2*sin(3*x-pi/4)=1')%默认变量,返回 x=5/36*pi
```

```
x=solve('x-x*exp(x)-10','x')%返回下面比直接用数值运算精度更高的结果
    x=1.32731520529590758330952665666106-1.947974164726506264385542653642l*i
[x y]=solve('1/x^3+1/y^3=28','1/x+1/y=4','x,y')%返回x=[1；1/3],y=[1/3；1],共2组解
```

（10）符号常微分方程求解

在 MATLAB 中，用大写字母 D 表示导数，如 Dy 表示 y 的导数，D2y 表示 y 的 2 阶导数等。符号常微分方程求解可以通过函数 dsolve 来实现，调用格式为：

```
dsolve(eq,c,v)
```

该函数求解常微分方程 eq 在初值条件 c 下的特解。v 是方程中的自变量，可以省略。若没有给出初值条件 c 则求方程的通解。

dsolve 在求常微分方程组时的调用格式为：

```
dsolve(eq1,eq2,eq3,…,c1,c2,c3,…,v1,v2,v3…)
```

该函数求解常微分方程组 eq1、eq2、eq3…在初值条件 $c1$、$c2$、$c3$…下的特解，若不给出初值条件则求方程的通解。下面是某符号常微分方程求解程序。

```
function dsolvetest
clc,clear all
y=dsolve('Dy-(x^2+y^2)/x^2/2','x')
y=dsolve('Dy*x^2+2*x*y-exp(x)','x')
y=dsolve('Dy-x^2/(1+y)','y(2)=1','x')
[x,y]=dsolve('Dx=4*x-2*t','Dy=2*x-y','t')
[x,y]=dsolve('D2x-t','D2y+x','t')
```

运行上述程序，返回以下结果：

```
y=x*(-2+log(x)+C1)/(log(x)+C1)
y=(exp(x)+C1)/x^2
y=-1+1/3*(-12+6*x^3)^(1/2)
x=1/2*t+1/8+exp(4*t)*C2
y=t-3/4+2/5*exp(4*t)*C2+exp(-t)*C1
x=1/6*t^3+C3*t+C4
y=-1/120*t^5-1/6*C3*t^3-1/2*C4*t^2+C1*t+C2
```

2.2 MATLAB 在化学化工实验数据拟合及模型参数计算中的应用

化学化工中涉及大量实验参数拟合及模型参数的辨识问题，针对这些问题，MATLAB 提供了大量的处理方法，这些方法涉及许多内部函数。尽管涉及的内部函数较多，但作为应用者，只要掌握了能处理问题的那些内部函数即可，更何况其实许多内部函数的功能有重叠部分，或者只要使用者增加一些简单的外部命令，就可以使某些内部函数的功能增加，这一点在实验参数拟合和模型参数辨识上显得十分重要。本节主要介绍 polyfit、regrees、lsqcuverfit、lsqnonlin 及 cftool 工具箱的应用。

2.2.1 polyfit 拟合

polyfit 函数基于最小二乘法，只能对单变量函数的任意次多项式进行拟合，使用的基

本格式有以下 3 种：

① $p=\text{polyfit}(x,y,n)$

② $[p,\ \text{S}]=\text{polyfit}(x,y,n)$

③ $[p,\text{S},\text{mu}]=\text{polyfit}(x,y,n)$

其中每个命令中的 n 为多项式拟合的次数，当 n 为 1 时，即为一次拟合（n 一般不超过5）。p 是 $n+1$ 维参数向量，其对应元素为 $p(1)$、$p(2)$、…、$p(n+1)$。拟合后对应的多项式为 $p(1)*x^n+p(2)*x^{(n-1)}+\cdots+p(n)*x+p(n+1)$，注意拟合参数是从高次项到低次项。S 是结构数组，包括 R（系数矩阵的 QR 分解的上三角阵），df[自由度，等于 length$(x)-n-1$]，normr（拟合误差平方和的算术平方根）。而第三种格式中，拟合时需要对变量 x 进行处理，具体公式如下：

xhat＝(x−mu(1))/mu(2)

其中 mu(1)＝mean(x)，即求向量 x 中所有元素的平均值，如 mean([1 2 3])＝2。mu(2)＝std(x)，即标准偏差，如 std([1 2 3])＝1。一般情况下，采用第一种格式即 $p=$ polyfit(x,y,n) 即可。求出 p 之后，如需要计算拟合函数的值，只需要使用命令 $f=$ polyval(p,x) 就可以求出拟合的值。下面通过几个具体的应用来说该拟合函数的应用。

【例 2-1】 已知某高温导热油在温度 t 为 300～400℃时饱和蒸气压 p 的数据（表 2-2），现用下式拟合温度和饱和蒸气压之间的关系：$p=a_0+a_1t+a_2t^2$，试用计算机拟合公式中的三个参数，并利用该拟合公式计算温度为 340℃时的导热油的饱和蒸气压。

表 2-2 导热油饱和蒸气压数据

温度 $t/℃$	300	320	330	350	360	380	400
饱和蒸气压 p/Pa	202.3	226.5	239.2	265.8	279.8	308.9	339.6

解：根据题意可知，需要拟合的函数是 2 次函数，故取 $n=2$，同时需要计算 $t=340℃$ 时的饱和蒸气压，故需要调用 polyval(p,x)，另采用 plot 函数绘制图像，具体程序如下。

```
function ployfittest
clc,clear all
t＝[300 320330350360380400];
P＝[202. 3226. 5239. 2265. 8279. 8308. 9339. 6];
a＝polyfit(t,P,2);
P340＝polyval(a,340);
f＝polyval(a,t);
plot(t,P,'rp',t,f,'b－','LineWidth',2)%绘制实验点和拟合曲线
xlabel('温度,K')% x轴注解
ylabel('饱和蒸气压,Pa')% y轴注解
title('导热油的饱和蒸气压')% 图形标题,添加在图形顶部
grid on %显示格线
format long %显示长型数据
fprintf('\ta0＝%f\ta1＝%f\ta2＝%f\tP340＝%f',a(3),a(2),a(1),P340)
```

运行上述程序得到计算结果如下：

a0＝35. 822146   a1＝−0. 058712   a2＝0. 002045   P340＝252. 316136

显示的图形如图 2-13 所示。由图 2-13 可知，拟合曲线和实验点数据非常吻合。常规的 ployfit 函数只能处理多项式，但化学化工中有些实验数据之间的关系是对数或指数关系，

此时只要对拟合方程或实验数据进行拟线性化处理即可用 ployfit 处理。如将上面的温度和饱和蒸气压的关系拟合成 $\ln p = a_0 + a_1 t$，则只要先将压力 p 的数据进行对数处理，然后再进行一次拟合即可，需要增加和修改的语句如下：

```
P1=log(p); %对数处理,放在原"p=＊＊"语句后面,一定要注意字母的大小写,否则出错。
a=polyfit(t,P1,1); %一次拟合
f=exp(f); %放在原"f=＊＊"后面,反向处理。
fprintf('\ta0=%f\ta1=%f\tP340=%f',a(2),a(1),P340)
```

运行修改后的程序，得到的数据结果为：

a0＝3.765940　a1＝0.005175　P340＝250.95555

显示的图形见图 2-14。由图 2-14 可知，拟合的曲线稍微有点偏离实验点，但偏离不是十分大。化学化工科研人员的任务就是构建不同的拟合公式，通过拟线性化处理，利用 ployfit 函数进行拟合，并利用结构数组 S 中的 normr 进行优劣比较，也可以自己编程进行误差计算。同样，如果需要拟合的函数为 $y = a_0 x^{a_1}$ 或 $y = a_0 + a_1 x^{2.5}$ 经过拟线性化处理，均可以用 ployfit 拟合参数。

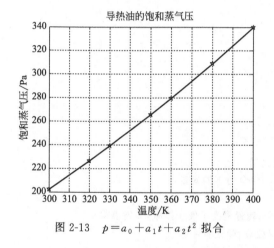

图 2-13　$p = a_0 + a_1 t + a_2 t^2$ 拟合

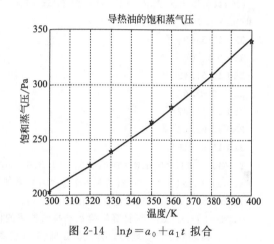

图 2-14　$\ln p = a_0 + a_1 t$ 拟合

2.2.2　regress 多变量回归拟合

前面介绍的 ployfit 只能对单变量函数进行参数拟合，但化学化工中的许多实验数据之间的关系或模型中，常常有 2 个或 2 个以上自变量，这时就必须用 regress 函数来拟合实验参数，基本的 regress 是多变量线性回归，其拟合的公式为 $Y = X * B$，命令调用格式为：

```
[b< ,bint,r,rint,stats> ]=regress(Y,X< ,alpha> )
```

注意"＜＞"内的内容均可缺省，缺省时选取默认值，一般计算时均可以选取默认模式。命令格式中 b 是自变量 X 对应分变量的拟合参数，具体调用时可以用任意变量名，只要不引起冲突即可，其他选项也是如此；bint 表示回归系数的区间估计；r 表示残差；rint 表示置信区间；stats 表示用于检验回归模型的统计量，有三个数值：相关系数 r^2、F 值、与 F 对应的概率 P，相关系数 r^2 越接近 1，说明回归方程越显著；alpha 表示显著性水平（缺省时为 0.05）。

【例 2-2】已知某催化反应 2A ——→B 反应物 A 的转化率 β（％）在实验数据范围内和反应温度 T(K) 及催化剂用量 W(％) 具有以下关系，$\beta = a_0 + a_1 T^{0.6} + a_2 W^{1.3}$，已测得的 8

组实验数据如表 2-3 所示。

表 2-3　转化率数据

T/K	280	320	350	280	320	350	280	320
$W/\%$	5	5	5	10	10	10	15	15
$\beta/\%$	43.67	45.63	47.04	61.45	63.41	64.82	82.2	84.2

试利用以上已知条件，计算拟合转化率计算公式中的 3 个参数，并计算 $T = 280\mathrm{K}$、$W = 12\%$ 时的反应物 A 的转化率。

解： 分析该题的拟合公式，表面上看不符合线性回归，但只要我们将数据进行处理，将 $T^{0.6}$ 及 $W^{1.3}$ 作为整体看，同时在 a_0 系数后面增加一个 U 变量，该变量每次取值为 1。如此处理数据后，原来的拟合变成了有 3 个自变量的线性回归。注意增加一个 U 变量其实是为了求原拟合公式中的截距。具体程序如下。

```
function  regresstest
clc,clear all    ％在实验数据范围内转化率数据 β(％)和反应温度 T(K)及催化剂用量 W
(％)具有以下关系,β=a0+a1*T^0.6+a2*W^1.3
TWB= [280 5 43.67
320 5 45.63
350 5 47.04
280 10 61.45
320 10 63.41
350 10 64.82
280 15 82.22
320 15 84.18];
T=TWB(:,1).^0.6;W=TWB(:,2).^1.3;B=TWB(:,3);
x(:,1)=T;x(:,2)=W;x(:,3)=1;y=B;％增加了一个全为 1 的变量
[a,bint,r,rint,stats]=regress(y,x);
diff=(y-x*a)' ％计算实验点和拟合曲线的偏差,转置是为了便于排版,节省篇幅
        ％本书中许多地方均有类似处理,有些已直接处理,望读者注意
fprintf('\ta0=％g\ta1=％g\ta2=％g',a(3),a(1),a(2))
B280=a(1)*280^0.6+a(2)*12^1.3+a(3);fprintf('\tB280=％g',B280)
```

运行上述程序，得到以下结果：

```
diff=-0.0006  -0.0028  -0.0006  0.0032  0.0010  0.0033  -0.0006  -0.0028
a0=7.99143  a1=0.800192  a2=1.50018  B280=69.4527
```

2.2.3　lsqcurvefit 任意函数形式拟合

lsqcurvefit 函数可以进行任意形式函数的拟合，但必须和自定义函数配合使用，自定义函数也可以在@项下直接写出，并给出拟合参数的初值。其通用调用格式为：

```
[x< ,resnorm,residual,exitflag,output,lambda> ]=lsqcurvefit(@f,x0,xdata,ydata< ,
lb,ub,options> )
```

注意调用格式中 "<>" 中的内容全部可以缺省，一般常用的格式是：

```
[x,resnorm]=lsqcurvefit(@f,x0,xdata,ydata)
```

x是所要拟合的参数，相当于自定义方程中的变量；@f是调用自定义方程，里面含有变量x；x0为拟合参数初值，即自定义方程中变量的初值；xdata为实验中的自变量数据，可以是向量矩阵；ydata为实验中的应变量数据，也可以是向量和矩阵。它是通过求下面目标函数最小值的方法获取拟合参数的，其目标函数如下：

min   sum {(fun(x,xdata)- ydata). ^2}

【例2-3】 已知某物质的饱和蒸气压和温度有关，并已测得如表2-4所示的一组数据。

表2-4　某物质饱和蒸气压随温度变化关系

序号	1	2	3	4	5	6	7
温度 T/K	283	293	303	313	323	333	343
饱和蒸气压 p/mmHg	35	120	210	380	520	680	790

注：1mmHg=133.322Pa，下同。

现拟用 $\ln p = a + \dfrac{b}{T+c}$ 来拟合实验数据，试用计算机求取 a、b、c。

解： 分析题意，根据所拟合的方程，该题既不能用 ployfit 计算，也不能直接用 regress 计算，但可以直接自定义函数，用 lsqcurvefit 拟合，具体程序如下。

```
function lsqcurvetest
clc,clear all
xdata= [ 283; 293; 303; 313; 323; 333; 343] ;          % example xdata
ydata= [ 35;120;210;380;520;680;790] ;% example ydata
[x,r]=lsqcurvefit(@tpf,[1-121-251],xdata,ydata);      %,[0-280-280],4000;
fprintf('\ta=%f\tb=%f\tc=%f',x(1),x(2),x(3))%打印拟合参数
dyf=abs((tpf(x,xdata)- ydata). /ydata) * 100
Tdyf=mean(dyf)     %计算平均绝对百分误差,越小越好
function f=tpf(x,xdata)
xx=x(3)+xdata;%设置分母,以防分母为零
f=exp(x(1)+x(2). /(xx+eps * (xx==0)));    %(x(3)+xdata); %a=x(1),b=x(2),c=x(3)
```

运行上述程序，得到以下结果：

```
Optimization terminated: relative function value changing by less than OPTIONS.TolFun.
    a= 8. 097118   b= -120. 794524   c= -257. 425922
dyf= 16. 6022    8. 2360   10. 4620    1. 6492    0. 1182    2. 3064    1. 3599
Tdyf= 5. 8191
```

由上述结果可知，参数拟合在符合优化条件的情况下被终止，平均绝对百分误差为5.8191，对于饱和蒸气压拟合来说，符合要求。值得注意的是，程序的自定义函数中引入了"(xx+eps * (xx==0))"，表明当 xx 为 0 时，该情况除外，保证了参数拟合的进行。当然也可以对拟合参数进行上、下限定义，来避免被零除，此时拟合函数调用格式为：

```
[x,r]=lsqcurvefit(@tpf,[1-121-251],xdata,ydata,[0-280-280],4000);
```

注意"［0-280-280］"，因为需要对3个拟合参数的下限分别定义，也可用同一值，如上限均取4000，可用单个数值；此时，自定义函数可以写成 f=exp(x(1)+x(2). /(x(3)+xdata))，无需理会被0除，但要注意纯数值和向量一起运算时需要采用点运算，这里采用的是点除。如果给定的初值不同，则得到的拟合参数也会不同，可能造成超过规定的计算次

数而退出计算，但仍得到拟合参数，并且拟合的效果不一定差，如将绝对百分误差作为参考指标的话，反而更加好。如取初值为 [8−121−251]，则运行后得以下结果：

```
Maximum number of function evaluations exceeded; increase options.MaxFunEvals
a=8.099240  b=−121.054054  c=−257.365140
dyf=16.3351    8.1781   10.4582    1.6657   0.1056    2.3088    1.3693
Tdyf=5.7744;
```

由计算结果可知，尽管是在评估函数的最大数目超标的情况下退出拟合，但最后拟合的平均绝对百分误差为 5.7744，反而比满足优化条件退出拟合的 5.8191 小。

【例 2-4】 已知某类型换热器的加工劳动力成本如表 2-5 所示，现用 $C=a_0+a_1 S^{0.8}+a_2 N^{0.9}$ 进行拟合，其中 C 为劳动力成本（元）；S 为换热器面积（m^2）；N 为换热器管子数，试确定最佳 a_0、a_1、a_2，并计算在 $S=140$、$N=600$ 时的成本 C。

表 2-5 换热器加工成本

成本 C/元	1860	1800	1650	1500	1320	1200	1140	900	840	600
换热面积 S/m^2	140	130	108	110	84	90	80	65	64	50
列管数 N	550	530	520	420	400	300	280	220	190	100

解：分析所要拟合的公式，共有两个自变量，一个应变量，需要拟合三个参数，和例 2-3 最大的不同是 xdata 已由向量变成矩阵，具体的程序如下。

```
function  lsqcurveheat
clc,clear all
ydata=[1860 1800 16501500 1320 1200 1140900840600]'% example ydata
xdata=[140 130 108 110 84 90 80 65 64 50
        550 530 520 420 400 300 280 220 190 100]'  % example xdata
[x,r]=lsqcurvefit(@tpf,[8 8 8],xdata,ydata);
fprintf('\ta0=%f\ta1=%f\ta2=%f',x(1),x(2),x(3))
dyf=abs((tpf(x,xdata)−ydata)./ydata)*100;dyf=dyf'
Tdyf=mean(dyf)
function f=tpf(x,xdata)
f=x(1)+x(2).*xdata(:,1).^0.8+x(3).*xdata(:,2).^0.9;   %a0=x(1),a1=x(2),a2=x(3)
```

运行上述程序，得到以下结果：

```
Optimization  terminated: relative  function  value   changing  by  less  than
OPTIONS.TolFun.
a=−14.426566  b=18.098311  c=3.232717
dyf=0.7872   0.5922   0.0771   0.3545   0.1927   0.3261   3.1995   1.1950   1.5715   0.5611
Tdyf=0.8857
```

由计算结果可知，拟合非常理想，绝对平均百分误差只有 0.8857，也就是说绝对平均误差不到百分之一。需要注意的是自定义函数中 xdata(:,1) 和 xdata(:,2) 这两个表达式，它们分别表示原拟合公式中 S 和 N，若自变量数目增加，则照此仿写即可。

2.2.4 利用 cftool 工具箱拟合

对于任意自定义函数参数的拟合，MATLAB 还提供了一个 cftool 工具，只要在命令窗口输入 cftool 并回车，系统就会弹出该工具箱。下面以例 2-3 中拟合为例，来说明 cftool 工具箱的使用方法。

MATLAB 的 cftool 工具可以进行多种形式的函数拟合，同时也允许用户自定义函数进行拟合。对于例 2-3 中的拟合公式，可以采用自定义函数进行拟合。先在 MATLAB 的命令窗口中输入以下两个向量后分别回车。

x＝[283 293 303 313 323 333 343]
y＝[35 120　210 380 520 680 790]

然后再在命名窗口中输入"cftool"回车，程序弹出图 2-15 所示对话框，点击"Data…"，程序弹出图 2-16 所示对话框，选择 *x*、*y* 向量作为"X Data"和"Y Data"，点击"Create data set"，点击"Close"，回到图 2-15 所示界面。注意"Close"并未在图 2-16 中显示，其实它位于图 2-16 的右下方，考虑到图幅的大小将其剪去，下同。点击图 2-15 中的"Tools"，在弹出的对话框中选择最上面的"Custom Equation"，再在弹出的对画话框中，点击"General Equation"，见图 2-17。在图 2-17 的"y＝"右边输入要拟合的公式，本案例中为"exp(a－b/(x+c))"，注意输入"－b"是考虑到原来的 b 是负值，直接输入"－b"，可以保证参数拟合的成功率；同时需将图 2-17 中参数 c 的下限由"－Inf"修改为"－280"，理由也是为了保证参数拟合的成功率；点击"Close"，回到图 2-15 所示界面。点击"Fitting…"，弹出图 2-18 所示的界面，点击图 2-18 中的"New fit"，在"Type of fit"中选择第一项"Custom Equations"，系统会默认刚建立的数据集及拟合函数放在首位，点击"Immediate apply"，就可以得到所拟合的参数如图 2-18 中所示。

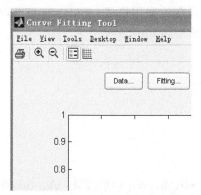

图 2-15　MATLAB 参数拟合界面

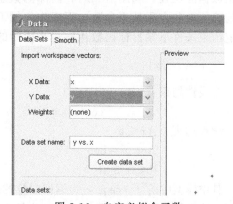

图 2-16　自定义拟合函数

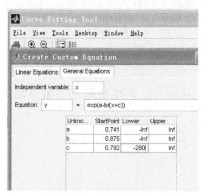

图 2-17　数据集设置

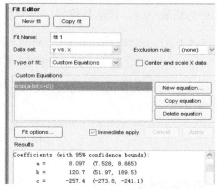

图 2-18　MATLAB 拟合结果

由图 2-18 可知，MATLAB 拟合结果是"$a＝8.097$，$b＝－120.7$（因拟合函数中引入

了负号），$c = -257.4$"。该结果和前面程序拟合的结果"$a = 8.097118$，$b = -120.794524$，$c = -257.425922$"几乎完全一致。利用 cftool 工具箱进行参数拟合，看上去十分简单，但有时也会出现无法拟合的情况。就像本例中，如果拟合公式先不取"$-b$"的话，有可能无法拟合，同时必须对拟合参数的范围进行设定，设定不合理的话，也可能无法拟合。本例中设定 c 的下限为 280，这样就可以避免在拟合过程中分母出现零的情况。因为温度 T 的数据最小值为 283，则（$T+c$）永远大于零。

2.2.5 lsqnonlin 函数参数辨识

微分模型参数的辨识一般需要复杂的编程或专用的软件，如果采用 Matlab 的几个内部函数来解决微分模型方程的参数会相对简单一些。如已知某液相间歇反应过程，根据已知条件，已建立以反应物 A 的浓度变化的微分方程如式(2-1) 所示：

$$\frac{dy}{dx} = -ay^b \tag{2-1}$$

式中，y 为 A 的摩尔浓度，$kmol/m^3$；x 为反应时间，h；a、b 为需要辨识的参数。已通过实验测得 A 的摩尔浓度随反应时间 x 的变化数据、A 的初始浓度。参数辨识与参数拟合的最大不同是参数辨识需要求取的是微分方程中的参数，即使已知了拟合参数和自变量，也无法直接利用代数的方法求出应变量。对数参数辨识，MATLAB 的策略是先假设一组参数，在假设参数的基础上，ode45 内部函数求解微分方程或方程组，利用方程组求解结果和实验数据的比较，利用 fmincon 内部函数求取参数的初步值，再利用 lsqnonlin 函数求取相对精确的微分方程某型参数。下面先介绍 fmincon 内部函数的调用格式。fmincon 是求取在一定约束条件下某目标函数达到最小值时的解，其优化模型如下：

min f(x)

非线性约束：s.t $c(x) \leqslant 0$
$\qquad\qquad\quad ceq(x) = 0$

线性约束：$Ax \leqslant b$
$\qquad\qquad Aeq\ x = beq$
$\qquad\qquad lb \leqslant x \leqslant ub$

其中模型中的 f、ceq、c 为返回向量的函数，x、lb、ub、b、beq 均是向量，A、Aeq 则是矩阵。该优化模型就是求取使 $f(x)$ 为最小值的满足所有约束条件时的自变量 x，其实这个目标函数 $f(x)$ 就是实验数据与利用微分方程求取的相当时间点上计算值差的平方，当这个差的平和方达到最小时，当然是较好的模型参数。Fmincon 的 MATLAB 调用格式为：

```
[x,< fval,exitflag,output,lambda,grad,hessian> ]=
              fmincon(@f,x0,A,b,Aeq,beq,lb,ub,@nonlcon,options,p1,p2)
```

格式中的有关含义将在优化应用一节中详细介绍。lsqnonlin 非线性最小二乘算法的数学模型为：

$$\min f(x) = \sum_{i=1}^{m} f_i(x)^2 + C$$
$$lb \leqslant x \leqslant ub$$

调用格式为：

```
[x,< resnorm,residual,exitflag,output,lambda,jacobian> ]
   =lsqnonlin(@ObjFNL,x0,lb,ub,< [],p1,p2> )
```

下面通过具体例子的应用，来介绍参数辨识的具体应用。

【例 2-5】 某容器中发生液相串联反应：

$$A \underset{k_2}{\overset{k_1}{\rightleftharpoons}} B \overset{k_3}{\longrightarrow} 2C$$

$$\frac{\mathrm{d}C_A}{\mathrm{d}t} = -k_1 C_A + k_2 C_B$$

$$\frac{\mathrm{d}C_B}{\mathrm{d}t} = k_1 C_A - k_2 C_B - k_3 C_B$$

$$\frac{\mathrm{d}C_C}{\mathrm{d}t} = 2k_3 C_B$$

3 个反应均为一级反应，初始摩尔浓度 $C_{A0}=10$ mol/L，不含物质 B 和 C，已测得反应时间从零时刻到 5 min 时每间隔 0.5min，容器中 A、B、C 的浓度变化，见表 2-6。试确定反应速率常数 k_1、k_2、k_3，并求出什么时候 C_B 达到最大值。

表 2-6　反应时间和浓度数据

t/min	C_A/(mol/L)	C_B/(mol/L)	C_C/(mol/L)
0.0000	10.0000	0.0000	0.0000
0.5000	8.6231	1.2759	0.2020
1.0000	7.4627	2.1736	0.7273
1.5000	6.4811	2.7808	1.4761
2.0000	5.6475	3.1666	2.3719
2.5000	4.9366	3.3850	3.3569
3.0000	4.3282	3.4780	4.3876
3.5000	3.8057	3.4783	5.4320
4.0000	3.3552	3.4118	6.4661
4.5000	2.9652	3.2984	7.4728
5.0000	2.6261	3.1537	8.4403

解： 全部过程利用 MATLAB 的 3 个内部函数进行，具体程序如下。

```
function lsqnonlintset2016
clear all;clc
k0=[0.5  0.5  0.5];           %参数初值
lb=[0  0  0];                 %参数下限
ub=[100  100  100  ];         %参数上限
C0=[10  0  0];                %浓度初值
data=…                        %实验数据
   [0.0000 10.0000 0.0000 0.0000
    0.5000 8.6231 1.2759 0.2020
    1.0000 7.4627 2.1736 0.7273
    1.5000 6.4811 2.7808 1.4761
    2.0000 5.6475 3.1666 2.3719
    2.5000 4.9366 3.3850 3.3569
    3.0000 4.3282 3.4780 4.3876
    3.5000 3.8057 3.4783 5.4320
    4.0000 3.3552 3.4118 6.4661
    4.5000 2.9652 3.2984 7.4728
```

```
                5.0000 2.62613.1537 8.4403];
    yexp＝data(:,2:4);                        ％ yexp:实验数据[CACBCC]
    ％使用函数 fmincon()进行参数估计
    [k,fval,flag]＝fmincon(@ObjFmc,k0,[],[],[],[],lb,ub,[],[],C0,yexp);
    ％有后面参数时,前面参数没有时需要用"[]"代替,不能空过
    fprintf('\n 使用函数 fmincon()估计得到的参数值为:\n')
    fprintf('\tk1＝％.6f\n',k(1))
    fprintf('\tk2＝％.6f\n',k(2))
    fprintf('\tk3＝％.6f\n',k(3))
    fprintf('  The sum of the squares is:％.3e\n\n',fval)％偏差平方和
    k_fmincon＝k;   ％先将拟合参数保护起来
    ％使用函数 lsqnonlin()进行参数估计
    [k,resnorm,residual,exitflag,output,lambda,jacobian]＝lsqnonlin(@ObjFNL,k0,lb,
ub,[],C0,yexp);
    ci＝nlparci(k,residual,jacobian);％计算某特性矩阵,一般可不用
    fprintf('\n\n 使用函数 lsqnonlin()估计得到的参数值为:\n')
    ％output
    fprintf('\tk1＝％.6f\n',k(1))
    fprintf('\tk2＝％.6f\n',k(2))
    fprintf('\tk3＝％.6f\n',k(3))
    fprintf('  The sum of the squares is:％.3e\n\n',resnorm)
    ％以函数 fmincon()估计得到的结果为初值,使用函数 lsqnonlin()进行参数估计
    k0＝k_fmincon;
    [k,resnorm,residual,exitflag,output,lambda,jacobian]＝…
        lsqnonlin(@ObjFNL,k0,lb,ub,[],C0,yexp);
    ci＝nlparci(k,residual,jacobian);
    fprintf('\n\n 以 fmincon()的结果为初值,使用函数 lsqnonlin()估计得到的参数值为:\n')
    ％output
    fprintf('\tk1＝％.6f\n',k(1))
    fprintf('\tk2＝％.6f\n',k(2))
    fprintf('\tk3＝％.6f\n',k(3))
    fprintf('  The sum of the squares is:％.3e\n\n',resnorm)
    ％绘制曲线,并求 B 的浓度最大值
    tspan＝0:0.1:5 ％模拟计算时,将时间间隔设为 0.1min
    n＝length(tspan)％求向量 tspan 长度,结果显示为 51
    [t,C]＝ode45(@KDEs,tspan,C0,[],k);
    tC＝C(:,1)＋C(:,2)＋C(:,3);％求三种物质的浓度
    plot(tspan,C(:,1),'＊r－',tspan,C(:,2),'k',tspan,C(:,3),'^b－',tspan,tC,'＋g－','
linewidth',2);％绘图
    xlabel('时间(min)');
    ylabel('浓度(kmol/m^3)');
    legend('A','B','C','TC');grid on
    CBMax＝max(C(:,2));index＝find(C(:,2)＝＝CBMax);
    disp('Results of Time')
    tt＝(index－1)＊0.1; ％需要减1,因为 index＝1 时,t＝0
    disp(tt)
    disp(CBMax)
    str＝num2str(tt); ％数值转变成字符串
```

```
str＝strcat('所需时间＝',str,'min');％ strca 为字符串连接函数
text(2,8,cellstr(str))％(2,8)表示显示字符串的位置
str1＝num2str(CBMax);str1＝strcat('B 最大浓度＝',str1,'kmol/m＾3');text(2,11,
cellstr(str1))
％----------------------------------------------------------------
function f＝ObjFmc(k,C0,yexp)
tspan＝[0 : 0.5 : 5];
[t C]＝ode45(@KDEs,tspan,C0,[],k);
f＝sum((C(:,1)－yexp(:,1)).＾2)＋sum((C(:,2)－yexp(:,2)).＾2)＋sum((C(:,3)－yexp(:,3)).＾2);
％----------------------------------------------------------------
function f＝ObjFNL(k,C0,yexp)
tspan＝[0.00 : 0.5 : 5];
[t C]＝ode45(@KDEs,tspan,C0,[],k);
f1＝C(:,1)－yexp(:,1);f2＝C(:,2)－yexp(:,2);f3＝C(:,3)－yexp(:,3);f＝[f1; f2; f3];
％----------------------------------------------------------------
function dC＝KDEs(t,C,k)
dCA＝－k(1)*C(1)＋k(2)*C(2);dCB＝k(1)*C(1)－k(3)*C(2)－k(2)*C(2);dCC＝2*k(3)*C(2);
dC＝[dCA; dCB; dCC];
```

运行上述程序，得到以下数据结果（显示方式为节约篇幅已作适当调整，下同）及图 2-19。
使用函数 fmincon() 估计得到的参数值为：
k1＝0.299943
k2＝0.049547
k3＝0.299683
The sum of the squares is：1.066e－006
使用函数 lsqnonlin() 估计得到的参数值为：
k1＝0.299944
k2＝0.049552
k3＝0.299685
The sum of the squares is：1.060e－006
以 fmincon() 的结果为初值，使用函数 lsqnonlin() 估计得到的参数值为：

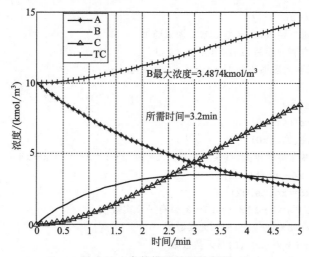

图 2-19　参数辨识结果绘制图

k1＝0.299943
k2＝0.049549
k3＝0.299685
The sum of the squares is：1.061e−006
n＝51

2.3 MATLAB 在化学化工线性与非线性方程及方程组求解中的应用

在化学化工中，会碰到需要求解的方程和方程组，方程组有线性方程组和非线性方程组，MATLAB 为求解这些方程和方程组提供了大量的内部函数求解方法。作为化学化工工作者，无需掌握这些全部的内部函数，只要掌握能够解决化学化工实际问题的方法即可。下面介绍几种足以解决化学化工实际问题的 MATLAB 内部函数，来求取化工实际问题。

2.3.1 单变量方程求解

（1）基本方法

对于单变量方程，不存在向量方程问题，就只有一个变量，但方程可以有多个解，有些方程甚至有虚根，这时就必须选择不同的内部函数来求解方程的根。对于单变量方程，一般可用以下 3 种内部函数调用，分别是 fsolve(@f,x0)、fzero(@f,x0) 及 roots(c)。其中 @f 是自定义函数，x0 为变量初值，后面可以加功能选项，一般建议使用默认缺省形式。

（2）要点重点

fsolve(@f,x0) 既可以求单变量方程，也可以求多变量方程组，但每次只能求一个或一组实数解；无实数解时，尽管会返回一个实数，但有错误提示。

fzero(@f,x0) 只能求解单变量函数的实数解，每次只能求一个解；当有多个解时，具体的解和给定的初值有关；无实数解时，返回 NaN，并有错误提示。

roots(c) 只能求解单变量的多项式的解，其中 c 为多项式按降幂排列的系数。roots(c) 的最大优点是可以同时求出所有的解，包括实数和虚数解。下面是上述 3 种求解单变量方程的基本应用程序：

```
function fsolvetest
%三种方法求单变量方程根,在 7.0 版本上调试通过
%由华南理工大学方利国编写,2016 年 2 月 29 日
%欢迎读者调用,如有问题请告知 Lgfang@scut.edu.cn
clear all,clc
x0＝3;x1＝fsolve(@f,3)
x0＝1.2;x2＝fzero(@f,x0)
x0＝2.2;x3＝fzero(@f,x0)
%下面的系数向量需按降幂排列,其实际方程为 f＝x^3＋x^2＋17*x＋15
c1＝[1 1－17 15];x4＝roots(c1)
c2＝[1 1 17 15];x5＝roots(c2)
x6＝fsolve('x^3＋x^2＋17*x＋15',3)%有一个实数根
x7＝fsolve('x^2＋6*x＋20',8)%无实数根
x8＝fzero('x^2＋6*x＋20',8)%无实数根
%读者可以改变下面的方程次数及系数,只要按范例中的模式书写即可
```

```
function f＝f(x)
f＝x^3＋x^2－17*x＋15;
```

运行上述程序，系统返回以下 8 个解：

x1＝3，x2＝1，x3＝3.0000，x4＝[－5.0000；3.0000；1.0000]，x5＝[－0.0562＋4.1106i；　－0.0562－4.1106i；　－0.8876]，x6＝－0.8876，x7＝－3.0000，x8＝NaN。

其中 x7、x8 有错误提示，x6 有终止计算提示。由此可见，相同的无实数解方程，fsolve(@f,x0)、fzero(@f,x0) 得出的显示结果不同；roots(c) 既可以求实数解，也可以求虚数解，一次求出所有解。

（3）实际例子

已知 CO_2 气体的 p-V-T 方程如式(2-2) 所示，方程中各个参数取值为 $A_2＝-4391473.1$、$A_3＝233734790$、$A_4＝-8196792900$、$A_5＝113229830000$、$B_2＝4501.7239$、$B_3＝-102972.05$、$B_5＝74758927$、$B＝20.101853$、$C_2＝-60767617$、$C_3＝5081973600$、$C_5＝-3229376000000$、$T_C＝304.2$。式中压力 p 的单位为 atm；温度 T 的单位为 K；V 为气体的摩尔体积，单位为 $10^{-6} m^3/mol$。计算 $T＝423K$、$p＝1\sim150atm$ 每间隔 1atm 时的 CO_2 气体的摩尔体积，并绘制曲线。

$$p = \frac{RT}{V-B} + \frac{A_2+B_2T+C_2\exp\left(\dfrac{-5T}{T_C}\right)}{(V-B)^2} + \frac{A_3+B_3T+C_3\exp\left(\dfrac{-5T}{T_C}\right)}{(V-B)^3} + \tag{2-2}$$

$$\frac{A_4}{(V-B)^4} + \frac{A_5+B_5T+C_5\exp\left(\dfrac{-5T}{T_C}\right)}{(V-B)^5}$$

解：由式(2-2) 可知，如果展开式(2-2) 将得到 5 次项是多项式，则可以用 roots(c) 一次性求出 5 个根，但考虑到实际情况，在已知条件下，CO_2 气体的摩尔体积只有一个值，式(2-2) 的其他解均不符合实际情况 [压力和温度改变时，式(2-2) 有可能有 3 个实数根]，故可以用 fsolve 的方法来求解，具体程序如下。

```
function  pvt_fslove
clear all;clc
global  a2 a3 a4 a5 b2 b3 b4 b5 bv c2 c3 c5 tc
a2＝－4391473.1…省略其他数据
t＝423.15;i＝0;x0＝300;p＝1
for p＝1:150
i＝i＋1;
v(i)＝fsolve(@f,x0,[],t,p)
eer(i)＝f(v(i),t,p)
end
disp(v(1))
yp＝1:150;
plot(yp,v,'r',yp,eer,'g','linewidth',2),xlabel('P(atm)'),ylabel('V(ml/mol)')
hold on;grid on
%------------------------------------------------------------
function f＝f(x,t,p)
global a2 a3 a4 a5 b2 b3 b4 b5 bv c2 c3 c5 tc
f＝p－(82.06*t/(x－bv)－(a2+b2*t+c2*exp(－5*t/tc))/(x－bv)^2+(a3+b3*t+c3*
exp(－5*t/tc))/(x－bv)^3)－(a4/(x－bv)^4+(a5+b5*t+c5*exp(－5*t/tc))/(x－bv)^5);
```

运行上述程序，得到温度为 423.15K 即 150℃、压力为 1atm 时，CO_2 气体的摩尔体积为 34680.75mL/mol，文献中的数值是 34669mL/mol，相对误差为 0.033892%。图形显示略。

2.3.2 线性方程组求解

（1）基本方法

求解线性方程组，对于 MATLAB 来说是最简单的工作，直接利用矩阵相除即可得到解。如原线性方程的矩阵形式为 $Ax=b$，其中 A 为系数矩阵，x 为向量变量，b 为已知列向量，则 $x=A\backslash b$ 或 $x=\mathrm{inv}(A)*b$。

（2）要点重点

MATLAB 线性方程组求解的命令尽管十分简单，但在具体应用时，需要注意以下几点问题：一是所有的运算均是矩阵或向量运算，千万别想当然地采用任何点运算；二是注意变量的大小写；三是要注意是反除"$\backslash$"；四是要注意系数矩阵 A 不能是奇异矩阵，如 $A=[1\ 2\ 3;1\ 2\ 3;4\ 6\ 5]$ 就无法计算出解；五是有时方程组有无穷多的不确定解，因为此时某些方程线性相关，实际独立方程小于变量数，使得求解的方程组自由度大于 0，这时需要采用符号运算。

（3）实际例子

求下面线性方程组的解：

$$x_1+2x_2+3x_3+4x_4+5x_5=14$$
$$x_1+3x_2+x_3+5x_4+2x_5=13$$
$$3x_1+4x_2+2x_3-6x_4+7x_5=10$$
$$4x_1+5x_2-6x_3+7x_4+x_5=10$$
$$x_1-2x_2+2x_3+x_4+9x_5=12$$

解：直接在命令窗口输入以下命令。

```
≫b=[14 13 10 10 12]';
≫a=[1:5;1 3 1 5 2;3 4 2−6 7;4 5−6 7 1;1−2 2 1 9];
≫x=a\b
```

回车后得到方程组的解为：

```
x=
−10.6293
  5.2202
−3.1108
  0.4915
  4.3111
```

2.3.3 非线性方程组求解

（1）基本方法

对于多变量非线性方程组，MATLAB 既可以用 fsolve() 进行求解，也可以用 fminsearch()。fminsearch() 求解的策略是将非线性方程组改写成 $f_i(X)=0$，再构建目标函数 $J=(\sum f_i^2)^{0.5}$，通过求目标函数最小值的方法来得到非线性方程组的解。本节主要介绍用 fsolve() 来求解非线性方程组的解，至于 fminsearch() 的应用将在 2.5.2 节中讲解。

（2）要点重点

前面已对 fsolve（）求解单变量方程解作了介绍，对于多变量方程求解，最大的变化是自定义函数及初值的给定。首先是自定义函数所定义的是向量函数，可以用 f1、f2、…fn 分别定义各个方程，然后用 f＝[f1;f2;…fn] 来表示整个方程组，注意 f 是列向量，要用分号间隔 f1、f2、…fn，若函数中带有可变参数，则采用 fsolve(@f,x0,[],p1,p2)，其中 p1，p2 是要向自定义函数传递的可变参数，可以增加；如果是固定的参数，则采用 global 定义参数，需同时在子函数和主函数中定义，并在主函数中赋值。

（3）实际例子

在合成氨生产中，烃类和蒸汽发生以下转化反应：

$$CH_4 + H_2O_{(g)} \rightleftharpoons CO + 3H_2$$

$$CO + H_2O_{(g)} \rightleftharpoons CO_2 + H_2$$

已知进料甲烷为 1mol，水蒸气为 5mol，反应后总压 $p＝1atm$，反应平衡常数为：

$$K_{p1} = \frac{p_{CO} p_{H_2O}^3}{p_{CH_4} p_{H_2O}} = 0.9618$$

$$K_{p2} = \frac{p_{H_2} p_{CO_2}}{p_{CH_4} p_{H_2O}} = 2.7$$

试求反应平衡时各组分的浓度，并分析当进料甲烷由 0.5mol 变化至 6mol 时反应后平衡体系中 H_2 摩尔分数的变化，并确定最大的 H_2 摩尔分数对应的进料甲烷量。

解：设进料甲烷为 a mol，反应平衡时有 x mol 甲烷转化成 CO，同时生成的 CO 中又有 y mol 转化成 CO_2，假设为理想气体，则反应平衡时各组分的摩尔数及分压见表 2-7：

表 2-7 反应平衡时各组分的物质的量及分压

组分名称	物质的量/mol	分压
CH_4	$a-x$	$\dfrac{a-x}{5+a+2x}$
H_2O	$5-x-y$	$\dfrac{5-x-y}{5+a+2x}$
CO	$x-y$	$\dfrac{x-y}{5+a+2x}$
CO_2	y	$\dfrac{y}{5+a+2x}$
H_2	$3x+y$	$\dfrac{3x+y}{5+a+2x}$

总物质的量为 $(5+a+2x)$mol。

将平衡时各组分的分压表达式代入反应平衡常数 K_{p1} 及 K_{p2} 的表达式得：

$$\frac{(x-y)(3x+y)^3}{(a-x)(5-x-y)(5+a+2x)^2} = 0.9618$$

$$\frac{y(3x+y)}{(x-y)(5-x-y)} = 2.7$$

将其写出以下形式的方程：

$$f_1 = \frac{(x-y)(3x+y)^3}{(a-x)(5-x-y)(5+a+2x)^2} - 0.9618$$

$$f_2 = \frac{y(3x+y)}{(x-y)(5-x-y)} - 2.7$$

利用 MATLAB 求解核心程序如下：

```
function  Ereaction
clear all;clc
a=1; %   甲烷进料量
p0=[0.8 0.2]   %给定x、y的初值,初值很重要,如果偏差太大,则可能不收敛,需根据物理意义给定
p=fsolve(@f,p0,[],a); %a作为参数传递进入自定义函数
x=p(1);y=p(2);
MF(1)=(a-x)/(5+a+2*x);   %甲烷摩尔分数
MF(2)=(5-x-y)/(5+a+2*x);  %水摩尔分数
MF(3)=(x-y)/(5+a+2*x);   %一氧化碳摩尔分数
MF(4)=y/(5+a+2*x);  %二氧化碳摩尔分数
MF(5)=(3*x+y)/(5+a+2*x);   %氢气摩尔分数
fprintf('x及  y值:'),disp(p)
fprintf('摩尔分数:'),disp(MF)
% pp=fminsearch(@ff,p0,[],a);%此方法有时不收敛,读者调用此方法时去掉前面的百分号即可
% fprintf('二乘法解:'),disp(pp)
%改变进料甲烷,分析平衡时氢气摩尔分数
for i=1:56 %进行56轮的方程求解
    a=0.5+(i-1)*0.1
    p0=[0.5 0.2] ;%尽量保证初值较理想
    p1=fsolve(@f,p0,[],a);
x=p1(1);y=p1(2);
F(i)=(3*x+y)/(5+a+2*x);  %氢气摩尔分数
   end
yp=0.5:0.1:6
plot(yp,F,'r'),xlabel('甲烷(mol)'),ylabel('氢气摩尔分数(%)')
hold on;grid on
Fmax=max(F(:));%求数列中的最大值
index=find(F(:)==Fmax);%确定最大值所处的位置
max_a=0.5+(index-1)*0.1;
fprintf('氢气摩尔分数最大时的甲烷量:'),disp(max_a)
fprintf('氢气摩尔分数最大值:'),disp(Fmax)
%---------------------------------------------------------------
function f=f(p,a)
x=p(1);y=p(2);
f(1)=(x-y)*(3*x+y)^3/((a-x)*(5-x-y)*(5+a+2*x)^2)-0.9618;
f(2)=y*(3*x+y)/((x-y)*(5-x-y))-2.7;
f=[f(1)f(2)]';
%---------------------------------------------------------
function f=ff(pp,a)
  x=pp(1);y=pp(2);
  f1=(x-y)*(3*x+y)^3/((a-x)*(5-x-y)*(5+a+2*x)^2)-0.9618;
  f2=y*(3*x+y)/((x-y)*(5-x-y))-2.7;
f=sqrt(f1*f1+f2*f2);
```

运行以上 MATLAB 程序，系统输出以下计算结果：

x 及　y 值：　　　0.9437　　　0.6812

摩尔分数：　　　0.0071　　　0.4279　　　0.0333　　　0.0864　　　0.4453

氢气摩尔分数最大时的甲烷量：　　　3.3000

氢气摩尔分数最大值：　　　0.5657

注意摩尔分数数据的次序依次为甲烷、水蒸气、一氧化碳、二氧化碳、氢气，系统输出氢气摩尔分数随甲烷进料量改变的图形，见图 2-20。通过 MATLAB 程序，还方便地求出了氢气摩尔分数最大时对应的甲烷进料量为 3.3mol（每次计算步长为 0.1，可在 3.2～3.4 之间减少步长，重新计算，提高计算精度）。

由此可见，MATLAB 可以比较方便地求解非线性方程组，尤其是对有工程实际意义的方程求解（有实数根）。但必须提醒读者注意的是 MATLAB 求解时如果方程的初值给得不是很合理，同样可能出现错误的解或得到不收敛的解，笔者曾碰到过这种情况。这和这种方法在求解方程时其实是求解某目标函数最小值的方法有关。因为在求解最小值时，系统可能发散或停留在局部最小值，使我们所定义的平方型目标函数没有达到 0，尽管这时系统也提示求得解，但不是原方程组的解。如某一特殊类型的函数，其三维图像如图 2-21 所示，有许多局部最小值，但真正的最小值只有一个，此时的目标函数值为 0。读者可以通过改变初值的方法，求出真正的方程根，一旦你的初值比较靠近真正解时，软件就能快速求出真正的解。

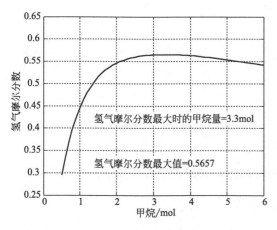

图 2-20　氢气摩尔分率随进料甲烷量变化关系

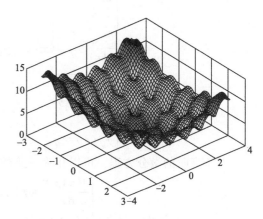

图 2-21　具有多个局部最小值的三维图

2.4　MATLAB 求解化工常微分方程（组）和偏微分方程（组）

无论是化学反应过程动态计算还是化工过程动态模拟，均为涉及常微分方程（组）或偏微分方程（组）的求解。尽管 MATLAB 为这些微分方程（组）求解提供了许多相对较为简单的方法（和 VB 编程相比），但仍需要用户设置具体的微分方程（组），给定初值及边界条件，合理正确地调用各种命令，否则无法得到正确解，有时甚至比自己用 VB 编程还困难（因为你不了解 MATLAB 程序开发者的全部意图）。

2.4.1　常微分方程（组）求解

常微分方程求解是化工动态模拟的基础，也是某些稳态温度分布计算的基本方法。在化工动态模拟中，常见的是关于初值问题的微分方程及方程组的求解。在化工中应用的简单而又典型的例子是套管式换热器的稳态温度分布方程：

$$\frac{\mathrm{d}t}{\mathrm{d}l}=\frac{2K}{u_\rho C_p r}(T_\mathrm{W}-t) \tag{2-3}$$

2.4.1.1　问题描述及 MATLAB 调用命令

常微分方程（组）一般有初值问题及边值问题，其中初值问题的表达形式为：

$$\begin{cases} \dfrac{\mathrm{d}y}{\mathrm{d}x}=f(x,y) \\ y(a)=y_0 \end{cases} \quad (a\leqslant x\leqslant b) \tag{2-4}$$

而两点边值问题的表达式为：

$$\begin{cases} \dfrac{\mathrm{d}y}{\mathrm{d}x}=f(x,y),(a\leqslant x\leqslant b) \\ y(a)=y_a,y(b)=y_b \end{cases} \tag{2-5}$$

而微分方程组的表达形式为：

$$\begin{cases} \dfrac{\mathrm{d}y_1}{\mathrm{d}x}=f_1(x,y_1,y_2,\cdots,y_m) \\ \dfrac{\mathrm{d}y_2}{\mathrm{d}x}=f_2(x,y_1,y_2,\cdots,y_m) \\ \cdots \\ \dfrac{\mathrm{d}y_m}{\mathrm{d}x}=f_m(x,y_1,y_2,\cdots,y_m) \quad (a\leqslant x\leqslant b) \\ y_1(a)=\eta_1 \\ y_2(a)=\eta_2 \\ \cdots \\ y_m(a)=\eta_m \end{cases} \tag{2-6}$$

对于高阶的微分方程，可以化为一阶的微分方程组，其原高阶方程如下：

$$\begin{cases} \dfrac{\mathrm{d}^3y(x)}{\mathrm{d}x}=f(x,y,y',y'') \\ y(a)=\eta^{(0)} \quad (a\leqslant x\leqslant b) \\ y'(a)=\eta^{(1)} \\ y''(a)=\eta^{(2)} \end{cases} \tag{2-7}$$

化为一阶方程组：

$$\begin{cases} y_1=y \\ \dfrac{\mathrm{d}y_1(x)}{\mathrm{d}x}=y_2(x) \\ \dfrac{\mathrm{d}y_2(x)}{\mathrm{d}x}=y_3(x) \\ \dfrac{\mathrm{d}y_3(x)}{\mathrm{d}x}=f(t,y_1(x),y_2(x),y_3(x)) \\ y_1(a)=\eta^{(0)} \\ y_2(a)=\eta^{(1)} \\ y_3(a)=\eta^{(2)} \end{cases} \tag{2-8}$$

注意式(2-8)中 y_1、y_2、y_3 对应的含义，原来的 y 已用 y_1 代替。有了这样的处理，高阶的微分方程就转变成了一阶的微分方程组，为 MATLAB 调用打下了基础。MATLAB 求解微分方程（组）的常用调用命令有 ode45（4、5 阶龙格-库塔法，非刚性）、ode23（2、3 阶龙格-库塔法，非刚性）、ode113（可变 d-b-m 法，非刚性）、ode15s（基于数值差分的可变阶方法，刚性）、ode23s、ode23t、ode23tb（刚性）等。注意方法中的刚性和非刚性，一般采用非刚性方法，如果某些微分方程组的系数矩阵是奇异的，就需要采用刚性方法。通用调用格式为：

[x,y]＝ode＊＊＊(@odefun,xspan,y0,< option,p1,p2…>)

x：自变量向量，在实际调用时取名不一定要用 x，也可以用其他名称，只要前后一致即可。

y：应变量向量，在实际调用时取名不一定要用 y，也可以用其他名称，只要前后一致即可。

＊＊＊：根据不同的问题调用不同格式，如 45、23s。

@odefun：自定义函数的函数名，该函数名为 odefun。

xspan：自变量的积分限，[xa, xb]，也可以是离散点，[x0, x1, x2, …xf]。

y0：应变量向量的初值。

<>：可以没有该选项，如有，具体应用见下面的实际例子。

这里再次提醒读者，MATLAB 中的内部函数调用时，命令均需用小写，如本调用命令中的"ode＊＊＊"均需小写。

2.4.1.2 初值问题求解

初值问题是最简单的微分方程求解问题，下面通过具体的例子来说明用 MATLAB 来求解微分方程。

【例 2-6】 两种微生物，其数量分别是 $u＝u(t)$，$v＝v(t)$，t 的单位为 min，其中一种微生物以吃另一种微生为生，两种微生物的增长函数如下列常微分方程组所示，绘制 30min 内两种微生物的数量变化曲线。

$$\begin{cases} \dfrac{du}{dt}=0.09u\left(1-\dfrac{u}{20}\right)-0.45uv \\ \dfrac{dv}{dt}=0.06v\left(1-\dfrac{v}{15}\right)-0.001uv \\ u(0)=1.6 \\ v(0)=1.2 \end{cases} \tag{2-9}$$

解： 分析式（2-9），该微分方程组自变量为 t，应变量为 u 和 v，初值已知，可调用 ode45（非刚性）和 ode23s（刚性）进行对比，具体程序的核心代码如下。

```
function uvDEs2016
y0＝[1.6 1.2];xspan＝0:0.5:20
[x1,y1]＝ode45(@f,xspan,y0); %0～38min,每 0.1min 一个计算点
[x2,y2]＝ode23s(@f,xspan,y0)
u1＝y1(:,1);v1＝y1(:,2);
u2＝y2(:,1);v2＝y2(:,2);
plot(x1,u1,'r—',x1,v1,'k:','linewidth',3)
hold on;grid on;figure
plot(x2,u2,'g—',x2,v2,'m:','linewidth',3)
xlabel('时间,M')
ylabel('微生物浓度')
```

```
hold on;grid on
function dy=f(x,y)        %定义降温速率的微分方程
f1=0.09*y(1)*(1-y(1)/20)-0.45*y(1)*y(2);
f2=0.06*y(2)*(1-y(2)/15)-0.001*y(1)*y(2);
dy=[f1;f2];
```

运行上述程序，得到两种不同调用格式的曲线图基本完全一致，表明对于非刚性的微分方程，两种格式均可采用，见图 2-22、图 2-23。

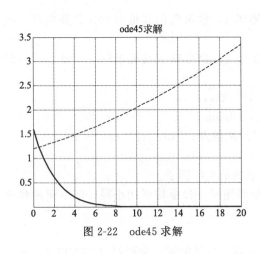

图 2-22　ode45 求解

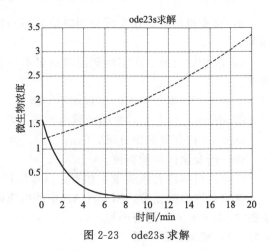

图 2-23　ode23s 求解

【例 2-7】　求解下面微分方程：

$$\begin{cases} \dfrac{\mathrm{d}y}{\mathrm{d}x} = y^2 \cos x \\ y(0) = 1 \end{cases} \quad (0 \leqslant x \leqslant 3) \tag{2-10}$$

解：这个微分方程比较特殊，其原函数在积分区间存在零点，故采用刚性和非刚性方法其结果不同，下面是 MATLAB 核心代码。

```
[x1,y1]=ode45(@f,[0:0.05:3],y0);    %0~10,每 0.05 间隔一个计算点
[x2,y2]=ode23(@f,[0:0.05:3],y0);    %0~10,每 0.05 间隔一个计算点
plot(x1,y1,'r-',x2,y2,'b--','linewidth',2)
legend('ode45','ode23')
function dy=f(x,y)        %定义微分方程
dy=y^2*cos(x);
```

运行结果见图 2-24。由图 2-24 可知，若采用非刚性的 ode45 方法，在 $x=1.6$ 附近，y 值有一个大的跃迁，然后迅速回落，和 ode23 相比，有较大的不同。

【例 2-8】　求下面式(2-11)的高阶微分方程。

$$\begin{cases} \dfrac{\mathrm{d}^2 y(x)}{\mathrm{d}x} = x^2 \cos x + y \sin x \\ y(0) = 0 \\ y'(0) = 1 \end{cases} \quad (0 \leqslant x \leqslant 2) \tag{2-11}$$

解：式(2-11)是二阶微分方程，将其展开成式(2-12)的一阶微分方程组，再调用 MATLAB 的 ode45 求解即可。

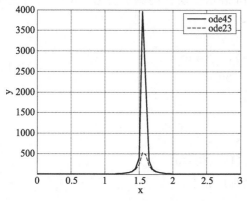

图 2-24　两种不同方法求解结果

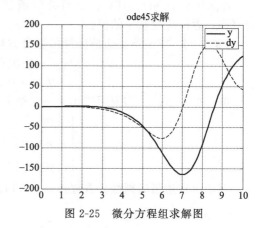

图 2-25　微分方程组求解图

$$
\begin{cases}
y = y_1 \\[4pt]
\dfrac{\mathrm{d}y_1}{\mathrm{d}x} = y_2 \\[8pt]
\dfrac{\mathrm{d}y_2}{\mathrm{d}x} = x^2 + y_1 \\[6pt]
y_1(0) = 0 \\[2pt]
y_2(0) = 1
\end{cases}
\tag{2-12}
$$

MATLAB 核心代码如下：

```
function y2DEs2016
y0＝[0 1];xspan＝0:0.1:10
[x1,y1]＝ode45(@f,xspan,y0);     %0～10,每 0.1 一个计算点
u1＝y1(:,1);v1＝y1(:,2);
plot(x1,u1,'r－',x1,v1,'k:','linewidth',3)
function dy＝f(x,y)         %定义微分方程组
f1＝y(2)
f2＝x^2＊cos(x)－y(1)＊sin(x)
dy＝[f1;f2];
```

运行结果见图 2-25。由图可知，y 值先下降，在上升。如 x 值继续增加，y 值将大幅增加。图 2-26 是 x 到 25 时的计算图，由图可知，从 $x=20$ 左右开始，y 值开始大幅上升到 10^6 数量级。

2.4.1.3　边值问题求解

边值问题相对于初值问题而言，多了一个端点的约束，如果在高阶或微分方程组中端点约束过多，则微分方程组可能无解，端点约束有一定限制。可以通过建立离散的方程组，再利用 ode45 进行求解，但可以利用 MATLAB 的专用工具求解最好。下面介绍 ode-bvps 的求解器，主要有 bvpinit、bvp4c、deval、solinit 等内部函数，先对内部函数的调用格式作简答介绍，再通过实际例子介绍这些内部函数具体应用。

solinit＝bvpinit(x,yinit)：产生在初始网格上的初始解，以便 bvp4c 调用，其中 x 为自变量网格，yinit 为对应函数的初值。

sol＝bvp4c(@odefun,@BCfun,solinit,＜option,p1,p2…＞)：@odefun 为定义的微分方程，@Bcfun 为定义边界条件方程，@Bcfun（ya，yb）中 ya、yb 分别表示左、右边界。

deval(sol,xint)：计算任意点处的函数值，sol 表示已求得的微分方程，xint 为自变量的范围，返回应变量 y 的值。

【例 2-9】 求解下面边值问题的微分方程：

$$\begin{cases} y'' - 0.05(1+x^2)y - 2 = 0 \\ y(0) = 40, y(1) = 80 \end{cases} \tag{2-13}$$

解：令 $y = y_1$，则原题转化为一阶微分方程组。

$$\begin{cases} y_1' = y_2 \\ y_2' = 0.05(1+x^2)y_1 + 2 \\ y_1(0) - 40 = 0, y_1(1) - 80 = 0 \end{cases}$$

对于上述边值问题微分方程组，MATLAB 的程序如下：

```
function BVP4c2016
clear all;clc
a=0;b=10;
solinit=bvpinit(linspace(a,b,101),[0 0]);
sol=bvp4c(@ODEfun,@BCfun,solinit);
x=[0:0.1:10];
y=deval(sol,x);
y1=y(1,:);y2=y(2,:);
plot(x,y1,'r—',x,y2,'k:','linewidth',3)
xlabel('x')
ylabel('y')
title('两点边值问题求解')
hold on;grid on
legend('y','dy')
function dy=ODEfun(x,y)
f1=y(2);
f2=0.05*(1+x^2)*y(1)+2;
dy=[f1;f2];
function bc=BCfun(ya,yb)
bc=[ya(1)-40;yb(1)-80];
```

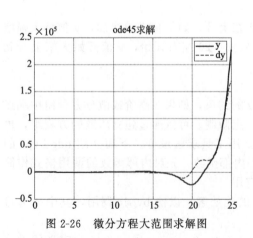

图 2-26　微分方程大范围求解图

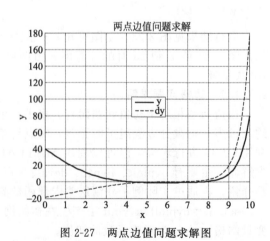

图 2-27　两点边值问题求解图

边界条件方程 ya(1) 括号中的 "1" 表示第一个应变量 y，ya 表示左边界，yb 表示右边界，调用上面程序得到如图 2-27 所示的计算结果，希望读者能够模仿例子，解决更多的边值问题的微分方程。如边界条件集中在一点上，上例中若已知 $y(0)=40$、$y'(0)=-20$，则边界条件为：bc＝[ya(1)-40；ya(2)+20]；yb(2) 的含义是右边界，第 2 个函数即 y'，加上 20 是因为所有边界条件以等式右边等于零的形式来表示。图 2-28 是在左边界同时设置边界条件的求解图。注意对于二阶的微分方程只能有 2 个边界条件，否则属于超约束情况，无法计算；如果少于 2 个，则属于不定积分情况，可利用符号函数求解通式。若边界条件设置在两边不同的函数上，如 $y(0)=50$，$y'(10)=20$，即 bc＝[ya(1)-50；yb(2)-20]，运行所得求解图为图 2-29。

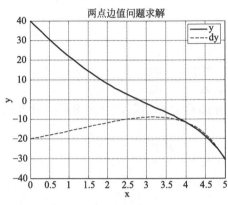

图 2-28　边界条件集中在同点

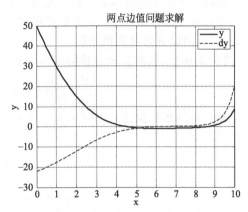

图 2-29　边界条件在不同点的不同函数上

2.4.2　偏微分方程（组）求解

包含有偏导数的微分方程称为偏微分方程。从实际问题中归纳出来的常用偏微分方程可分为三大类：波动方程、热传导方程和调和方程。对于它们特殊的定解条件，有一些解决的解析方法，而且要求方程是线性的、常系数的。但是在实际中碰到的问题却往往要复杂得多，尤其在化工和化学模拟计算中，不仅偏微分方程的形式无一定的标准，且边界条件五花八门，方程中的系数随工况改变而改变，想利用解析求解是不可能的。另一方面实际问题的要求不一定需要严格的精确解，只要求达到一定精度，所以就可借助于差分方法来求偏微分方程的数值解。MATLAB 提供了多种求解偏微分方程（组）的方法。

2.4.2.1　问题描述及 PDE 方程求解

偏微分方程一般表示如下：

$$A\frac{\partial^2 u}{\partial x^2}+B\frac{\partial^2 u}{\partial x \partial y}+C\frac{\partial^2 u}{\partial x^2}+D\frac{\partial u}{\partial x}+E\frac{\partial u}{\partial y}+Fu=f\left(x,y,u,\frac{\partial u}{\partial x},\frac{\partial u}{\partial y}\right) \tag{2-14}$$

当 A、B、C 为常数时，称为拟线性偏微分方程，当 A、B、C 满足不同条件时，分为三种不同的类型：

$B^2-4AC<0$ 时，椭圆型方程。

$B^2-4AC=0$ 时，抛物线型方程。

$B^2-4AC>0$ 时，双曲线型方程。

MATLAB 求解时，将微分方程改写成式(2-15)：

$$c\left(x,t,u,\frac{\partial u}{\partial x}\right)\frac{\partial u}{\partial t}=x^{-m}\frac{\partial}{\partial x}\left(x^m f\left(x,t,u,\frac{\partial u}{\partial x}\right)\right)+s\left(x,t,u,\frac{\partial u}{\partial x}\right) \tag{2-15}$$

$$t_0<t_f \qquad a<x<b$$

式(2-15) 中 $m=0$ 表示平板，$m=1$ 表示圆柱，$m=2$ 表示球形；f 项表示通量项；s 项表示源项；c 项为对角阵，元素必须大于等于 0 才可以求解。其中 f、s、c 均可以为向量。具体的调用格式为：

```
sol＝pdepe(m,@pdefun,,@iCfun @BCfun,xspan,tspan,< option,p1,p2…> )
```

注意边界条件必须写成式(2-16) 的形式：

$$p(x,t,u)+q(x,t,u)f\left(x,t,u,\frac{\partial u}{\partial x}\right)=0 \tag{2-16}$$

pdepe 内部函数具体应用时，需将实际的偏微分方程对照标准模型，确定 c、f、s 函数的具体形式及边界条件 p、q 的具体形式及 m 值。

2.4.2.2 偏微分方程实例求解

【例 2-10】 求解下面套管的传热偏微分方程：

$$\frac{\partial T}{\partial t}=\frac{2K}{r\rho C_p}(T_W-T)+\frac{\lambda}{\rho C_p}\frac{\partial^2 T}{\partial x^2}-u\frac{\partial T}{\partial x}$$

解：将具体数据代入，对 x 进行归一化处理，并结合边界实际，写出边界条件及初始条件。

$$\frac{\partial T}{\partial t}=2(T_W-T)-3\frac{\partial T}{\partial x}+0.001\frac{\partial^2 T}{\partial x^2}$$

$$T_W=150, T_j^0=30, T_0^n=30$$

$$0\leqslant x\leqslant 1, \frac{\partial T}{\partial x}\bigg|_{x=1}=0$$

对照标准模型式(2-15)，T 就是标准模型中的函数 u，$m=0$，$a=0$，$b=1$，$t_0=0$，$t_f=1$。初始条件为零时刻所有位置温度为 30℃，即 $u_0=30$。边界条件已知在零位置处任意时间温度为 30℃，在 1 位置处，偏导为 0，对照式(2-16)，得到：

$p(a)=u-30, q(a)=0; p(b)=0, q(b)=1$ [$q(b)$ 其实可以等于任何不等于零的数]

对照式(2-15) 得到：

$$f\left(x,t,u,\frac{\partial u}{\partial x}\right)=0.001\frac{\partial u}{\partial x}$$

$$s\left(x,t,u,\frac{\partial u}{\partial x}\right)=2(150-u)-3\frac{\partial u}{\partial x}$$

$$c\left(x,t,u,\frac{\partial u}{\partial x}\right)=1$$

MATLAB 代码如下：

```
function pdepe2016
clc;clear all;global ua
ua＝30;m=0;a=0;b=1;t0=0;tf=1
x＝linspace(a,b,11);t＝linspace(t0,tf,101);
sol＝pdepe(m,@PDEfun,@ICfun,@BCfun,x,t);
u＝sol(:,:,1);%所有网格点上的 u 值，即温度分布，"1"表示只有一个应变量
% surface plot of the solution
surf(x,t,u);
title('Numerical solution computed with 11 mesh points. ');
xlabel('Disuance x');ylabel('Time t');zlabel('温度 T')
% solution profile at t＝0
```

```
figure;
subplot(2,2,1);plot(x,u(1,:),'o-','linewidth',2);%u 为二维矩阵,第一维为时间 t,第二维
为距离 x,均为离散变量
title('Solutions at t=0');xlabel('Distance x');ylabel('u(t=0)');grid on;
subplot(2,2,2);plot(x,u(51,:),'o-','linewidth',2);
title('Solutions at t=0.5');xlabel('Distance x');ylabel('u(t=0.5)');grid on;
subplot(2,2,3);plot(x,u(end,:),'o-','linewidth',2);
title('Solutions at t=1');xlabel('Distance x');ylabel('u(t=1)');grid on;
subplot(2,2,4);plot(t,u(:,6),'ro-','linewidth',2);%u 的第二维表示距离 x,0~1 之间共
有 11 点,故中间位置为第 6 点
title('Solutions at x=0.5');xlabel('Time t');ylabel('u(x=0.5)');grid on;
%------------------------------------------------
function [c1,f,s]=PDEfun(x,t,u,Du)%Du=du/dt
c1=1;f=0.001*Du;s=2*(150-t)-3*Du
%------------------------------------------------
function u0=ICfun(x)
u0=30;
%------------------------------------------------
function [pa,qa,pb,qb]=BCfun(xl,ul,xr,ur,t)
global ua
pa=ul-ua;qa=0;pb=0;qb=1
```

运行上述程序,得到图 2-30 及图 2-31 所示的计算结果。由图 2-30 所示计算结果可知,在零时刻,管内所有位置的温度均为 30℃,表明初始条件已在程序中体现;而当规一化时间为 1 时,管子进口处的温度还是 30℃,出口温度已达到可能的最大值 130℃左右;而在管子的中部,随着时间的增加,温度先快速上升后由波动现象,这是导热作用引起的结果,如果无导热项,则不会出现此现象。可以将导热项系数 0.001 改为 0.000000001,将流动相系数 3 改为 300,这时将不会有波动现象,图 2-32 为其温度立体图。

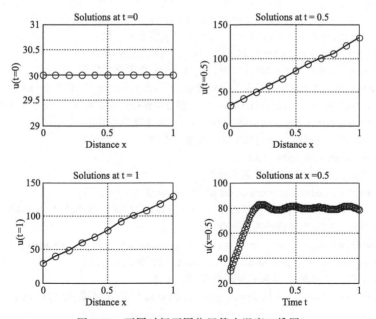

图 2-30 不同时间不同位置管内温度二维图

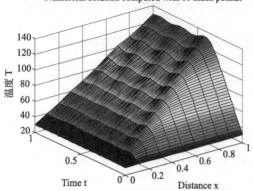

图 2-31　有波动的管内温度三维图

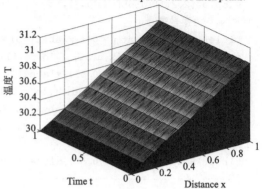

图 2-32　基本有波动的管内温度三维图

【例 2-11】　求解下面传热偏微分方程组（各变量具体含义参见参考文献 1）：

$$\frac{\partial t}{\partial \tau} = \frac{2K}{r\rho_1 C_{p1}}(T-t) + \frac{\lambda_1}{\rho_1 C_{p1}}\frac{\partial^2 t}{\partial x^2} - v_1 \frac{\partial t}{\partial x} \tag{2-17}$$

$$\frac{\partial T}{\partial \tau} = \frac{-2Kr}{(R^2-r^2)\rho_2 C_{p2}}(T-t) - \frac{\lambda_2}{\rho_2 C_{p2}}\frac{\partial^2 T}{\partial x^2} + v_2 \frac{\partial T}{\partial x} \tag{2-18}$$

同时有边界条件：

$x=0$，$t=t_0$，$\dfrac{\partial T}{\partial x}=0$；$x=1$，$T=T_0$，$\dfrac{\partial t}{\partial x}=0$。

解： 这是一个具有 2 个自变量的微分方程组求解问题，需要分别对式(2-17)、式(2-18)展开 MATLAB 的标准化工作，确定各自的 c、f、s 函数的具体形式及边界条件 p、q 的具体形式及 m 值。具体解释见程序代码中％后的说明，下面是核心代码。

```
function jiataoheat_pdepe
clc;clear all
global roh1 roh2 cp1 cp2 ramd1 ramd2 r1 r2 v1 v2 k t10 t20 1
roh1=1000;roh2=800;cp1=4180;cp2=2800 %设定已知参数
ramd1=0.5; ramd2=0.18; r1=0.06; r2=0.08;%设定已知参数
v1=2; v2=3; k=1200; t10=30; t20=150; 1=8% 设定已知参数
m=0;a=0;b=1;t0=0;tf=300%设定已知参数,时间为 0～300s,长度为 0～8m
x=linspace(a,b,11);t=linspace(t0,tf,61);%建立位置和时间网格,长度 10 等分,时间 60 等分
sol=pdepe(m,@PDEfun,@ICfun,@BCfun,x,t);%求微分方程组
T1=sol(:,:,1);T2=sol(:,:,2);%求 2 个温度分布值
% surface plot of the solution
figure;surf(x,t,T1);　%画内管温度分布
title('Numerical solution computed with 11 mesh points. ');
xlabel('Distance x,m');ylabel('Time t,s');zlabel('内管温度,℃');view(-30,30)
figure;surf(x,t,T2);　 %画外内管温度分布
title('Numerical solution computed with 11 mesh points. '); xlabel('Distance x,m');
ylabel('Time t,s');zlabel('壳层温度,℃');view(-30,30);figure;
    T3=T1(31,:);%一半时间时,管内各点的温度,共 61 点
y=T3;plot(x,y);xlabel('Disuance x,m');ylabel('内管温度,℃');title('Time=0.5');
grid on
    %偏微分方程组
```

```
function [c1,f,s]＝PDEfun(x,t,u,Du)
global roh1 roh2 cp1 cp2 ramd1 ramd2 r1 r2 v1 v2 k
c1＝[1;1];%注意列向量
f＝[ramd1/(roh1 * cp1);－ramd2/(roh2 * cp2)]. * Du;%注意是列向量
s＝[2 * k/(r1 * roh1 * cp1) * (u(2)－u(1))－v1 * Du(1);
    －2 * k * r1/(((r2)^ 2－(r1)^ 2) * roh2 * cp2) * (u(2)－u(1))＋v2 * Du(2)];
%初始条件
function u0＝ICfun(x)
u0＝[30;150];%外管初值为 150,内管为 30
% 边界条件
function [pa,qa,pb,qb]＝BCfun(xl,ul,xr,ur,t)
global t10 t20
pa＝[ul(1)－t10;0];%u1 表示左边界向变量,"1"表示第一个元素,故 ul(1)表示内管左端边界温度
qa＝[0;1];%注意列向量,下同
pb＝[0;ur(2)－t20]; qb＝[1;0];%ur(2)表示外管右端边界温度
```

　　运行上述程序,得图 2-33。由图 2-33(a) 可知,在 150s 时,内管的温度呈直线分布,内管出口温度达 34.5℃左右,表明内管传热已达稳定;由图 2-33(b) 可知,大概 1 个单位的时间间隔后,内管的温度分布已基本不变,数据和图 2-33(a) 所示一致。由于本模拟的总时间为 300s,共 61 个点,故每个时间间隔为 5s,也就是说,大约 5s 后,传热已基本达稳定状态;由图 2-33(c) 可知,热流体在出口处,被冷却到 143℃左右,稳定状态和内管一致。

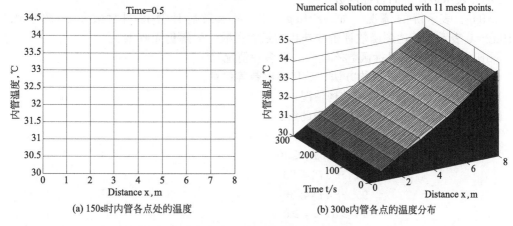

(a) 150s时内管各点处的温度　　　　　　　(b) 300s内管各点的温度分布

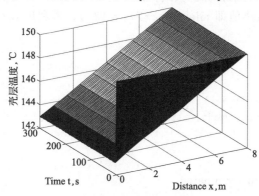

(c) 300s内环隙各点的温度分布

图 2-33　原始数据下模拟结果

2.5 MATLAB 在化学化工优化求解中的应用

2.5.1 线性规划求解

在化学化工的生产调度、配方优化等方面存在大量的线性规划问题，这些问题一般可以表达成下面的向量方程优化模型：

$$\min \quad f^T x$$
$$\text{s.t} \quad Ax \leqslant b$$
$$\qquad Aeqx = beq$$
$$\qquad lb \leqslant x \leqslant ub$$

模型中的 f、x、lb、ub、b、beq 均是向量，A、Aeq 则是矩阵。MATLAB 求解线性规划问题的调用公式如下：

```
[x,< fval,exitflag,output,lambda> ]=linprog(f,A,b,< Aeq,beq,lb,ub,x0,options> )
```

其中 "$<>$" 内的内容可以缺省，但如果前面没有，后面的变量有出现，则前面缺省的要用 "[ ]" 代替；各变量符号的含义如下：

x：使目标函数 $f^T x$ 达到最小值的自变量 x 值，即最优解。

fval：表示最优解的目标函数。

xitflag：表示解的情况，如 exitflag = 1，表示最后计算得到收敛于 x 的最优解；exitflag=0 表示已经达到函数评价或迭代的最大次数，但解仍无收敛。

exitflag $<$0：表示目标函数不收敛（有多种情况）。

output：表示计算采用的方法、迭代的次数等信息。

lambda：表示线性模型的结构情况。

【例 2-12】 求下面线性优化问题的解：

$$\max J = 7x_1 + 12x_2$$
$$\text{s.t} \quad 3x_1 + 10x_2 \leqslant 30$$
$$\qquad 4x_1 + 5x_2 \leqslant 20$$
$$\qquad 9x_1 + 4x_2 \leqslant 36$$
$$\qquad x_1 \geqslant 0, \quad x_2 \geqslant 0$$

解：由题意可知，本题是求目标函数最大值，但 MATLAB 调用格式只能求最小值，所以先将目标函数转换成求最小值即 $\min J' = -7x_1 - 12x_2$，再利用 MATLAB 的调用格式即可。下面是核心代码。

```
clear all;clc
f=[-7-12]' ;
A=[3 10;4 5;9 4] ;b=[30 20 36]' ;lb=zeros(2,1)
[x,fval,exitflag,output,lambda]=linprog(f,A,b,[],[],lb)
disp(x)
disp(fval)
```

计算结果：Optimization terminated.

x1 = 2.0000

x2 = 2.4000

$J=42.8000$

上例中没有等式约束，故没有 Aeq 和 beq 等变量的设置，下面例 2-13 中设置等式约束及变量上限约束。

【例 2-13】
$$\min J = 8x_1 + 12x_2 + 3x_3$$
$$\text{s. t} \quad x_1 + 2x_2 + 12\ x_3 = 38$$
$$4x_1 + 5x_2 - 3\ x_3 \leqslant 20$$
$$9x_1 + 4x_2 + x_3 \leqslant 36$$
$$x_1 + 2x_2 + 2\ x_3 \geqslant 8$$
$$x_1 \geqslant 0,\ x_2 \geqslant 0,\ x_3 \geqslant 0,\ x2 \leqslant 3$$

解： 该线性优化模型和 MATLAB 的标准模型相比有所不同，需要将"$\geqslant$"的约束两边同乘"-1"，变成"$\leqslant$"的约束；同时变量上限的约束增加 x_1 和 x_2 的正无穷大，核心代码为。

```
clear all;clc
f=[8 12 3]';
A=[4 5-3;9 4 1;-1-2-2];b=[20 36-8]';lb=zeros(3,1);ub=[inf;inf;3];
Aeq=[1 2 12];beq=[38];
[x,fval,exitflag,output,lambda]=linprog(f,A,b,Aeq,beq,lb,ub);
disp(x)
disp(fval)
```

计算结果：Optimization terminated.

x1=0.0000

x2=1.0000

x3=3.0000

J=21.0000

2.5.2　非线性优化求解

对于化工中的非线性规划问题，可以利用 MATLAB 中的内部函数 fmincon 来进行求解，MATLAB 对非线性规划问题的通用模型如下：

```
min    f(x)
s.t   c(x)≤0
      ceq(x)=0
      Ax≤b
      Aeqx=beq
      lb≤ x≤ub
```

模型中的 f、ceq、c 为返回向量的函数，x、lb、ub、b、beq 均是向量，A、Aeq 则是矩阵。其中 ceq、c 为非线性约束，而 A、Aeq 则为线性约束的系数矩阵，和线性规划求解中的含义一致。MATLAB 非线性规划求解具体调用的公式如下：

```
[x,< fval,exitflag,output,lambda,grad,hessian> ]
=fmincon(@f,x0,A,b,Aeq,beq,lb,ub,@nonlcon< ,options,p1,p2> )
```

注意调用公式中所用的逗号必须是英文状态下的逗号，否则会出错。@f 是自定义函数，为目标函数；@nonlcon 为非线性等式约束方程。

【例 2-14】 求解下面非线性规划问题：

$$\min \quad J = u^2 + 4x^2 + 2xu + y^2$$
$$\text{s.t.} \quad x^2 + y + u = 36$$
$$y^2 + u^2 = 48$$
$$3x + 2u \geqslant 18$$
$$5x + 3y + 6u \leqslant 48$$

解：本例中共有 3 个变量，2 个非线性等式约束（ceq），两个线性不等式约束（A），其中一个线性约束不满足标准型，需要两边同乘"-1"，无非线性不等式约束，即 $c=0$ 或写成 $c=[\,]$。也无线性等式约束（Aeq），直接用 $[\,]$ 表示即可，具体程序如下。

```
function fmintest
clc;clear all
x0＝[1;2;9];%初值
A＝[－3 0－2;5 3 6];%线性不等式约束系数,以 x/y/u 排列
b＝[－18;48];%线性不等式约束资源
[x,fval,exitflag,output,lambda,grad,hessian]＝fmincon(@f,x0,A,b,[],[],[],[],@NC);
disp(x)
disp(fval)
y1＝x(1)^2＋x(2)＋x(3)－36;y2＝2*x(2)^2＋x(3)^2－48;y＝[y1 y2];disp(y)
cy1＝3*x(1)＋2*x(3);cy2＝5*x(1)＋3*x(2)＋6*x(3);cy＝[cy1 cy2];disp(cy)
function f＝f(x)%定义目标函数
xx＝x(1);y＝x(2);u＝x(3);
f＝y^2＋4*xx^2＋2*xx*u＋u^2;
function [c,ceq]＝NC(x)%定义非线性约束
xx＝x(1);y＝x(2);u＝x(3);c＝0;
ceq(1)＝xx^2＋y＋u－36;
ceq(2)＝2*y^2＋u^2－48;
```

注意在调用 fmincon（）函数时，如果前面的项没有内容，而后面的项有内容，则前面的项必须用"$[\,]$"表示，如本例中没有 Aeq、beq、lb、ub，所以要用 4 个"$[\,]$"代替。反之，如果后面所有的项均没有，则可以省去"$[\,]$"。运行上述程序，得到求解结果：$x=5.5135$，$y=4.8717$，$u=0.7298$。此时目标函数取最小值为 153.9075，将所得解带入所有约束，均满足条件，证明所求结果正确。

对于无约束条件的非线性优化问题，可利用 fminsearch 内部函数来求解，其调用格式为：

```
[x< ,fval,exitflag,output> ]＝fminsearch(@J,x0)
```

其中 x 为最优解，fval 为目标函数值，@J 为自定义目标函数，x0 为解的初值。如有下面目标函数：

$$J = 225 \frac{\ln(14 - 0.1t_2)}{130 - t_2} + \frac{480}{t_2 - 30}$$

试确定 J 为最小时的冷却水出口温度 t_2 是多少，可直接调用 fminsearch 函数，其代码为：

```
x0＝50 ;
[optimx,optimobj]＝fminsearch(@J,x0);
optimx
optimobj
function ff＝J(t)
ff＝225*log(14－0.1*t)/(130－t)＋480/(t－30);
```

运行上述程序，得最优解 optimx＝92.4863；目标函数 optimobj＝17.0289。

习 题

1. 已知某高温导热油在温度 t 为 $250\sim350℃$ 时饱和蒸气压 p 的数据，见表 2-8。现用以下四式拟合温度和饱和蒸气压之间的关系：

$$p＝a_0＋a_1 t^{1.1}＋a_2 t^2 \tag{2-19}$$

$$p＝a_0＋a_1 t^{1.6} \tag{2-20}$$

$$p＝a t^b \tag{2-21}$$

$$p＝a＋\frac{b}{t^{0.9}＋c} \tag{2-22}$$

试用计算机拟合以上 4 个公式中的各个参数，计算每种方法的百分绝对误差平均值，并利用四种拟合公式计算分别计算温度为 $280℃$ 时导热油的饱和蒸气压。需要说明所用方法及简要过程，要求保留 5 位小数点，小于 1 的数需要有 5 位有效位。

表 2-8 不同温度下导热油的饱和蒸气压

温度 $t/℃$	250	270	290	300	310	330	350
饱和蒸气压 p/Pa	281＋No	289＋No	298＋No	303＋No	306.8＋No	3155＋No	326＋No

2. 已知某类型换热器的加工劳动力成本如表 2-9 所示，现用 $C＝a_0＋a_1 S^{0.6}＋a_2 N^{0.95}$ 进行拟合，其中 C 为劳动力成本（元）；S 为换热器面积（m^2）；N 为换热器管子数。试确定最佳 a_0、a_1、a_2，并计算在 $S＝140$、$N＝600$ 时的成本 C（需要写出所用的软件、方法及基本操作，No 为序号）。

表 2-9 换热器的加工劳动力成本

成本/元	换热面积/m²	列管数
1860＋No	140	550
1800＋No	130	530
1650＋No	108	520
1500＋No	110	420
1320＋No	84	400
1200＋No	90	300
1140＋No	80	280
900＋No	65	220
840＋No	64	190
600＋No	50	100

3. 某容器中发生液相串联反应：

$$A \underset{k_2}{\overset{k_1}{\rightleftharpoons}} 2B \tag{2-23}$$

$$B \xrightarrow{k_3} C \tag{2-24}$$

其中第 1、2 个反应为一级反应，第 3 个反应为二级反应，反应速率常数 $k_1＝0.12L/min$，$k_2＝0.09L/(mol \cdot min)$，$k_3＝0.02L/(mol \cdot min)$，初始摩尔浓度 $C_{A0}＝20＋No(mol/L)$，不含物质 B、C，试计算反应时间从零时刻到 50 min 时每间隔 0.1min，容器中 A、B、C 及总物质 TC 的浓度变化，并求出物质 B 浓度最大时的反应时间及最大浓度。若 k_1 从 1.2L/

min 每次增加 0.1L/min 到 2.4L/min，计算共 13 个物质 B 浓度最大时的反应时间并以图的形式表示出来。已推导得到该反应体系的微分方程组如下（要求打印程序代码和图 2-34、图 2-35 所示的计算结果。注意图 2-34 中有计算所得的最佳时间及 B 物质最大浓度，图 2-34、图 2-35 仅为示意图，具体数据以题中 No 数据代入计算为准）。

$$\frac{\mathrm{d}C_A}{\mathrm{d}\tau}=0.5k_2C_B-k_1C_A \tag{2-25}$$

$$\frac{\mathrm{d}C_B}{\mathrm{d}\tau}=2k_1C_A-k_3C_B^2-k_2C_B \tag{2-26}$$

$$\frac{\mathrm{d}C_C}{\mathrm{d}\tau}=k_2C_B^2 \tag{2-27}$$

初始条件：$\tau=0$，$C_{A0}=20+\mathrm{No}$，$C_{B0}=0$，$C_{C0}=0$。

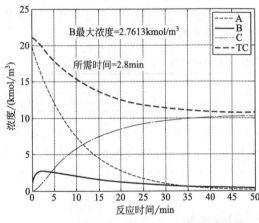

图 2-34 某容器中发生串联反应时浓度变化曲线　　图 2-35 最佳反应时间随 k_1 变化

4. 已知某高温物体其温降过程符合以下规律，其中温度 T 的单位为 K，时间 τ 的单位为 min，零时刻高温物体的温度为 3000K，请计算零时刻以后至 200min 的温度数据，并确定什么时候温度可下降到 $(1000+\mathrm{No})$K。

$$\frac{\mathrm{d}T}{\mathrm{d}\tau}=-0.03\times\mathrm{e}^{0.0015(T-300)}(T-300)^{0.85+0.01\mathrm{No}} \tag{2-28}$$

5. 用三个换热器串联起来完成某一冷流体的加热任务，见图 2-36。现有三股工业废热可以利用，根据已知条件已得到总的换热面积 J 的表达式为式(2-29)，试求出总换热面积最小时的值及此时的 t_1、t_2 值，写出基本操作思路及简要过程。若式(2-29)中"3600"以 5% 的增幅增加 30%，算出共 6 组 t_1、t_2 及 J 值，并以图的形式表示。

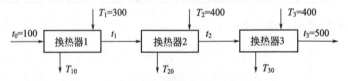

图 2-36 三级串联换热系统

$$J_{\min}=10000\left(\frac{t_1-100}{3600-12t_1}+\frac{t_2-t_1}{3200-8t_2}+\frac{500-t_2}{400+\mathrm{No}}\right) \tag{2-29}$$

第 3 章

化学化工实验数据及模型参数拟合原理与方法

3.1 问题的提出

在化工设计及化工模拟计算中，需要大量的物性参数及各种设备参数。这些参数有些可以通过计算得到，但大量的参数还是要通过实验测量得到。实验测量得到的常常是一组离散数据序列 (x_i, y_i)。例如我们通过实验测量得到某一物质的饱和蒸气压 p 和温度 t 之间的一组数据序列。当所得数据比较准确时，可构造插值函数 $p(t)$ 逼近客观存在的函数 $p = p(t)$，构造的原则是要求插值函数通过这些数据点，$p(t_i) = p_i$，$i = 1, 2, \cdots, m$。此时，序列 $Q = (p(t_1), p(t_2), \cdots, p(tm))^{\mathrm{T}}$ 与 $P = (p_1, p_2, \cdots, p_m)^{\mathrm{T}}$ 是相等的。当我们需要压力数据时，如果温度刚好等于实验点，则可直接从数据库中获取；如果温度不在实验点上，而在两实验点之间，则可利用插值函数求取。以线性插值函数为例，如所要求压力数据的温度在 t_2 和 t_3 之间，则压力的计算公式如下：

$$p(t) = p_2 + \frac{t - t_2}{t_3 - t_2}(p_3 - p_2) \tag{3-1}$$

如果数据序列 (x_i, y_i)（为一般起见），$i = 1, 2, \cdots, m$，含有不可避免的误差（或称"噪声"），如图 3-1 所示；如果数据序列无法同时满足某特定的函数，如图 3-2 所示，那么，只能要求所做逼近函数 $\psi(x)$ 最优地靠近样点，即向量 $Q = (\psi(x_1), \psi(x_2), \cdots, \psi(x_m))^{\mathrm{T}}$ 与 $Y = (y_1, y_2, \cdots, y_m)^{\mathrm{T}}$ 的误差或距离最小。按 Q 与 Y 之间误差最小原则作为"最优"标准构造的逼近函数，称为拟合函数。

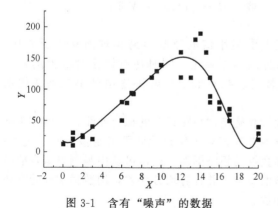

图 3-1　含有"噪声"的数据　　　　图 3-2　无法同时满足某特定函数的数据序列

除了物性数据及设备参数需要利用数据拟合外，在化学化工中，许多模型参数也要利用数据拟合技术，求出最佳的模型和模型参数。如在某一反应工程实验中，我们测得了如表 3-1 所示的实验数据。

表 3-1 反应工程实验数据

序号	1	2	3	4	5	6	7	8
温度 T/℃	10	20	30	40	50	60	70	80
转化率 y	0.1	0.3	0.7	0.94	0.95	0.68	0.34	0.13

现在要确定在其他条件不变的情况下，转化率 y 和温度 T 的具体关系，现拟用两种模型去拟合实验数据，两种模型分别是：

$$y = a_1 + b_1 T + c_1 T^2 \tag{3-2}$$

$$y = \frac{c_2}{a_2 + b_2 (T-45)^2} \tag{3-3}$$

如何求取模型中的参数并判断两种模型的优劣是我们化学化工工作者经常要碰到的问题，这个问题的求解将在本章下面的有关章节中进行详细的讲解。

3.2 拟合的标准

前面我们已经提到按 Q 与 Y 之间误差最小原则作为"最优"标准构造的逼近函数，称为拟合函数，而向量 Q 与 Y 之间的误差或距离有各种不同的定义方法。一般有以下几种方法：

（1）用各点误差绝对值的和表示

$$R_1 = \sum_{i=1}^{m} |\psi(x_i) - y_i| \tag{3-4}$$

（2）用各点误差按绝对值的最大值表示

$$R_\infty = \max_{1 \leqslant i \leqslant m} |\psi(x_i) - y_i| \tag{3-5}$$

（3）用各点误差的平方和表示

$$R = R_2 = \sum_{i=1}^{m} [\psi(x_i) - y_i]^2 \quad 或 \quad R = \|Q(x) - Y\|_2^2 \tag{3-6}$$

式中，R 为均方误差。由于计算均方误差的最小值的原则容易实现而被广泛采用。按均方误差达到极小构造拟合曲线的方法称为最小二乘法。同时还有许多种其他的构造拟合曲线的方法，感兴趣的读者可参阅有关教材。在本章中主要讲述用最小二乘法构造拟合曲线。

在实际问题中，怎样由实验测得的数据设计和确定"最贴近"的拟合曲线？关键在于选择适当的拟合曲线类型或模型类型，有时根据专业知识和工作经验即可确定拟合曲线类型；在对拟合曲线一无所知的情况下，不妨先绘制数据的粗略图形，或许可从中观测出拟合曲线的类型；更一般地，对数据进行多种曲线类型的拟合，并计算均方误差，用数学实验的方法找出在最小二乘法意义下的误差最小的拟合函数。

例如，实验测得二甲醇（DME）的饱和蒸气压和温度的关系见表 3-2。

表 3-2　DME 饱和蒸气压和温度关系表

温度/℃	−23.7	−10	0	10	20	30	40
蒸气压/MPa	0.101	0.174	0.254	0.359	0.495	0.662	0.880

由表 3-2 的数据观测可得，DME 的饱和蒸气压和温度有正相关关系，如果以函数 $p = a + bt$ 来拟合，则拟合函数是一条直线。通过计算均方误差 $Q(a,b)$ 最小值而确定直线方程，见图 3-3。

$$Q(a,b) = \sum_{i=1}^{m} (p(t_i) - p_i)^2 = \sum_{i=1}^{m} (a + bt_i - p_i)^2 \tag{3-7}$$

拟合得到的直线方程为：

$$p = 0.30324 + 0.0121t \tag{3-8}$$

相关系数 R 为 0.97296，平均绝对偏差 sd 为 0.05065。

如果采用二次拟合，通过计算均方误差 $Q(a_0, a_1, a_2)$：

$$Q(a_0, a_1, a_2) = \sum_{i=1}^{m} [p(t_i) - p_i]^2 = \sum_{i=1}^{m} (a_0 + a_1 t_i + a_2 t_i^2 - p_i)^2 \tag{3-9}$$

拟合得二次方程为：

$$p = 0.24845 + 0.00957t + 0.00015t^2 \tag{3-10}$$

相关系数 R 为 0.99972，平均绝对偏差 sd 为 0.0056，具体拟合曲线见图 3-4。

比较图 3-3 和图 3-4 以及各自的相关系数和平均绝对偏差可知，对于 DME 饱和蒸气压和温度之间的关系，在实验温度范围内用二次拟合曲线优于线性拟合。但二次拟合曲线具有局限性，由图 3-4 观察可知，当温度低于−30℃时，饱和压力有升高的趋势，但在拟合的温度范围内，二次拟合的平均绝对偏差又小于一次拟合，故对物性数据进行拟合时，不仅要看在拟合条件下的拟合效果，还必须根据物性的具体性质，判断在拟合条件之外的物性变化趋势，以便使拟合公式在已做实验点数据之外应用。具体的计算方法及编程在下一节里介绍。

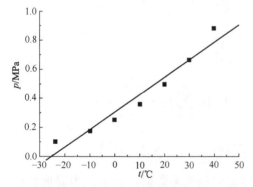

图 3-3　DME 饱和蒸气压和温度之间的线性拟合

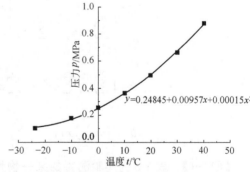

图 3-4　DME 饱和蒸气压和温度之间的二次拟合

3.3　单变量拟合和多变量拟合

3.3.1　单变量拟合

（1）线性拟合

给定一组数据 (x_i, y_i)，$i = 1, 2, \cdots, m$，作拟合直线 $p(x) = a + bx$，均方误差为：

$$Q(a,b) = \sum_{i=1}^{m} [p(x_i) - y_i]^2 = \sum_{i=1}^{m} (a + bx_i - y_i)^2 \qquad (3\text{-}11)$$

由数学知识可知，$Q(a,b)$ 的极小值需满足：

$$\frac{\partial Q(a,b)}{\partial a} = 2\sum_{i=1}^{m} (a + bx_i - y_i) = 0$$

$$\frac{\partial Q(a,b)}{\partial b} = 2\sum_{i=1}^{m} (a + bx_i - y_i)x_i = 0$$

整理得到拟合曲线满足的方程：

$$\begin{cases} ma + (\sum_{i=1}^{m} x_i)b = \sum_{i=1}^{m} y_i \\[2mm] (\sum_{i=1}^{m} x_i)a + (\sum_{i=1}^{m} x_i^2)b = \sum_{i=1}^{m} x_i y_i \end{cases} \qquad (3\text{-}12)$$

或

$$\begin{pmatrix} m & \sum\limits_{i=1}^{m} x_i \\[3mm] \sum\limits_{i=1}^{m} x_i & \sum\limits_{i=1}^{m} x_i^2 \end{pmatrix} \begin{pmatrix} a \\ b \end{pmatrix} = \begin{pmatrix} \sum\limits_{i=1}^{m} y_i \\[3mm] \sum\limits_{i=1}^{m} x_i y_i \end{pmatrix}$$

称式(3-12)为拟合曲线的法方程。可用消元法或克莱姆方法解出方程：

$$a = \begin{vmatrix} \sum\limits_{i=1}^{m} y_i & \sum\limits_{i=1}^{m} x_i \\[3mm] \sum\limits_{i=1}^{m} x_i y_i & \sum\limits_{i=1}^{m} x_i^2 \end{vmatrix} \Big/ \begin{vmatrix} m & \sum\limits_{i=1}^{m} x_i \\[3mm] \sum\limits_{i=1}^{m} x_i & \sum\limits_{i=1}^{m} x_i^2 \end{vmatrix}$$

$$= \left[\sum_{i=1}^{m} y_i \sum_{i=1}^{m} x_i^2 - \sum_{i=1}^{m} x_i \sum_{i=1}^{m} x_i y_i \right] \Big/ \left[m\sum_{i=1}^{m} x_i^2 - (\sum_{i=1}^{m} x_i)^2 \right]$$

$$b = \left[m\sum_{i=1}^{m} x_i y_i - \sum_{i=1}^{m} x_i \sum_{i=1}^{m} y_i \right] \Big/ \left[m\sum_{i=1}^{m} x_i^2 - (\sum_{i=1}^{m} x_i)^2 \right]$$

【例 3-1】 表 3-3 为实验测得的某一物性和温度之间的关系数据，表中 x 为温度数据，y 为物性数据。请用线性函数拟合温度和物性之间的关系。

表 3-3 某一物性和温度之间的关系

x	13	15	16	21	22	23	25	29	30	31	36	40
y	11	10	11	12	12	13	13	12	14	16	17	13
x	42	55	60	62	64	70	72	100	130			
y	14	22	14	21	21	24	17	23	34			

解： 设拟合直线 $p(x) = a + bx$，并计算得表 3-4。

表 3-4　计算结果

编号	x	y	xy	x^2
1	13	11	143	121
2	15	10	150	100
3	16	11	176	121
4	21	12	252	144
5	22	12	264	144
⋮	⋮	⋮	⋮	⋮
21	130	34	4420	1156
Σ	956	344	18913	61640

将数据代入法方程组（3-12）中，得到：$\begin{pmatrix} 21 & 956 \\ 956 & 61640 \end{pmatrix} \begin{pmatrix} a \\ b \end{pmatrix} = \begin{pmatrix} 344 \\ 18913 \end{pmatrix}$

解方程得 $a=8.2084$，$b=0.1795$。

拟合直线为 $p(x)=8.2084+0.1795x$

单变量线性拟合的 VB 程序清单如下，计算结果见图 3-5。

```
Option Explicit
Private Sub Command1_Click()
Dim x(),y(),n,a0,a1,eer,xx,yy,i,sd
n＝InputBox("请输入实验次数")
ReDim x(n),y(n)
Open "d:/shujuxy.dat" For Input As ＃1 '读入文件数据,文件放在 D 盘
For i＝1 To n
    'x(i)＝InputBox("x(i)＝")'数据也可直接输入
    'y(i)＝InputBox("y(i)＝")'需要时将前面的"'"删除
Input ＃1,xx,yy   '读入文件数据
   x(i)＝xx
   y(i)＝yy
Next i
Close ＃1 '关闭文件
Call Onenihe(x(),y(),a0,a1,n)'调用一次拟合
  For i＝1 To n
    sd＝sd+Abs((a0+a1*x(i)－y(i))/y(i))*100
  Next i
  sd＝sd/n
  Print "常数项 a0＝"; Format(a0,"#.#####")
  Print "一次项 a1＝"; Format(a1,"#.#####")
  Print "平均绝对百分偏差 sd＝"; Format(sd,"00.0000")
End Sub
Public Sub Onenihe(x(),y(),a0,a1,n)
Dim c,d,m,p,i
  c＝0
  d＝0
  m＝0
  p＝0
  For i＝1 To n
    c＝c+x(i)
```

```
        d=d+x(i)^2
        m=m+y(i)
        p=p+x(i)*y(i)
    Next i
    a0=(m*d-c*p)/(n*d-c^2)
    a1=(n*p-c*m)/(n*d-c^2)
    End Sub
```

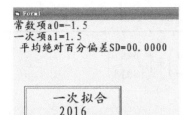

图 3-5   单变量线性拟合计算结果

如果对上面程序中的有关输入数据 x 和 y 稍加修改，就可以对一些其他非线性的曲线进行拟合。例如我们现在要拟合 $y=a+\dfrac{b}{x^2}$，只需在数据输入后增加一句 x(i)=1/x (i)^2，而在程序后面的绝对百分误差 sd 计算中则不需要修改。因为在误差计算的公式中的 x(i) 其实就是 $1/x(i)^2$，如进行修改反而弄巧成拙。有关一次拟合的变型问题，在下面的具体例子中还会作介绍。其实如果能够灵活地应用一次拟合的方法，还是能够帮助我们解决不少问题的。

（2）二次拟合函数

给定数据序列 (x_i, y_i)，$i=1, 2, \cdots, m$，用二次多项式函数拟合这组数据。

设 $p(x)=a_0+a_1 x+a_2 x^2$，作出拟合函数与数据序列的均方误差表达式：

$$Q(a_0, a_1, a_2)=\sum_{i=1}^{m}\left[p(x_i)-y_i\right]^2=\sum_{i=1}^{m}(a_0+a_1 x_i+a_2 x_i^2-y_i)^2 \tag{3-13}$$

由数学知识可知，$Q(a_0, a_1, a_2)$ 的极小值满足：

$$\begin{cases} \dfrac{\partial Q}{\partial a_0}=2\sum_{i=1}^{m}(a_0+a_1 x_i+a_2 x_i^2-y_i)=0 \\[2mm] \dfrac{\partial Q}{\partial a_1}=2\sum_{i=1}^{m}(a_0+a_1 x_i+a_2 x_i^2-y_i)x_i=0 \\[2mm] \dfrac{\partial Q}{\partial a_2}=2\sum_{i=1}^{m}(a_0+a_1 x_i+a_2 x_i^2-y_i)x_i^2=0 \end{cases}$$

整理上式得二次多项式函数拟合的满足条件方程：

$$\begin{pmatrix} m & \sum_{i=1}^{m} x_i & \sum_{i=1}^{m} x_i^2 \\ \sum_{i=1}^{m} x_i & \sum_{i=1}^{m} x_i^2 & \sum_{i=1}^{m} x_i^3 \\ \sum_{i=1}^{m} x_i^2 & \sum_{i=1}^{m} x_i^3 & \sum_{i=1}^{m} x_i^4 \end{pmatrix} \begin{pmatrix} a_0 \\ a_1 \\ a_2 \end{pmatrix} = \begin{pmatrix} \sum_{i=1}^{m} y_i \\ \sum_{i=1}^{m} x_i y_i \\ \sum_{i=1}^{m} x_i^2 y_i \end{pmatrix} \tag{3-14}$$

解此方程得到在均方误差最小意义下的拟合函数 $p(x)$。方程组（3-14）称为多项式拟合的法方程，法方程的系数矩阵是对称的。当拟合多项式 $n>5$ 时，法方程的系数矩阵是病态的，在用通常的迭代方法求解线性方程时会发散，在计算中要采用一些特殊算法以保护解的准确性。关于线性方程的求解方法，将在第 4 章中介绍。

上面是二次拟合基本类型的求解方法，和一次拟合一样，二次拟合也可以有多种变型，例如 $p(x)=a_0+a_1 x^3+a_2 x^5$，套用上面的公式，我们可以得到关于求解此拟合函数的法方程（3-15）。值得注意的是在此法方程的构建过程中，我们进行了变量的代换，首先是拟合函数中变量的代换：$x^3 \rightarrow x$，$x^5 \rightarrow x^2$；其次是法方程的代换：将相应拟合函数中的代换带入方法方程中。同时应引起注意的是法方程中的 x 的 4 次幂是由两个原始两次幂相乘得到的，x 的 3 次幂是由一个原始两次幂和一个原始一次幂相乘得到的，在这里原始一次幂就是 x^3，原始二次幂就是 x^5。而法方程中的二次幂分为两种情况，在式（3-14）等式左边的法方程系数矩阵中，第 1 列第 3 行和第 3 行第 1 列以及式（3-14）等式右边第 3 行中的二次幂用原始二次幂代替即 x^5，而式(3-14) 等式左边的法方程系数矩阵中第 2 行第 2 列中的二次幂是两个一次幂的乘积，即 x^6，更为清晰的理解可参见后面介绍的多变量函数拟合。这个代换概念至关重要，在以后的二次拟合的各类变型中，均需利用这个概念，千万不要用常规的思路去进行代入计算。

$$\begin{pmatrix} m & \sum\limits_{i=1}^{m} x_i^3 & \sum\limits_{i=1}^{m} x_i^5 \\ \sum\limits_{i=1}^{m} x_i^3 & \sum\limits_{i=1}^{m} x_i^6 & \sum\limits_{i=1}^{m} x_i^8 \\ \sum\limits_{i=1}^{m} x_i^5 & \sum\limits_{i=1}^{m} x_i^8 & \sum\limits_{i=1}^{m} x_i^{10} \end{pmatrix} \begin{pmatrix} a_0 \\ a_1 \\ a_2 \end{pmatrix} = \begin{pmatrix} \sum\limits_{i=1}^{m} y_i \\ \sum\limits_{i=1}^{m} x_i^3 y_i \\ \sum\limits_{i=1}^{m} x_i^5 y_i \end{pmatrix} \tag{3-15}$$

如果我们需要求解下面的拟合函数：

$$\ln y = a_0 + \frac{a_1}{x+273} + b_1 (x+273)^{1.5}$$

参照上面的方法，我们很容易得到求解该拟合函数的法方程：

$$\begin{pmatrix} m & \sum\limits_{i=1}^{m} \frac{1}{x_i+273} & \sum\limits_{i=1}^{m} (x_i+273)^{1.5} \\ \sum\limits_{i=1}^{m} \frac{1}{x_i+273} & \sum\limits_{i=1}^{m} \frac{1}{(x_i+273)^2} & \sum\limits_{i=1}^{m} (x_i+273)^{0.5} \\ \sum\limits_{i=1}^{m} (x_i+273)^{1.5} & \sum\limits_{i=1}^{m} (x_i+273)^{0.5} & \sum\limits_{i=1}^{m} (x_i+273)^3 \end{pmatrix} \begin{pmatrix} a_0 \\ a_1 \\ a_2 \end{pmatrix} = \begin{pmatrix} \sum\limits_{i=1}^{m} \ln y_i \\ \sum\limits_{i=1}^{m} \frac{\ln y_i}{x_i+273_i} \\ \sum\limits_{i=1}^{m} \left[(x_i+273)^{1.5} \ln y_i \right] \end{pmatrix}$$

【例 3-2】 请用二次多项式函数拟合表 3-5 这组数据。

表 3-5　数据

序号	1	2	3	4	5	6	7
x	-3	-2	-1	0	1	2	3
y	4	2	3	0	-1	-2	-5

解：设 $p(x) = a_0 + a_1 x + a_2 x^2$，利用 VB 软件编写二次拟合的通用程序如下。

```
Option Explicit
Private Sub Command1_Click()
Dim a0,a1,a2,i,x0,y0,xx,xx1,y1,n,yy,sd
n＝InputBox("请输入实验次数",,7)
Open "d:/shujuxy_2.dat" For Input As #1 '读入数据
ReDim x1(n),x2(n),y(n),x(n),ynihe(n)
For i＝1 To n
```

```
    'Input ＃1,xx,xx1,yy
    Input ＃1,xx,yy
    x1(i)＝xx
    x2(i)＝xx＾2
    y(i)＝yy
Next i
Close ＃1
Call Twonihe(x1(),x2(),y(),a0,a1,a2,n)
sd＝0
For i＝1 To n
  sd＝sd＋Abs(a0＋a1＊x1(i)＋a2＊x2(i)－y(i))
Next i
  sd＝sd/n
  Print "常数项 a0＝"; Format(a0,"#.#####")
  Print "一次项 a1＝"; Format(a1,"#.#####")
  Print "二次项 a2＝"; Format(a2,"#.#####")
  Print "平均绝对偏差 sd＝"; Format(sd,"00.0000")
End Sub
Public Sub Twonihe(x1(),x2(),y(),a0,a1,a2,m)
Dim a(4,4),b(4,4),S,s1,s2,s3,y1(4)
Dim i,j As Integer
'(求解法方程系数)
a(1,1)＝m
a(1,2)＝0
For i＝1 To m
  a(1,2)＝a(1,2)＋x1(i)
Next i
a(2,1)＝a(1,2)
a(1,3)＝0
For i＝1 To m
  a(1,3)＝a(1,3)＋x2(i)
Next i
a(3,1)＝a(1,3)
a(2,2)＝0
For i＝1 To m
  a(2,2)＝a(2,2)＋x1(i)＊x1(i)
Next i
a(3,3)＝0
For i＝1 To m
  a(3,3)＝a(3,3)＋x2(i)＊x2(i)
Next i
a(2,3)＝0
For i＝1 To m
  a(2,3)＝a(2,3)＋x1(i)＊x2(i)
Next i
a(3,2)＝a(2,3)
y1(1)＝0
  For i＝1 To m
```

```
      y1(1)＝y1(1)＋y(i)
    Next i
  y1(2)＝0
    For i＝1 To m
      y1(2)＝y1(2)＋x1(i)＊y(i)
    Next i
  y1(3)＝0
    For i＝1 To m
      y1(3)＝y1(3)＋x2(i)＊y(i)
    Next i
'(利用克拉默法则解法方程)
S＝a(1,1)＊a(2,2)＊a(3,3)＋a(1,2)＊a(2,3)＊a(3,1)＋a(1,3)＊a(2,1)＊a(3,2)
S＝S－a(1,1)＊a(2,3)＊a(3,2)－a(1,2)＊a(2,1)＊a(3,3)－a(1,3)＊a(2,2)＊a(3,1)
For j＝1 To 3
    b(j,1)＝a(j,1)'交换列后计算行列式的值
    a(j,1)＝y1(j)
Next j
s1＝a(1,1)＊a(2,2)＊a(3,3)＋a(1,2)＊a(2,3)＊a(3,1)＋a(1,3)＊a(2,1)＊a(3,2)
s1＝s1－a(1,1)＊a(2,3)＊a(3,2)－a(1,2)＊a(2,1)＊a(3,3)－a(1,3)＊a(2,2)＊a(3,1)
For j＝1 To 3
    a(j,1)＝b(j,1)
Next j
For j＝1 To 3
    b(j,2)＝a(j,2)
    a(j,2)＝y1(j)
    Next j
s2＝a(1,1)＊a(2,2)＊a(3,3)＋a(1,2)＊a(2,3)＊a(3,1)＋a(1,3)＊a(2,1)＊a(3,2)
s2＝s2－a(1,1)＊a(2,3)＊a(3,2)－a(1,2)＊a(2,1)＊a(3,3)－a(1,3)＊a(2,2)＊a(3,1)
For j＝1 To 3
    a(j,2)＝b(j,2)
    Next j
For j＝1 To 3
    b(j,3)＝a(j,3)
    a(j,3)＝y1(j)
Next j
s3＝a(1,1)＊a(2,2)＊a(3,3)＋a(1,2)＊a(2,3)＊a(3,1)＋a(1,3)＊a(2,1)＊a(3,2)
s3＝s3－a(1,1)＊a(2,3)＊a(3,2)－a(1,2)＊a(2,1)＊a(3,3)－a(1,3)＊a(2,2)＊a(3,1)
a0＝s1/S '返回 3 个系数
a1＝s2/S
a2＝s3/S
End Sub
```

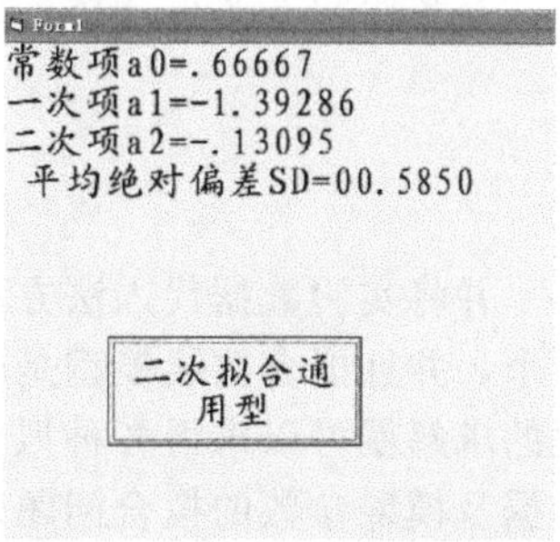

图 3-6　单变量二次拟合结果

运行上面的程序，得到图 3-6 所示的计算结果。由图 3-6 可知 $a_0 = 0.66667$，$a_1 = -1.39286$，$a_2 = -0.13095$。提醒读者注意的是上面的子程序在开发时故意将一次项和二次项以不同的变量名定义，故该子程序除了单变量二次拟合可以调用外，也可以用于 2 个不同变量的参数拟合，如 $p = a_0 + a_1 x_1 + a_2 x_2$，具体应用时只要改变主程序中数据调用即可，

详细情况在具体应用时再加以阐述。

3.3.2 多变量的曲线拟合

前面介绍的曲线拟合方法只涉及单变量函数的曲线拟合，但实际在化工实验数据处理及模型参数拟合时，通常会碰到多变量的参数拟合问题。一个典型的例子是传热实验中努塞尔数和雷诺数及普朗特数之间的拟合问题：

$$Nu = c_1 Re^{c_2} Pr^{c_3} \tag{3-16}$$

根据若干组实验测得的数据，如何求出方程（3-16）中参数 c_1、c_2、c_3，这是一个有两个变量的参数拟合问题，为不失一般性，我们把它表达成以下形式：

给定数据序列 (x_{1i}, x_{2i}, y_i)，$i = 1, 2 \cdots, m$，用一次多项式函数拟合这组数据。

设 $p(x) = a_0 + a_1 x_1 + a_2 x_2$，作出拟合函数与数据序列的均方误差：

$$Q(a_0, a_1, a_2) = \sum_{i=1}^{m} [p(x_i) - y_i]^2 = \sum_{i=1}^{m} (a_0 + a_1 x_{1i} + a_2 x_{2i} - y_i)^2 \tag{3-17}$$

由多元函数的极值原理，$Q(a_0, a_1, a_2)$ 的极小值满足：

$$
\begin{cases}
\dfrac{\partial Q}{\partial a_0} = 2 \sum\limits_{i=1}^{m} (a_0 + a_1 x_{1i} + a_2 x_{2i} - y_i) = 0 \\[2mm]
\dfrac{\partial Q}{\partial a_1} = 2 \sum\limits_{i=1}^{m} (a_0 + a_1 x_{1i} + a_2 x_{2i} - y_i) x_{1i} = 0 \\[2mm]
\dfrac{\partial Q}{\partial a_2} = 2 \sum\limits_{i=1}^{m} (a_0 + a_1 x_{1i} + a_2 x_{2i} - y_i) x_{2i} = 0
\end{cases}
$$

整理得多变量一次多项式函数拟合的法方程：

$$
\begin{pmatrix}
m & \sum\limits_{i=1}^{m} x_{1i} & \sum\limits_{i=1}^{m} x_{2i} \\[3mm]
\sum\limits_{i=1}^{m} x_{1i} & \sum\limits_{i=1}^{m} x_{1i}^2 & \sum\limits_{i=1}^{m} x_{1i} x_{2i} \\[3mm]
\sum\limits_{i=1}^{m} x_{2i} & \sum\limits_{i=1}^{m} x_{1i} x_{2i} & \sum\limits_{i=1}^{m} x_{2i}^2
\end{pmatrix}
\begin{pmatrix}
a_0 \\[2mm] a_1 \\[2mm] a_2
\end{pmatrix}
=
\begin{pmatrix}
\sum\limits_{i=1}^{m} y_i \\[3mm]
\sum\limits_{i=1}^{m} x_{1i} y_i \\[3mm]
\sum\limits_{i=1}^{m} x_{2i} y_i
\end{pmatrix}
\tag{3-18}
$$

通过求解方程（3-18）就可以得到多变量函数线性拟合时的参数，至于方程（3-16）不是线性方程这个问题，我们可以通过对方程（3-16）两边同取对数，得到以下线性方程：

$$\ln(Nu) = \ln c_1 + c_2 \ln(Re) + c_3 \ln(Pr) \tag{3-19}$$

只要作如下变量代换：

$$
\begin{aligned}
y &= \ln(Nu) & a_0 &= \ln c_1 \\
x_1 &= \ln(Re) & a_1 &= c_2 \\
x_2 &= \ln(Pr) & a_2 &= c_3
\end{aligned}
$$

并将实验数据代入法方程（3-18）就可以求出方程（3-16）中的系数。对于变量数多于两个，并且拟合曲线模型是非线性型时，可参照本节的方法，推导得到法方程，通过对法方程的求解就可以求得各种拟合曲线得参数。灵活应用上面介绍的方法，可以解决大部分实验数据及模型参数的拟合问题。

【例 3-3】 根据某传热实验测得表 3-6 数据，请用方程（3-16）的形式拟合实验曲线。

表 3-6　某传热实验数据

Nu	1.127	2.416	2.205	2.312	1.484	6.038	7.325
Re	100	200	300	500	100	700	800
Pr	2	4	1	0.3	5	3	4

　　解：利用上面二次拟合中的子程序 Twonihe(x1()，x2()，y()，a0，a1，a2，m)，增加下面的主程序，即可得到方程（3-16）中的三个参数。

```
Private Sub Command1_Click()
Dim a0,a1,a2,i,Nu,Re,Pr,n,yy,sd
n=InputBox("请输入实验次数",,7)
Open "d:/shujuNRP.dat" For Input As #1 '读入数据
ReDim x1(n),x2(n),y(n),x(n),ynihe(n)
For i=1 To n
    Input #1,Nu,Re,Pr
  'Print Nu,Re,Pr
  y(i)=log(Nu)
  x1(i)=log(Re)
  x2(i)=log(Pr)
Next i
Close #1
Call Twonihe(x1(),x2(),y(),a0,a1,a2,n)
sd=0
For i=1 To n
  sd=sd+Abs(Exp(a0) * Exp(x1(i))^ a1 * Exp(x2(i))^ a2-Exp(y(i)))/Exp(y(i)) * 100
Next i   '注意数据的反向处理,否则计算偏差数据有误
  sd=sd/n
  Print "C1="; Format(Exp(a0),"#.#####")
  Print "C2="; Format(a1,"#.#####")
  Print "C3="; Format(a2,"#.#####")
  Print "平均绝对百分偏差 sd="; Format(sd,"00.0000")
```

　　运行上面程序，得到图 3-7 所示的计算结果。

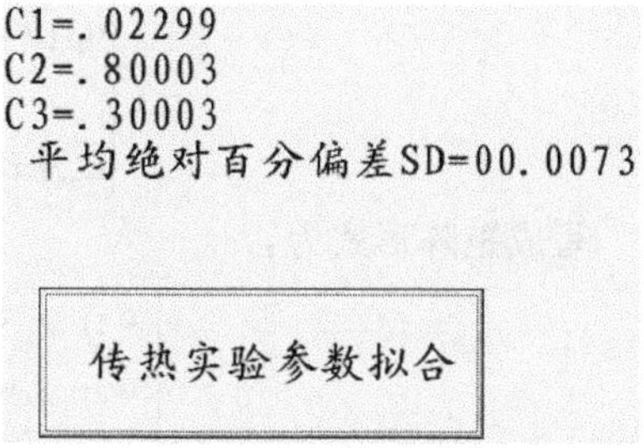

　　由图 3-7 的计算结果可知，在保留 4 位小数点的情况下，可得 $c_1=0.023$，$c_2=0.8$，$c_3=0.3$。

　　则式(3-16)就变成了常见的光滑管传热方程：

$$Nu=0.023Re^{0.8}Pr^{0.3}$$

　　值得注意的是程序中对 a_0 的处理，不是直接将计算结果显示出来，而是进行指数运算后才显示出来。这是由于我们在进行拟合计算的时候，对方程（3-16）进行了对数运算。如果拟合方程的形式和方程（3-16）不同，则需对上面提供的程序作适当修改。如对以下两个自变量的拟合函数：

```
C1=.02299
C2=.80003
C3=.30003
平均绝对百分偏差SD=00.0073
```

图 3-7　传热实验参数拟合计算结果

$$p(x)=a_0+a_1x_1^{n1}+a_2x_2^{n2}$$

　　其中 $n1$ 和 $n2$ 是已知系数，我们可以将 x_1^{n1} 看作 x_1，x_2^{n2} 看作 x_2，得到上面拟合函数的法方程：

$$\begin{pmatrix} m & \sum\limits_{i=1}^{m} x_{1i}^{n1} & \sum\limits_{i=1}^{m} x_{2i}^{n2} \\ \sum\limits_{i=1}^{m} x_{1i}^{n1} & \sum\limits_{i=1}^{m} x_{1i}^{2n1} & \sum\limits_{i=1}^{m} x_{1i}^{n1} x_{2i}^{n2} \\ \sum\limits_{i=1}^{m} x_{2i}^{n2} & \sum\limits_{i=1}^{m} x_{1i}^{n1} x_{2i}^{n2} & \sum\limits_{i=1}^{m} x_{2i}^{2n2} \end{pmatrix} \begin{pmatrix} a_0 \\ a_1 \\ a_2 \end{pmatrix} = \begin{pmatrix} \sum\limits_{i=1}^{m} y_i \\ \sum\limits_{i=1}^{m} x_{1i}^{n1} y_i \\ \sum\limits_{i=1}^{m} x_{2i}^{n2} y_i \end{pmatrix} \tag{3-20}$$

对于上式中的参数拟合，只要对主程序中的输入数据作以下修改即可：x1(i)＝x1(i)^ n1，x2(i)＝x2(i)^ n1。

3.4　解矛盾方程组

在 3.3 节中用最小二乘法构造拟合函数，本节中将用最小二乘法求解线性矛盾方程的方法来构造拟合函数，并将其推广至任意次和任意多个变量的拟合函数，为在化学化工中实验数据处理及模型参数拟合提供更为一般性的方法。

给定数据序列 (x_i, y_i)，i＝1，2，…，m，作拟合直线 $p(x) = a_0 + a_1 x$，如果要直线 $p(x)$ 过这些点，那么就有 $p(x_i) = a_0 + a_1 x_i = y_i$，$i = 1$，2，…，$m$，即：

$$\begin{cases} a_0 + a_1 x_1 = y_1 \\ a_0 + a_1 x_2 = y_2 \\ \vdots \\ a_0 + a_1 x_m = y_m \end{cases}$$

写成矩阵形式为：

$$\begin{bmatrix} 1 & x_1 \\ 1 & x_2 \\ \vdots & \vdots \\ 1 & x_m \end{bmatrix} \begin{bmatrix} a_0 \\ a_1 \end{bmatrix} = \begin{bmatrix} y_1 \\ y_2 \\ \vdots \\ y_m \end{bmatrix}$$

上述方程组中有 2 个未知量 m 个方程（$m \gg 2$）。含有 n 个未知量 m 个方程的线性方程组的一般形式为：

$$\begin{cases} a_{11}x_1 + a_{12}x_2 + \cdots + a_{1n}x_n = y_1 \\ a_{21}x_1 + a_{22}x_2 + \cdots + a_{2n}x_n = y_2 \\ \vdots \\ a_{m1}x_1 + a_{m2}x_2 + \cdots + a_{mn}x_n = y_m \end{cases}$$

写成矩阵形式为：

$$\begin{bmatrix} a_{11} & a_{12} & \cdots & a_{1n} \\ a_{21} & a_{22} & \cdots & a_{2n} \\ \vdots & \vdots & \vdots & \vdots \\ a_{m1} & a_{m2} & \cdots & a_{mn} \end{bmatrix} \begin{bmatrix} x_1 \\ x_2 \\ \vdots \\ x_n \end{bmatrix} = \begin{bmatrix} y_1 \\ y_2 \\ \vdots \\ y_m \end{bmatrix}$$

一般情况下，当方程数 n 多于变量数 m，且 m 个方程之间线性不相关，则方程组无解，这时方程组称为矛盾方程组。方程组在一般意义下无解，也即无法找到 n 个变量同时满足 m 个方程。这种情况和拟合曲线无法同时满足所有的实验数据点相仿，故可以通过求解均方误差 $\min \| AX - Y \|_2^2$ 极小意义下矛盾方程的解来获取拟合曲线。由数学的知识还将证

明：方程组 $A^{\mathrm{T}}AX=A^{\mathrm{T}}Y$ 的解就是矛盾方程组 $AX=Y$ 在最小二乘法意义下的解，这样我们只要通过求解 $A^{\mathrm{T}}AX=A^{\mathrm{T}}Y$ 就可以得到矛盾方程的解，进而得到各种拟合曲线，为拟合曲线的求解提高了另一种方法。

例如，拟合直线 $p(x)=a_0+a_1x$ 的矛盾方程组 $A^{\mathrm{T}}AX=A^{\mathrm{T}}Y$ 的形式如下：

$$
\begin{bmatrix} 1 & 1 & \cdots & 1 \\ x_1 & x_2 & \cdots & x_m \end{bmatrix}
\begin{bmatrix} 1 & x_1 \\ 1 & x_2 \\ \vdots & \vdots \\ 1 & x_m \end{bmatrix}
\begin{bmatrix} a_0 \\ a_1 \end{bmatrix}
=
\begin{bmatrix} 1 & 1 & \cdots & 1 \\ x_1 & x_2 & \cdots & x_m \end{bmatrix}
\begin{bmatrix} y_1 \\ y_2 \\ \vdots \\ y_m \end{bmatrix}
$$

化简得到与式(3-12) 相同的法方程：

$$
\begin{pmatrix} m & \sum\limits_{i=1}^{m} x_i \\ \sum\limits_{i=1}^{m} x_i & \sum\limits_{i=1}^{m} x_i^2 \end{pmatrix}
\begin{pmatrix} a_0 \\ a_1 \end{pmatrix}
=
\begin{pmatrix} \sum\limits_{i=1}^{m} y_i \\ \sum\limits_{i=1}^{m} x_i y_i \end{pmatrix}
$$

这里需要提醒读者注意的是变量 X 和系数 (a_0, a_1) 之间的相互转换关系。即：

$$
X=\begin{pmatrix} a_0 \\ a_1 \end{pmatrix}, A=\begin{bmatrix} 1 & x_1 \\ 1 & x_2 \\ \vdots & \vdots \\ 1 & x_m \end{bmatrix}
$$

对于 n 次多项式曲线拟合，要计算 $Q(a_0, a_1, \cdots, a_n)=\sum\limits_{i=1}^{m}(a_0+a_1x_i+\cdots+a_nx_i^n-y_i)^2$ 的极小问题，这与解矛盾方程组

$$
\begin{cases}
a_0+a_1x_1+\cdots+a_nx_1^n=y_1 \\
a_0+a_1x_2+\cdots+a_nx_2^n=y_2 \\
\qquad\qquad \vdots \\
a_0+a_1x_m+\cdots+a_nx_m^n=y_m
\end{cases}
$$

或

$$
A\begin{bmatrix} a_0 \\ a_1 \\ \vdots \\ a_n \end{bmatrix}=\begin{bmatrix} y_1 \\ y_2 \\ \vdots \\ y_m \end{bmatrix}
$$

是一回事。

在这里

$$
A=\begin{bmatrix} 1 & x_1 & \cdots & x_1^n \\ 1 & x_2 & \cdots & x_2^n \\ & & \vdots & \\ 1 & x_m & \cdots & x_m^n \end{bmatrix}
$$

故对离散数据 (x_i, y_i)，$i=1, 2, \cdots, m$；所作的 n 次拟合曲线 $y=a_0+a_1x_i+\cdots+a_nx_i^n$，可通过解下列方程组求得：

$$
A^{\mathrm{T}}A\begin{bmatrix} a_0 \\ a_1 \\ \vdots \\ a_n \end{bmatrix}=A^{\mathrm{T}}\begin{bmatrix} y_1 \\ y_2 \\ \vdots \\ y_m \end{bmatrix} \tag{3-21}
$$

将方程组（3-21）具体化，即用 m 组实验点的数据代入，可得更为一般化的 n 次多项式拟合的法方程（3-22）：

$$\begin{pmatrix} m & \sum_{i=1}^{m} x_i & \sum_{i=1}^{m} x_i^2 & \cdots & \sum_{i=1}^{m} x_i^n \\ \sum_{i=1}^{m} x_i & \sum_{i=1}^{m} x_i^2 & \sum_{i=1}^{m} x_i^3 & \cdots & \sum_{i=1}^{m} x_i^{n+1} \\ \vdots & \vdots & \vdots & \vdots & \vdots \\ \sum_{i=1}^{m} x_i^{n-1} & \sum_{i=1}^{m} x_i^n & \sum_{i=1}^{m} x_i^{n+1} & \cdots & \sum_{i=1}^{m} x_i^{2n-1} \\ \sum_{i=1}^{m} x_i^n & \sum_{i=1}^{m} x_i^{n+1} & \sum_{i=1}^{m} x_i^{n+2} & \cdots & \sum_{i=1}^{m} x_i^{2n} \end{pmatrix} \begin{pmatrix} a_0 \\ a_1 \\ a_2 \\ \vdots \\ a_{n-1} \\ a_n \end{pmatrix} = \begin{pmatrix} \sum_{i=1}^{m} y_i \\ \sum_{i=1}^{m} x_i y_i \\ \sum_{i=1}^{m} x_i^2 y_i \\ \vdots \\ \sum_{i=1}^{m} x_i^{n-1} y_i \\ \sum_{i=1}^{m} x_i^n y_i \end{pmatrix} \quad (3\text{-}22)$$

下面是单变量函数 n 次拟合的程序：

```
Private Sub Command1_Click() '主程序
Dim i,n,sd,m,xx,yy,ey,j
n＝InputBox("回归方程次数",,3)
m＝InputBox("请输入实验次数",,7)
Open "d:/shujuxy_n.dat" For Input As ＃1 '读入数据
ReDim x(m),y(m),c(m＋1),ynihe(n)
For i＝1 To m
    Input ＃1,xx,yy
   'xx＝InputBox("xx")也可直接输入
   'yy＝InputBox("yy")
   x(i)＝xx
   y(i)＝yy
Next i
Close ＃1
Call Anyonenihe(x(),y(),n,m,c()) '调用子程序
sd＝0
For i＝1 To m
    ey＝0
    For j＝0 To n
      ey＝ey＋c(j＋1) * x(i)^j
    Next j
        sd＝sd＋Abs((ey－y(i))/y(i)) * 100
Next i
sd＝sd/m
  For i＝0 To n
  Print "A"; i; "＝"; Format(c(i＋1),"#.#####")
  Next i
  Print "平均绝对百分偏差 sd＝"; Format(sd,"00.0000")
```

```
End Sub
Public Sub Anyonenihe(x(),y(),n,m,c())' n 是方程次数
Dim i,j,k As Integer
Dim a(20,20),y1(20),aa(20),t,bb(20,20)
Dim b(20),xx,Z(20,20),yy,S,w
'(求解法方程系数)
For j＝0 To 2 * n
  aa(j)＝0
  For i＝1 To m
  aa(j)＝aa(j)＋x(i)^(j)
  Next i
Next j
For i＝1 To n＋1
    For j＝1 To n＋1
        a(i,j)＝aa(i＋j－2)
    Next j
Next i
For j＝1 To n＋1
    b(j)＝0
    For i＝1 To m
      b(j)＝b(j)＋x(i)^(j－1) * y(i)
    Next i
Next j
For j＝1 To n＋1
    a(j,n＋2)＝b(j)
Next j
For i＝1 To n＋1
   If i＝n＋1 Then GoTo 200 '保证主元最大
   For t＝i＋1 To n＋1
        If Abs(a(i,i))< Abs(a(t,i))Then
        For S＝i To n＋2
          bb(t,S)＝a(i,S)
          a(i,S)＝a(t,S)
          a(t,S)＝bb(t,S)   '交换行
        Next S
      Else
        End If
    Next t
200
   w＝a(i,i)
   For j＝1 To n＋2
      a(i,j)＝a(i,j)/w
   Next j
If i＝n＋1 Then GoTo 100
For j＝i＋1 To n＋1
    For k＝i＋1 To n＋2
        Z(i,k)＝a(i,k) * a(j,i)
        a(j,k)＝a(j,k)－Z(i,k)
```

```
      Next k
    Next j
  Next i
100
    c(n+2)＝0
  For k＝n＋1 To 1 Step－1
    S＝0
    For j＝k＋1 To n＋1
      S＝S＋a(k,j)＊c(j)
    Next j
    c(k)＝a(k,n＋2)－S
  Next k '返回 n＋1 个系数 c()
End Sub
```

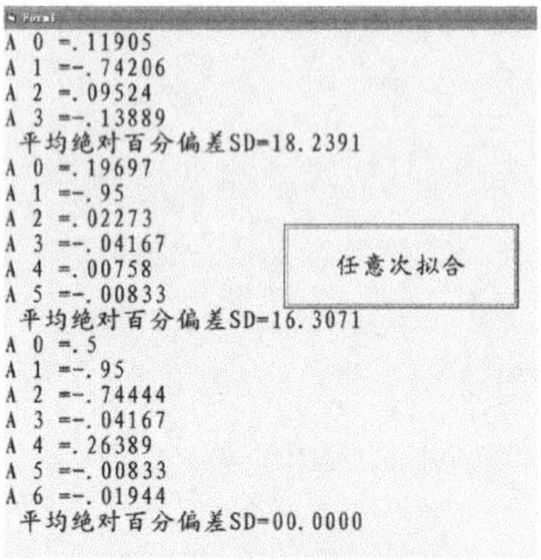

图 3-8　任意次拟合结果

图 3-8 所示是对某 7 组实验数据分别进行 3 次方拟合、5 次方拟合及 6 次方拟合的结果数据。由该数据可知，对于 7 组实验数据进行 6 次方拟合时，其绝对百分偏差为 0，表明拟合结果和实验值完全一致，这并不能说明拟合效果有多好，而是这种结果是必然的。因为 7 组实验数据用含有 7 个参数的 6 次方拟合时，其自由度为零，拟合结果和实验值完全吻合是必然结果。

如果拟合函数有 n 个自变量并进行一次拟合，则其拟合函数为：

$$y＝a_0＋a_1x_1＋a_2x_2＋\cdots＋a_kx_k＋\cdots＋a_{n-1}x_{n-1}＋a_nx_x$$

通过 $m(m \gg n)$ 次实验，测量得到了 m 组（y_i，$x_{1,i}$，$x_{2,i}$，$\cdots x_{k,i} \cdots x_{n-1,i}$，$x_{n,i}$）的实验数据，从而可以得到有 n 个自变量的任意次方的拟合函数的法方程：

$$\begin{pmatrix} m & \sum\limits_{i=1}^{m}x_{1,i} & \sum\limits_{i=1}^{m}x_{2,i} & \cdots & \sum\limits_{i=1}^{m}x_{n,i} \\ \sum\limits_{i=1}^{m}x_{1,i} & \sum\limits_{i=1}^{m}x_{1,i}^2 & \sum\limits_{i=1}^{m}x_{1,.i}x_{2,i} & \cdots & \sum\limits_{i=1}^{m}x_{1,i}x_{n,i} \\ \vdots & \vdots & \vdots & \vdots & \vdots \\ \sum\limits_{i=1}^{m}x_{n-1,i} & \sum\limits_{i=1}^{m}x_{n-1,i}x_{1,i} & \cdots & \sum\limits_{i=1}^{m}x_{n-1,i}^2 & \sum\limits_{i=1}^{m}x_{n-1,i}x_{n,i} \\ \sum\limits_{i=1}^{m}x_{n,i} & \sum\limits_{i=1}^{m}x_{n,i}x_{1,i} & \sum\limits_{i=1}^{m}x_{n,i}x_{2,i} & \cdots & \sum\limits_{i=1}^{m}x_{n,i}^{2n} \end{pmatrix} \begin{pmatrix} a_0 \\ a_1 \\ \vdots \\ a_{n-1} \\ a_n \end{pmatrix} ＝ \begin{pmatrix} \sum\limits_{i=1}^{m}y_i \\ \sum\limits_{i=1}^{m}x_{1,i}y_i \\ \sum\limits_{i=1}^{m}x_{i,2}y_i \\ \vdots \\ \sum\limits_{i=1}^{m}x_{n-1,i}y_i \\ \sum\limits_{i=1}^{m}x_{n,i}y_i \end{pmatrix}$$

(3-23)

通过求解法方程（3-23），就可以得到拟合函数中的各项系数。如果能配合进行函数的等价变换，可以说利用上面提供的法方程，就可以解决化学化工中大多数实验数据拟合及模型参数估算。

下面是 n 维变量函数一次拟合的程序：

```
Private Sub Form_Load()  //窗体初始化
Dim i
For i=0 To 164
Text2(i)=""
Next i
For i=143 To 153
  Text2(i)="a" & (i-143)
   Next i
End Sub
Private Sub 多变量拟合程序_Click()
Dim m,n As Integer
n=Val(Text1(0).Text)   //变量数目
m=Val(Text1(1).Text)   //实验点数,必须比变量数目大1以上
Dim i,j,k As Integer
Dim a(100,100),y(100),y1(100),aa(100,100),C(100)
Dim b(100),xx,Z(100,100)
Dim x(100,100),YY,sd,W,S,EY,eer,p

For j=0 To m - 1   从窗体获取实验数据
  y(j+1)=Val(Text2(10+j*11))
Next j
For i=1 To n
    For j=1 To m
        x(i,j)=Val(Text2(i-1+11*(j-1)))
     Next j
Next i
//主程序
//(主程序求解法方程系数)
a(1,1)=m
For i=1 To m
    x(0,i)=1
Next i
For i=1 To n+1
    For j=1 To n+1
        a(i,j)=0
        For p=1 To m
            a(i,j)=a(i,j)+x(i-1,p)*x(j-1,p)
        Next p
    Next j
Next i
For j=1 To n+1
    b(j)=0
    For i=1 To m
      b(j)=b(j)+x((j-1),i)*y(i)
    Next i
Next j
```

```
For j＝1 To n＋1
    a(j,n＋2)＝b(j)
Next j
For i＝1 To n＋1   //采用最大主元高斯消去法
   If i＝n＋1 Then GoTo 200
   For t＝i＋1 To n＋1
            If Abs(a(i,i))＜ Abs(a(t,i))Then
             For S＝i To n＋2
            aa(t,S)＝a(i,S)
            a(i,S)＝a(t,S)
            a(t,S)＝aa(t,S)
                Next S
        Else
        End If
   Next t
200
W＝a(i,i)
   For j＝1 To n＋2
       a(i,j)＝a(i,j)/W
   Next j
If i＝n＋1 Then GoTo 100
For j＝i＋1 To n＋1
    For k＝i＋1 To n＋2
        Z(i,k)＝a(i,k)＊a(j,i)
        a(j,k)＝a(j,k)－Z(i,k)
     Next k
Next j
Next i
100
   C(n＋2)＝0
For k＝n＋1 To 1 Step－1
    S＝0
    For j＝k＋1 To n＋1
       S＝S＋a(k,j)＊C(j)
    Next j
   C(k)＝a(k,n＋2)－S
Next k
For i＝0 To n   //向窗体填写数据
    Text2(154＋i).Text＝Int(C(i＋1)＊1000＋0.5)/1000
   Next i
sd＝0
eer＝0
For i＝1 To m
   EY＝0
   For j＝0 To n
      EY＝EY＋C(j＋1)＊x(j,i)
   Next j
   eer＝eer＋(EY－y(i))^2
```

```
      sd＝sd＋Abs(EY－y(i))
   Next i
sd＝sd/m
eer＝eer/m
sd＝Int(sd＊100000＋0.5)/100000
eer＝Int(eer＊100000＋0.5)/100000
Text1(2).Text＝sd
Text3.Text＝eer
End Sub
```

图 3-9 所示是该程序的应用窗体，所有的实验数据均在窗体中输入，但输入的数据受到一定的限制，读者如想增加数据输入的界面，通过增加窗体中的控件并对数据获取语句作相应修改即可，而不需要改变拟合部分的程序。

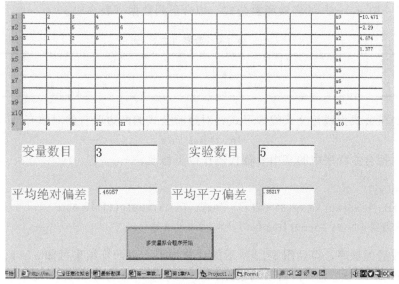

图 3-9 n 维变量函数一次拟合窗体

【**例 3-4**】 给出一组数据（表 3-7），拟合成 $f(x)＝a＋bx^3$ 的经验公式。

表 3-7 数据（一）

x	-3	-2	-1	2	4
y	14.3	8.3	4.7	8.3	22.7

解： 分析该题的拟合方程，没有发现可以直接套用的程序，但如果将 x^3 作为一个整体来看，本题就变成了单变量一次拟合问题，只要在前面介绍的一次拟合程序中 "x(i)＝xx" 的后面增加一句 "x(i)＝x(i)＾3" 代码即可，其他所有代码无需改变，当然数据文件需要作对应修改，也可以利用 inputbox 语句直接输入，运行程序后得到如图 3-10 所示的计算结果。

由图 3-10 可知，$a＝10.67501$，$b＝0.1368$，平均绝对百分偏差高达 49.4065，说明拟合效果不好，这时如果改变代码 "x(i)＝x(i)＾3" 中 "3" 的值，可以发现 a、b、sd 的值均会改变，可以找到一个 sd 相对较小的 m 值，此时增加的代码为 "x(i)＝x(i)＾m"，得到的 a、b 也为相对较优的值。如取 $m＝2$，则得到图 3-11 所示的计算结果，拟合效果非常好。有些非线性函数经过转换以后可化为线性函数计算。例如，$\dfrac{1}{y}=a+b\dfrac{1}{x}$，令 $u=\dfrac{1}{y}$，$v=\dfrac{1}{x}$，则化拟合曲线为 $u=a+bv$。

图 3-10 $m=3$ 时计算结果

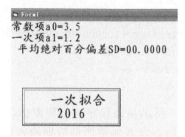

图 3-11 $m=2$ 时计算结果

【例 3-5】 用 $y=a\mathrm{e}^{bx}$ 的经验函数公式，拟合下列数据（表 3-8）。

表 3-8 数据（二）

1	2	3	4	5	6	7	8
15.3	20.5	27.4	36.6	49.1	65.6	87.8	117.6

解：化经验公式为线性公式线性形式，对经验公式的两边取自然对数有

$$\ln y=\ln a+bx$$

对原一次拟合主程序中的其中 3 行代码作以下修改：

```
y(i)=log(yy)
sd=sd+Abs((Exp(a0)*Exp(a1*x(i))-Exp(y(i)))/Exp(y(i)))*100
Print "常数项 a0="; Format(Exp(a0),"#.#####")
```

运行修改后的程序，得到图 3-12 所示的计算结果，由计算结果可知 $a=11.43707$，$b=0.29112$，sd$=0.0699$，表明拟合效果很好。

图 3-12 拟合结果

图 3-13 记事本数据

图 3-14 矛盾方程求解结果

【例 3-6】 解矛盾方程组

$$\begin{cases} x_1+x_2+x_3=2 \\ x_1+3x_2-x_3=-1 \\ 2x_1+5x_2+2x_3=1 \\ 3x_1-x_2+5x_3=10 \end{cases}$$

解：从多变量函数拟合的角度来进行求解，首先将原方程组进行处理，使其第一个变量的系数均为 1，得到

$$\begin{cases} x_1 + x_2 + x_3 = 2 \\ x_1 + 3x_2 - x_3 = -1 \\ x_1 + 2.5x_2 + x_3 = 0.5 \\ x_1 - \dfrac{x_2}{3} + \dfrac{5x_3}{3} = \dfrac{10}{3} \end{cases}$$

上面的方程组，相当于下面的两变量线性拟合函数：

$$y = a_0 + a_1 t_1 + a_2 t_2$$

其中，(a_0, a_1, a_2) 和方程组中的 (x_1, x_2, x_3) 相当，而 (y, t_1, t_2) 相当于实验测得的数据。在该例中，相当于做了 4 次实验（矛盾方程数就是实验次数），共得到了如下四组数据：$(2，1，1)$，$(-1，3，-1)$，$(0.5，2.5，1，)$，$(10/3，-1/3，5/3)$。将这四组数据利用记事本建立如图 3-13 所示的数据文件，调用前面介绍的二次拟合通用型程序，对打开的文件及数据读入语句作以下修改：

```
Open "d:/shujuxy1_6.dat" For Input As #1 '读入数据
For i=1 To n
    Input #1,yy,xx,xx1  '注意记事本中将 y 的值放在了前面
    y(i)=yy
    x1(i)=xx
    x2(i)=xx1
Next i
```

运行经过修改的二次拟合通用程序，就可得到图 3-14 所示的计算结果。由图可知，$a_0 = 2.22514$、$a_1 = -0.8895$、$a_2 = 0.53177$，相当于 $x_1 = 2.22514$、$x_2 = -0.8895$、$x_3 = 0.53177$。所以说求解矛盾方程和实验数据拟合是一致的，两者可以相互转换。我们既可以利用求矛盾方程的方法求解实验数据拟合函数中的系数，也可以通过求解拟合函数中的系数求解矛盾方程中的变量。

【例 3-7】 已知某物质的饱和蒸气压和温度有关，并已测得表 3-9 所示的一组数据。

表 3-9　某物质的饱和蒸气压与温度的关系

序号	1	2	3	4	5	6	7
温度 T/K	283	293	303	313	323	333	343
压力 p/mmHg	35	120	210	380	520	680	790

现拟用 $\ln p = a + \dfrac{b}{T+c}$ 来拟合实验数据，试用计算机求取 a、b、c。

解：本题拟合问题看似比较简单，但不能直接利用前面介绍的多项式拟合、多变量拟合、对数拟合等方法，需要将其展开后再判断使用什么方法加以求解，将题目中要求拟合的公式两边同乘 $(T+c)$，并进行移项、化简等处理后，可以得到式(3-24)。

$$T\ln p = ac + b + aT - c\ln p \tag{3-24}$$

如果将 $T\ln p$ 看成 y，将 T 看成 x_1，将 $\ln p$ 看成 x_2，将 $ac+b$ 看成 a_0，那么，式(3-24)实际上和式(3-25)等价。

$$y = a_0 + a_1 x_1 + a_2 x_2 \tag{3-25}$$

对于式(3-25)的拟合，我们已有现成的多变量参数拟合程序，可以直接求出 a_0、a_1、a_2，对比式(3-24)和式(3-25)，可知原问题的解，即 $a = a_1$、$c = -a_2$、$b = a_0 + a_1 a_2$，将具体数据代入，并在原来的 VB 程序上作一小的修改，可得拟合的结果为：$a = 8.211835$，

$b=-135.636950$，$c=-253.954532$。

程序需要修改的是数据的变型处理及参数的转换处理，关键语句如下：

```
For j＝1 To m//数据的变型处理
  x(1,j)＝t(j)
  x(2,j)＝log(p(j))
  y(j)＝t(j)＊log(p(j))
Next j
Call Form1.AnyVariblenihe(x(),y(),n,m,c())//参数拟合调用
Print "a＝"; a(1),"b＝"; a(0)＋a(1)＊a(2),"c＝";－a(2)//参数的转换处理
```

【例 3-8】 已知某高温导热油在温度 t 为 $250\sim350℃$ 饱和蒸气压 p 的数据，见表 3-10。现用以下四式拟合温度和饱和蒸气压之间的关系：

$$p=a_0+a_1t^{1.1}+a_2t^2 \tag{3-26}$$

$$p=a_0+a_1t^{1.6} \tag{3-27}$$

$$p=at^b \tag{3-28}$$

$$p=a+\frac{b}{t^{0.9}+c} \tag{3-29}$$

试用计算机拟合以上 4 个公式中的各个参数，计算每种方法的平均绝对百分误差值，并利用四种拟合公式计算分别计算温度为 $250℃$ 时导热油的饱和蒸气压。

表 3-10 不同温度下导热油饱和蒸气压

温度 $t/℃$	250	270	290	300	310	330	350
饱和蒸气压 p/Pa	281	289	298	303	306.8	315.5	326

解：本题中的四个拟合方程均不能直接调用程序，需要作一定的修改才可以调用前面已开发的子程序来解决各个拟合参数。首先来观察第 1 个拟合方程，只要将 $t^{1.1}$ 看作 x_1、t^2 看作 x_2 就可以调用多变量拟合参数或通用二次拟合参数程序来计算拟合方程（3-25）中的 3 个参数，下面以调用多变量函数拟合程序为例，来说明其具体应用。调用多变量拟合合数，读入数据 t、p 后，主程序修改为以下形式：

```
Private Sub Command1_Click()'主程序
Dim i,n,sd,m,t,P,ey,j,P250
n＝2:m＝InputBox("请输入实验次数",,7)
Open "d:/shujuxy1_8.dat" For Input As ＃1 '读入数据
ReDim x(2,m),y(m),c(m＋1)
For i＝1 To m
    Input ＃1,t,P
  x(1,i)＝t^1.1: x(2,i)＝t^2
    y(i)＝P
Next i
Close ＃1
Call AnyVariblenihe(x(),y(),n,m,c())'调用子程序
sd＝0
For i＝1 To m
    ey＝0: x(0,i)＝1
    For j＝0 To n
        ey＝ey＋c(j＋1)＊x(j,i)
```

```
        Next j
            sd=sd+Abs((ey-y(i))/y(i))*100
    Next i
    sd=sd/m
      For i=0 Ton
       Print "A"; i; "="; Format(c(i+1),"#.#####")
      Next i
      Print "平均绝对百分偏差 sd="; Format(sd,"00.0000")
      P250=c(1)+c(2)*250^1.1+c(3)*250^2:  Print " P250="; Format(P250,"000.0000")
    End Sub
```

运行上述程序得到图 3-15 所示的计算结果，由图可知 $a_0=205.53711$，$a_1=0.12432$，$a_2=0.00034$，拟合计算 250℃ 时的饱和蒸气压为 280.9548 Pa，和实验测量值 281Pa 十分接近。

图 3-15　公式(3-25) 拟合结果 　　　　图 3-16　公式(3-26) 拟合结果

对于拟合公式(3-26)，既可以调用一次拟合的程序，也可以调用多变量拟合的程序。如果调用多变量拟合程序，只需在上面拟合主程序上将"x(2,i)=t^2"删除，将"x(1,i)=t^1.1"变成"x(1,i)=t^1.6"，设置 n=1，P250=c(1)+c(2)*250^1.6，运行程序后得到图 3-16 所示的计算结果。由图 3-16 可知 $a_0=218.32614$，$a_1=0.00914$，拟合计算 250℃ 时的饱和蒸气压为 281.0596 Pa，和实验测量值 281Pa 也十分接近。

对于拟合公式(3-27)，需要将公式两边同时进行对数运算得到：

$$\ln p = \ln a + b \ln t$$

可以调用一次拟合的程序，其中需要将数据先进行对数处理，返回时又需要逆向处理，如果不想调用一次拟合，则也可以直接使用多变量拟合，只不过采用一个自变量，具体的主程序调用如下：

```
Private Sub Command3_Click()
Dim i,n,sd,m,t,P,ey,j,P250,a,b
n=1:m=InputBox("请输入实验次数",,7)
Open "d:/shujuxy1_8.dat" For Input As #1 '读入数据
ReDim x(2,m),y(m),c(m+1)
For i=1 To m
   Input #1,t,P
   x(1,i)=log(t): y(i)=log(P)
Next i
Close #1
Call AnyVariblenihe(x(),y(),n,m,c())'调用子程序
sd=0:a=Exp(c(1)): b=c(2)
For i=1 To m
   y(i)=Exp(y(i))
   ey=a*Exp(x(1,i))^b
```

```
        sd＝sd＋Abs((ey－y(i))/y(i))＊100
Next i
sd＝sd/m
    Print "a＝"; Format(c(1),"#.#####"): Print "b＝"; Format(c(2),"#.#####"):
    Print "平均绝对百分偏差 sd＝"; Format(sd,"00.0000")
    P250＝a＊250＾b: Print " P250＝"; Format(P250,"000.0000")
End Sub
```

运行上述程序，得到图 3-17 所示的计算结果，由图可知拟合公式（3-27）中的 a ＝ 3.21096，b ＝ 0.43889，拟合计算 250℃时的饱和蒸气压为 279.8583Pa。令人惊奇的是前三种拟合公式的效果均十分理想，平均绝对百分偏差均十分小。至于拟合公式（3-28），需要将其展开，利用与例 3-7 相仿的处理方法，调用多变量参数拟合或通用二次拟合程序进行求解，该问题留给读者自己解决。

图 3-17　公式（3-27）拟合结果

3.5　化工参数拟合 2.0 软件介绍

3.5.1　软件主要功能介绍

化工参数拟合 2.0 由华南理工大学化学与化工学院师生协同创新创业工作室化工应用软件开发小组开发，免费向教学应用领域开放。软件的主界面见图 3-18。其主要功能有：

① 输入实验数据；

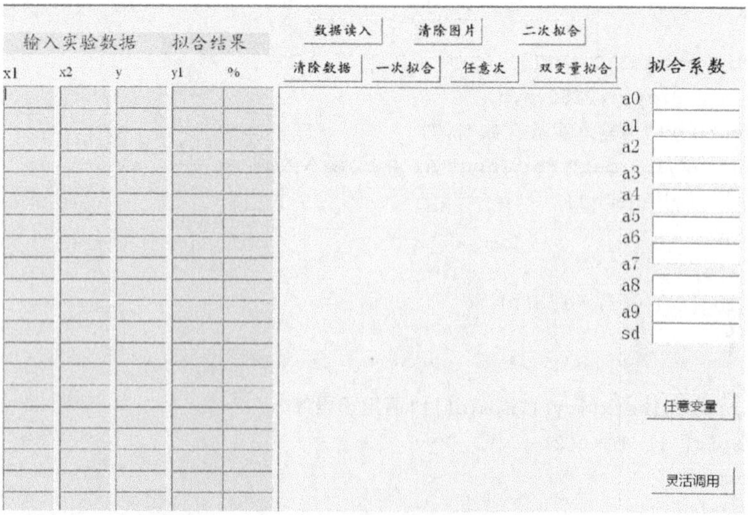

图 3-18　化工参数拟合 2.0 主界面

② 绘制原始实验数据图；

③ 根据选择调用拟合程序；

④ 绘制拟合曲线（单变量）；

⑤ 输出拟合参数；

⑥ 灵活调用各种拟合程序。

本软件通过窗体直接输入数据，可以进行一次拟合、二次拟合、任意次拟合、多变量拟合。如进入灵活调用窗体，可以修改其中的主程序，进而可以进行对数拟合、指数拟合、任意多项式拟合。只要处理恰当，几乎可以拟合所有的化工参数拟合问题。对于单变量函数的拟合，软件还可以绘制出拟合曲线。

3.5.2　软件具体应用

（1）一次拟合及变型

对于正规的 $y=a_0+a_1x$ 一次拟合，可以直接在图 3-18 所示左边第 1 列输入 x 的值，第 3 列输入 y 的值，然后点击"数据读入"后，就会出现原始数据的曲线，再点击"一次拟合"就可以得到拟合曲线及拟合结果。如已知一组（x,y）的数据为 $x=(1,2,6,4,5,9)$，$y=(12,15,26,19,22,32)$，输入数据并按以上点击后，软件首先会将 x 的数据自动从小到大排列，并绘制出曲线，然后再拟合参数，得到图 3-19 所示的结果，由图可知 $a_0=9.61446$，$a_1=2.53012$，平均绝对偏差为 0.51004（选取 5 位小数）。如果拟合的并不是标准的一次型，则需要先将数据处理后输入软件的表格，如还是上面的数据，如果想采用 $y=a_0+a_1x^{1.2}$ 进行拟合，就需要先将原来 x 的进行 1.2 次方处理，得到 $x_1=(1,2.29750,8.58581,5.27803,6.89865,13.96661)$，$y$ 无需处理，输入后得到如图 3-20 所示的计算结果，由图可知 $a_0=11.15394$，$a_1=1.55357$，平均绝对偏差为 0.63753。对于需要取对数处理的拟合函数，得到的拟合参数也要做对应处理，同时此时的拟合结果显示的数值也是对应处理后的结果，如果读者具有较好的 VB 程序处理能力，建议按原始数据输入，在主程序中进行修改来对数据进行处理。

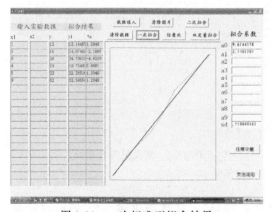

图 3-19　一次标准型拟合结果

图 3-20　一次变型拟合结果

（2）二次拟合及双变量拟合

二次拟合标准型的应用方法和一次拟合一样，不再介绍。二次拟合没有变型，如需变型，则采用双变量拟合程序。如需要拟合 $y=a_0+a_1x^{0.5}+a_2x^2$，已知 $x=(0,1,4,9)$，$y=(3,6,10,20)$，需要设 $x_1=x^{0.5}=(0,1,2,3)$，$x_2=x^2=(0,1,16,81)$，$y=a_0+a_1x_1+$

a_2x_2，利用双变量拟合程序就可以得到图 3-21 所示的计算结果。由图可知 $a_0 = 3.07807$，$a_1 = 2.63281$，$a_2 = 0.11113152$，平均绝对偏差为 0.09992652。双变量拟合结果可以拓展用于如 $y = a_0 + a_1 x_1/(x_2 + c) + a_2 x_2^n$ 等更为复杂的函数拟合，只要适当展开，合理处理原始数据，双变量拟合就可以应用于多种不同函数的拟合。

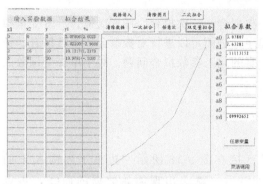

图 3-21　双变量拟合结果

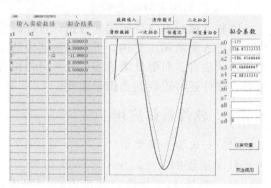

图 3-22　任意次拟合结果（一）

（3）任意次拟合

单变量任意次拟合是最简单的拟合方式，没有变型，只有一个自变量。需要注意的问题是当拟合的次数等于实验数据数目减去 1 时，拟合系统的自由度降为 0，此时无论输入什么数据，拟合结果都十分完美，sd 的值均为 0，当然有时可能是一个十分接近 0 的数。这是计算机的舍入误差造成的，千万别以为你的模型十分完美或实验过程很完美，因为此时，你根本不用做实验，随便写上什么数据，都有 sd=0。如有 $x = (1,2,3,4,5)$，随便输入 $y = (1,5,-12,3,5)$，共有 5 组实验数据，按上面的理论，进行 4 次方拟合时，sd 一定等于零，拟合结果见图 3-22。此时如果将 y 数据任意改为 $y = (5,5,10,5,5)$ 这样似乎不可能的数据，拟合结果仍然是非常完美，sd 仍等于 0，见图 3-23。

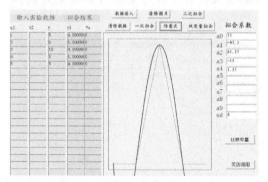

图 3-23　任意次拟合结果（二）

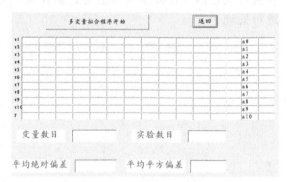

图 3-24　多变量拟合界面

（4）多变量拟合

多变量拟合时需要点击图 3-18 中所示的"任意变量"，软件弹出图 3-24 所示的界面。界面设置了 10 个变量，如需增加变量，可通过改变程序来完成。一般化工参数拟合问题，10 个变量已满足需要，更多的变量及实验数据建议调用"灵活调用"中的程序。

（5）任意多项式拟合

如有 $y = a_0 + a_1 x_1 x_2 + a_2 x_2^3 + a_3 x_3^{1.5}$ 任意多项式进行拟合，只要将 $x_1 x_2$ 看作 X_1，x_2^3 看作 X_2，$x_3^{1.5}$ 看作 X_3，原拟合问题就变成了 3 个变量的线性拟合问题，即 $y = a_0 +$

$a_1X_1+a_2X_2+a_3X_3$。其他许多多项式拟合问题，均可以按照如此思路，处理成多变量线性拟合问题。

（6）任意方程形式拟合

对于任意方程形式的拟合问题，建议进入"灵活调用"界面，采用改变主程序的方法来拟合各种参数。

【例 3-9】 某化工过程两变量之间存在以下拟合关系：

$$y=a_0+\frac{a_1}{x+a_2}+\frac{a_3}{x+a_4}$$

通过实测测得一组（x，y）的数据见表 3-11：

表 3-11　（x，y）的数据

1	2	3	4	5	6	7
1.833333333	1.583333333	1.45	1.366666667	1.30952381	1.267857143	1.23611111

试拟合求解 a_0、a_1、a_2、a_3、a_4。

解： 对照软件提供的功能，无法直接代入求解，但将原拟合公式化去分母，作移行运算后，可以在"灵活调用"中通过改变任意变量拟合的主程序，就可以求解。首先，将原拟合公式化去分母，移项运算后得下式：

$$yx^2=(a_0a_2a_4a_0+a_1a_4+a_2a_3)+a_0x^2+(a_0a_2+a_0a_4+a_1+a_3)x-(a_2+a_4)yx-a_2a_4y$$

如果将 yx^2 看作 Y，x_2 看作 X_1，x 看作 X_2，yx 看作 X_3，y 看作 X_4，则有：

$$Y=C_0+C_1X_1+C_2X_2+C_3X_3+C_4X_4$$

上式是标准的 4 变量一次拟合问题，软件有通用的子程序可供调用，只要在输入数据上作一些修改，同时软件返回的系数是 C_0、C_1、C_2、C_3、C_4，需要进行反向运算，得到 a_0、a_1、a_2、a_3、a_4。反向计算时先算 a_0，再根据 a_2、a_4 的和等于 $-C_3$，积等于 $-C_4$，算出 a_2、a_4。在此基础上算出 a_1、a_3。具体的主程序为：

```
Dim i,n,sd,m,ey,j,xx,yy,a(4),yz,X1,X2,X3,X4
n=4:m=InputBox("请输入实验次数",,7)
Open "d:/shujuxy1_9.dat" For Input As #1 '读入数据
ReDim x(7,m),y(m),c(m+1)
For i=1 To m
  Input #1,xx,yy
  x(1,i)=xx^2: x(2,i)=xx
  x(3,i)=yy*xx: x(4,i)=yy
  y(i)=yy*xx^2
Next i
Close #1
Call AnyVariblenihe(x(),y(),n,m,c())'调用子程序
sd=0
a(0)=c(2): a(2)=(-c(4)+(c(4)^2+4*c(5))^0.5)/2
a(4)=-c(4)-a(2):a(3)=(c(3)*a(4)-c(1)-a(0)*a(4)^2)/(a(4)-a(2))
a(1)=c(3)+c(2)*c(4)-a(3)
For i=1 To m
  yz=a(0)+a(1)/(x(2,i)+a(2))+a(3)/(x(2,i)+a(4))
  y(i)=y(i)/(x(2,i)^2)
    sd=sd+Abs((yz-y(i))/y(i))*100
```

```
Next i
sd=sd/m
  For i=0 To 4
   Print "a"; i; "="; Format(a(i),"#.#####")
  Next i
  Print "平均绝对百分偏差 sd="; Format(sd,"00.0000")
```

运行程序后得到图 3-25 所示的计算结果。

```
a 0 =1.
a 1 =1.49995
a 2 =3.00003
a 3 =2.00005
a 4 =2.00001
平均绝对百分偏差SD=00.0000
```

图 3-25　任意形式拟合结果

3.5.3　软件拓展

软件可以从以下几个方面进行拓展:

① 增加数据输入方式,建立可以直接将 Excel 数据复制到该软件的功能。

② 输入原始数据后,可以直接对原始数据进行像 Excel 那样的处理功能,从而无需通过修改主程序进行各种变型函数的拟合问题。

③ 可以考虑将各种常见的函数形式单独进行拟合,减少变型时对主程序的修改,或取消主程序的修改,用户通过选择,基本可以拟合所有的函数问题。

习　题

1. 表 3-12 是某催化反应在不同温度下的反应转化率,请分别用一次、二次和三次拟合温度与转化率之间的关系,写出拟合参数,并计算平均绝对百分偏差,在此基础上确定在此温度范围内哪一种拟合曲线更符合实际情况。

表 3-12　某催化反应在不同温度下的反应转化率

实验序号	反应温度/℃	转化率
1	80	0.5+0.001No
2	90	0.7+0.001No
3	100	0.85+0.001No
4	120	0.88+0.001No
5	140	0.8+0.001No
6	160	0.7+0.001No

2. 表 3-13 给出一组数据:

表 3-13　数据

x_i	−1.00	−0.50	0.00	0.25	0.75
y_i	0.22+0.001No	0.8+0.001No	2.0+0.001No	2.5+0.001No	3.8+0.001No

分别用一次、二次多项式拟合这些数据,并计算均方差。

3. 给出下列数据（表 3-14）：

表 3-14　数据

x	-3	-2	-1	2	4
y	$14.3+0.01\text{No}$	$8.33+0.01\text{No}$	$4.73+0.01\text{No}$	$8.33+0.01\text{No}$	$22.73+0.01\text{No}$

用最小二乘法求形如 $y=a+bx^2$ 的经验公式。

4. 给出下列数据（表 3-15）：

表 3-15　数据

x_i	-0.70	-0.50	0.25	0.75
y_i	$0.99+0.001\text{No}$	$1.21+0.001\text{No}$	$2.5+0.001\text{No}$	$4.23+0.001\text{No}$

用最小二乘法求形如 $y=a\mathrm{e}^{bx}$ 的经验公式，并计算平均绝对百分偏差。

5. 用最小二乘法求解下列矛盾方程组，并写出对应的拟合方程及实验数据。

$$\begin{cases} x_1+2x_2=5+0.02\text{No} \\ 2x_1+x_2=6 \\ x_1+x_2=4 \end{cases} \qquad \begin{cases} x_1-2x_2=1+0.02\text{No} \\ x_1+5x_2=13.1 \\ 2x_1+x_2=7.9 \\ x_1+x_2=5.1 \end{cases}$$

6. 已知当雷诺数 Re 为 300～1000，摩擦系数 λ_C 和雷诺数具有以下关系：

$$\lambda_\mathrm{C}=aRe^b$$

今通过实验测得如下数据（表 3-16），请用最小二乘法确定 a 和 b，并计算平均绝对百分偏差。

表 3-16　摩擦系数和雷诺数的关系

实验序号	雷诺数	摩擦系数
1	300	$1.11+0.001\text{No}$
2	400	$0.921+0.001\text{No}$
3	500	$0.835+0.001\text{No}$
4	600	$0.7569+0.001\text{No}$
5	800	$0.678+0.001\text{No}$
6	1000	$0.62147+0.001\text{No}$

7. 已知某物质的饱和蒸气压和温度有关，并已测得下面一组数据（表 3-17）：

表 3-17　饱和蒸气压和温度的关系

序号	1	2	3	4	5	6	7
温度 T/K	283	293	303	313	323	333	343
压力 p/mmHg	35	120	210	380	520	680	790

由于不知道 p 和 T 的具体关系，现拟用两种模型去拟合实验数据，两种模型分别是 $p=a_1+b_1\ln T+c_1T^3$ 和 $\ln p=a_2+\dfrac{b_2}{T+c_2}$，试确定各个参数，并计算平均绝对百分偏差。

8. 请利用解矛盾方程的概念，推导具有 n 个自变量的任意次方拟合函数中系数的计算公式，其拟合函数如下：

$$y = a_0 + a_1 x_1^{c_1} + a_2 x_2^{c_2} + \cdots + a_k x_k^{c_k} + \cdots a_n x_n^{c_n}$$

9. 试利用本章介绍的方法，写出 $y = a_0 + a_1 x_1^2 + a_2 x_2^3 + a_3 x_1 x_2$ 拟合公式中各参数的求解方法。

10. 已知下面实验数据（表 3-18）

表 3-18　实验数据

x	1	2	3	4	5	6
y	6+0.1No	13.8+0.1No	25+0.1No	41+0.1No	59+0.1No	80+0.1No

请用 $y = a_0 + a_1 x^{0.5} + a_2 x^{1.8}$ 进行拟合，写出拟合参数，并计算平均绝对百分偏差。

第4章

化学化工非线性方程及线性方程组求解

4.1 化学化工非线性方程实际问题的提出

求解非线性方程是化工设计及模拟计算中必须解决的一个计算问题。与线性方程相比，非线性方程问题无论是从理论上还是从计算公式上，都要复杂得多。对于一般的非线性方程 $f(x)=0$，计算方程的根既无一定章程可循也无直接方法可言。例如，求解高次方程组 $7x^6-x^3+x-1.5=0$ 的根，求解含有指数和正弦函数的超越方程 $e^x-\sin(x)=0$ 的零点。解非线性方程或非线性方程组也是计算方法中的一个主题。一般地，我们用符号 $f(x)$ 来表示方程左端的函数，方程的一般形式表示为 $f(x)=0$，方程的解称为方程的根或函数的零点。

通常，非线性方程的根不止一个，而任何一种方法只能算出一个根。因此，在求解非线性方程时，要给定初始值或求解范围。而对于具体的化工问题，初值和求解范围常常可根据具体的化工知识而决定。常见的雷诺数和摩擦系数关系方程在雷诺数低于 4000 时有以下关系式：

$$\left(\frac{1}{\lambda}\right)^{0.5}=1.74-2\lg\left[\frac{2\varepsilon_i}{d_i}+\frac{18.7}{Re\lambda^{0.5}}\right] \tag{4-1}$$

这是一个典型的非线性方程，我们在管路设计中经常碰到。当已知雷诺数 Re，如何根据公式(4-1)求出摩擦系数 λ，这是我们在管路设计中必须首先解决的问题。对于方程（4-1）而言，无法用解析的方法求出摩擦系数，只能用数值求解的方法。如用下面介绍的松弛迭代法，假设：

$$x=\left(\frac{1}{\lambda}\right)^{0.5},\frac{2\varepsilon_i}{d_i}=0.1,Re=5000,x^{(0)}=0,\omega=0.5$$

则利用松弛迭代公式可得：

$$x^{(k+1)}=0.5x^{(k)}+0.5\left\{1.74-2\lg\left[0.1+\frac{18.7}{5000}x^{(k)}\right]\right\},k=1,2,\cdots \tag{4-2}$$

经 11 次迭代可得摩擦系数为 0.07593。

同样，在 n 个组分的等温闪蒸计算中，通过物料和相平衡计算，我们可得到如下非线性方程：

$$\sum_{i=1}^{n}\frac{z_i(1-k_i)}{k_i+a}=0 \tag{4-3}$$

在方程 4-3 中只有 a 是未知数，k_i 为相平衡常数，z_i 为进料组分的摩尔浓度，均为已知数。和上面的情况一样，方程（4-3）也无法直接解析求解，必须利用数值的方法，借助于计算机方可精确地计算。对于这个问题的求解，可利用我们下面介绍的牛顿迭代法进行计算，也可利用其他迭代公式进行计算，如采用牛顿迭代公式，则可以得到如下的具体迭代公式：

$$a^{n+1} = a^n + \frac{\displaystyle\sum_{i=1}^{m} \frac{z_i(1-k_i)}{k_i+a^n}}{\displaystyle\sum_{i=1}^{m} \frac{z_i(1-k_i)}{(k_i+a^n)^n}} \tag{4-4}$$

饱和蒸气压是我们经常要用到的数据，虽然我们可以通过实验测量来获取饱和蒸气压的数据，但我们通常利用前人已经测量得到的数据或回归的公式来获取，这可以减轻我们大量的基础实验工作。公式（4-5）是一种常用的饱和蒸气压计算公式：

$$\ln p = A + \frac{B}{T} + C\ln T + \frac{Dp}{T^2} \tag{4-5}$$

式中，p 饱和蒸气压，单位为 mmHg，T 为温度，单位为 K；A、B、C、D 为已知系数。要想得到某一温度下的饱和蒸气压，直接利用公式（4-5）是不行。因为公式（4-5）两边都有未知变量，并且无法用解析的方法求解，必须用数值计算的方法求解。通过上面的一些例子，我们可以发现，如果没有适当的手段和办法来求解非线性方程，那么化学化工中的许多研究、设计等工作将无法展开，这势必影响化学化工的发展，下面我们将介绍一些实用的非线性方程求解方法，并提供计算机程序。

4.2 实根的对分法

4.2.1 使用对分法的条件

对分法（或称二分法）是求方程近似解的一种简单直观的方法。设函数 $f(x)$ 在 $[a,b]$ 上连续，且 $f(a)f(b)<0$，则 $f(x)$ 在 $[a,b]$ 上至少有一零点，这是微积分中的介值定理，也是使用对分法的前提条件。计算中通过对分区间，逐步缩小区间范围的步骤搜索零点的位置。

如果我们所要求解的方程从物理意义上来讲确实存在实根，但又不满足 $f(a)f(b)<0$，这时，我们必须通过改变 a 和 b 的值来满足二分法的应用条件。

4.2.2 对分法求根算法

计算 $f(x)=0$ 的一般计算步骤如下：
① 输入求根区间 $[a，b]$ 和误差控制量 ε，定义函数 $f（x）$。
② 判断 $f(a)f(b)<0$ 则转下，否则，重新输入 a 和 b 的值。
③ 计算中点 $x=(a+b)/2$ 以及 $f(x)$ 的值，分情况处理：

- $|f(x)|<\varepsilon$：停止计算 $x^* = x$，转向步骤 4。
- $f(a)f(x)<0$：修正区间 $[a,x] \rightarrow [a,b]$，重复步骤③。
- $f(x)f(b)<0$：修正区间 $[x,b] \rightarrow [a,b]$，重复步骤③。

④ 输出近似根 x^*。

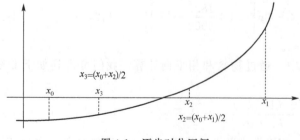

图 4-1 逐步对分区间

图 4-1 给出对分法的示意图。

4.2.3 对分法 VB 程序清单

```
Private Sub Command1_Click()
Dim x1,x2,x,y1,y2,y,eer
80 x1＝InputBox("x1")
x2＝InputBox("x2")
y1＝f(x1)
y2＝f(x2)
If y1 * y2< 0 Then
    GoTo 100
Else
  Print "please repeat input x1 and x2"
  GoTo 80
End If
100 x＝(x1＋x2)/2
y＝f(x)
If Abs(y)< ＝0.001 Then
  Print "the function root is "; x
  Print "y＝"; y
Else
  If y1 * y< 0 Then
    x2＝x
    y2＝y
    GoTo 100
  Else
    x1＝x
    y1＝y
  GoTo 100
  End If
End If
End Sub
Public Function f(x)
Dim y
y＝x^3＋x^2－1
f＝y
End Function
```

上面的 VB 程序是针对某一个具体方程的，若读者在使用时所求的方程和上面程序清单中的方程不一样，读者只需修改程序清单中最后第三项（y＝x^3＋x^2－1）即可。

【例 4-1】 用对分法求 $f(x)=x^3-7.7x^2+19.2x-15.3$ 在区间 [1，2] 之间的根。

解：① $f(1)=-2.8$，$f(2)=0.3$，由介值定理可得有根区间 $[a,b]=[1,2]$。

② 计算 $x_2=(1+2)/2=1.5$，$f(1.5)=-0.45$，有根区间 $[a,b]=[1.5,2]$。

③ 计算 $x_3=(1.5+2)/2=1.75$，$f(1.75)=0.078125$，有根区间有根区间 $[a,b]=[1.5,1.75]$。

一直做到 $|f(x_n)|<\varepsilon$ （计算前给定的精度）或 $|a-b|<\varepsilon$ 时停止。详细计算结果见表 4-1。

对分法的算法简单，然而，当 $f(x)$ 在 $[a，b]$ 上有几个零点时，如不作特殊处理则只能算出其中一个零点；另一方面，即使 $f(x)$ 在 $[a,b]$ 上有零点，也未必有 $f(a)f(b)<0$。这就限制了对分法的使用范围。对分法只能计算方程 $f(x)=0$ 的实根。

表 4-1　计算结果

K	x	$f(x)$	求解区间	$|x_k-x_{k-1}|$
0	1	-2.8		
1	2	0.3	$[1,2]$	
2	1.5	0.45	$[1.5,2]$	0.5
3	1.75	0.078125	$[1.5,1.75]$	0.25
4	1.625	-0.141797	$[1.625,1.75]$	0.125
5	1.6875	-0.0215332	$[1.6875,1.75]$	0.0625
6	1.71875	0.03078	$[1.6875,1.71875]$	0.03125
7	1.70312	0.00525589	$[1.6875,1.70312]$	0.015625

对于多个零点的方程，我们可以通过将给定的区间 $[a，b]$ 进行细分，然后在细分后的区间内用二分法分别求解，从而得到多个零点。例如求方程 $f(x)=3-x\sin x=0$ 在 $[0，30]$ 内的所有根。需要对二分法进行以下处理：即先给定一个 a（本例中为 0），然后不断增加，直到找到一个 b，使 $f(a)f(b)<0$，调用二分法，计算在 $[a，b]$ 范围内的根，然后将 b 作为 a，重复上面的工作，直到计算范围超出 30 为止。求解上面方程所有根的二分法程序如下：

```
Private Sub Command1_Click()
Dim a,b,x,x1,x2,y,k,y1,y2
a=0
k=0
Do
  b=a
  k=k+1
  Do
    b=b+1
    y1=f(a)
    y2=f(b)
  If b> 30 Then GoTo 100
Loop Until y1*y2< 0
  Do
    x=(a+b)/2
    y=f(x)
    If y*y1< 0 Then
        b=x
        y2=y
    Else
        a=x
    y1=y
    End If
  Loop Until Abs(y)< 0.0001
```

```
    Print "x("; k; ")="; x
    a=b
    Print
100 Loop Until b> =30
End Sub
Public Function f(x)
f=3-x*Sin(x)
End Function
```

计算得到以下 8 个根：

$x_1 = 6.74407958984375$

$x_2 = 9.0882568359375$

$x_3 = 12.8028564453125$

$x_4 = 15.5133361816406$

$x_5 = 19.008056640625$

$x_6 = 21.8534240722656$

$x_7 = 25.2518310546875$

$x_8 = 28.1676025390625$

4.3 其他计算方法简介

对于单变量方程的求解，对分法是最有效的方法。对于大多数有具体物理含义、有实数解的问题，如反应转化率、饱和蒸气压、质量分数、摩尔体积、摩擦系数等求解，建议直接采用对分法，一般均能求得实数解。当然对于非线性方程组，则无法采用对分法，可采用直接迭代法、松弛迭代法等方法。

（1）直接迭代法

对给定的方程 $f(x)=0$，将它转换成等价形式：$x=\varphi(x)$。给定初值 x_0，由此来构造迭代序列 $x_{k+1}=\varphi(x_k)$，$k=1$，$2\cdots$如果迭代收敛，即 $\lim_{k\to\infty}x_{k+1}=\lim_{k\to\infty}(x_k)=b$，有 $b=\varphi(b)$，则 b 就是方程 $f(x)=0$ 的根。在计算中当 $|x_{k+1}-x_k|$ 小于给定的精度控制量时，取 $b=x_{k+1}$，如原方程 $x^{1.85}+3x-20=0$，改写成迭代形式为 $x_{k+1}=\varphi(x_k)=\sqrt[1.85]{20-3x_k}$，如从 $x_0=0$ 开始迭代，可以得到 $x_1=5.049629$，$x_2=2.348146$，直至 $x_{13}=3.423785$，基本符合方程的解，如迭代的次数增加，则解的精度也提高。

（2）松弛迭代法

有些非线性方程或方程组当用直接迭代法求解时，迭代过程是发散的。如上例中如用下面迭代格式，$x_{k+1}=\varphi(x_k)=\dfrac{20-x_k^{1.85}}{3}$，很快就无法计算。这时可引入松弛因子，利用松弛迭代法。通过选择合适的松弛因子，就可以使迭代过程收敛。松弛法的迭代公式如下：

$$x_{k+1}=x_n+\omega[\varphi(x_n)-x_n] \tag{4-6}$$

由上式可知，当松弛因子 ω 等于 1 时，松弛迭代变为直接迭代。当松弛因子 ω 大于 1 时松弛法使迭代步长加大，可加速迭代，但有可能使原来收敛的迭代变成发散。当 $0<\omega<1$ 时，松弛法使迭代步长减小，这适合于迭代发散或振荡收敛的情况，可使振荡收敛过程加速。当 $\omega<0$ 时，将使迭代反方向进行，可使一些迭代发散过程收敛。

松弛法是否有效的关键因子是松弛因子 ω 的值能否正确选定。如果 ω 值选用适当，能使迭代过程加速，或使原来不收敛的过程变成收敛；但如果 ω 值选用不合适，则效果相反，有时甚至会使原来收敛的过程变得不收敛。松弛因子的数值往往要根据经验选定，但选用较小的松弛因子，一般可以保证迭代过程的收敛。

【例 4-2】 用松弛迭代法求解下面非线性方程组，并分析松弛因子对迭代次数及收敛过程的影响。已知迭代初值 x 和 y 均为 0，收敛精度 $\varepsilon=0.001$。

$$\begin{cases} 0.02x^2 - x + 0.1y^2 + 1 = 0 \\ 0.1x^2 - y + 0.01y^3 + 2 = 0 \end{cases}$$

解：取以下迭代表达式。

$$\begin{cases} x_{n+1} = x_n + \omega(1 + 0.02x_n^2 + 0.1y_n^2 - x_n) \\ y_{n+1} = y_n + \omega(2 + 0.1x_n^2 + 0.01y_n^3 - y_n) \end{cases}$$

若取松弛因子为 1.1 则其迭代过程见表 4-2。

若改变松弛因子，则迭代过程及迭代所需的次数亦将发生变化，其具体情况见表 4-3。

由表 4-3 所示数据可知，当松弛因子小于 1 时，增大松弛因子，可加速迭代过程，减少迭代次数；但当松弛因子大于 1 时，迭代次数反而增加，当松弛因子达到 1.56 时，迭代过程分散。

表 4-2 迭代过程

迭代次数	x	y	ε
0	0.0000	0.0000	—
1	1.1000	2.2000	1.4142
2	1.5490	2.2302	0.2902
3	1.5450	2.3629	0.0562
4	1.6122	2.3714	0.0418
5	1.6146	2.3955	0.0101
6	1.6271	2.3984	0.0078
7	1.6283	2.4031	0.0021
8	1.6308	2.4040	0.0016
9	1.6311	2.4050	0.0005

表 4-3 具体情况

松弛因子	迭代次数
0.5	21
0.8	13
1	10
1.1	9
1.2	11
1.3	17
1.4	29
1.5	81
1.55	454
1.56	发散

当 x 和 y 的初值不同时，迭代方程组可能发散，亦可能获得方程组的另一组解。

下面是松弛迭代的 VB 程序清单（求解方程为 $x^3-2x-5=0$）：

```
Private Sub Command1_Click()
Dim x0,x,y,eer,omiga,k
x0=1.5
eer=0.001
k=0
omiga=InputBox("松弛因子")
Do
k=k+1
x=x0+omiga*((2*x0+5)^(1/3)-x0)
  y=x^3-2*x-5
  x0=x
Loop Until Abs(y)< eer
Print "x="; x
Print"迭代次数=";k
End Sub
```

读者可以通过改变松弛因子的值，来观察松弛因子对迭代次数及计算结果的影响。

（3）韦格斯坦法

此法是一种迭代加速方法，其一般计算通式为：

$$x_{n+1}=x_n+\frac{1}{1-k}[\phi(x_n)-x_n]$$

$$k=\frac{\phi(x_n)-\phi(x_{n-1})}{x_n-x_{x-1}} \tag{4-7}$$

由上述公式可知，韦格斯坦法也是一种松弛法，其松弛因子为：

$$\omega=\frac{1}{1-k} \tag{4-8}$$

一般情况下，当 $1>k>0$ 时，迭代过程为单调收敛过程；当 $-1<k<0$ 时，迭代过程为振荡收敛过程；但当 $k=1$ 时，收敛将发散，故在编程计算时应注意当 $k=1$ 时则取 $k=0$ 进行计算。

（4）牛顿迭代法

对方程 $f(x)=0$ 可构造多种迭代格式 $x_{k+1}=\varphi(x_k)$，牛顿迭代法是借助于对函数 $f(x)=0$ 的泰勒展开而得到的一种迭代格式，其具体的迭代格式为：

$$x_{k+1}=x_k-\frac{f(x_k)}{f'(x_k)},k=1,2\cdots \tag{4-9}$$

（5）割线法

在牛顿迭代格式中：$x_{k+1}=x_k-\dfrac{f(x_k)}{f'(x_k)}$，$k=1,2,\cdots$。用差商 $f[x_{k-1},x_k]=\dfrac{f(x_k)-f(x_{k-1})}{x_k-x_{k-1}}$ 迭代导数 $f'(x_k)$，并给定初始值 x_0 和 x_1，那么迭代格式可写成如下形式：

$$x_{k+1}=x_k-\frac{f(x_k)(x_k-x_{k-1})}{f(x_k)-f(x_{k-1})}, \quad k=1,2,\cdots \tag{4-10}$$

式（4-10）称为割线法。用割线法迭代求根，每次只需计算一次函数值，而用牛顿迭代法每次要计算一次函数值和一次导数值。但割线收敛速度稍慢于牛顿迭代法，割线法为 1.618 阶迭代方法，开始时需要计算 2 个点的函数值。

【例 4-3】 用割线法求方程 $f(x) = x^3 - 7.7x^2 + 19.2x - 15.3$ 的根，取 $x_0 = 1.5$，$x_1 = 4.0$。

解:

$$x_{k+1} = x_k - \frac{f(x_k)(x_k - x_{k-1})}{f(x_k) - f(x_{k-1})}$$

计算结果列于表 4-4 中。

表 4-4 计算结果

k	x_k	$f(x)$
0	1.5	-0.45
1	4	2.3
2	1.90909	0.248835
3	1.65543	-0.0805692
4	1.71748	0.0287456
5	1.70116	0.00195902
6	1.69997	-0.0000539246
7	1.7	9.459×10^{-8}

下面是割线法的 VB 程序清单:

```
Private Sub Command1_Click()
Dim x0,x1,x2,eer
x0=1
x1=3
x2=x1-(f(x1)*(x1-x0))/(f(x1)-f(x0))
100 eer=x2-x1
If Abs(eer)< 0.001 Then
Print "f(x)="; f(x2)
Else
x0=x1
x1=x2
x2=x1-(f(x1)*(x1-x0))/(f(x1)-f(x0))
GoTo 100
End If
End Sub
Public Function f(x)
Dim y
y=x^3+3*x-2
f=y
End Function
```

4.4 化工生产中非线性方程组求解应用实例

在化工生产中，为了求解反应前后各物料的浓度，常常要联立求解一些非线性方程组，这些方程组难以用常规的解析方法求解，一般只能利用数值求解的方法加以求解。下面是在合成氨生产中利用非线性方程组求解方法求解烃类蒸气转化反应前后各物料浓度的实例。

【例 4-4】 在合成氨生产中，烃类蒸气发生以下转化反应：

$$CH_4 + H_2O_{(g)} \rightleftharpoons CO + 3H_2$$
$$CO + H_2O_{(g)} \rightleftharpoons CO_2 + H_2$$

已知进料甲烷为 1mol，水蒸气为 5mol，反应后总压 $p=1$atm，反应平衡常数为：

$$K_{p1} = \frac{p_{CO}\,p_{H_2O}^3}{p_{CH_4}\,p_{H_2O}} = 0.9618$$

$$K_{p2} = \frac{p_{H_2}\,p_{CO_2}}{p_{CH_4}\,p_{H_2O}} = 2.7$$

试求反应平衡时各组分的浓度。

解： 设反应平衡时有 x mol 甲烷转化成 CO，同时生成的 CO 中又有 y mol 转化成 CO_2，则反应平衡时各组分的物质的量及分压见表 4-5。

表 4-5 反应平衡时各组分的物质的量及分压

组分名称	物质的量	分压
CH_4	$1-x$	$p_{CH_4} = \dfrac{1-x}{6+2x}p$
H_2O	$5-x-y$	$p_{H_2O} = \dfrac{5-x-y}{6+2x}p$
CO	$x-y$	$p_{CO} = \dfrac{x-y}{6+2x}p$
CO_2	y	$p_{CO_2} = \dfrac{y}{6+2x}p$
H_2	$3x+y$	$p_{H_2} = \dfrac{3x+y}{6+2x}p$
总物质的量	$6+2x$	

将平衡时各组分的分压表达式代入反应平衡常数 K_{p1} 及 K_{p2} 的表达式得：

$$\frac{(x-y)(3x+y)^3}{(1-x)(5-x-y)(6+2x)^2} = 0.9618 \tag{4-11}$$

$$\frac{y(3x+y)}{(x-y)(5-x-y)} = 2.7 \tag{4-12}$$

由式(4-11) 和式(4-12) 分别可得 x 和 y 的迭代表达式：

$$x = 1 - \frac{(x-y)(3x+y)^3}{(5-x)(6+2x)^2} \tag{4-13}$$

$$y = \frac{2.7(x-y)(5-x-y)}{3x+y} \tag{4-14}$$

设 x 的初值为 0.1，y 的初值为 0.05，若采用直接迭代法进行计算，可得：

$$x_1 = 0.999988$$
$$y_1 = 1.8707143$$

经计算机编程计算可知，若采用直接迭代的方法求解该方程组，则结果是发散的，无法得到真实解。但是，若采用松弛迭代法求解，并取松弛因子 ω 小于 0.49，则可得到收敛解。其最后的求解结果为：

$$x^* = 0.9437$$
$$y^* = 0.6812$$

将平衡时的 x 和 y 值代入，可得平衡时各组分的摩尔浓度见表 4-6：

表 4-6　平衡时各组分的摩尔浓度

组分	摩尔浓度/%
CH_4	0.74
H_2O	42.85
CO	3.32
CO_2	8.26
H_2	44.47

　　在该非线性方程组的松弛迭代求解过程中，我们发现若松弛因子 ω 大于或等于 0.49，则该松弛迭代过程是发散的。因此，松弛因子的选取对非线性方程组求解过程是否收敛有很大的影响，在实际应用时应引起高度重视。本题还可以用前面介绍的其他方法求解或改变迭代公式的表达形式进行求解，感兴趣的读者请自行求解。

4.5　线性方程组求解

　　在化工设计和计算中常常要用到线性方程组，尽管线性方程组不是解决问题的关键，但不通过线性方程组的求解，整个化工设计和计算问题就无法得到解决。下面我们来看一个有关精馏塔计算中碰到的线性方程组求解问题。

　　在精馏塔计算中，根据物料平衡、能量平衡、相平衡等建立了 MESH 方程后，首先要解决的是根据 ME 方程计算出各塔板上的各组分的浓度。根据建立的 ME 方程，经过处理，我们可以得到以下线性方程组：

$$B_{i,1} x_{i,1} + C_{i,1} x_{i,2} = D_1$$
$$A_{i,2} x_{i,1} + B_{i,2} x_{i,2} + C_2 x_{i,3} = D_2$$
$$A_{i,3} x_{i,2} + B_{i,3} x_{i,3} + C_{i,3} x_{i,4} = D_3$$
$$A_{i,j} x_{i,j-1} + B_{i,j} x_{ij} + C_{i,j} x_{i,j+1} = D_j$$
$$A_{i,N-1} x_{i,N-2} + B_{i,N-1} x_{i,N-1} + C_{i,N-1} x_{i,N} = D_{N-1}$$
$$A_{iN} x_{i,N-1} + B_{i,N} x_{i,N} = D_N$$

　　而在计算矩阵元素 $A_{i,j}$、$B_{i,j}$、$C_{i,j}$ 时需要用到各塔板的气相流量、液相流量、相平衡常数，但它们也是要求的未知量，需赋初值进行试差运算，所以整个精馏塔的计算需要多次调用上面的线性方程组。由此可见，线性方程组的求解是化工计算中经常要碰到的计算问题，对于一名化工设计人员来说必须学会线性方程组的求解方法。

　　用迭代法求解线性方程组 $AX = t$ 与前面非线性方程求解方法相似，对方程组 $AX = y$ 进行等价变换，构造同解方程组 $X = MX + y$，以此构造迭代关系式：

$$X^{(k+1)} = MX^{(k)} + y$$

　　任取初始向量 $X^{(0)} = (x_1^{(0)}, x_2^{(0)}, x_3^{(0)}, \cdots, x_n^{(0)})^T$，代入迭代式中，经计算得到迭代序列 $X^{(1)}$，$X^{(2)}$，…。

　　若迭代序列 $\{X^{(k+1)}\}$ 收敛，则设 $\{X^{(k)}\}$ 的极限为 X^*，对迭代两边取极限：

$$\lim_{k \to \infty} X^{(k+1)} = \lim_{k \to \infty} (MX^{(k)} + y)$$

　　即 $X^* = MX^* + y$，X^* 是方程组 $AX = t$ 的解，此时称迭代法收敛，否则称迭代法发散。解线性方程组的迭代收敛与否完全决定于迭代矩阵的性质，与迭代初值的选取无关。迭代法的优点是存储空间占用少，程序简单，尤其适用于大型稀疏矩阵；不足之处是要面对收敛速度和迭代发散的问题。

4.5.1　高斯消去法原理

　　尽管线性方程组可以用多种迭代方法求得，但高斯消去法对于 100 维以下的线性方程组而言还是相对快速的，它不需要方程组解的初值，也不需要重复迭代计算，通过消去和回代两个过程就可以直接求出方程组的解。和前面的迭代法一样，在计算过程中，也有可能发散而得不到方程组的解，但可以通过一些其他方法解决。下面以一个 3 元方程为例，说明高斯消去法的计算步骤。

设一个 3 元方程组，以矩阵形式表示为：

$$\begin{pmatrix} a_{11} & a_{12} & a_{13} \\ a_{21} & a_{22} & a_{23} \\ a_{31} & a_{32} & a_{33} \end{pmatrix} \begin{pmatrix} x_1 \\ x_2 \\ x_3 \end{pmatrix} = \begin{pmatrix} t_1 \\ t_2 \\ t_3 \end{pmatrix} \tag{4-15}$$

高斯消去法的步骤为：

① 用 a_{11} 除方程组（4-15）的第一个方程组，式（4-15）变为：

$$\begin{pmatrix} 1 & a'_{12} & a'_{13} \\ a_{21} & a_{22} & a_{23} \\ a_{31} & a_{32} & a_{33} \end{pmatrix} \begin{pmatrix} x_1 \\ x_2 \\ x_3 \end{pmatrix} = \begin{pmatrix} t'_1 \\ t_2 \\ t_3 \end{pmatrix} \tag{4-16}$$

以"'"表示其原值已改变了的元素。

② 用 a_{21} 乘以方程组（4-16）的第一个方程，并从其第二个方程中减去，得：

$$\begin{pmatrix} 1 & a'_{12} & a'_{13} \\ 0 & a'_{22} & a'_{23} \\ a_{31} & a_{32} & a_{33} \end{pmatrix} \begin{pmatrix} x_1 \\ x_2 \\ x_3 \end{pmatrix} = \begin{pmatrix} t'_1 \\ t'_2 \\ t_3 \end{pmatrix} \tag{4-17}$$

同法将式（4-17）的第一个方程乘 a_{31}，再从第三个方程中减去，得：

$$\begin{pmatrix} 1 & a'_{12} & a'_{13} \\ 0 & a'_{22} & a'_{23} \\ 0 & a'_{32} & a'_{33} \end{pmatrix} \begin{pmatrix} x_1 \\ x_2 \\ x_3 \end{pmatrix} = \begin{pmatrix} t'_1 \\ t'_2 \\ t'_3 \end{pmatrix} \tag{4-18}$$

再进行上述两步运算时，称第一行为枢轴行，a_{11} 称为主元。

③ 相继以第二行和第三行为枢轴行，分别以 a_{22}、a_{33} 为主元，进行同样的计算，最后得到：

$$\begin{pmatrix} 1 & a'_{12} & a'_{13} \\ 0 & 1 & a'_{23} \\ 0 & 0 & 1 \end{pmatrix} \begin{pmatrix} x_1 \\ x_2 \\ x_3 \end{pmatrix} = \begin{pmatrix} t'_1 \\ t'_2 \\ t'_3 \end{pmatrix} \tag{4-19}$$

其系数矩阵是一个上三角阵（为简单起见，虽然系数矩阵已改变，仍用"'"表示）。

④ 回代求出最后解。方程组（4-19）即为下列线性方程组：

$$x_1 + a'_{12} x_2 + a'_{13} x_3 = t'_1 \tag{4-20}$$

$$x_2 + a'_{13} x_3 = t'_2 \tag{4-21}$$

$$x_3 = t'_3 \tag{4-22}$$

则由方程（4-22）直接得出 x_3，将此值代入方程（4-21），可得 x_2，同理可得 x_1，这一过程称为回代。

4.5.2 高斯消去法程序及实例

（1）程序清单

```
    Private Sub Command1_Click()
Dim i,j,m,n As Integer
Dim a(),z(),x(),w
n＝InputBox("n")
```

```
ReDim a(n+2,n+2),z(n+2,n+2),x(n+1)
For i=1 To n
    For j=1 To n+1
        a(i,j)=InputBox("a")
    Next j
Next i
For i=1 To n
    w=a(i,i)
    For j=1 To n+1
        a(i,j)=a(i,j)/w
    Next j
If i=n Then GoTo 100
For j=i+1 To n
    For k=i+1 To n+1
        z(i,k)=a(i,k) * a(j,i)
        a(j,k)=a(j,k)-z(i,k)
    Next k
Next j
Next i
100
    x(n+1)=0
For k=n To 1 Step-1
    s=0
    For j=k+1 To n
        s=s+a(k,j) * x(j)
    Next j
    x(k)=a(k,n+1)-s
    Print "x("; k; ")="; x(k)
Next k
End Sub
```

（2）计算实例

$$\begin{cases} 6x_1-x_2-3x_3=10 \\ 2x_1-5x_2+2x_3=-3 \\ 2x_1+4x_2+4x_3=20 \end{cases}$$

利用上面的程序依次输入 3、6、-1、3、10、2、-5、2、-3、2、4、4、20，得到方程的解为：

$$\begin{cases} x_1=2.7339 \\ x_2=2.24771 \\ x_3=1.38532 \end{cases}$$

4.5.3 主元最大高斯消去法

前面介绍的一般高斯消去法尽管简单易用，但有一个最大的缺陷，就是在消去计算过程中，如果碰到主元为零的情况，则程序将无法计算。如下面的方程组：

$$\begin{cases} x_1+2x_2+3x_3=6 \\ x_1+2x_2+8x_3=11 \\ 2x_1+5x_2+3x_3=10 \end{cases}$$

当我们用一般的高斯消去法进行计算时，系统就会提示被零除，无法得到方程的解。其实上面方程组的解是明显的，三个变量的值均为 1 就是上面方程组的解。那么，一般的高斯消去法为什么无法求解呢？原来由于上面方程组的特殊性，完成第一轮消元计算后，得到下一轮的主元 a'_{22} 为零，这样就无法以该主元作为被除数进行下一轮的消元计算。为此，人们提出了一种解决的办法，在主元所在的列中，寻找到最大的元素，进行行与行之间的调换，并将该最大的元素作为主元，保证主元不为零，如果此时主元仍为零，则该方程组本身就无解（下面方程组中第三个方程的常数项为 10 时）或有无穷多组解（下面方程组中第三个方程的常数项为 9 时）。

$$\begin{cases} x_1 + 2x_2 + 3x_3 = 6 \\ x_1 + 2x_2 + 8x_3 = 11 \\ 2x_1 + 4x_2 + 3x_3 = 10(9) \end{cases}$$

下面是主元最大高斯消去法的 VB 程序：

```
Private Sub Command1_Click()
Dim i,j,m,n As Integer
Dim a(),z(),x(),w,aa(),s,t,k
n=InputBox("n")
ReDim a(n+2,n+2),z(n+2,n+2),x(n+1),aa(n+2,n+2)
For i=1 To n
  For j=1 To n+1
    a(i,j)=InputBox("输入系数矩阵A(" & i & "," & j & ")")
  Next j
Next i
For i=1 To n
  If i=n Then GoTo 200
  For t=i+1 To n   //寻找最大主元
      If Abs(a(i,i))< Abs(a(t,i))Then
          For s=i To n+1
              aa(t,s)=a(i,s)   //行的调换
              a(i,s)=a(t,s)
            a(t,s)=aa(t,s)
          Next s
      Else
      End If
  Next t
  200
w=a(i,i)
  For j=1 To n+1
    a(i,j)=a(i,j)/w
  Next j
If i=n Then GoTo 100
For j=i+1 To n   //常规消去
  For k=i+1 To n+1
    z(i,k)=a(i,k) * a(j,i)
    a(j,k)=a(j,k)-z(i,k)
  Next k
```

```
        Next j
    Next i
100
    x(n+1)=0
For k=n To 1 Step - 1  //反推求解
    s=0
    For j=k+1 To n
        s=s+a(k,j)*x(j)
    Next j
    x(k)=a(k,n+1)-s
    Print "x("; k; ")="; x(k)
Next k
End Sub
```

利用主元最大消去法的程序，就可以轻松求解上面第一个方程组，得到三个变量均为 1 的解。至于主元最大消去法是否也存在一定的缺陷，希望读者加以研究，并提出解决的办法。

习　　题

1. 已知 $f(x)=x-\dfrac{1}{2}-4x\sin x+0.1No$，求 $[0, 60]$ 内的所有根。

2. 已知方程 $2x^3-5x^2-19x+42+No=0$，求出所有实数根。

3. 已知 $f(x)=3+0.1No-x\cos x$，取 $\varepsilon=10^{-3}$，计算方程在 $[0, 30]$ 内的所有根。

4. 求解非线性方程组：
$$\begin{cases} x^2+2y^2-1=0.1No \\ 2x^3-y=0.2No \end{cases}$$

5. 求解下列方程组。

① $\begin{cases} 2x_1-x_2+x_3=-1+No \\ 3x_1-3x_2+9x_3=0 \\ 3x_1-3x_2+5x_3=4 \end{cases}$
② $\begin{cases} 5x_1-x_2+x_3=-1+No \\ 3x_1-6x_2+2x_3=0 \\ x_1-x_2+2x_3=4 \end{cases}$

③ $\begin{cases} 10x_1-2x_2-x_3=No \\ -2x_1-10x_2-x_3=-21 \\ -x_1-xX_2+x_3=-20 \end{cases}$
④ $\begin{cases} 5x_1-x_2-x_3=16+No \\ 3x_1+6x_2+2x_3=11 \\ x_1-x_2+2x_3=-2 \end{cases}$

6. 已知某管道摩擦系数 λ 与雷诺数 Re 的关系如下式：
$$\left(\frac{1}{\lambda}\right)^{0.7}=1.88-2\lg\left(\frac{2\varepsilon_i}{d_i}+\frac{1.88+0.1No}{Re\lambda^{0.5}}\right)$$

试计算雷诺数 Re 在 $1000\sim10000$ 之间每间隔 1000 共 10 个点的摩擦系数，已知 $\dfrac{2\varepsilon_i}{d_i}=0.2$，注意 $\lg$ 表示以 10 为底的对数。

7. 已知 x 和 y 是反应体系中两种物质的无量纲浓度，同时满足下面两个方程的约束，试求 x 和 y 的值。
$$2x^{0.35}+4xy^{0.78}=1+No/100$$
$$0.5x^{1.21}y^{0.23}+3y^{0.36}=1+No/100$$

8. 求解下面二元非线性方程组，尽可能得到多的实数解（可能有两组以上的解）。

$$\begin{cases} x^3 + 2y^2 + xy - 10 = \mathrm{No}/100 \\ 2x^2 + 2xy + x + 2y - 10 = \mathrm{No}/100 \end{cases}$$

9. 已知著名的马丁-侯方程如下：

$$p = \frac{RT}{V-B} + \frac{A_2 + B_2 T + C_2 \exp\left(\dfrac{-5T}{T_{\mathrm{C}}}\right)}{(V-B)^2} + \frac{A_3 + B_3 T + C_3 \exp\left(\dfrac{-5T}{T_{\mathrm{C}}}\right)}{(V-B)^3} +$$

$$\frac{A_4}{(V-B)^4} + \frac{A_5 + B_5 T + C_5 \exp\left(\dfrac{-5T}{T_{\mathrm{C}}}\right)}{(V-B)^5}$$

式中，压力 p 的单位为 atm；温度 T 的单位为 K；V 为气体的摩尔体积，单位为 10^{-6} $\mathrm{m^3/mol}$。已知某物质上式中的各项系数如下：

$$A_2 = -4.3914731 \times 10^6$$
$$A_3 = 2.3373479 \times 10^8$$
$$A_4 = -8.1967929 \times 10^9$$
$$A_5 = 1.1322983 \times 10^{11}$$
$$B_2 = 4.5017239 \times 10^3$$
$$B_3 = -1.0297205 \times 10^5$$
$$B_5 = 7.4758927 \times 10^7$$
$$B = 20.101853 \times 10^{-6}\,\mathrm{m^3/mol}$$
$$C_2 = -6.0767617 \times 10^7$$
$$C_3 = 5.0819736 \times 10^9$$
$$C_5 = -3.2293760 \times 10^{12}$$
$$T_{\mathrm{C}} = 304.2\mathrm{K}$$
$$R = 82.06 \times 10^{-6}\,\mathrm{m^3 \cdot atm/(mol \cdot K)}$$

请用计算机计算温度为 (50+No)℃ 时，压力在 1～301atm 之间每间隔 20atm 时的 V，单位为 $10^{-6}\,\mathrm{m^3/mol}$。

第5章
化工微分方程和偏微分方程数值求解

微分方程和偏微分方程的求解方法在第 2 章中已有介绍，本章主要介绍数值求解的原理及利用 VB 软件自主开发求解一些化工中常见的微分方程和偏微分方程。

5.1 微分方程在化工中的应用

微分方程在化工中应用的简单而又典型的例子是套管式换热器的稳态温度分布。首先作以下假设：

a. 套管内侧为液体，其温度只随套管的长度改变而改变，忽略温度的径向变化；套管环隙为蒸汽，其温度在任何位置均为恒定值，可认为是饱和蒸汽的温度。

b. 忽略套管内侧流体的纵向热传导。

c. 在整个套管长度方向上，总传热系数 K 不变。

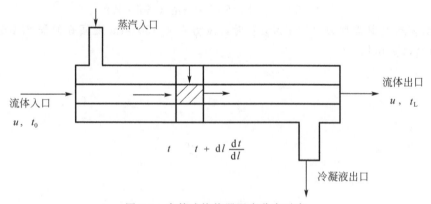

图 5-1 套管式换热器温度分布示意

据以上假设，可以得到图 5-1 中所示微元的能量平衡方程：

$$流入的热量＋传入的热量－流出的热量＝0 \tag{5-1}$$

即：

$$\pi r^2 C_p u\rho t + K \times 2\pi r\,\mathrm{d}l\,(T_W - t) - \pi r^2 C_p u\rho\left(t + \mathrm{d}l\,\frac{\mathrm{d}t}{\mathrm{d}l}\right) = 0 \tag{5-2}$$

化简上式得其温度的微分方程：

$$\frac{\mathrm{d}t}{\mathrm{d}l} = \frac{2K}{u\rho C_p r}(T_W - t) \tag{5-3}$$

$$t(0) = t_0$$

式中　K——传热系数，$W/(m^2 \cdot K)$；

　　　t——套管内某一点的温度，K；

　　　l——流体在套管内所处的位置，m；

　　T_w——套管的管壁温度，K；

　　　u——套管内流体的速度，m/s；

　　C_p——套管内流体的比热，$J/(kg \cdot K)$；

　　　ρ——套管内流体的密度，kg/m^3；

　　　r——内套管半径，m。

通过求解微分方程（5-3），就可以得到管内流体的温度随管子长度而改变的曲线，为化工模拟和设计提供依据。如果方程（5-3）中传热系数、物流性质不随温度或位置而变化，那么方程（5-3）是可以解析求解的（数值求解当然可以），得到我们常见的换热器传热方程；如果上述性质可能随温度或位置而改变，那么方程（5-3）就只能用数值的方法求解了。事实上传热系数也好，物流性质也好，都会随着温度的改变而改变，故在深入研究换热器各点温度分布时，拟采用微分方程的数值求解为好。

另一个在化工中常见的微分方程是物料冷却过程的数学模型，其模型可用式(5-4)表示：

$$\frac{\mathrm{d}T}{\mathrm{d}t} = -k(T - T_0) \tag{5-4}$$

它含有自变量 t（时间）、未知函数 T（随时间变化的物料温度）、T_0（环境温度）、k（降温速率）以及温度的一阶导数 $\frac{\mathrm{d}T}{\mathrm{d}t}$，是一个常微分方程。在微分方程中我们称自变量函数只有一个的微分方程为常微分方程，自变量函数个数为两个或两个以上的微分方程为偏微分方程。给定微分方程及其初始条件，称为初值问题；给定微分方程及其边界条件，称为边值问题。

在化工模拟中主要碰到的是常微分方程的初值问题：

$$\begin{cases} y'(x) = f(x, y) \\ y(a) = y_0 \end{cases} \qquad (a \leqslant x \leqslant b) \tag{5-5}$$

或记为

$$\begin{cases} \dfrac{\mathrm{d}y}{\mathrm{d}x} = f(x, y) \\ y(a) = y_0 \end{cases} \qquad (a \leqslant x \leqslant b)$$

只有一些特殊形式的 $f(x, y)$，才能找到它的解析解；对于大多数常微分方程的初值问题，只能计算它的数值解。常微分方程初值问题的数值解就是求 $y(x)$ 在求解区间 $[a, b]$ 上各个分点序列 x_n，$n = 1, 2, \cdots, m$ 的数值解 y_n。在计算中约定 $y(x_n)$ 表示常微分方程准确解的值，y_n 表示 $y(x_n)$ 的近似值。

5.2　常微分方程几种常用计算公式

（1）向前欧拉公式

对于常微分方程初值问题式(5-5)，在求解区间 $[a, b]$ 上作等距分割，步长 $h = \dfrac{b-a}{m}$，记 $x_n = x_{n-1} + h$，$n = 1, 2 \cdots, m$。用差商近似导数计算常微分方程。

做 $y(x)$ 的在 $x = x_0$ 处的一阶向前差商得：

$$y'(x_0) \approx \frac{y(x_1) - y(x_0)}{h}$$

又 $y'(x_0) = f[x_0, y(x_0)]$，于是得到：

$$\frac{y(x_1) - y(x_0)}{h} \approx f[x_0, y(x_0)]$$

故 $y(x_1)$ 的近似值 y_1 可按

$$\frac{y_1 - y_0}{h} = f(x_0, y_0) \text{ 或 } y_1 = y_0 + hf(x_0, y_0)$$

求得。类似地，由

$$y'(x_n) \approx \frac{y(x_{n+1}) - y(x_n)}{h} \text{ 以及 } y'(x_n) = f[x_n, y(x_n)]$$

得到计算 $y(x_{n+1})$ 近似值 y_{n+1} 的向前欧拉公式：

$$y_{n+1} = y_n + hf(x_n, y_n) \tag{5-6}$$

由 y_n 直接算出 y_{n+1} 值的计算格式称为显式格式，向前欧拉公式是显式格式。而欧拉方法的几何意义是以 $f(x_0, y_0)$ 作为斜率，通过点 (x_0, y_0) 作一条直线，它与直线 $x = x_1$ 的交点就是 y_1。依此类推，y_{n+1} 是以 $f(x_n, y_n)$ 作为斜率，经过点 (x_n, y_n) 的直线与直线 $x = x_{n+1}$ 的交点。故欧拉法也称为欧拉折线法，如图 5-2 所示。

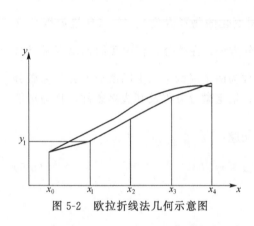

图 5-2　欧拉折线法几何示意图

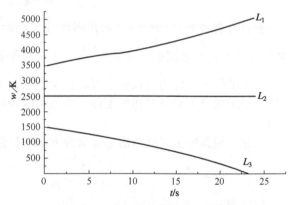

图 5-3　三种初始值的温度变化曲线

【**例 5-1**】　假定某物体的温度 w 因自热而产生的热量可以使物体在每秒钟内以 4% 的速度增长，同时，该物体由于散热可使其温度在每秒钟内下降 100K，则物体温度随时间变化的微分方程为：

$$\frac{\mathrm{d}w}{\mathrm{d}t} = 0.04w - 100 \quad (t \text{ 以 s 为单位})$$

分别以初始温度 $x(0) = 1500\text{K}$、$y(0) = 2500\text{K}$、$z(0) = 3500\text{K}$，用欧拉公式预测 24s 后物体的温度趋势。

解：$w_{n+1} = w_n + h(0.04w_n - 100) = 1.04w_n - 100, h = 1$。

w_0 分别以 $x_0 = 1500$、$y_0 = 2500$、$z_0 = 3500$ 代入，计算结果见表 5-1。

从表 5-1 可以看到当自热引起物体温度升高的速度小于散热引起温度下降的速度，物体的温度随时间而逐秒减少；当自热引起物体温度升高的速度与散热引起温度下降的速度平衡时，物体的温度保持不变；当自热引起物体温度升高的速度大于散热引起温度下降的速度，物体的温度随时间而增长。在图 5-3 中 L_1、L_2、L_3 分别表示初始值 3500K、2500K 和 1500K 的三条温度变化趋势曲线。

表 5-1　计算结果（一）

n	x_n	y_n	z_n	n	x_n	y_n	z_n
1	1460	2500	3540	13	834.926	2500	4165.07
2	1418.4	2500	3581.6	14	768.324	2500	4231.68
3	1375.14	2500	3624.86	15	699.056	2500	4300.94
4	1330.14	2500	3669.86	16	627.019	2500	4372.98
5	1283.35	2500	3716.65	17	552.1	2500	4447.9
6	1234.68	2500	3765.32	18	474.183	2500	4525.82
7	1184.07	2500	3815.93	19	393.151	2500	4606.85
8	1131.43	2500	3868.57	20	308.877	2500	4691.12
9	1076.69	2500	3923.31	21	221.232	2500	4778.77
10	1019.76	2500	3980.24	22	130.081	2500	4869.92
11	960.546	2500	4039.45	23	35.2845	2500	4964.72
12	898.968	2500	4101.03	24	-63.3042	2500	5063.3

（2）梯形公式

在 x_n、x_{n+1} 两点之间进行梯形近似计算，有：

$$\int_{x_n}^{x_{n+1}} y'(x)\mathrm{d}x \approx \frac{1}{2}(x_{n+1}-x_n)[y'(x_{n+1})+y'(x_n)]$$

$$= \frac{h}{2}\{f[x_n,y(x_n)]+f[x_{n+1},y(x_{n+1})]\}$$

则得梯形公式：

$$y_{n+1}=y_n+\frac{h}{2}[f(x_n,y_n)+f(x_{n+1},y_{n+1})] \tag{5-7}$$

梯形公式是隐式格式，计算中为了保证一定的精确度，又避免用迭代过程较大的计算量，可先用显式公式算出初始值，再用隐式公式进行一次修正。称为预估-校正过程。例如，下面是用显式的欧拉公式和隐式的梯形公式给出的一次预估-校正公式：

$$\begin{cases} \overline{y}_{n+1}=y_n+hf(x_n,y_n) \\ y_{n+1}=y_n+\dfrac{h}{2}[f(x_n,y_n)+f(x_{n+1},\overline{y}_{n+1})] \end{cases} \tag{5-8}$$

式（5-8）也称为改进的欧拉公式，它可合并成：

$$y_{n+1}=y_n+\frac{h}{2}\{f(x_n,y_n)+f[x_{n+1},y_n+hf(x_n,y_n)]\}$$

如果想要获得较高的计算精度，可进行多次迭代计算，也就是进行多次校正计算。下面的例子对每一个点进行了 4 次迭代计算。

【例 5-2】　请用预估-校正公式（改进的欧拉公式）解下面初值问题：

$$\begin{cases} \dfrac{\mathrm{d}y}{\mathrm{d}x}=y^2, & 0.0\leqslant x\leqslant0.4 \\ y(0)=1 \end{cases}$$

解：
$$y_0=1,h=0.1$$

用下面的迭代公式，对每个点迭代 4 次，$k=1，2，3，4$。

$$\begin{cases} y_{n+1}^{(0)}=y_n+hy_n^2 \\ y_{n+1}^{(k+1)}=y_n+\dfrac{h}{2}\{y_n^2+[y_{n+1}^{(k)}]^2\} \end{cases}$$

该方程的精确解是 $y = \dfrac{1}{1-x}$，计算结果如表 5-2 所示。

表 5-2　计算结果（二）

n	x_n	y_n	$y(x_n)$	$\lvert y_n - y(x_n) \rvert$
1	0.1	1.1118	1.1111	0.0007
2	0.2	1.2520	1.2500	0.0020
3	0.3	1.4311	1.4326	0.0095
4	0.4	1.6763	1.6667	0.0004

（3）龙格-库塔方法

龙格-库塔法是求解常微分方程较常用的一种方法，它通过巧妙的线性组合，在显式格式的情况下获得理想的计算精度，大大提高了计算速度。龙格-库塔法常用四阶公式，有 2 种四阶龙格-库塔法公式，具体如下：

①
$$\begin{cases} y_{n+1} = y_n + \dfrac{h}{6}(k_1 + 2k_2 + 2k_3 + k_4) \\ k_1 = f(x_n, y_n) \\ k_2 = f\left(x_n + \dfrac{1}{2}h, y_n + \dfrac{1}{2}hk_1\right) \\ k_3 = f\left(x_n + \dfrac{1}{2}h, y_n + \dfrac{1}{2}hk_2\right) \\ k_4 = f(x_n + h, y_n + hk_3) \end{cases} \tag{5-9}$$

②
$$\begin{cases} y_{n+1} = y_n + \dfrac{h}{8}(k_1 + 3k_2 + 3k_3 + k_4) \\ k_1 = f(x_n, y_n) \\ k_2 = f\left(x_n + \dfrac{1}{3}h, y_n + \dfrac{1}{3}hk_1\right) \\ k_3 = f\left(x_n + \dfrac{2}{3}h, y_n + \dfrac{1}{3}hk_1 + hk_2\right) \\ k_4 = f(x_n + h, y_n + hk_1 - hk_2 + hk_3) \end{cases} \tag{5-10}$$

【例 5-3】　用四阶龙格-库塔公式(5-9)求解下面初值问题：

$$\begin{cases} \dfrac{\mathrm{d}y}{\mathrm{d}x} = y^2 \cos x, & 0.1 \leqslant x \leqslant 0.8 \\ y(0) = 1 \end{cases}$$

解：取步长 $h = 0.2$，计算公式如下。

$$\begin{cases} y_{n+1} = y_n + \dfrac{0.2}{6}(k_1 + 2k_2 + 2k_3 + k_4) \\ k_1 = y_n^2 \cos x_n \\ k_2 = (y_n + 0.1k_1)^2 \cos(x_n + 0.1) \\ k_3 = (y_n + 0.1k_2)^2 \cos(x_n + 0.1) \\ k_4 = (y_n + 0.2k_3)^2 \cos(x_n + 0.2) \end{cases}$$

计算结果列于表 5-3 中。

表 5-3　计算结果（三）

n	x_n	y_n	$y(x_n)$	$\mid y_n - y(x_n) \mid$
1	0.2	1.24789	1.24792	0.00003
2	0.4	1.63762	1.63778	0.00016
3	0.6	2.29618	2.29696	0.00078
4	0.8	3.53389	3.53802	0.00413

5.3　常微分方程组的数值解法

5.3.1　一阶常微分方程组的数值解法

将由 m 个一阶方程组成的常微分方程初值问题：

$$
\begin{cases}
\dfrac{\mathrm{d}y_1}{\mathrm{d}t} = f_1(t, y_1, y_2, \cdots, y_m) \\[2mm]
\dfrac{\mathrm{d}y_2}{\mathrm{d}t} = f_2(t, y_1, y_2, \cdots, y_m) \\[1mm]
\vdots \\[1mm]
\dfrac{\mathrm{d}y_m}{\mathrm{d}t} = f_m(t, y_1, y_2, \cdots, y_m) \qquad (a \leqslant t \leqslant b) \\[2mm]
y_1(a) = \eta_1 \\[1mm]
y_2(a) = \eta_2 \\[1mm]
\vdots \\[1mm]
y_m(a) = \eta_m
\end{cases}
\tag{5-11}
$$

写成向量形式：

$$
\begin{cases}
\dfrac{\mathrm{d}Y}{\mathrm{d}t} = F(t, y) \\[2mm]
Y(a) = \eta
\end{cases}
\tag{5-12}
$$

其中：

$$
Y(t) = \begin{pmatrix} y_1(t) \\ y_2(t) \\ \vdots \\ y_m(t) \end{pmatrix}, \quad
F(t, y) = \begin{pmatrix} f_1(t, y_1, \cdots, y_m) \\ f_2(t, y_1, \cdots, y_m) \\ \vdots \\ f_m(t, y_1, \cdots, y_m) \end{pmatrix}, \quad
\eta = \begin{pmatrix} \eta_1 \\ \eta_2 \\ \vdots \\ \eta_m \end{pmatrix}
$$

前面对常微分方程所用的各种方法，都可以平行地应用到常微分方程组的数值解中。下面以两个方程组为例，给出相应的计算公式。

常微分方程组：

$$
\begin{cases}
\dfrac{\mathrm{d}y}{\mathrm{d}t} = f(t, y, z) \\[2mm]
\dfrac{\mathrm{d}z}{\mathrm{d}t} = f(t, y, z) \qquad (a \leqslant t \leqslant b) \\[2mm]
y(a) = y_0 \\[1mm]
z(a) = z_0
\end{cases}
$$

欧拉公式：

$$\begin{cases} y_{n+1}=y_n+hf(t_n,y_n,z_n) \\ z_{n+1}=z_n+hg(t_n,y_n,z_n) \end{cases} \tag{5-13}$$

预估-校正公式：

$$\begin{pmatrix} \overline{y}_{n+1} \\ \overline{z}_{n+1} \end{pmatrix}=\begin{pmatrix} y_n \\ z_n \end{pmatrix}+h\begin{bmatrix} f(t_n,y_n,z_n) \\ g(t_n,y_n,z_n) \end{bmatrix}$$

$$\begin{pmatrix} y_{n+1} \\ z_{n+1} \end{pmatrix}=\begin{pmatrix} y_n \\ z_n \end{pmatrix}+\frac{h}{2}\left\{\begin{bmatrix} f(t_n,y_n,z_n) \\ g(t_n,y_n,z_n) \end{bmatrix}+\begin{bmatrix} f(t_{n+1},\overline{y}_{n+1},\overline{z}_{n+1}) \\ g(t_{n+1},\overline{y}_{n+1},\overline{z}_{n+1}) \end{bmatrix}\right\} \tag{5-14}$$

四阶龙格-库塔公式：

$$Y_{n+1}=Y_n+\frac{h}{6}[K_1+2K_2+2K_3+K_4]$$

$$\begin{pmatrix} y_{n+1} \\ z_{n+1} \end{pmatrix}=\begin{pmatrix} y_n \\ z_n \end{pmatrix}+\frac{h}{6}\left\{\begin{bmatrix} k_1^{(1)} \\ k_1^{(2)} \end{bmatrix}+2\begin{bmatrix} k_2^{(1)} \\ k_2^{(2)} \end{bmatrix}+2\begin{bmatrix} k_3^{(1)} \\ k_3^{(2)} \end{bmatrix}+\begin{bmatrix} k_4^{(1)} \\ k_4^{(2)} \end{bmatrix}\right\}$$

$$K_1=\begin{bmatrix} k_1^{(1)} \\ k_1^{(2)} \end{bmatrix}=\begin{bmatrix} f(t_n,y_n,z_n) \\ g(t_n,y_n,z_n) \end{bmatrix}$$

$$K_2=\begin{bmatrix} k_2^{(1)} \\ k_2^{(2)} \end{bmatrix}=\left\{\begin{matrix} f\left[t_n+\dfrac{h}{2},y_n+\dfrac{h}{2}k_1^{(1)},z_n+\dfrac{h}{2}k_1^{(2)}\right] \\ g\left[t_n+\dfrac{h}{2},y_n+\dfrac{h}{2}k_1^{(1)},z_n+\dfrac{h}{2}k_1^{(2)}\right] \end{matrix}\right\} \tag{5-15}$$

$$K_3=\begin{bmatrix} k_3^{(1)} \\ k_3^{(2)} \end{bmatrix}=\left\{\begin{matrix} f\left[t_n+\dfrac{h}{2},y_n+\dfrac{h}{2}k_2^{(1)},z_n+\dfrac{h}{2}k_2^{(2)}\right] \\ g\left[t_n+\dfrac{h}{2},y_n+\dfrac{h}{2}k_2^{(1)},z_n+\dfrac{h}{2}k_2^{(2)}\right] \end{matrix}\right\}$$

$$K_4=\begin{bmatrix} k_4^{(1)} \\ k_4^{(2)} \end{bmatrix}=\left\{\begin{matrix} f[t_n+h,y_n+hk_3^{(1)},z_n+hk_3^{(2)}] \\ g[t_n+h,y_n+hk_3^{(1)},z_n+hk_3^{(2)}] \end{matrix}\right\}$$

【例 5-4】 两种微生物，其数量分别是 $u=u(t)$，$v=v(t)$，t 的单位为 min。其中一种微生物以吃另一种微生为生，两种微生物的增长函数如下列常微分方程组所示，预测 3min 后这一对微生物的数量。

$$\begin{cases} \dfrac{\mathrm{d}u}{\mathrm{d}t}=0.09u\left(1-\dfrac{u}{20}\right)-0.45uv \\ \dfrac{\mathrm{d}v}{\mathrm{d}t}=0.06v\left(1-\dfrac{v}{15}\right)-0.001uv \\ u(0)=1.6 \\ v(0)=1.2 \end{cases}$$

解：记

$$\begin{cases} f(u,v)=0.09u\left(1-\dfrac{u}{20}\right)-0.45uv \\ g(u,v)=0.06v\left(1-\dfrac{v}{15}\right)-0.001uv \end{cases}$$

在本题中 $f(t,u,v)=f(u,v)$，$g(t,u,v)=g(u,v)$。用欧拉预估-校正公式(5-14)：

$$\begin{pmatrix} \overline{u}_{n+1} \\ \overline{v}_{n+1} \end{pmatrix}=\begin{pmatrix} u_n \\ v_n \end{pmatrix}+h\begin{bmatrix} f(u_n,v_n) \\ g(u_n,v_n) \end{bmatrix}$$

$$\begin{pmatrix} u_{n+1} \\ v_{n+1} \end{pmatrix} = \begin{pmatrix} u_n \\ v_n \end{pmatrix} + \frac{h}{2} \left\{ \begin{bmatrix} f(u_n, v_n) \\ g(u_n, v_n) \end{bmatrix} + \begin{bmatrix} f(u_{n+1}, \overline{v}_{n+1}) \\ g(u_{n+1}, \overline{v}_{n+1}) \end{bmatrix} \right\}$$

取 $h=1$，计算结果见表 5-4。

表 5-4　计算结果（四）

t/min	$u(t)$	$v(t)$
0	1.6	1.2
1	0.9994	1.2663
2	0.6066	1.3366
3	0.3569	1.4108
4	0.2031	1.4890

5.3.2　高阶常微分方程数值方法

为说明问题，我们以三阶常微分方程为例说明高阶常微分方程的数值计算步骤。

$$\begin{cases} \dfrac{\mathrm{d}^3 y(t)}{\mathrm{d}t} = f(t, y, y', y'') \\ y(a) = \eta^{(0)} \\ y'(a) = \eta^{(1)} \\ y''(a) = \eta^{(2)} \end{cases} \qquad (a \leqslant t \leqslant b) \qquad (5\text{-}16)$$

将三阶方程化为一阶方程组。令

$$y(t) = y_1(t)$$
$$\frac{\mathrm{d}y_1(t)}{\mathrm{d}t} = y_2(t)$$
$$\frac{\mathrm{d}y_2(t)}{\mathrm{d}t} = y_3(t)$$

得到一阶方程组：

$$\begin{cases} \dfrac{\mathrm{d}y_1(t)}{\mathrm{d}t} = y_2(t) \\ \dfrac{\mathrm{d}y_2(t)}{\mathrm{d}t} = y_3(t) \\ \dfrac{\mathrm{d}y_3(t)}{\mathrm{d}t} = f[t, y_1(t), y_2(t), y_3(t)] \\ y_1(a) = \eta^{(0)} \\ y_2(a) = \eta^{(1)} \\ y_3(a) = \eta^{(2)} \end{cases}$$

这样我们就将高阶方程化为一阶方程组了，然后再利用一阶方程组的求解方法进行求解，就可以得到高阶方程的解了。

5.4　常微分方程 VB 软件介绍

根据上面介绍的数值计算原理，笔者开发了微分方程通用计算软件，可以计算许多微分方程，软件的主界面见图 5-4。该软件既可求解单个微分方程，见图 5-5；也可求解微分方程组，见图 5-6。如果用户有较好的编程基础，可以在此软件的基础上，拓展更多的功能，如增加方程组的数目、自动设置坐标比例、输入更为随意的微分方程等内容。

图 5-4　微分方程求解软件主界面

图 5-5　单个微分方程求解

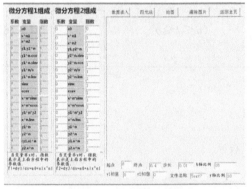

图 5-6　微分方程组求解

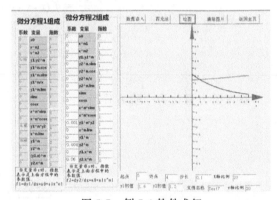

图 5-7　例 5-4 软件求解

微分方程通用计算软件，已申请国家软件登记号，受理号为 2016SR120345。其通过系数和指数的多种组合，可以构建许多常见的微分方程和方程组。如果用户的微分方程无法通过软件界面构建，则可以进入软件代码中的手工自定义函数，也可以方便地进行修改。对于例 5-4 中的微分方程组求解，可以进入微分方程组求解界面，构建微分方程组，设置初值、起点、终点、步长（软件中取 0.1，比例 5-4 中的步长取得小），可以点击绘图，得到图 5-7 所示的计算结果。具体的数据保存在当前文件夹默认为"Text7.dat"的数据文件中，注意文件名在调试通过后，需输入新的名字，不要用默认名，否则数据容易被替换。

【例 5-5】　用四阶龙格-库塔公式解初值问题：

$$\begin{cases} \dfrac{\mathrm{d}y}{\mathrm{d}x} = x/y \\ y(2.0) = 1 \end{cases} \qquad 2.0 \leqslant x \leqslant 4, 取 h = 0.1$$

解：此微分方程求解直接调用软件即可。需要提醒读者注意的是该微分方程中有一个分母项为 y，软件开发时为了防止被零除，对 y 进行了处理，加了一个很小的数，其代码为：

$$xs(10) * (x/(yy + 0.000000000000001))^{\wedge} zs(10)$$

建议改为：

$$xs(10) * (x/(yy))^{\wedge} zs(10)$$

将"＋0.000000000000001"删除即可。运行软件，输入对应数据及基本条件，得到图 5-8 所示的计算结果。其实不删除"＋0.000000000000001"，仍按原来条件运行软件，会得到图 5-9 的计算结果，仔细观察，两者完全一致。

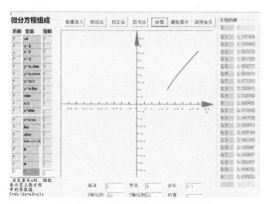
图 5-8　删除处理项计算结果

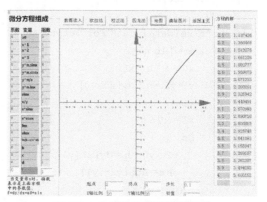
图 5-9　未删除处理项计算结果

【例 5-6】　有一个初始温度为 2000K 的铁球投入到无限大的水池中，水池的温度为 300K，假设铁球温度随时间的变化规律为 $\dfrac{\mathrm{d}y}{\mathrm{d}t}=-0.04\mathrm{e}^{0.001(y-300)}(y-300)(\mathrm{K/min})$，试用四种方法计算铁球在 170min 内的变化规律，并分析这四种方法数据之间的关系。

解：为了使程序更加通用，采用自定义函数的形式，使得当温度变化规律改变时，只要改变自定义函数，无需改变主程序就可以进行求解。下面是通用程序的代码：

```
Dim x,y1,h,x0,x00,y2,y0,eer,y,x1,pn,xt
Private Sub Command1_Click()            //向前欧拉
h＝0.5                                   //计算步长
y0＝2000                                 //起始温度
x00＝0                                   //起始时间
xt＝170                                  //终结时间
n＝(xt－x00)/h                           //计算点数
pn＝(xt－x00)/(10＊h)                     //打印间隔
Open "d:weidate.dat" For Output As ＃1   //建立并打开数据文件
    For i＝0 To n－1
        x0＝i＊h＋x00
        y＝y0＋h＊dy(x0,y0)
        If(i＋1)/pn＝Int((i＋1)/pn)Then
            Print "x＝";(i＋1)＊h＋x00,"y＝"; Int(y＊1000＋0.5)/1000
    Write ＃1,(i＋1)＊h,y
        Else
        End If
        y0＝y
    Next i
Close ＃1
End Sub
Private Sub Command2_Click()            //向后欧拉
h＝0.5
y0＝2000
```

```
            x00＝0
            xt＝170
            n＝(xt－x00)/h
            pn＝(xt－x00)/(10＊h)
            Print
            Open "d:weidate1.dat" For Output As ＃2
                For i＝0 To n－1
                    x0＝i＊h＋x00
                    y＝y0＋h＊dy(x0,y0)
                    y1＝y
                    x1＝x0＋h
                    Do
                        y2＝y0＋h＊dy(x1,y1)
                        eer＝Abs(y2－y1)
                        y1＝y2
                    Loop Until eer< 0.0001
                    If(i＋1)/pn＝Int((i＋1)/pn)Then
                    Print "x＝";(i＋1)＊h＋x00,"y＝"; Int(y2＊1000＋0.5)/1000
                    Write ＃2,(i＋1)＊h,y2
                    Else
                    End If
                    y0＝y2
                Next i
            Close ＃2
            End Sub


            Private Sub Command3_Click()                  //中心差分
            Print
            h＝0.0001
            y0＝2000
            x00＝0
            xt＝170
            n＝(xt－x00)/h
            pn＝(xt－x00)/(10＊h)
                Open "d:weidate2.dat" For Output As ＃3
                    x0＝x00
                    y＝y0＋h＊dy(x0,y0)
                    y1＝y
                    x1＝x0＋h
                    Do
                        y2＝y0＋h＊dy(x1,y1)
                        eer＝Abs(y2－y1)
                        y1＝y2
                    Loop Until eer< 0.001
                    Write ＃3,x1,y2
                    For i＝1 To n－1
                        x1＝i＊h＋x00
                        y2＝y0＋2＊h＊dy(x1,y1)
```

```
                Write #3,(i+1)*h+x00,y2
                If(i+1)/pn=Int((i+1)/pn)Then
                    Print "x=";(i+1)*h+x00,"y=";Int(y2*1000+0.5)/1000
                Else
                End If
                y0=y1
                y1=y2
            Next i
        Close #3
End Sub

Private Sub Command4_Click()                //四阶龙格-库塔法
Dim i,x0,y0,y,h,k1,k2,k3,k4,n,x
h=0.5
y0=2000
x00=0
xt=170
n=(xt-x00)/h
pn=(xt-x00)/(10*h)
Print
Open "d:weidate4.dat" For Output As #4
For i=0 To n-1
    x0=h*i+x00
    k1=dy(x0,y0)
    k2=dy((x0+0.5*h),(y0+0.5*h*k1))
    k3=dy((x0+0.5*h),(y0+0.5*h*k2))
    k4=dy((x0+h),(y0+h*k3))
    y=y0+h/6*(k1+2*k2+2*k3+k4)
    y0=y
    If(i+1)/pn=Int((i+1)/pn)Then
        Write #4,(i+1)*h,y
        Print "x=";(i+1)*h+x00,"y=";Int(y*1000+0.5)/1000
    Else
    End If
Next i
End Sub
Public Function dy(x,y)
dy=-0.04*Exp(0.001*(y-300))*(y-300)
End Function
```

表 5-5 是用四种方法计算得到的温度数据：

表 5-5　计算得到的温度

温度/K ＼ 方法 时间/min	向前	向后	中心	龙格-库塔
17	654.664	685.368	670.422	670.422

方法 温度/K 时间/min	向前	向后	中心	龙格-库塔
34	448.04	462.355	455.3	455.300
51	369	376.492	372.774	372.774
68	333.512	337.594	335.557	335.557
85	316.576	318.829	317.699	317.699
102	308.27	309.517	308.888	308.888
119	304.144	304.832	304.482	304.483
136	302.08	302.459	302.264	302.266
153	301.046	301.252	301.142	301.147
170	300.526	300.638	300.572	300.581

对例 5-6 利用作者开发的软件进行求解，微分方程采用手动代码修改而非界面输入，得图 5-10 所示的计算结果，其具体数值和简单编程计算完全一致。

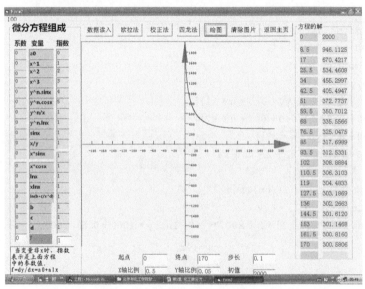

图 5-10　例 5-6 软件计算结果

5.5　化工偏微分方程问题的提出

包含有偏导数的微分方程称为偏微分方程。从实际问题中归纳出来的常用偏微分方程可分为三大类：波动方程、热传导方程和调和方程。对于它们特殊的定解条件，有一些解决的解析方法，而且要求方程是线性的、常系数的。但是在实际中碰到的问题却往往要复杂得多，尤其在化工和化学模拟计算中，不仅偏微分方程的形式无一定标准，而且边界条件五花八门，方程中的系数随工况改变而改变，想利用解析求解是不可能的。另一方面实际问题的要求不一定需要严格的精确解，只要求达到一定精度，所以就可借助于差分方法来求偏微分方程的数值解。

前面我们介绍了一个套管式换热器的稳态传热问题，如果我们考虑一个动态的传热过程，且不忽略纵向的热传导，就可以得到以下的偏微分方程：

$$\frac{\partial t}{\partial \tau} = \frac{2K}{r\rho C_p}(T_w - t) + \frac{\lambda}{\rho C_p}\frac{\partial^2 t}{\partial l^2} - u\frac{\partial t}{\partial l} \tag{5-17}$$

式中　K——传热系数，$W/(m^2 \cdot K)$；

$\quad\quad t$——套管内某一点的温度，K；

$\quad\quad l$——流体在套管内所处的位置，m；

$\quad T_w$——套管的管壁温度，K；

$\quad\quad u$——套管内流体的速度，m/s；

$\quad C_p$——套管内流体的比热，$J/(kg \cdot K)$；

$\quad\quad \rho$——套管内流体的密度，kg/m^3；

$\quad\quad r$——内套管半径，m；

$\quad\quad \lambda$——流体导热系数，$J/(m \cdot K \cdot s)$；

$\quad\quad \tau$——时间，s。

通过求解上面的偏微分方程，就可以得到传热管各点温度随时间的变化，从而确定达到传热平衡所需的时间，为实验测量提供依据。想求解上述方程，就必须首先学会偏微分方程的求解方法，下面我们首先介绍如何对偏微分方程进行离散化的工作，然后再对各类不同的偏微分方程进行求解，我们一般只给出离散化的基本公式及计算方法，对离散化公式的具体推导工作一般不作详细介绍，对这方面感兴趣的读者可自行参考有关数值计算的书籍。

5.6　基本离散化公式

在偏微分方程中，自变量都为两个或两个以上，应变量随两个或两个以上的自变量变化而变化。在化工或化学动态模拟方程中，常常有一个自变量为时间，其他的自变量为空间位置。如果只考虑一维空间，则只有两个自变量；如果考虑二维空间，则有三个自变量。一般我们将自变量在时间和空间以一定的间隔进行离散化，则应变量就变成了这些离散变量的函数，以三维空间为例，我们将离散化的应变量表示成 $u_{i,j,k}^{(n)}$，它所表示的真正含义如下：

$$u_{i,j,k}^{(n)} = u(t,x,y,z)_{t=n\Delta t, x=i\Delta x, y=j\Delta y, z=k\Delta z}$$

有了以上的定义，对于一阶偏导我们可以利用欧拉公式直接得出向前欧拉公式：

$$\frac{\partial u}{\partial t}\bigg|_{t=n\Delta t, x=i\Delta x, y=j\Delta y, z=k\Delta z} = \frac{u_{i,j,k}^{(n+1)} - u_{i,j,k}^{(n)}}{\Delta t}$$

$$\frac{\partial u}{\partial x}\bigg|_{t=n\Delta t, x=i\Delta x, y=j\Delta y, z=k\Delta z} = \frac{u_{i+1,j,k}^{(n)} - u_{i,j,k}^{(n)}}{\Delta x}$$

$$\frac{\partial u}{\partial y}\bigg|_{t=n\Delta t, x=i\Delta x, y=j\Delta y, z=k\Delta z} = \frac{u_{i,j+1,k}^{(n)} - u_{i,j,k}^{(n)}}{\Delta y}$$

$$\frac{\partial u}{\partial z}\bigg|_{t=n\Delta t, x=i\Delta x, y=j\Delta y, z=k\Delta z} = \frac{u_{i,j,k+1}^{(n)} - u_{i,j,k}^{(n)}}{\Delta x}$$

对于时间偏导而言，有时我们常常采用向后欧拉公式，时间的向后欧拉公式如下：

$$\frac{\partial u}{\partial t}\bigg|_{t=(n+1)\Delta t, x=i\Delta x, y=j\Delta y, z=k\Delta z} = \frac{u_{i,j,k}^{(n+1)} - u_{i,j,k}^{(n)}}{\Delta t}$$

这样在以后的计算中，得到的是隐式的计算公式，需通过求解线性方程组才能得到结果。具体的计算过程我们在下面会针对具体的偏微分方程进行讲解。

对于二阶偏导，我们可以通过对泰勒展开式进行处理得到下面的离散化计算公式：

$$\frac{\partial^2 u}{\partial t^2}\bigg|_{t=n\Delta t,x=i\Delta x,y=j\Delta y,z=k\Delta z} = \frac{u_{i,j,k}^{(n+1)} - 2u_{i,j,k}^{(n)} + u_{i,j,k}^{(n-1)}}{\Delta t}$$

$$\frac{\partial^2 u}{\partial x^2}\bigg|_{t=n\Delta t,x=i\Delta x,y=j\Delta y,z=k\Delta z} = \frac{u_{i+1,j,k}^{(n)} - 2u_{i,j,k}^{(n)} + u_{i-1,j,k}^{(n)}}{(\Delta x)^2}$$

$$\frac{\partial^2 u}{\partial y^2}\bigg|_{t=n\Delta t,x=i\Delta x,y=j\Delta y,z=k\Delta z} = \frac{u_{i,j+1,k}^{(n)} - 2u_{i,j,k}^{(n)} + u_{i-1,j,k}^{(n)}}{(\Delta y)^2}$$

$$\frac{\partial^2 u}{\partial z^2}\bigg|_{t=n\Delta t,x=i\Delta x,y=j\Delta y,z=k\Delta z} = \frac{u_{i,j,k+1}^{(n)} - 2u_{i,j,k}^{(n)} + u_{i,j,k-1}^{(n)}}{(\Delta z)^2}$$

有了以上的离散化公式，就可以进行偏微分方程的数值求解工作。当然，在具体求解时，还会碰到不同的问题，需要区别对待，同时在利用计算机编程计算时也会碰到困难，这些问题我们会通过具体的例子加以说明。

5.7　几种常见偏微分方程的离散化计算

（1）波动方程

$$\begin{cases} \dfrac{\partial^2 u}{\partial t^2} - a^2 \dfrac{\partial^2 u}{\partial x^2} = f(x,t) \\[2mm] u\bigg|_{t=0} = \varphi(x), \dfrac{\partial u}{\partial t}\bigg|_{t=0} = \psi(x) \\[2mm] u\big|_{x=0} = \mu_1(t), u\big|_{x=l} = \mu_2(t) \end{cases}$$

其中：$u\bigg|_{t=0}=\varphi(x), \dfrac{\partial u}{\partial t}\bigg|_{t=0}=\psi(x)$ 为初值条件；$u\big|_{x=0}=\mu_1(t), u\big|_{x=l}=\mu_2(t)$ 为边值条件。

当该波动方程只提初值条件时，称此方程为波动方程的初值问题，二者均提时，称为波动方程的混合问题。

对于初值问题，是已知 $t=0$ 时，u 与 $\dfrac{\partial u}{\partial t}$ 依赖于 x 的函数形式，求解不同位置、不同时刻的 u 值。而 u 是定义在 $0 \leqslant t < +\infty$，$-\infty < x < +\infty$ 的二元函数，即上半平面的函数。

对于混合问题（除初值外，还有边值），是已知初值及 $x=0$、$x=l$ 时 u 依赖于 t 的函数，求解不同位置 x，不同时刻的 u 值。此时 u 是定义在 $0 \leqslant t < +\infty$，$0 \leqslant x \leqslant l$ 的带形区域上的二元函数。如图 5-11 所示为看出初值问题和混合问题的定义域。

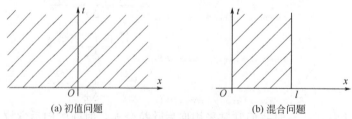

(a) 初值问题　　　　　　　　(b) 混合问题

图 5-11　初值问题和混合问题的定义域

根据 5.6 节提供的公式，将上面波动方程离散化，得到：

$$\frac{u_i^{(n+1)}-2u_i^{(n)}+u_i^{(n-1)}}{(\Delta t)^2}-a^2\frac{u_{i+1}^{(n)}-2u_i^{(n)}+u_{i-1}^{(n)}}{(\Delta x)^2}=0 \qquad \begin{matrix}(i=1,2,\cdots,m-1)\\(n=1,2\cdots)\end{matrix} \qquad (5\text{-}18)$$

将式(5-18)进行处理，把 $n+1$ 时刻的变量留在右边，其余放在左边得到：

$$u_i^{(n+1)}=a^2\frac{(\Delta t)^2}{(\Delta x)^2}u_{i+1}^{(n)}+\left[2-2a^2\frac{(\Delta t)^2}{(\Delta x)^2}\right]u_i^{(n)}+a^2\frac{(\Delta t)^2}{(\Delta x)^2}u_{i-1}^{(n)}+u_i^{(n-1)} \qquad (5\text{-}19)$$

同时将边界条件和初始条件也离散化，得到：

$$u_i^{(0)}=\varphi(j\Delta x),\frac{u_i^{(1)}-u_i^{(0)}}{\Delta t}=\psi(i\Delta x) \qquad (i=1,2,\cdots,m)$$
$$u_0^{(n)}=\mu_1(n\Delta t),u_m^{(n)}=\mu_2(n\Delta t) \qquad (n=1,2,\cdots) \qquad (5\text{-}20)$$

这样，由式(5-19)，并结合式(5-20)，就可以由 n 时刻的各点 u 值计算得到下一时刻的 u 值，这样层层递推，就可以计算出任意时刻、任意位置的 u 值。而图 5-12 则表明了这种层层递推的计算过程，在图 5-12 中*表示需求 u 值的点，〇表示为了求 * 点的 u 值必须已知 u 值的点。

需要说明的是，在应用式(5-19)进行计算时，初值与边值应当满足相容性条件 $\varphi(0)=\mu_1(0),\varphi(l)=\mu_2(0)$。由初值得到 $u_i^{(0)}(i=0,1,2,\cdots,m)$，由边值得到 $(t\geqslant0)$ $u_0^{(n)}$，$u_m^{(n)}$ $(n=0,1,2,\cdots)$，但在利用式(5-19)进行第一轮计算时，若取 $n=0$，则发现等式右边出现了 $u_i^{(-1)}$，这是一个无法计算的值。这时可以利用另一个初值条件 $\frac{u_i^{(1)}-u_i^{(0)}}{\Delta t}=\psi(i\Delta x)$ $(i=1,2,\cdots,i-1)$ 算得 $u_i^{(1)}$，这样，可在第一轮计算的时候，取 $n=1$，计算得到 $u_i^{(2)}$，由 $u_i^{(2)}$ 递推得到 $u_i^{(3)}$，这样就可由式(5-19)一排一排往上推，计算得到所有希望得到的 u 值。对于式(5-19)取 $n=0$ 计算中碰到的 $u_i^{(-1)}$，也可利用另一种方法进行计算，解决的办法是将另一个初值条件利用向后欧拉离散化 $\frac{u_i^{(0)}-u_i^{(-1)}}{\Delta t}=\psi(i\Delta x)(i=1,2,\cdots,m-1)$ 算得 $u_i^{(-1)}$，再利用式(5-19)，取 $n=0$ 就可以得到 $u_i^{(1)}$，取 $n=1$ 得到 $u_i^{(2)}$，和前一种处理方法一样一排一排往上推，计算得到所有希望得到的 u 值。像这样可以用已知点上函数值直接推出所有点上函数值的格式，称为显式格式。当方程非齐次时，$f(x,t)\neq0$，式(5-18)可写为：

$$\frac{u_i^{(n+1)}-2u_i^{(n)}+u_i^{n-1}}{(\Delta t)^2}-a^2\frac{u_{i+1}^{(n)}-2u_i^{(n)}+u_{i-1}^{(n)}}{(\Delta x)^2}=f(i\Delta x,n\Delta t)$$

当方程是初值问题时，边界条件没有了，由于在 $t=0$ 时，u 与 $\frac{\partial u}{\partial t}$ 值是已知的，若需要求某 $u_i^{(n)}$ 的值，只要按"波及原则"多算一些初值即可推得，如图 5-12 所示。

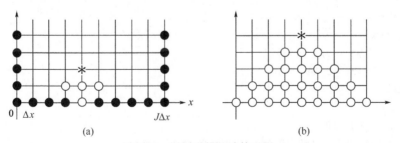

图 5-12 层层递推的计算过程

为了保证差分方程的解在 $\Delta x\to0$、$\Delta t\to0$ 时收敛于原来波动方程的解，要求式(5-19)中等式右边的各项系数均大于 0，即：

$$2-2a^2\frac{(\Delta t)^2}{(\Delta x)^2}>0$$

化简得：

$$\lambda=\frac{a\Delta t}{\Delta x}<1$$

而且，可以证明，只要初始条件、边界条件满足一定的光滑性要求，且满足收敛关系式，差分格式就是稳定的。

【例 5-7】 用数值法求解下面偏微分方程，并写出 VB 程序。

$$\begin{cases}\dfrac{\partial t}{\partial \tau}=2(T_w-t)-3\dfrac{\partial t}{\partial x}\\T_w=150,t_j^{(0)}=30,t_0^{(n)}=30\\0\leqslant x\leqslant1,\dfrac{\partial t}{\partial x}\bigg|_{x=1}=0\end{cases}$$

解：首先根据前面的知识，将所求的方程离散化，先假设以下各式。

$$\begin{cases}\dfrac{\partial t}{\partial \tau}=\dfrac{t_j^{(n+1)}-t_j^{(n)}}{\Delta \tau}\\\dfrac{\partial t}{\partial x}=\dfrac{t_j^{(n)}-t_{j-1}^{(n)}}{\Delta x}\\\Delta \tau=0.01,\Delta x=0.1\end{cases}$$

代入微分方程并化简得：

$$t_j^{(n+1)}=0.02T_w+0.68t_j^{(n)}+0.3t_{j-1}^{(n)} \tag{5-21}$$

分析式(5-21)可知，如果知道了某一时刻的各点温度 $t_j^{(n)}$ $(j=0,1,2,\cdots,100)$，就可以求下一时刻的各点温度值。

有了以上各式，上面的微分方程就可以求解了。其实这个微分方程是在不考虑流体本身热传导时的套管传热微分方程，下面是其求解的 VB 程序。

```
Private Sub Command1_Click()
Dim k,
Dim i,n,j As Integer
Dim t0(101),t1(101)
k=72
  For j=0 To 10
    t0(j)=30
Next j
    t1(0)=30
For i=1 To k
    If Int(i/3)=i/3 Then
        Print "time="; i
    Else
    End If
    For j=1 To 10
      t1(j)=0.02*150+0.68*t0(j)+0.3*t0(j-1)
      If Int(j/2)=j/2 And Int(i/3)=i/3 Then
            Print Int(t1(j)*100)/100;
        Else
```

```
        End If
    Next j
        For j＝1 To 10
          t0(j)＝t1(j)
        Next j

  Next i
  End Sub
```

计算结果如图 5-13 所示。

由计算结果可知，当计算的时间序列进行到 72 时，传热过程已达到稳态，各点上的温度已不随时间的增加而改变。如果改变套管长度或传热系数，则达到稳态的时间亦会改变。

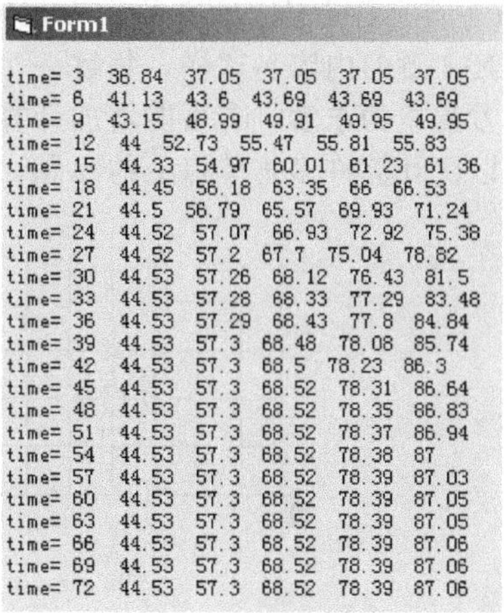

（2）一维流动传热传导方程的混合问题

与波动方程的情形类似，用差商近似代替偏商，可以得到差分方程，以其解作为流动传热传导方程的近似解。

一维流动传热传导方程的混合问题如下：

$$
\begin{cases}
\dfrac{\partial u}{\partial t} - a^2 \dfrac{\partial^2 u}{\partial x^2} - b \dfrac{\partial u}{\partial x} = f(u,t) & (0 \leqslant x \leqslant l, 0 \leqslant t) \\[2mm]
u \big|_{t=0} = \varphi(x) & (0 \leqslant x \leqslant l) \\[2mm]
\dfrac{\partial u}{\partial x} \bigg|_{x=l} = 0 & (0 \leqslant t) \\[2mm]
u \big|_{x=0} = \mu_1(t) & (0 \leqslant t)
\end{cases}
$$

图 5-13　计算结果

上面的偏微分方程其实就是在 5.5 节中提出的偏微分方程，利用 5.6 节中的离散化公式进行离散化，得到其离散化公式为：

$$
\begin{cases}
\dfrac{u_i^{(n+1)} - u_i^{(n)}}{\Delta t} - a^2 \dfrac{u_{i+1}^{(n)} - 2u_i^{(n)} + u_{i-1}^{(n)}}{(\Delta x)^2} + b \dfrac{u_{i+1}^{(n)} - u_i^{(n)}}{\Delta x} = f(i\Delta x, n\Delta t) & \\[2mm]
u_i^{(0)} = \varphi(i\Delta x) & (i=1,2,\cdots,m) \\[2mm]
\dfrac{u_{m+1}^{(n)} - u_m^{(n)}}{\Delta x} = 0 & (n=0,1,2,\cdots) \\[2mm]
u_0^{(n)} = \mu_1(n\Delta t) & (n=0,1,2,\cdots)
\end{cases}
$$

将上式进行处理得到：

$$
\begin{aligned}
u_i^{(n+1)} = {} & \Delta t f(i\Delta x, n\Delta t) + \left[a^2 \frac{\Delta t}{(\Delta x)^2} - b \frac{\Delta t}{\Delta x} \right] u_{i+1}^{(n)} + \\
& \left[1 - 2a^2 \frac{\Delta t}{(\Delta x)^2} + b \frac{\Delta t}{\Delta x} \right] u_i^{(n)} + a^2 \frac{\Delta t}{(\Delta x)^2} u_{i-1}^{(n)}
\end{aligned}
\tag{5-22}
$$

利用初始条件和边界条件，可以得到零时刻各点的 $u_i^{(0)}$（$i=0$，1，2，$\cdots$，m）及 $u_{m+1}^{(0)} = u_m^{(0)}$，这样就可以利用公式（5-22）计算得到 $u_i^{(1)}$，依次类推，可以得到其他时刻的各点值，所以式（5-22）也是显式格式。一般情况下，只要保证式（5-22）中各项系数大于零，式（5-22）的计算公式就是稳定的，可以获得稳定的解。

分析式（5-22）可以发现，当为了提高数值精度取适当小的 Δx 时，最有可能小于零的系数是 $u_i^{(n)}$ 的系数，若要保证此项系数大于零，则 Δt 必须相应地更小，这样，计算量将大大增加，这是显式格式的缺点。为了克服此缺点，下面提出一种隐式格式。

偏微分方程在 $[i\Delta x,(n+1)\Delta t]$ 点上进行离散化，且对时间的偏微分采用向后欧拉公式得到原偏微分方程的离散化公式：

$$\frac{u_i^{(n+1)}-u_i^{(n)}}{\Delta t}-a^2\frac{u_{i+1}^{(n+1)}-2u_i^{(n+1)}+u_{i-1}^{(n+1)}}{(\Delta x)^2}+b\frac{u_{i+1}^{(n+1)}-u_i^{(n+1)}}{\Delta x}=f[i\Delta x,(n+1)\Delta t](i=1,2,\cdots,m)$$

从图 5-14 中可见，要由初值及边界条件一排一排推上去是不行的，需解线性方程组，同时添上以下两个边界条件：

$$u_0^{(n+1)}=\mu_1[(n+1)\Delta t],\qquad u_m^{(n+1)}=u_{m+1}^{(n+1)}$$

正好共有 $m+2$ 个方程，同时有 $m+2$ 个变量 $u_i^{(n+1)}$（$i=0$，1，$\cdots$，$m+1$），就能解出 $n+1$ 排上各点值。至于线性方程组的求解方法我们在第 4 章中已作过介绍，请读者自行参照第 4 章的内容。这样，每解一个线性方程组，就可以往上推算一排点的 u 值，虽然引入了方程组的求解，有可能增加计算量，但由于隐式格式无条件稳定，Δt 的取法与 Δx 无关，可以少计算许多排节点上的 u 值，相对于显式格式来说，最终反而节省了计算量。

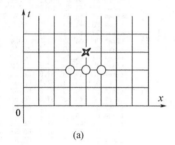 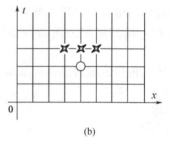

(a)   (b)

图 5-14　隐式格式的计算过程

【**例 5-8**】　请计算考虑纵向导热的套管换热器内管各点温度分布微分方程：

$$\frac{\partial t}{\partial \tau}=2(T_W-t)+0.001\frac{\partial^2 t}{\partial x^2}-3\frac{\partial t}{\partial x}$$

$$T_W=150,t_j^{(0)}=30,t_0^{(n)}=30$$

$$0\leqslant x\leqslant 1,\frac{\partial t}{\partial x}\bigg|_{x=1}=0$$

解：首先根据前面的知识，将所求的方程离散化，先假设以下各式。

$$\frac{\partial t}{\partial \tau}=\frac{t_j^{(n+1)}-t_j^{(n)}}{\Delta \tau}$$

$$\frac{\partial t}{\partial x}=\frac{t_j^{(n)}-t_{j-1}^{(n)}}{\Delta x}$$

$$\frac{\partial^2 t}{\partial x^2}=\frac{t_{j+1}^{(n)}-2t_j^{(n)}+t_{j-1}^{(n)}}{(\Delta x)^2}$$

$$\Delta \tau=0.01,\Delta x=0.1$$

代入微分方程并化简得：

$$t_j^{(n+1)}=0.02T_W+0.001t_{j+1}^{(n)}0.678t_j^{(n)}+0.301t_{j-1}^{(n)} \tag{5-23}$$

分析式(5-23)可知，如果知道了某一时刻的各点温度 $t_j^{(n)}$（$j=0$，1，2，$\cdots$，10，11），就可以求下一时刻的各点温度值 $t_j^{(n+1)}$（$j=1$，2，$\cdots$，10）。现在已经知道了零时刻管内各点的温度分布及入口处在任何时刻的温度，如想求下一时刻的温度值，则根据上面的离散化计算公式，还需知道在 $j=11$ 处的温度，这个温度可利用给定的边界条件离散化求得：

$$\frac{\partial t}{\partial x}\bigg|_{x=1} = \frac{t_{j+1}^{(n)} - t_j^{(n)}}{\Delta x} = 0$$

有了以上各式，上面的微分方程就可以求解了。下面是其求解的 VB 程序及其结果，结果见图 5-15。

```
Private Sub Command1_Click()
Dim i,n,j As Integer
Dim t0(101),t1(101),k
k=72
  For j=0 To 11
     t0(j)=30
Next j
     t1(0)=30
For i=1 To k
    If Int(i/3)=i/3 Then
        Print
        Print "time="; i;
    Else
    End If
    For j=1 To 10
      t1(j)=0.02*150+0.001*t0(j+1)+0.678*t0(j)+0.301*t0(j-1)
      If Int(j/2)=j/2 And Int(i/3)=i/3 Then
            Print Int(t1(j)*100)/100;
       Else
       End If
     Next j
     For j=1 To 10
         t0(j)=t1(j)
     Next j
    t0(11)=t1(10):Next i
End Sub
```

time= 3	36.83	37.05	37.05	37.05	37.05
time= 6	41.12	43.6	43.69	43.69	43.67
time= 9	43.14	48.99	49.91	49.95	49.9
time= 12	43.98	52.71	55.47	55.81	55.77
time= 15	44.32	54.95	60	61.23	61.28
time= 18	44.45	56.17	63.33	66	66.43
time= 21	44.5	56.77	65.55	69.92	71.13
time= 24	44.51	57.06	66.91	72.91	75.24
time= 27	44.52	57.19	67.68	75.02	78.66
time= 30	44.52	57.25	68.1	76.41	81.33
time= 33	44.52	57.28	68.32	77.27	83.29
time= 36	44.52	57.29	68.42	77.78	84.65
time= 39	44.52	57.29	68.47	78.07	85.54
time= 42	44.52	57.29	68.5	78.22	86.1
time= 45	44.52	57.29	68.51	78.3	86.44
time= 48	44.52	57.29	68.51	78.34	86.63
time= 51	44.52	57.29	68.52	78.36	86.74
time= 54	44.52	57.29	68.52	78.37	86.8
time= 57	44.52	57.29	68.52	78.38	86.83
time= 60	44.52	57.29	68.52	78.38	86.85
time= 63	44.52	57.29	68.52	78.38	86.85
time= 66	44.52	57.29	68.52	78.38	86.86
time= 69	44.52	57.29	68.52	78.38	86.86
time= 72	44.52	57.29	68.52	78.38	86.86

图 5-15　不考虑导热时的温度

time= 3	36.45	37.05	37.05	37.05	37.05
time= 6	39.67	43.23	43.69	43.69	43.69
time= 9	41.37	47.57	49.63	49.94	49.95
time= 12	42.34	50.46	54.39	55.62	55.82
time= 15	42.93	52.38	58	60.49	61.22
time= 18	43.3	53.65	60.64	64.46	65.97
time= 21	43.54	54.51	62.55	67.58	69.96
time= 24	43.69	55.09	63.91	69.97	73.2
time= 27	43.79	55.49	64.89	71.77	75.74
time= 30	43.86	55.76	65.58	73.1	77.69
time= 33	43.91	55.95	66.07	74.09	79.16
time= 36	43.94	56.08	66.42	74.8	80.25
time= 39	43.96	56.17	66.67	75.33	81.06
time= 42	43.98	56.24	66.85	75.7	81.65
time= 45	43.99	56.28	66.98	75.97	82.08
time= 48	44	56.31	67.07	76.17	82.39
time= 51	44	56.34	67.13	76.31	82.62
time= 54	44.01	56.35	67.18	76.41	82.78
time= 57	44.01	56.36	67.21	76.48	82.89
time= 60	44.01	56.37	67.23	76.53	82.97
time= 63	44.01	56.38	67.25	76.57	83.03
time= 66	44.01	56.38	67.26	76.6	83.08
time= 69	44.01	56.38	67.27	76.61	83.11
time= 72	44.01	56.39	67.27	76.63	83.13

图 5-16　考虑导热时的温度

和前面不考虑热传导的情况比较，可以发现温度有细微的变化，如果热导率足够大，则温度的变化会更大。如导热项的系数为 0.2 时，其计算公式变为：

$$t_j^{(n+1)} = 0.02T_W + 0.2t_{j+1}^{(n)} + 0.28t_j^{(n)} + 0.5t_{j-1}^{(n)}$$

计算结果如图 5-16 所示。由于导热的缘故，已经加热的向前流动的流体却要向后方向进行热传导，从而降低了总体传热效率，使在相同时刻、相同位置点的温度比没有热传导时要低。

（3）稳态导热/扩散方程

在化工导热及扩散过程中，没有物流的流动，仅靠导热及扩散进行热量及质量的传递。如果此时系统达到稳定状态，也就是说系统中每一个控制单元的各项性质如温度、浓度等不再随时间的改变而改变，系统中的各种性质只与其所处的位置有关，利用化工知识，我们可以得到下面二维、三维的稳态导热或扩散偏微分方程：

① 二维
$$\frac{\partial^2 u}{\partial x^2} + \frac{\partial^2 u}{\partial y^2} = 0$$

② 三维
$$\frac{\partial^2 u}{\partial x^2} + \frac{\partial^2 u}{\partial y^2} + \frac{\partial^2 u}{\partial z^2} = 0$$

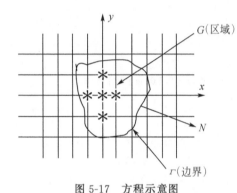

图 5-17　方程示意图

下面我们主要介绍二维的求解方法，二维的稳态导热或扩散偏微分方程又称调和方程，其方程示意图见图 5-17。

常见的有三种边界条件：

第一类边界条件：$u|_\Gamma = u$

第二类边界条件：$\frac{\partial u}{\partial n}\big|_\Gamma = \gamma$

第三类边界条件：$\left(\frac{\partial u}{\partial n} + \sigma u\right)\big|_\Gamma = \gamma$

在化工中碰到较多的是第一类边界条件，下面以第一类边界条件为例，说明二维方程的求解方法：

首先利用 5.6 节中提供的离散化公式（不考虑 u 中的上标变量 n），可得如下的离散化公式：

$$\frac{u_{i+1,j} - 2u_{i,j} + u_{i-1,j}}{(\Delta x)^2} + \frac{u_{i,j+1} - 2u_{i,j} + u_{i,j-1}}{(\Delta y)^2} = 0$$

取 $\Delta x = \Delta y$，经化简得：

$$u_{i,j} = \frac{1}{4}(u_{i+1,j} + u_{i,j+1} + u_{i-1,j} + u_{i,j-1})$$

对于每一个边界内的离散点 (x_i, y_i) 均可列出这样的五点格式。若 $u_{i+1,j}$、$u_{i,j+1}$、$u_{i-1,j}$、$u_{i,j-1}$ 中有边界点，则用边界值代入。若 $u(x_i, y_i)$ 靠边界很近，则也可以看作边界节点，从靠它最近的边界点 (x_i^*, y_i^*) 上的 μ 值 $\mu(x_i^*, y_i^*)$ 来取代。由于此计算格式不存在时间上的递推问题，它只是不同空间位置上变量的求解问题，而已知条件仅仅知道边界上的值，因此要求边界内点的值只能通过离散化的偏微分方程来求解。幸好有多少个内节点就有多少个离散化的方程，构成了一个未知数个数与方程个数相等的稀疏方程组，既可直接求解，也可迭代求解，一般用迭代法解比较好。下面介绍 3 种迭代格式：

① 同步迭代：$u_{i,j}^{(k+1)} = \frac{1}{4}\left[u_{i+1,j}^{(k)} + u_{i,j+1}^{(k)} + u_{i-1,j}^{(k)} + u_{i,j-1}^{(k)}\right]$

② 异步迭代：$u_{i,j}^{(k+1)} = \dfrac{1}{4}\left[u_{i+1,j}^{(k)} + u_{i,j+1}^{(k)} + u_{i-1,j}^{(k+1)} + u_{i,j-1}^{(k+1)}\right]$

③ 超松弛迭代：$\begin{cases} \bar{u} = \dfrac{1}{4}\left[u_{i+1,j}^{(k)} + u_{i,j+1}^{(k)} + u_{i-1,j}^{(k+1)} + u_{i,j-1}^{(k+1)}\right] \\ u_{i,j}^{(k+1)} = w\,\bar{u} + (1-w)\,u_{i,j}^{(k)} \end{cases}$

当计算范围 R 为（$a \leqslant x \leqslant b$，$c \leqslant y \leqslant d$）矩阵区域，$x$ 方向 m 等分，y 方向 n 等分，那么最佳松弛因子为：

$$w = \frac{2}{1 + \sqrt{1 - \left(\dfrac{\cos\dfrac{\pi}{m} + \cos\dfrac{\pi}{n}}{2}\right)^2}}$$

由数学知识可知，用这些迭代法求解上面的偏微分方程均收敛。

【例 5-9】 处于传热平衡状态的某保温，假设其形状为长方体，在 x、y 两个方向上存在热传导，且热导率相等，已知边界温度分布如图 5-18 所示。试列出其传热微分方程，并求出各点的温度分布（间隔取 $\Delta x = 0.2$，$\Delta y = 0.2$），并画出温度分布图。

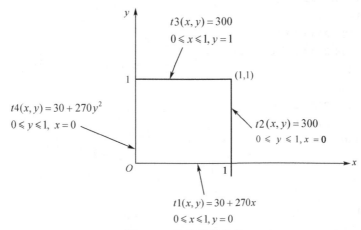

图 5-18　边界温度分布

解：取某一微元进行能量衡算，由于已达传热平衡状态，故可得

传导入热量－传导出热量＝0

根据图 5-19 所示的导热分析可得：

$$\left[-\lambda_x \frac{\partial t}{\partial x}\Delta y \Delta z + \left(-\lambda_y \frac{\partial t}{\partial y}\Delta x \Delta z\right)\right] - \left\{-\lambda_x \frac{\partial\left(t + \dfrac{\partial t}{\partial x}\Delta x\right)}{\partial x}\Delta y \Delta z + \left[-\lambda_y \frac{\partial\left(t + \dfrac{\partial t}{\partial y}\Delta y\right)}{\partial y}\Delta x \Delta z\right]\right\} = 0$$

化简得：

$$\lambda_x \frac{\partial^2 t}{\partial x^2} + \lambda_y \frac{\partial^2 t}{\partial y^2} = 0$$

由已知条件可知 $\lambda_x = \lambda_y$，则有：

$$\frac{\partial^2 t}{\partial x^2} + \frac{\partial^2 t}{\partial y^2} = 0$$

此偏微分方程和前面介绍的调和方程一致，可用五点格式同步迭代计算，其中需要计算的内点共有 16 点。也可列出 16 个线性方程，组成方程组利用第 4 章介绍的方法进行求解，本书介绍利用五点格式同步迭代计算的 VB 程序，其他方法请读者自己进行计算。

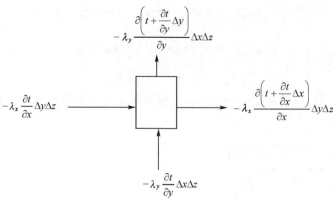

$$-\lambda_y \frac{\partial\left(t+\dfrac{\partial t}{\partial y}\Delta y\right)}{\partial y}\Delta x\Delta z$$

$$-\lambda_x \frac{\partial t}{\partial x}\Delta y\Delta z$$

$$-\lambda_x \frac{\partial\left(t+\dfrac{\partial t}{\partial x}\Delta x\right)}{\partial x}\Delta y\Delta z$$

$$-\lambda_y \frac{\partial t}{\partial y}\Delta x\Delta z$$

图 5-19 导热分析

VB 程序源码如下：

```
Private Sub Command1_Click()
Dim t0(5,5),t1(5,5),eer
For i=0 To 5
    t0(i,0)=30+270 * i * 0.2
    t0(0,i)=30+270 * (i * 0.2)^2
    t0(i,5)=300
    t0(5,i)=300
    t1(i,0)=30+270 * i * 0.2
    t1(0,i)=30+270 * (i * 0.2)^2
    t1(i,5)=300
    t1(5,i)=300                                    #边界计算
Next

For i=1 To 4
    For j=1 To 4
        t0(i,j)=30                                 #初值设定
    Next j
Next i
Do
  For i=1 To 4
    For j=1 To 4                                    #迭代计算
        t1(i,j)=(t0(i+1,j)+t0(i,j+1)+t0(i-1,j)+t0(i,j-1))/4
    Next j
Next i
eer=0
  For i=1 To 4
    For j=1 To 4
      eer=eer+Abs((t1(i,j)-t0(i,j))/t1(i,j))    #精度计算
     Next j
Next i
For i=1 To 4
    For j=1 To 4
```

```
        t0(i,j)=t1(i,j)                              #前后替换
      Next j
    Next i
Loop Until eer< 0.0001
Open "baowenzhuan.dat" For Output As 1
For i=0 To 5
    Print                                           #为保持打印数据的结构而设
    Write #1,                                        #为保持记录数据的结构而设
    For j=0 To 5
      Print Int(100 * t1(i,j)+0.5)/100;
      Write #1,Int(100 * t1(i,j)+0.5)/100;          #注意";"分号
    Next j
  Next i
Print
Print "eer="; eer
End Sub
```

计算结果见表 5-6 和图 5-20。

表 5-6　计算结果

T \ x, y	0	0.2	0.4	0.6	0.8	1.0
0	30	40.8	73.2	127.2	202.8	300
0.2	84	104.53	134.89	178.09	234.13	300
0.4	138	158.45	183.73	216.13	255.65	300
0.6	192	207.54	225.46	247.06	272.34	300
0.8	246	254.26	263.5	274.3	286.66	300
1.0	300	300	300	300	300	300

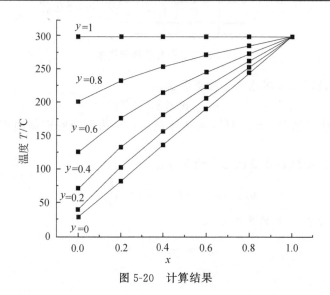

图 5-20　计算结果

5.8 吸附床传热传质模型中偏微分方程求解实例

5.8.1 基本设定及假设

（1）吸附器结构参数的设定

图 5-21 所示的是套筒式吸附器，该吸附器的有效长度为 L，其有效内径为 D，环隙宽度为 δ，吸附器壁厚为 δ_b。导热流体通过环隙将热量传入或传出吸附器，吸附质通过吸附器上端的小管进入或离开吸附器。

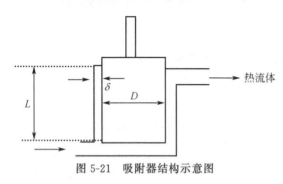

图 5-21 吸附器结构示意图

（2）吸附床外流体传热的一些基本假设

① 忽略流体在环隙宽度 δ 上的温度梯度。

② 忽略热损失。

③ 忽略吸附器壁厚 δ_b 上的温度梯度，用集中参数法求取吸附器壁面温度。

（3）吸附床内传热传质的一些基本假设

① 吸附床内的吸附质气体处于气滞状态。

② 忽略蒸发器、冷凝器和吸附床之间的压力差。

③ 吸附床内各计算微元内达到吸附平衡，吸附量可利用回归方程计算。

④ 吸附热利用微分吸附热，随吸附量和吸附温度的改变而改变；比热容采用有效比热容，亦随温度改变，但在计算微元内可认为是常数。

⑤ 床层活性炭热导率采用当量热导率，其具体数值利用实验测量值。

5.8.2 流体传热模型的建立

在轴方向上取一环隙微元，见图 5-22，作能量分析如下：

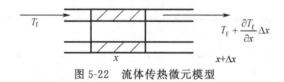

图 5-22 流体传热微元模型

（1）流体通过流动流入环隙微元的能量 q_{in}

$$q_{in} = \rho_f u_f S_f C_{pf} T_f$$

式中，ρ_f 为流体的密度；u_f 为环隙的流体速度；S_f 为环隙的横截面积；C_{pf} 为流体的比热容。

（2）流体通过流动流出环隙微元的能量 q_{out}

$$q_{out} = \rho_f u_f S_f C_{pf} \left(T_f + \frac{\partial T_f}{\partial x} \Delta x \right)$$

（3）流体热传导在 x 处的热量导入 q_x

$$q_x = -\lambda_f \frac{\partial T_f}{\partial x} S_f$$

（4）流体热传导在 $x+\Delta x$ 处的热量导入 $q_{x+\Delta x}$

$$q_{x+\Delta x}=-\lambda_{\rm f}\left(\frac{\partial T_{\rm f}}{\partial x}+\frac{\partial(\partial T_{\rm f}/\partial x)}{\partial x}\Delta x\right)S_{\rm f}$$

（5）微元体传递给吸附床的热量 $q_{\rm t}$

$$q_{\rm t}=h_{\rm f}\Delta x\pi D(T_{\rm f}-T_{\rm w})$$

（6）微元体内的能量变化率 $q_{\rm c}$

$$q_{\rm c}=\frac{\partial(\rho_{\rm f}C_{p{\rm f}}S_{\rm f}\Delta xT_{\rm f})}{\partial t}$$

（7）总能量平衡方程

$$\frac{1}{\alpha_{\rm f}}\times\frac{\partial T_{\rm f}}{\partial t}=-\frac{u_{\rm f}}{\alpha_{\rm f}}\times\frac{\partial T_{\rm f}}{\partial x}-\frac{h_{\rm f}\pi D}{\lambda_{\rm f}S_{\rm f}}(T_{\rm f}-T_{\rm w})+\frac{\partial^2 T_{\rm f}}{\partial x^2}$$

式中，$\alpha_{\rm f}=\dfrac{\lambda_{\rm f}}{\rho_{\rm f}C_{p{\rm f}}}$；$S_{\rm f}$ 为流体的横截面积。

5.8.3　吸附床内吸附剂传热传质模型的建立

吸附床内发生着热量和质量的传递，但质量的传递是建立在热量传递基础上的，故只要建立热量传递方程，就可以根据平衡吸附量方程求出各处的吸附量。吸附床内的热量传递主要以热传导为主，既有径向的热传导，也有轴向的热传导。为了便于建模分析，我们选取如图 5-23 所示的吸附床微元体，具体分析如下：

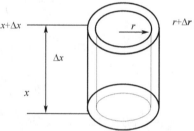

图 5-23　吸附床内传热传质微元体

（1）轴向热量导入 q_x

$$q_x=-\lambda_{\rm a}\times 2\pi r\Delta r\frac{\partial T_{\rm b}}{\partial x}$$

（2）轴向热量导出 $q_{x+\Delta x}$

$$q_{x+\Delta x}=-\lambda_{\rm a}\times 2\pi r\Delta r\left(\frac{\partial T_{\rm b}}{\partial x}+\frac{\partial^2 T_{\rm b}}{\partial x^2}\Delta x\right)$$

（3）径向热量导入 q_r

$$q_r=-\lambda_{\rm a}\times 2\pi r\Delta x\frac{\partial T_{\rm b}}{\partial r}$$

（4）径向热量导出 $q_{\rm d+\Delta r}$

$$q_{\rm d+\Delta r}=-\lambda_{\rm a}\times 2\pi(r+\Delta r)\Delta x\left(\frac{\partial T_{\rm b}}{\partial r}+\frac{\partial^2 T_{\rm b}}{\partial r^2}\Delta r\right)$$

（5）微元体内的能量变化率 $q_{\rm c}$

$$q_{\rm c}=2\pi r\Delta r\Delta xC_{\rm eff}\rho_{\rm a}\frac{\partial T_{\rm b}}{\partial t}$$

式中，$C_{\rm eff}=C_{p{\rm a}}+mC_{p{\rm b}}-H\left(\dfrac{\partial m}{\partial T}\right)_p$，为吸附床层内的有效比热容。

（6）总能量平衡方程

$$\frac{1}{\alpha_{\rm eff}}\times\frac{\partial T_{\rm b}}{\partial t}=\frac{\partial^2 T_{\rm b}}{\partial x^2}+\frac{\partial^2 T_{\rm b}}{\partial r^2}+\frac{1}{r}\times\frac{\partial T_{\rm b}}{\partial r}$$

式中，$\alpha_{\rm eff}=\dfrac{\lambda_{\rm a}}{\rho_{\rm a}C_{\rm eff}}$。

5.8.4 吸附器壁面温度轴向分布方程

和前面的分析方法一样，通过微元能量平衡方程并作适当化简可得：

$$\frac{1}{\alpha_s} \times \frac{\partial T_w}{\partial x} = \frac{h_f \pi D}{S_w \lambda_s}(T_f - T_w) - \frac{h_w \pi D}{S_w \lambda_s}(T_w - T_{b,0}) + \frac{\partial^2 T_w}{\partial x^2}$$

式中，$\alpha_s = \dfrac{\lambda_s}{C_{ps}\rho_s}$；$S_w$ 为吸附器壁面的横截面积。

5.8.5 吸附器内/外无量纲化方程

根据前面推导已经得到的方程，并对变量作以下无量纲化处理：

$$x^* = \frac{x}{L}, \quad r^* = \frac{r}{R}, \quad t^* = \frac{\alpha_f t}{L^2}$$

$$\Theta = \frac{T_f - T_0}{T_{in} - T_0}, \quad \Psi = \frac{T_w - T_0}{T_{in} - T_0}, \quad \Phi = \frac{T_b - T_0}{T_{in} - T_0}$$

通过以上的无量纲化处理，可得吸附器内、外无量纲化传热传质方程如下：

$$\frac{\partial \Theta}{\partial t} = -Pe\frac{\partial \Theta}{\partial x^*} - KABi(\Theta - \Psi) + \frac{\partial^2 \Theta}{\partial x^{*2}} \tag{5-24}$$

$$Dr_s\frac{\partial \Psi}{\partial t^*} = Bi_{sw}\Phi_0 + Bi_{sf}\Theta - (Bi_{sw} + Bi_{sf})\Psi + \frac{\partial^2 \Psi}{\partial x^{*2}} \tag{5-25}$$

$$Dr_b\frac{\partial \Phi}{\partial t^*} = \frac{\partial^2 \Phi}{\partial x^{*2}} + C\frac{\partial^2 \Phi}{\partial r^{*2}} + C\frac{\partial \Phi}{r^* \partial r^*} \tag{5-26}$$

其中：$Dr = \dfrac{\alpha_f}{\alpha_{eff}}$，$Pe = \dfrac{u_f \rho_f C_f L}{\lambda_f}$，$Bi = \dfrac{h_f \pi D L^2}{\lambda_b S_b}$，$KA = \dfrac{\lambda_b S_b}{\lambda_f S_f}$

$Dr_s = \dfrac{\alpha_f}{\alpha_s}$，$Bi_{sw} = \dfrac{h_w \pi D L^2}{\lambda_s S_w}$，$Bi_{sf} = \dfrac{h_f \pi D L^2}{\lambda_s S_w}$，$C = \dfrac{L^2}{R^2}$

初始条件为：
$$\Theta(x^*, t^* = 0) = 0$$
$$\Psi(x^*, t^* = 0) = 0$$
$$\Phi(x^*, r^*, t^* = 0) = 0$$

边界条件为：
$$\Theta(x^* = 0, t^*) = 1 \qquad \frac{\partial \Psi}{\partial x^*}\bigg|_{x^*=0} = 0$$

$$\Theta(x^* = 1, t^*) = \Theta(x^* = 1+, t^*) \qquad \frac{\partial \Psi}{\partial x^*}\bigg|_{x^*=1} = 0$$

$$\frac{\partial \Phi}{\partial x^*}\bigg|_{x^*=1} = 0 \qquad \frac{\partial \Phi}{\partial x^*}\bigg|_{x^*=0} = 0 \qquad \frac{\partial \Phi}{\partial r^*}\bigg|_{r^*=0} = 0$$

$$-\lambda_b\frac{\partial \Phi}{\partial r^*}\bigg|_{r^*=R} = h_w(\Phi_0 - \Psi)/R$$

5.8.6 模型的离散化

对方程式(5-24)～式(5-26)要想解析求解是不可能的，因为方程中的许多系数是非定常系数，其值本身亦是温度的函数，所以要求解方程式(5-24)～式(5-26)必须采用数值求解的方法。要想利用数值法求解方程，首先必须对方程进行离散化处理，对前面偏微分方程作以下离散化处理：

$$\frac{\partial \Theta}{\partial t^*} = \frac{\Theta_{i,k+1} - \Theta_{i,k}}{\Delta t^*}$$

$$\frac{\partial \Theta}{\partial x^*} = \frac{\Theta_{i,k} - \Theta_{i-1,k}}{\Delta x^*}$$

$$\frac{\partial^2 \Theta}{\partial x^{*2}} = \frac{\Theta_{i+1,k} + \Theta_{i-1,k} - 2\Theta_{i,k}}{\Delta x^{*2}}$$

$$\frac{\partial \Psi}{\partial t^*} = \frac{\Psi_{i,k+1} - \Psi_{i,k}}{\Delta t^*}$$

$$\frac{\partial^2 \Psi}{\partial x^{*2}} = \frac{\Psi_{i+1,k} + \Psi_{i-1,k} - 2\Psi_{i,k}}{\Delta x^{*2}}$$

$$\frac{\partial \Phi}{\partial t^*} = \frac{\Phi_{i,j,k+1} - \Phi_{i,j,k}}{\Delta t^*}$$

$$\frac{\partial^2 \Phi}{\partial x^{*2}} = \frac{\Phi_{i+1,j,k} + \Phi_{i-1,j,k} - 2\Phi_{i,j,k}}{\Delta x^{*2}}$$

$$\frac{\partial \Phi}{\partial r^*} = \frac{\Phi_{i,j,k} - \Phi_{i,j-1,k}}{\Delta r^*}$$

$$\frac{\partial^2 \Phi}{\partial r^{*2}} = \frac{\Phi_{i,j+1,k} + \Phi_{i,j-1,k} - 2\Phi_{i,j,k}}{\Delta r^{*2}}$$

对初始条件及边界条件亦作以下离散化处理：

$$\Theta_{i,0} = 0, i > 0$$

$$\Theta_{0,k} = 1, k \geqslant 0$$

$$\Theta_{n,k} = \Theta_{n+1,k}$$

$$\Psi_{i,0} = 0$$

$$\Psi_{0,k} = \Psi_{-1,k}$$

$$\Psi_{n,k} = \Psi_{n+1,k}$$

$$\Phi_{i,j,0} = 0$$

$$\Phi_{i,j,0} = 0$$

$$\Phi_{i,0,k} = \Phi_{i,\pm 1,k}$$

$$\Phi_{n,j,k} = \Phi_{n+1,j,k}$$

$$\Psi_{i,k} - \Phi_{i,m,k} = \frac{\lambda_b(\Phi_{i,m+1,k} - \Phi_{i,m,k})}{h_w \Delta r^* R}$$

将以上的离散化表达式代入方程式(5-24)~式(5-26)，可得：

$$\Theta_{i,k+1} = A_1\Theta_{i+1,k} + A_2\Theta_{i,k} + A_3\Theta_{i-1,k} + A_4\Psi_{i,k} \tag{5-27}$$

$$\Psi_{i,k+1} = B_1\Psi_{i+1,k} + B_2\Psi_{i,k} + B_3\Psi_{i-1,k} + B_4\Phi_{i,m,k} + B_5\Theta_{i,k} \tag{5-28}$$

$$\Phi_{i,j,k+1} = C_1\Phi_{i+1,j,k} + C_2\Phi_{i,j,k} + C_3\Phi_{i-1,j,k} + C_4\Phi_{i,j+1,k} + C_5\Phi_{i,j-1,k} \tag{5-29}$$

其中：

$$A_1 = \frac{\Delta t^*}{\Delta x^{*2}}, \qquad A_2 = 1 - \frac{Pe\Delta t^*}{\Delta x^*} - KABi\Delta t^* - \frac{2\Delta t^*}{\Delta x^{*2}}$$

$$A_3 = \frac{Pe\Delta t^*}{\Delta x^*} + \frac{\Delta t^*}{\Delta x^{*2}}, \quad A_4 = KABi\Delta t^*$$

$$B_1 = \frac{\Delta t^*}{Dr_s\Delta x^{*2}}, \quad B_2 = 1 - \frac{(Bi_{sw} + Bi_{sf})\Delta t^*}{Dr_s} - \frac{2\Delta t^*}{Dr_s\Delta x^{*2}}, \quad B_3 = B_1$$

$$B_4 = \frac{Bi_{sw}\Delta t^*}{Dr_s}, \qquad B_5 = \frac{Bi_{sf}\Delta t^*}{Dr_s}, \quad C_1 = \frac{\Delta t^*}{\Delta x^{*2}}$$

$$C_2 = 1 - \frac{2\Delta t^*}{Dr_b \Delta x^{*2}} - \frac{2C\Delta t^*}{Dr_b \Delta r^{*2}} - \frac{C\Delta t^*}{Dr_b j \Delta r^{*2}}, \quad C_3 = C_1$$

$$C_4 = \frac{C\Delta t^*}{Dr_b \Delta r^{*2}} + \frac{C\Delta t^*}{Dr_b j \Delta r^{*2}}, \quad C_5 = \frac{C\Delta t^*}{Dr_b \Delta r^{*2}}$$

5.8.7 模型的数值求解及计算机程序介绍

利用离散化方程式(5.27)~式(5-29)，并结合边界条件和初始条件的离散化就可以依次算出不同时刻、不同空间位置的温度。离散化方程式(5-27)~式(5-29) 收敛的条件是方程右边各项的系数大于零，否则离散化方程将是发散的。为了保证离散化方程的收敛，无量纲时间步长必须比无量纲空间步长小两个数量级以上。如果想获得绝对收敛的离散化方程，则只要将对时间的向前差分格式改成向后差分格式即可，但此时的离散化方程是隐式格式，需联立求解方程组，一般对于导热流体和吸附器壁面温度仍可采用显式格式求解，而对吸附床温度采用隐式格式。整个计算过程的流程见图 5-24。

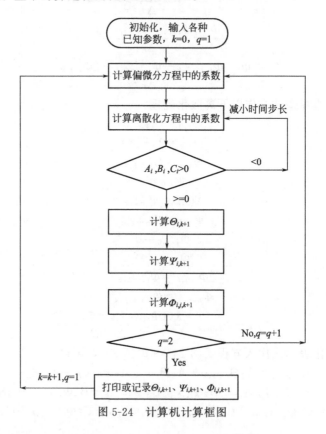

图 5-24　计算机计算框图

习　题

1. 用向前欧拉公式解初值问题：

$$\begin{cases} \dfrac{dy}{dx} = x + y^2 \\ y(0) = 1 \end{cases} \qquad 0.1 \leqslant x \leqslant 0.5, 取 \ h = 0.1$$

2. 用向后欧拉公式解初值问题：

$$\begin{cases} \dfrac{\mathrm{d}y}{\mathrm{d}x}=x^2+y \\ y(1.0)=1 \end{cases} \qquad 1.0 \leqslant x \leqslant 1.5, \text{取 } h=0.1$$

3. 用向前欧拉公式解初值问题：

$$\frac{\mathrm{d}p(t)}{\mathrm{d}t}=bp(t)-kp^2(t)$$

其中：$p(0)=50976$，$b=2.9 \times 10^{-2}$，$k=1.4 \times 10^{-7}$。

用四阶龙格-库塔公式计算 $t=10$ 时的 p 值（取不同的步长进行比较）。

4. 用四阶龙格-库塔公式解初值问题：

$$\begin{cases} \dfrac{\mathrm{d}y}{\mathrm{d}x}=x/y \\ y(2.0)=1 \end{cases} \qquad 2.0 \leqslant x \leqslant 2.6, \text{取 } h=0.2$$

5. 用 4 种以上不同的方法，求解下面初值问题：

$$\begin{cases} \dfrac{\mathrm{d}y}{\mathrm{d}x}=2x^2/y+x \\ y(0)=1 \end{cases} \qquad 0 \leqslant x \leqslant 1$$

分别取 $h=0.01$、0.02、0.1、0.2 进行计算，并比较不同算法、不同步长情况下的计算精度、计算速度等指标。

6. 求定解问题：

$$\begin{cases} \dfrac{\partial u}{\partial t}-\dfrac{\partial^2 u}{\partial x^2}=3x-t & t>0, x \in (0,1) \\ u\big|_{t=0}=4x(1-x) & x \in [0,1] \\ u\big|_{x=0}=u\big|_{x=1}=0 & t \geqslant 0 \end{cases}$$

取 $\Delta x=0.2$，$\Delta t=0.01$。

7. 修改五点格式，并求定解问题的数值解，画出温度分布曲线，取步长 $h=R=0.2$。

$$\begin{cases} \dfrac{\partial^2 u}{\partial x^2}+2\dfrac{\partial^2 u}{\partial y^2}=2 & x \in (0,1), y \in (0,2) \\ u(x,0)=x^3, u(x,2)=(x-2)^2 & x \in [0,1] \\ u(0,y)=y^2, u(1,y)=y-1 & y \in [0,2] \end{cases}$$

8. 某套管换热器，内管直径为 32mm，管长为 3m，管内流体为水，流速为 3m/s，入口温度为 30℃，管外为蒸汽，温度为 150℃，考虑纵向热传导，忽略管内径向温度分布，总传热系数 $K=700 \times (150-t)/120 [\text{W}/(\text{m}^2 \cdot ℃)]$，其中 t 为管内温度，试列出其传热过程的动态微分方程，并编程求解，判断系统达到稳态所需的时间及各点温度随时间变化的曲线（水的物性参数请自己查阅）。

中篇

化工常用软件应用

　　本篇将站在化学和化工工作者应用的角度来对 Office、Origin、Auto CAD、Aspen Plus 等软件作一介绍。目的是要说明利用这些软件能帮我们解决哪些化学与化工问题，并掌握利用这些软件解决化学化工中的一些基本问题的方法。至于进一步的深入了解和复杂问题的解决仍需要读者去阅读有关专门书籍，本教材只起到一个引导入门的工作。相信读者通过对本篇各章节内容的学习，能提高利用计算机解决各种化学化工问题的能力。

第6章

Office 软件在化工中的应用

　　本章主要介绍 Office 软件在化工中的应用。Office 软件是美国微软公司推出的一个产品。随着 Windows 操作系统的不断更新，Office 软件也不断推出新的版本，如 Office 97、Office 2000、Office XP、Office2003、Office2007、Office2010、Office 2013、Office 2017 等。从目前实际应用情况来看，Office2007 和 Office 2013 的安装者还是比较多。更新的版本如 Office2017 由于操作系统需要 Windows 7 及以上系统，以前 WindowsXP 系统的电脑无法安装，故新版本一般仅局限于新购电脑上。其实，从 Office 2007 以后，该软件的功能已足够强大，足以应付化学化工中的一些问题。本章介绍的内容以 Office 2007 和 Office 2013 等版本为基准，但所有的应用完全可以移植到更高的版本中，只不过有些工具所在的位置不同罢了，只要找到了这些工具，具体的应用基本和 Office 的版本无多大的关系，如单变量求解、规划求解、插入公式编辑器、插入形状等。Office 软件一般由以下几个主要软件组成：

　　① MicrosoftWord——建立文档；

　　② MicrosoftExcel——处理数据；

　　③ MicrosoftPowerPoint——展示产品；

④ MicrosoftOutlook——管理时间和信息；

⑤ MicrosoftAccess——跟踪数据。

本章主要介绍前面三种软件在化学化工中的应用，后面两种软件虽然在化学化工中也有应用，但没有前面三种普通，故不作介绍，感兴趣的读者可自己阅读有关书籍。

6.1 Microsoft Word 在化学化工论文及文献书写中的应用

6.1.1 应用背景及内容

Word 是由美国微软公司推出的具有强大编辑功能的文字处理程序。自从最初的 Word 1.0 到 Word 7.0 其功能不断增加和完善。Word 7.0 以后的版本是以推出的年份命名的，其后有 Word 97、Word 2000、Word 2007、Word 2013、Word 2017 等。所有新的版本都具有兼容旧版本的性能，但新版本的文档若想在旧版本中打开，需要安装文件版本转换软件。值得提醒的是当 2007 版本的文档转换到 2003 版本时，2007 版本中的公式在 2003 版本中将转变成图片的格式，影响打印效果。2007 及以后的 Word 版本中，已无法从所有命令中加载原来的公式编辑器，需要通过插入对象来启动公式编辑器，这点在下面会有具体的介绍。

化工学科和其他学科一样，同样需要处理大量的文档工作。譬如化工论文的书写、化工文献的编辑、化工产品的说明。这些大量的文档工作在没有计算机之前，都是人工手写。由于化工论文及文献中常常有大量的图表、公式、特殊符号，因此花费了人们大量的精力和时间，进而影响最新化工信息的及时传播。尤其是当时手写稿论文投到化工杂志社时，对公式中的字符需要作多重注明，如需要说明是否上下标、是否属于某种特殊字符。大量的图示需要手工按照编辑部对线条粗细的要求严格地绘出，这些工作所花费的时间相当多。如果稿件需要修改，一般要重抄一篇，工作效率十分低下。自从有了计算机，有了 Word 软件以后，以上的问题就迎刃而解了。Word 软件除了能够比较轻松地输入各种文档外，还可以对文档进行多种编辑处理。对化工论文编辑经常用到的有：

① 根据需要任意改变字体的大小。

② 可任意设定版面大小。

③ 利用其绘图功能可绘制一些简单的实验流程图，并对其进行任意修改。

④ 可利用公式编辑器输入复杂的数学公式及化学反应式。

⑤ 可任意插入各种表格、页码及图形。

⑥ 任意复制和删除目标内容。

还有其他许多功能，读者可参见相关书籍。

编写化工论文是每一个本专业学生必须具备的能力。除了毕业环节需编写毕业论文外，还要编写适合于杂志上发表的科研论文。两者在编写上虽有一定的差别，但主要内容还是相同的。对于毕业论文而言，一般需（3~5）万字，而一般的科研论文大多数要求不要超过 5000~7000 字。不管是毕业论文还是科研论文一般都由以下几部分组成：

① 文献综述：主要论述所研究课题的历史、目前国内外研究现状、存在的问题，说明本研究的必要性及主要研究思路。在这一部分内容中，我们需要查阅大量的文献，并对其进行一些总结比较工作。同时我们会直接引用一些文献中的图片，对于这些图片无需再画，可利用扫描仪扫描或相机拍照后保存一定格式的图片文件，在编写 Word 文档时插入这些图片即可。另外我们也可以进入中国中文期刊数据库，直接检索所需论文，并将论文下载另存为可在 Word 文档中插入并打开的文件即可。

② 实验过程：主要介绍实验的准备工作及详细的实验过程；说明实验数据是如何测量

和收集的，实验过程中有什么现象，实验中碰到问题如何解决等内容。在这一节中必不可少的是实验流程。对于简单的实验流程图可利用 Word 中的绘图工具直接绘制，而对于复杂的实验流程图，利用画图板或 AutoCAD 将绘制好的流程图粘贴到 Word 文档中即可。注意从 AutoCAD 复制过来的文档必须进行修剪，以适合 Word 文档的大小。

③ 数据处理及分析：首先将实验所得的各种原始数据按一定的转换关系转换成最终的实验数据，然后将这些数据制成一定的表格、图片（需用一些专用软件如 Origin），并利用第 3 章中的知识，将实验数据进行回归和拟合，然后分析各个数据之间的相互关系，推测实验的机理。

④ 提出本实验过程的机理，确定各种待定参数值，得出本研究结论，对进一步研究提出建议及希望。

6.1.2　公式及分子式的输入

在化工论文及文献中，存在大量的公式和分子式。如果你的计算机以前只是处理一般的文档，很可能尚未将这些功能拉到常用工具栏，如果已经将上述功能键拉到工具栏中，则只需用鼠标左键点击一下就会有这些功能出现。输入公式和分子式的两个主要功能键如图 6-1 所示。如果在工具栏中没有像图 6-1 所示的工具，那么则应通过以下步骤将这些功能找出来，寻找公式编辑器的步骤如下。

① 点击菜单栏中的"工具（T）"项。

② 在弹出的菜单中选择"自定义"（图 6-2）。

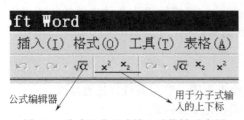

图 6-1　公式及分子式输入功能键示意图

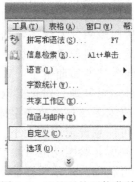

图 6-2　工具下的下拉菜单

③ 在"自定义"弹出的菜单中选择"插入"项（图 6-3）。

④ 在"插入"项弹出的菜单中，利用滚动条下拉到 3/4 处，将"$\sqrt{a}$"拉到常用工具栏中。找上下标的步骤如下。

① 点击菜单栏中的"工具（T）"项。

② 在弹出的菜单中选择"自定义"（图 6-2）。

③ 在"自定义"弹出的菜单中选择"所有命令"项。

④ 在"所有命令"项弹出的菜单中，利用滚动条下拉到 3/4 处，将有"x^2"和"x_2"的图标拉到常用工具栏（图 6-4）。

注意上面是 Word 2003 版本的上下标及公式编辑器加载方法，目前许多电脑已基本安装 Word 2007 及以上版本，一般上下标的工具在安装 office 软件时选择完全安装，系统就会自动加载上下标功能，如 Word 2007 版本安装好后自动加载的上下标功能，见图 6-5。

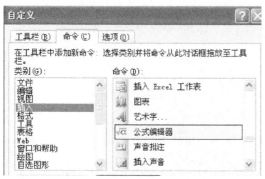

图 6-3　自定义下的插入下拉菜单

图 6-4　自定义下的所有命令下拉菜单

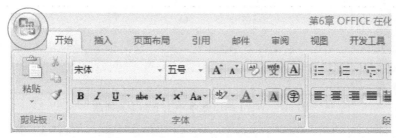

图 6-5　Word 2007 版本中的上下标工具

如果所安装的 Word 版本没有显示上下标工具，则可以通过下面方法加以加载。

① 点击图 6-5 左上角所示的 office 按钮，出现图 6-6 所示内容。

② 在图 6-6 所示内容中点击"Word 选项"→"自定义"→"所有命令"，通过移动垂直滚动条，选择"上标"和"下标"，再点击"添加"，上下标的工具就会自动添加到 Word 文本界面的上部。

③ 需要注意的是如果是 Word 2007 以上的版本，如 Word 2013 版本，找到"Word 选项"的方法略有不同，需要在图 6-7 所示内容中点击"文件"→"选项"→"自定义功能区"→"所有命令"，通过移动垂直滚动条，选择"上标"和"下标"，再点击"添加"，上下标的工具就会自动添加到 Word 文本界面的上部。Word 2013 版本的上下标工具见图 6-8。

④ 其他高于 Word 2013 版本的均可仿照 Word 2013 版本找到上下标工具。

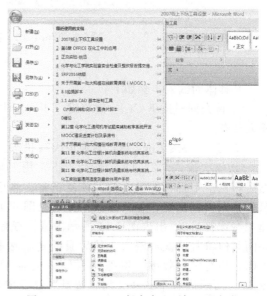

图 6-6　Word 2007 版本中上下标工具加载

下面我们举例说明如何利用上下标及公式编辑器输入分子式及公式。首先以氢气和氧气反应生成水的反应方程式为例，说明上下标的应用。氢气和氧气反应生成水的反应方程式如下：

图 6-7　Word 2013 版本中上下标工具加载

图 6-8　Word 2013 版本中的上下标工具

$$2H_2 \uparrow + O_2 \uparrow === 2H_2O$$

其具体的输入步骤如下：

① 首先同时按下 Ctrl＋空格键（不同版本会有不同方法），将中文输入状态转换成英文输入状态。

② 按下 Caps Lock 键，转换成大写状态。

③ 依次输入"2、H"，然后点击常用工具栏中的下标功能键，使其反白，再输入 2，然后再点击下标功能键，使其恢复正常。然后进入中文输入状态，选择搜狗拼音输入法，鼠标移到搜狗拼音"输入方式"处，见图 6-9，点击鼠标右键，出现图 6-10 所示内容，选择"特殊符号"，出现图 6-11 所示内容，鼠标点击所需的符号"↑"，也可以将本次所需要的其他符号一次性输入，然后通过复制粘贴用于其他地方，避免软件盘的多次打开和关闭，提高工作效率。特殊符号输入完成后，需要再次点击输入方式，这次你将看到图 6-10 所示内容中的"关闭软键盘"已变成黑体字，点击就可关闭软键盘，回复到正常状态。

④ 进入英文及大写输入状态，依次输入"＋、O"然后点击常用工具栏中的下标功能键，使其反白，再输入 2，然后再点击下标功能键，使其恢复正常。然后重复上面的特殊符号输入方法，或直接复制过来即可。

⑤ 输入"＝、2、H"，用和前面一样的方法输入下标，最后输入"O"，就完成了该化学反应方程式的输入。

图 6-9 搜狗拼音输入方式　　　　图 6-10 软键盘输入　　　　图 6-11 特殊符号输入

值得提醒读者注意的是，上下标这些功能键和电脑中的其他功能键一样，具有开关性质，点击一下，其功能就打开，再点击一下其功能就关闭，因此在输入化学分子式时常常要作多次转化。但是也可以先不分上下标，将所有的字符按次序输入，然后再通过选中需要上下标的字符，然后点击上下标功能键来达到输入上下标的目的。两者的工作量不相上下，读者可根据自己喜好来选择不同的输入方法。同时上面的反应方程式也可以利用下面介绍的公式编辑器进行输入，望读者自行练习。

化工论文中存在的大量公式，需要利用公式编辑器输入，我们以第 3 章中的公式为例，说明公式编辑器的具体应用。

$$\begin{pmatrix} m & \sum\limits_{i=1}^{m} x_i \\ \sum\limits_{i=1}^{m} x_i & \sum\limits_{i=1}^{m} x_i^2 \end{pmatrix} \begin{pmatrix} a \\ b \end{pmatrix} = \begin{pmatrix} \sum\limits_{i=1}^{m} y_i \\ \sum\limits_{i=1}^{m} x_i y_i \end{pmatrix}$$

注意 2007 及以上版本的 Word 已无法以图 6-3 所示的方式加载公式编辑器，需要通过点击菜单栏的"插入"→"对象"→"Microsoft Equation 3.0"，见图 6-12，来加载公式编辑，所有高于 2007 版本的 Word 基本可以仿照此方法找到公式编辑器。当然你也可以利用 2007 及以上版本那个大 π 形状的公式工具进行公式编写，但这个工具在兼容模式下是关闭的，并且用这个公式工具编写的公式在打印效果上也并不理想，建议还是使用 Microsoft Equation 3.0 或其他专业工具进行公式的输入，如有关生物、医药等领域的分子式输入，建议采用如 ChemBioOffice 等专业的工具输入后复制到 Word 文档。

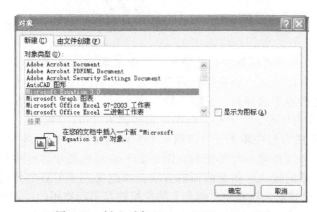

图 6-12 插入对象 Microsoft Equation 3.0

其输入步骤如下。

① 点击图 6-12 所示对话框中的"确定"，弹出如图 6-13 所示的公式编辑器工具栏和公式输入框。如果没有出现工具栏，则可以点击菜单栏中的"视图（V）"弹出菜单，再点击其中的工具栏项即可（图 6-14）。

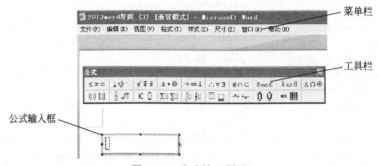

图 6-13　公式输入图示

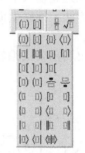
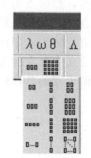

图 6-14　工具栏显示　　　　图 6-15　围栏模板　　　　图 6-16　矩阵模板

② 点击图 6-13 所示工具栏中的第二行第一列（围栏模板），在弹出的内容中选择第一个（图 6-15），然后再点击工具栏中的第二行最后一列（矩阵模板），在弹出的内容中选择 2×2 的矩阵（图 6-16）。重复以上步骤可建立需输入公式的基本框架（图 6-17）。

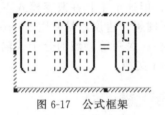
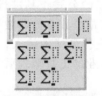

图 6-17　公式框架　　　　图 6-18　求和模板　　　　图 6-19　求和图示

③ 先在图 6-17 所示公式框架中直接输入三个单元素 m、a、b，对于其他 5 个需要加和号的元素，需按以下方法输入：将鼠标移到需要输入元素的位置，点击工具栏第二行中的求和模板，并在弹出的内容中选择第一行第三列（图 6-18），图 6-17 中所示的空元素就变成了如图 6-19 所示，在求和号的上、下小方框中可直接输入"m、$i=1$"。

④ 在求和号右边的方框中输入 x（以第一个矩阵的最后一个元素为例），然后点击工具栏中的上下标模板，并选择第一行第三列（图 6-20）在对应的小方框中分别输入"2、i"即可。其他 4 个求和元素的输入可仿照前面的方法，如此就完成了整个公式的输入。

需要注意的是在公式输入过程中，键盘上的空格键是不起作用的。如果想要在公式或字符之间间隔一定的距离，可点击菜单栏中的"样式(S)"，并选择"文字（T）"（图 6-21），这时空格键就恢复了功能。另外也可利用工具栏第一行第二列的省略和间距功能（图 6-22）。

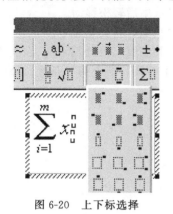

图 6-20　上下标选择　　　　图 6-21　样式选择　　　　图 6-22　间距选择

6.1.3　三线表的制作

为了简单明了地表达化工实验条件或实验结果，在化工论文、文献及书籍中需要用到大量的表格。以前，这些表格根据作者各自的习惯，五花八门，有时读者很难理解。目前，世界上流行的是三线表，该表结构严谨，条理清晰，使读者易于理解。该表共由三条横线组成。第一条线和第三条线较粗，第二条线较细。在第一条线和第二条线之间输入称之为表头的表中内容说明，对于有些数据而言还包括数据的单位。在第二条线和第三条线之间，输入和表头对应的内容。三线表的这种结构很像数据库中的数据，表头就是数据库中的数据结构，表头后面每一行的内容就像数据库中的每一条数据。下面先来看一下某一论文中的三线表，然后再来说明三线表的制作。

表 6-1　反应温度对产物分布的影响

温度/℃	固体产率	气体产率	流体产率
440	0.246	0.147	0.607
470	0.136	0.161	0.703
515	0.187	0.203	0.610
525	0.179	0.217	0.604

首先分析表 6-1 的大小，由表可知，它由 5 行 4 列组成，行间距可选择自动，列间距可根据一行的总长度而具体决定，在这里我们选定为 2cm，具体操作如下：

① 点击菜单栏中的"插入"，在下拉菜单中选择"插入表格"，如图 6-23 所示。

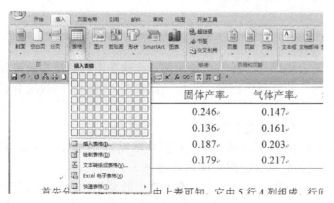

图 6-23　插入表格示意图

图 6-24　表格参数设置

② 在弹出的插入表格对话框中输入 5 行、4 列、2cm 列宽，见图 6-24。这样就可以得到如图 6-25 所示的表格。Word 2007 及以上版本，可以将表格选中后轻松移动。

③ 在表格的各项中输入相应内容，并利用工具栏中的居中功能，将文字居中。

④ 选中表格，点击鼠标右键，在弹出的菜单中选择"边框和底纹"，见图 6-26。在其弹出的对话框中，选择只有上下线条的图示（图 6-27），并利用手绘线，绘上第二条线。整个表格就完成了输入工作。

图 6-25 5 行 4 列的表格

图 6-26 设置表格工具

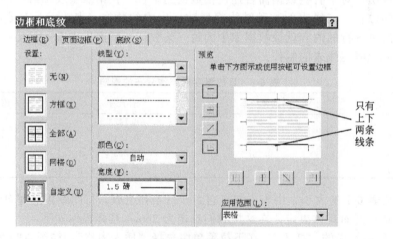

图 6-27 表格线条选择图

6.1.4 图的制作及图文混排

化工论文及文献书籍中除了大量的表格以外，还有大量的图示。这些图有的是实验流程图，有的是带坐标的实验数据图，有的是计算程序框图，不同的图根据不同的实际情况会有不同的输入方法。

对于实验流程图，一般可利用以下三种方法进行制作：

① 首先在 AutoCAD 软件里制作好流程图，然后利用复制-粘贴功能或 Ctrl＋C 和 Ctrl＋V 组合功能键将在 AutoCAD 里制作好的流程图直接粘贴到 Word 文档。

② 可利用 Word 软件本身的绘图功能，直接绘制。点击菜单栏中的菜单栏的"插入"→"形状"，见图 6-28，选择你需要绘制的图形，就可以绘制一般的实验流程图和化工工艺流程

图。在图形绘制过程中，常常需要进行一些大小和位置的移动，如果直接用键盘上的上下左右移动键进行移动，有时很难将线条或图形移到合适位置，这时可以先选中要移动的目标，然后按住 Ctrl，再按下上下左右移动键进行移动，就可以将选中的目标移到合适位置。也可以通过放大显示比例，以便修改所绘图的细节，如可以把显示比例设置为 300％，修改完成后再调整显示比例为 100％。如果要改变目标的大小及排版格式，可选中目标，弹出绘图工具，见图 6-29，在弹出的对话框中对具体的长度和高度数据进行修改可以得到更加完美的效果。对于图中的一些文字表注，可利用插入文本框，在文本框中输入要标注的文字，并利用前面介绍的方法，将文本框移到合适位置，并设置文本框为透明、无线条颜色。全图绘制及标注完成后，利用选择对象功能，选中全图及标注，选择组合，见图 6-30，将图作为一个整体，有利于以后的排版工作。

图 6-28　各种绘图形状

③ 可将其他各种软件制作好的流程图粘贴到 Word 文档。

图 6-29　绘图工具

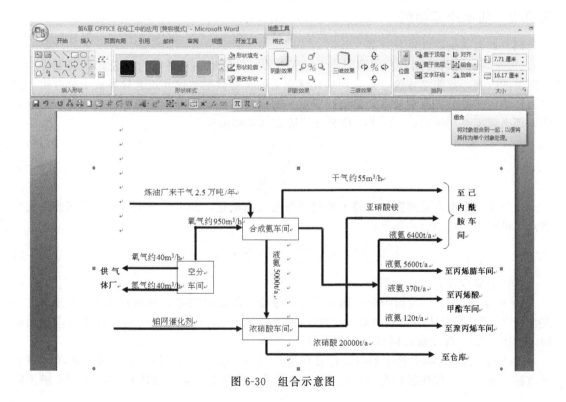

图 6-30　组合示意图

6.2 Microsoft Excel 在化工数据处理中的应用

6.2.1 Excel 功能简介

Excel 是目前最佳的电子表格系统之一。它使电子表格软件的功能、操作的简易性，都进入了一个新的境界。系统具有人工智能的特性，它可以在某些方面判断用户下一步的操作，使操作大为简化。

Excel 具有强大的数据计算与分析功能，可以把数据用各种统计图的形式形象地表示来，被广泛地应用于财务、金融、经济、审计和统计等众多领域。可以这样认为，Microsoft Excel 的出现，取代了过去需要多个系统才能完成的工作，必将在我们的工作中起到越来越大的作用。其主要有以下七个方面的功能：

① 表格制作；
② 强大的计算功能；
③ 丰富的图表；
④ 数据库管理；
⑤ 分析与决策；
⑥ 数据共享与 Internet；
⑦ 开发工具 Visual Basic。

在化工数据处理中，我们经常用到的是前 3 项功能。例如将实验数据制成表格，对实验数据进行处理及计算，将化工产品的需求信息制成图表，更重要的是利用 Excel 的规划求解、回归分析及单变量方程的求解可以解决许多化学化工中问题。本节主要针对规划求解、数据拟合及单变量求解问题进行介绍，至于表格制作、一般的数据筛选和计算不作介绍。

6.2.2 基本计算功能

（1）利用自编公式进行计算

Excel 可以允许使用者利用通用放入编程方式，灵活地编写各种计算公式，获得使用者所需要的数据，如能掌握这一点，则对化学化工的实验数据处理和工艺计算式十分有用。如在流体浓度实验的数据测量中，需要计算某一时间段的平均浓度，如果测量的间隔不是均匀的，那么就需要利用式(6-1)进行积分计算确定其平均浓度。

$$\overline{C} = \frac{\int CV \mathrm{d}t}{\int V \mathrm{d}t} \tag{6-1}$$

由于实验数据点是离散的，将上面的积分公式离散化，并考虑到流量不随时间改变这个特点，可得离散化的公式如下：

$$\overline{C} = \sum_{i=0}^{6} \frac{c_i + c_{i+1}}{2}(t_{i+1} - t_i)/(t_6 - t_0) \tag{6-2}$$

具体的编程计算操作如下：

① 现在 A、B、C 三列中分别输入时间、浓度、流量等数据，然后点击 D4 单元，点击左上角 "＝"，在公式编辑栏中输入 "(B5＋B4)＊(A5－A4)/2"，也可通过点击对应单元格输入 "B5、B4" 等变量，回车，见图 6-31。

② 回车后，D4 单元格中将显示计算结果，然后点击 D4 单元格，鼠标移到该单元格右下方的 "＋" 处，按住鼠标左键，拖到 D9 处放手，这时我们会看到从 D4 到 D9 都充满了数

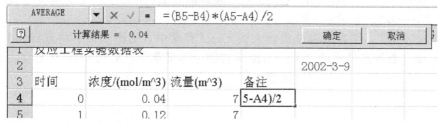

图 6-31　自编公式计算

据，其计算公式都是仿照 D4 的，见图 6-32。

③ 点击 D10 单元格（作为存放平均值的单元），然后点击工具栏中的"＝"，再点击"＝"左边的▼，在下拉菜单中选择"SUM"，并在公式编辑栏里再输入"/6"，因为实验总时间为 6，见图 6-33，然后回车，在 D10 单元格中就显示出最后的计算结果为 0.429167。

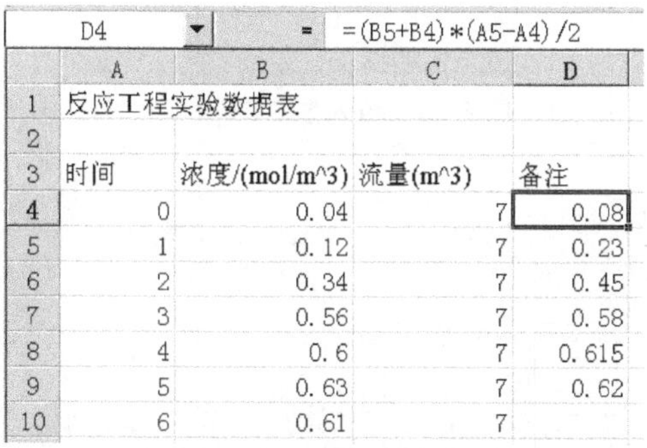

图 6-32　填充计算 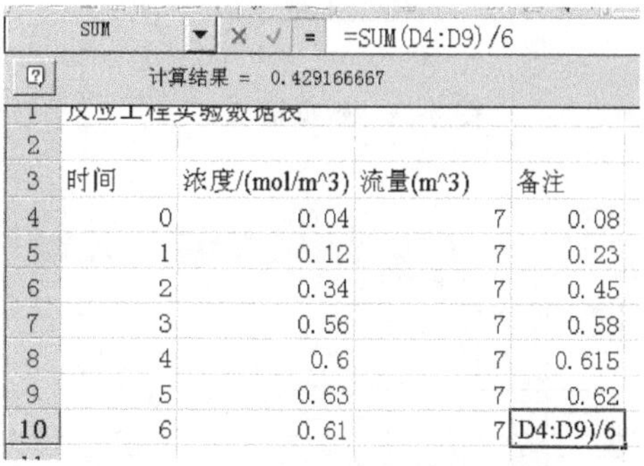　　　　　　　　图 6-33　求和和除法的混合计算

通过自编公式并结合 Excel 已开发的通用公式，可以解决大部分化学化工中的计算问题，建议读者可以将经常需要计算的问题开发成 Excel 计算程序，使用时只要输入必要的数据，就可以获得结果，大大提高了学习和工作效率。

（2）实验数据拟合

尽管在本书的第 3 章已经介绍了实验数据拟合的方法，但对于一些形式较简单拟合问题，也可以方便地通过 Excel 来计算拟合数据。如实验测得某醇类物质温度和饱和蒸气压的数据见表 6-2。

表 6-2　温度和饱和压力关系

温度 T/K	283	303	313	323	342	353
饱和蒸气压 p/(kgf/cm²)	0.125	0.474	0.752	1.228	2.177	2.943

注：1kgf/cm² ＝98.0665kPa。

现拟用式(6-3) 进行温度和压力之间的拟合：

$$p = a_0 + a_1 T + a_2 T^2 \tag{6-3}$$

请用计算机确定式(6-3) 各个参数，并计算在 283K 和 353K 时该物质用式(6-3) 拟合计算时的饱和蒸气压为多少？Excel 具体计算过程如下：

① 将温度和饱和压力数据作为任意两列输入，本例子中选 B、C 两列，见图 6-34。

② 点击菜单栏中的插入（I），在其下拉式菜单中选择"图表"，选择"XY 散点图"，见图 6-35，点击"下一步"。

③ 弹出图表向导，选择图表数据范围，鼠标移到 B4 单元格，按下鼠标左键，拖放至 C9，点击"下一步"，显示基本图形，见图 6-36。

④ 点击"完成"，作为图表直接插入到 Excel 界面中，见图 6-37。将鼠标移到数据点，点击鼠标左键，数据点显黄色，再点击鼠标右键，弹出菜单，见图 6-37 右上角，点击"添加趋势线"，弹出如图 6-38 所示对话框。

图 6-34　数据输入

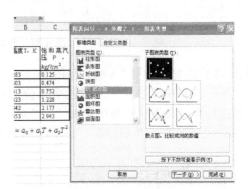

图 6-35　插入散点图

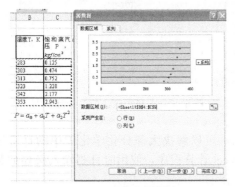

图 6-36　确定数据范围

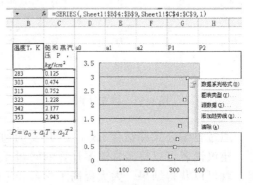

图 6-37　选择趋势线

⑤ 在图 6-38 所示对话框中，选择"多项式"，由于默认阶数是 2，本例也是 2，所以无需设定，否则需要设定"阶数"。点击图 6-38 所示对话框上方右边的"选项"，弹出图 6-39 所示对话框，在"显示公式"和"显示 R 平方值"上打钩，点击"确定"，系统弹出图 6-40 所示对话框。

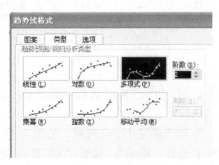

图 6-38　确定多项式

图 6-39　确定显示格式

⑥ 在图 6-40 所示的初步趋势线中，可以得到式（6-3）中的三个系数，但第一个系数只有一位有效数据显示，如将该数据直接拿来使用将造成很大的误差，而 $R^2=0.9994$，表明回归相关性很高。这时需要右击图 6-40 中所示的回归公式，选择"数据标志格式"，弹出图 6-41 所示对话框，点击"数字"，选"数值"，设置"8"位小数点，点击"确定"，结果见图 6-42。这时，可以见到 a_0 已有 5 位有效数字，将 $x=273$ 和 $x=383$ 分别代入图 6-42 中所示的计算公式，得饱和压力分别为 $0.1222\mathrm{kgf/cm^2}$ 和 $2.935\mathrm{kgf/cm^2}$，和实际测量结果非常接近，表明拟合方法正确，效果很好。

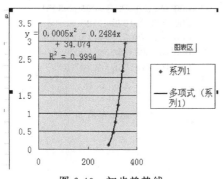

图 6-40　初步趋势线

图 6-41　确定数据格式

（3）单变量方程求解

对于单变量方程的求解，Excel 有现成的计算工具，只要处置选定合理，方程本身又有解，基本上都能求解。在化工管道设计中，常需要确定管道的摩擦系数以便确定泵的输送功率，现已知雷诺数 $Re=1000\sim5000$，某管道内流体流动时摩擦系数 λ 和雷诺数 Re 具有以下关系：

$$\left(\frac{1}{\lambda}\right)^{0.5}=1.8-2\lg\left[0.15+\frac{18.7}{Re\lambda^{0.5}}\right]\quad(6\text{-}4)$$

现需要计算 Re 在 $1000\sim5000$ 每隔 1000 的 5 个点处的 λ 值。现介绍利用 Excel 的单变量求解方法来求取 λ。

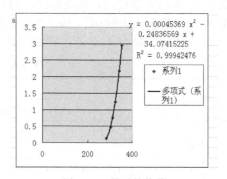

图 6-42　最后趋势线

① 先在 Excel 输入如图 6-43 所示的数据，并在 F5 中输入下面的公式，注意常用对数和自然对数之间的转换，其公式为"$=(1/E5)^{\wedge}0.5-1.8+2*\mathrm{LN}(0.15+18.7/(D5*E5^{\wedge}0.5))/\mathrm{LN}(10)$"。

图 6-43　输入数据及公式

图 6-44　选择单变量求解

② 点击菜单栏中的"工具"，在其下拉式菜单中选择"单变量求解"，见图 6-44。

③ 在弹出的单变量求解对话框中选择 F5 为目标单元格，设置目标值为"0"，选择 E5 为可变单元，点击"确定"，并将 λ 所在的列拉宽，就可以得到当 $Re=1000$ 时，$\lambda=0.1001$，见图 6-45。

④ 将 F5 通过拉动填充到 F6～F9，重复以上步骤，可以得到所有解，见图 6-46。

图 6-45　方程设置

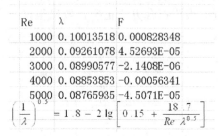

图 6-46　所有解

6.2.3　Excel 规划求解

某炼油厂用两种原料油生产炼制汽油、煤油、柴油以及残油，具体的原料和产品数据见表 6-3，如何安排生产，可使炼油厂的利润为最大？分析表 6-3 的数据，假设每天炼 1$^\#$原油量为 x_1（单位均为桶/d），炼 2$^\#$原油量为 x_2，汽油产量为 x_3，煤油产量为 x_4，柴油产量为 x_5，残油产量为 x_6，若以利润为经济指标，则目标函数为：

表 6-3　炼油厂原料和产品数据

产品名称	价格	得率/%		市场需求 /(桶/d)
		1$^\#$原油(24 美元/桶)	2$^\#$原油(15 美元/桶)	
汽油	36	80	44	24000
煤油	24	5	10	2000
柴油	21	10	36	6000
残油	10	5	10	无限制
加工费/(美元/桶)		0.50	1.00	

$$f_{\max}(x)=产值-原料费-加工费$$
$$产值=36x_3+24x_4+21x_5+10x_6$$
$$原料费=24x_1+15x_2$$
$$加工费=0.5x_1+x_2$$

根据每个产品的得率（物料衡算）可列出 4 个等式约束：

汽油　$0.80x_1+0.44x_2=x_3$

煤油　$0.05x_1+0.10x_2=x_4$

柴油　$0.10x_1+0.36x_2=x_5$

残油　$0.05x_1+0.05x_2=x_6$

为减少变量数，可将上述约束方程代入目标函数，消去 x_3、x_4、x_5、x_6，得：

$$产值=36(0.80x_1+0.44x_2)+24(0.05x_1+0.10x_2)+21(0.10x_1+0.36x_2)+10(0.05x_1+0.05x_2)$$
$$=32.6x_1+26.8x_2$$

即线性规划的目标函数为：

$$J_{\max}=f(x)=8.1x_1+10.8x_2$$

每种产品有最大允许产量的约束，即：

$$0.80x_1+0.44x_2\leqslant 24000$$
$$0.05x_1+0.10x_2\leqslant 2000$$
$$0.10x_1+0.36x_2\leqslant 6000$$

另外还有隐含的 x_1 和 x_2 非负的约束：

$$x_1\geqslant 0$$
$$x_2\geqslant 0$$

通过引入松弛变量，将该问题的线性规划问题化成标准型得：

$$\begin{aligned} &J_{\min}=-8.1x_1-10.8x_2 \\ \text{s.t}\quad &0.8x_1+0.44x_2+x_3=24000 \\ &0.05x_1+0.1x_2+x_4=2000 \\ &0.1x_1+0.36x_2+x_5=6000 \\ &x_i\geqslant 0\quad i=1,2,\cdots,5 \end{aligned} \tag{6-5}$$

对于式(6-5)的问题，可以利用单纯形表格法进行手工计算，但如果变量增加，手工计算将很困难，如果借助于计算机，就可以方便地进行求解。下面介绍用Excel来求解该线性规划的方法。打开Excel软件，按图6-47所示输入全部内容，然后在F3～F5中输入约束函数见图6-48，先在F3输入“=A3*a2+B3*b2+C3*c2+D3*d2+E3*e2”函数，F4和F5可通过填充实现约束函数输入，然后在H2输入目标函数“=-8.1*A2-10.8*B2”，需要注意的是在本题中将A2～E2作为可变单元格。

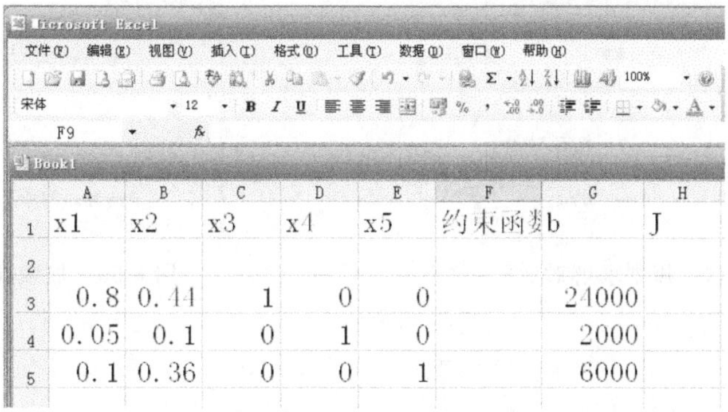

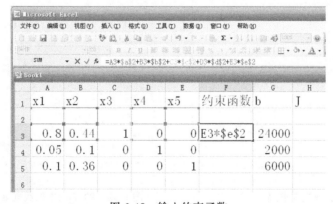

图6-47 输入基本数据

图6-48 输入约束函数

完成上述设置后，对 2003 版本而言，点击"工具"菜单，选择其中的"规划求解"，系统弹出图 6-49 所示对话框。通常第一次使用规划求解时，需要加载该工具，2003 版本的 Excel 只需点击"工具"菜单，选择其中的"加载宏"，系统就会弹出图 6-50 所示的对话框，将"规划求解"选中，点击"确定"即可加载规划求解工具。2007 版本的 Excel 加载过程稍微复杂一些，具体过程是鼠标移到屏幕右上角，系统弹出图 6-51 所示界面，点击最下面的"Excel 选项"，系统弹出图 6-52 所示的对话框，点击下边中部的"转到"，2007 版本也会弹出和 2003 版本一样的如图 6-50 所示的对话框，选中"规划求解"，点击"确定"就可以加载。对于 2007 以上的版本，规划求解的加载方法基本和 2007 版本相仿。对 2007 或以上版本而言，输入完数据及公式后，点击"数据"菜单，屏幕右上角就会出现"规划求解"（规划求解工具已按上面步骤加载）。无论是 2003 的版本还是 2007 的版本，最后系统都会弹出图 6-49 所示的对话框，设置目标单元格为 H2，等于最小值，可变单元格为 A2～E2，在约束条件中点击"添加"，系统弹出图 6-53 所示对话框，在单元格引用位置选中 F3～F5，在约束值选中 G3～G5，点击"确定"，系统返回图 6-49 所示的对话框。点击"选项"，系统弹出图 6-54 所示对话框，在"假定非负"上打钩，点击"确定"，系统返回图 6-49 所示对话框，完成全部设置后的对话框见图 6-55。点击求解，最后结果见图 6-56。

图 6-49　规划求解对话框

图 6-50　加载规划求解

图 6-51　2007 版本加载规划求解（一）

图 6-52　2007 版本加载规划求解（二）

由图 6-56 可知，原生产安排问题得到最优解，可安排炼制 1# 油 26207 桶、2# 油 6897 桶，生产汽油 24000 桶、煤油 2000 桶、柴油 5552 桶，没有超过市场最大需求，可获利 286759 元（对桶数进行了四舍五入，对最后利润有一定影响）。如市场需求变化或原料价格和产品价格变化，只需修改图 6-47 中的数据，重新求解一次，无需再次设置就可以得到新的解，借助于计算机，原来需要几个小时的手工计算（变量在 10 个以上时）在瞬间可以完成，大大提高了工作效率。

图 6-53 添加约束条件

图 6-54 设置规划求解精度

图 6-55 全部设置情况

图 6-56 线性规划求解结果

6.2.4 Excel 回归分析

前面介绍了利用 Excel 进行单变量参数拟合，如果变量数在 1 个以上，那么前面介绍的方法就无法解决。要解决多变量参数拟合问题，就必须利用 Excel 的数据分析下的回归方法。这个方法的应用也和规划求解一样，也需要进行加载，其加载方法和规划求解一样，也就是在加载规划求解时，将"分析工具库"选中即可，见图 6-50。

【例 6-1】 已知某类型换热器的加工劳动力成本如表 6-4 所示，现用 $C = a_0 + a_1 S + a_2 N$ 进行拟合，其中 C 为劳动力成本（元），S 为换热器面积（m^2），N 为换热器管子数，试确定最佳 a_0、a_1、a_2。

表 6-4 换热器加工成本数据

成本 C/元	换热面积 S/m^2	列管数 N
1860	140	550
1800	130	530
1650	108	520
1500	110	420
1320	84	400

成本 C/元	换热面积 S/m²	列管数 N
1200	90	300
1140	80	280
900	65	220
840	64	190
600	50	100

解： 将表6-4的数据输入到Excel2007或以上版本的电子表格中，然后点击"数据"→"数据分析"→"回归"，见图6-57，系统弹出如图6-58所示的对话框。

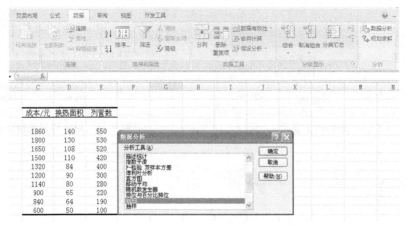

图 6-57　回归数据

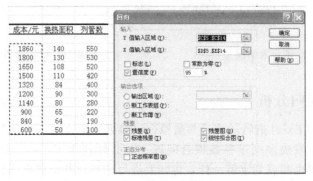

图 6-58　回归参数设置

在图6-58所示对话框中选"Y值输入区"为"＄C＄5：＄C＄14"，"X值输入区"为"＄D＄5：＄E＄14"，其他参数的选择均按图6-58中所示进行，点击"确定"，得到图6-59所示的回归结果。

由图6-59中所示的数据可知，换热器加工费用拟合参数 $a_0=178.0673$、$a_1=5.4533$、$a_2=1.7114$（按保留4位小数计），通过观察预测值及残差可以发现拟合结果比较理想。当然也可以通过 $R^2=0.99766$ 判定其拟合结果很理想，因为 R^2 的值越接近1，表明拟合效果越好。如果拟合的公式变成 $C=a_0+a_1 S^{0.89}+a_2 N^{1.08}$，我们也可以方便地通过数据的转换，来求得拟合的参数。可先利用电子表格的数据转换算出 $S^{0.89}$ 及 $N^{1.08}$，见图6-60。

利用图6-60所示转换后的数据，仿照前面的回归方法，可以得到新的拟合结果，见图6-61。

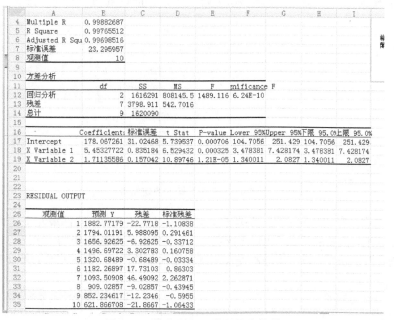

图 6-59　换热器加工费用拟合结果

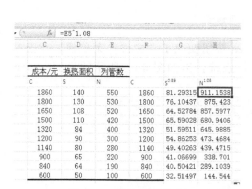

图 6-60　转换后的数据

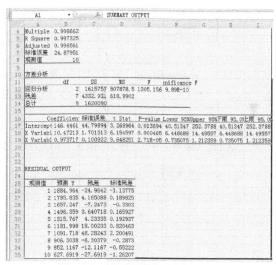

图 6-61　新的拟合结果

6.3　Excel 中的宏及其编程应用

宏是一系列操作的组合，是指程序员事先定义的特定的一组指令，这样的指令是一组重复出现的代码的缩写，此后在宏指令出现的地方，系统总是自动地把他们替换成相应定义的操作或代码块。其实宏是相对于微而言的，微即单步操作；宏本身范围也可大可小。

6.3.1　加载宏组件

Excel2003 中的宏组件可在"工具"菜单栏下找到，而在 Excel2007 中需要在"开发工具"菜单栏下找到，见图 6-62。高于 2007 版本的，也同样通过"开发工具"菜单栏下找到宏组件。

图 6-62　开发工具下的宏组件

一般办公电脑没有"开发工具"菜单栏，需要通过点击 Excel 软件最左上角的 Office 按钮，在弹出的对话框中，点击右下的"Excel 选项"，再在弹出的对话框中将"开发工具"选项卡打钩，点击"确定"，"开发工具"菜单栏便会出现在基本菜单栏中，具体操作过程见图 6-63。

点击Office按钮　　　　　　点击"Excel选项"　　　　　　打钩，确定

图 6-63　2007 版开发工具加载过程

对于 2007 以上的版本，如 2013 版本，这个 Office 按钮变成了"文件"菜单栏，点击左上角"文件"菜单，在下拉式菜单下部选择"选项"，系统弹出如图 6-64 所示的界面，点击

图 6-64　2013 及以上版本开发工具加载过程

"自定义功能区"，将"开发工具"选项卡打钩，点击"确定"，"开发工具"菜单栏便会出现在基本菜单栏中。

6.3.2　宏安全性设置

如果不对宏的安全性进行设置，则所录制的宏可能无法应用。这时，需要点击图 6-62 中所示的"宏安全性"，弹出图 6-65 所示对话框，进行设置。选"宏设置"，点击"启用所有宏"，点击"确定"。有时可能仍无法使用上次开发的宏，这时可退出 Excel，再次打开 Excel，就可以使用上次开发的宏了。

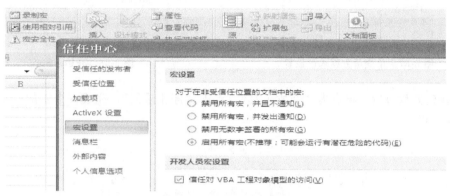

图 6-65　宏的安全性设置

6.3.3　宏的录制

录制宏的目的是为了调用宏，调用宏的目的是为了让电脑解决一系列重复的问题，并形象地表示出来。所以在录制宏之前必须确定所要解决的问题。下面通过具体实例来说明宏的录制过程。已知方程：

$$ax^3 + bx - 300 = 0$$

求该方程在不同 a、b 值时的解，求取 $a = 0 \sim 10$ 间隔 0.5，$b = 1$、2、3 的共 21×3 个解。

① 先利用 Excel 的单变量方程求解方法建立求解表格，见图 6-66。这里，x、a、b 的初值可以任意给定，一般建议给定 1 为好，F 项是公式，和 VB 编程相当。为了保证录制正确的宏，一般先将需要录制的宏操作一遍，此问题是单变量求解问题。

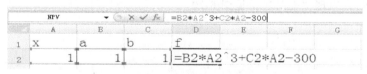

图 6-66　单变量方程求解表格

② 进行单变量方程求解，点击"数据"→"假设分析"→"单变量求解"，系统弹出图 6-67 所示对话框。目标单元格选 D2，目标值输入"0"，可变单元格选 A2，点击"确定"，可得 A2 单元格的值为 6.64453，为方程解，如果小数位过少，可将 A 列向右拉，就会增加小数位。

③ 开始录制宏。做完了前面的准备工作，将 x 值先恢复到 1，点击图 6-62 中所示的"录制宏"，系统弹出图 6-68 所示对话框。默认宏名为"Macro1"，输入快捷键为"a"，点击"确定"，将原来的单变量方程求解过程重复一遍。

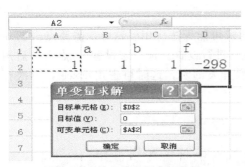

图 6-67 单变量方程求解设置

图 6-68 开始录制宏

④ 得到方程解后，再点击"开发工具"，点击"停止录制"，完成一个宏的完整录制过程，见图 6-69。

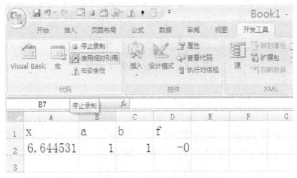

图 6-69 停止录制宏

6.3.4 宏的调用

上面已经录制好了 Marco1，下面具体介绍通过调用宏，来求解原来的问题。

① 单击"开发工具"，点击"插入"，出现"表单控件"，点击"表单控件"中的第一个按钮（窗体按钮），出现"＋"号，见图 6-70。

$$ax^3 + bx - 300 = 0$$

图 6-70 插入按钮

② 将出现的"＋"号移动至适当位置，如图 6-71 所示"按钮 7"处，按住拖动成一定大小的矩形，此时系统自动产生"按钮 7"字样及"指定宏"对话框。注意"7"不一定，

也有可能是1、2、3，跟前面已经输入的按钮有关。

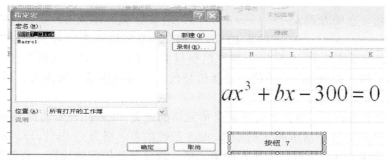

图 6-71　放置按钮

③ 点击图 6-71 中所示的"Macro1"，"指定宏"对话框转变成如图 6-72 所示，表明刚才插入的"按钮 7"已和我们录制的宏"Macro1"绑定，点击"确定"即可。

④ 将图 6-71 中所示的"按钮 7" 3 个字删除，输入"单变量方程求解" 7 个字，如无法操作时，可通过点击右键，在功能菜单中选择"编辑文字"，光标移出按钮，点击，出现图 6-73 所示内容。注意图 6-73 中所示的 a、b 的系数已变为 2、3，这是我们在调试单变量方程计算过程中改变的数字，不会影响宏的应用，现在我们可以任意改变 a、b 的值，当然需要保证方程有解，如输入 $a=10$、$b=2$，点击"单变量方程计算"，得方程的解，见图 6-74。

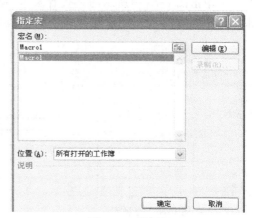

图 6-72　绑定宏

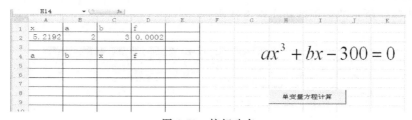

图 6-73　按钮改名

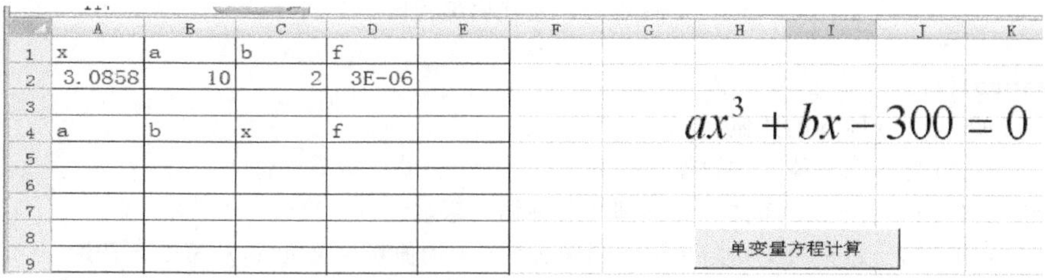

图 6-74　单个宏调用

如果宏的应用到此为止，那么还没有充分发挥宏的威力，只不过减少了一些步骤，可以方便地求出单变量方程的解，但是如果能够对宏进行编辑，那么宏就可以发挥它巨大的威力。

6.3.5 宏的编程

回到原问题,已知方程 $ax^3 + bx - 300 = 0$,求该方程在不同 a、b 值时的解。要求取 $a = 0 \sim 10$ 间隔 0.5,$b = 1$、2、3 的共 21×3 个解。如果利用图 6-74 中所示的宏的调用,需要改变 63 次 a、b 的值,同时点击 63 次"单变量方程求解"按钮,还需要及时将所求的根转移至其他单元格,否则所求的根就会被新根替代。如果利用编程调用宏,那么 63 次的重复操作只要通过循环语句就可以完成任务。

在 Excel 的宏编辑中,最关键的要素是单元格的定义,Excel 表中的每一格可以用 Cells (i, j) 定义,如图 6-74 中所示的 x 的根 3.0858 所在的单元格为 Cells(2,1),2 表示第 2 行,1 表示 A 列,依次类推,可以定义所有的单元格。现在要利用宏的编辑,直接产生 63 个根,并将对应的数据放在第 5~67 行、A~D 列上,其程序编辑过程如下。

① 单击图 6-75 中所示的"查看宏",弹出图 6-76 所示对话框,选择"Macro1",点击图 6-76 中所示的"编辑",弹出图 6-77 所示内容。

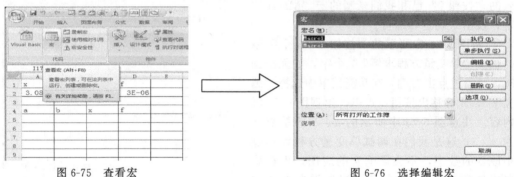

图 6-75 查看宏　　　　　　　　　　图 6-76 选择编辑宏

② 删除红色和绿色部分代码,这是一些宏录制过程中多余或错误的操作记录。并按题目要求编辑宏代码。

③ 在图 6-77 所示的编程区输入以下代码。

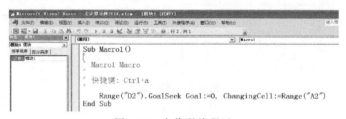

图 6-77 宏代码编程区

```
Sub Macro1()
For j=1 To 3  '3 种 b 的数值
  For i=1 To 21  '21 种 a 的数值
    Cells(2,2)=(i-1)*0.5  'a 的值用循环语句来赋值
    Cells(4+(j-1)*21+i,1)=(i-1)*0.5  'a 的值新放置位置,从第 5 行开始
    Cells(2,3)=j 'b 的值用循环语句来赋值
    Cells(4+(j-1)*21+i,2)=j  'b 的值新放置位置,从第 5 行开始
Range("D2").GoalSeek Goal:=0,ChangingCell:=Range("A2")'方程求解
    Cells(4+(j-1)*21+i,3)=Cells(2,1)'将方程的根保存起来
```

```
    Cells(4+(j-1)*21+i,4)=Cells(2,4)'将方程的偏差保存起来
  Next i
Next j
End Sub
```

注意代码中倾斜的一行是由录制宏操作过程中产生的，无需修改，其他代码为人工输入。各种代码的含义已在代码后面说明。

④ 编辑好上述代码后，返回 Excel 界面，单击“单变量方程计算”按钮，不到 1s 系统就自动计算好 63 个方程的根，见图 6-78。

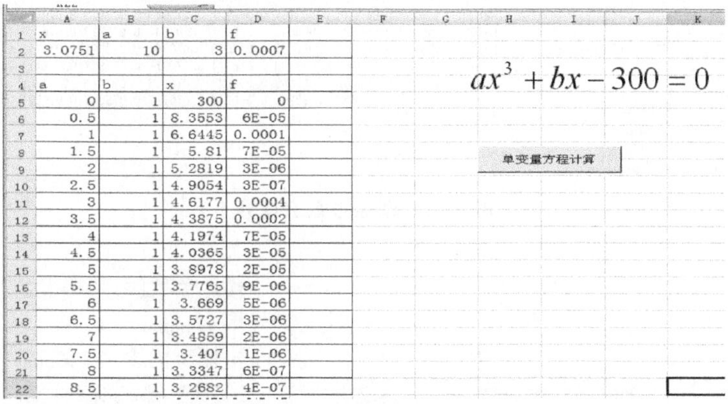

	A	B	C	D
1	x	a	b	f
2	3.0751	10	3	0.0007
3				
4	a	b	x	f
5	0	1	300	0
6	0.5	1	8.3553	6E-05
7	1	1	6.6445	0.0001
8	1.5	1	5.81	7E-05
9	2	1	5.2819	3E-06
10	2.5	1	4.9054	3E-07
11	3	1	4.6177	0.0004
12	3.5	1	4.3875	0.0002
13	4	1	4.1974	7E-05
14	4.5	1	4.0365	3E-05
15	5	1	3.8978	2E-05
16	5.5	1	3.7765	9E-06
17	6	1	3.669	5E-06
18	6.5	1	3.5727	3E-06
19	7	1	3.4859	2E-06
20	7.5	1	3.407	1E-06
21	8	1	3.3347	6E-07
22	8.5	1	3.2682	4E-07

图 6-78 计算结果

如果我们利用上述双重循环的模式来求解管道的摩擦系数，则可以方便地计算各种不同条件下的摩擦系数，如以下代码：

```
Sub Macro2()
   Dim i,j
  '改变 粗糙度
For i=0 To 10
   Cells(2,2)=Cells(6,2)+Cells(8,2)*i
     '改变雷诺数
      For j=0 To 20
   Cells(2,1)=Cells(6,1)+Cells(8,1)*j
   Cells(2+j,6)=Cells(2,1)
  '单变量方程求解
       Range("C2").GoalSeek Goal:=0,ChangingCell:=Range("D2")
         Cells(j+2,i+7)=Cells(2,4)   //保存摩擦系数
      Next j
  Next i
End Sub
```

点击图 6-79 中所示的自动计算，计算机就会快速计算图 6-79 中右边所示的各种数据，同时左边下部的曲线图也会相应改变。

需要提醒读者注意的是如果录制的宏是调用规划求解，则有时会出现无法使用的情况。这时可以点击“工具”→“引用”，见图 6-80，计算机弹出图 6-81 所示的“引用”对话框，将“Solver”的引用选中后点击“确定”即可。

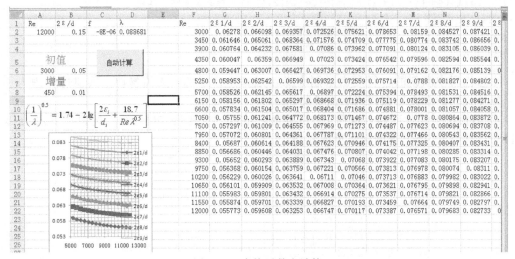

图 6-79　摩擦系数宏计算

图 6-80　工具下拉菜单

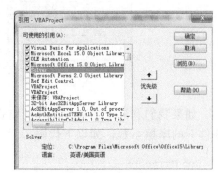

图 6-81　引用对话框

6.4　基于慕课的一解多题

6.4.1　案例的选择及求解方法

（1）案例选用

在涉及化学化工的设计计算中常常需要求解各种方程及方程组，这些方程和方程组无法用数学解析的方法来求解，如有以下非线性方程组：

$$\begin{cases} x^{1.8} + 2y^{2.1} - 4 = 0 \\ 2x^3 + xy^{1.2} - 8 = 0 \end{cases} \tag{6-6}$$

上述方程组无法用数学解析的方法求得，但它是两个物质的浓度，故存在正的实根，采用什么软件，用什么方法求解呢？化学化工中有许多这样的问题，最好能找到一种使用的软件易得、求解过程简单的解题方法。

（2）求解方法

基于上面的案例及要求，我们可以选择 Excel 软件中的规划求解方法来进行计算。至于规划求解功能的加载我们已经在前面作了详细介绍。

打开 Excel 软件，构建如图 6-82 所示的界面，在 A2、B2 单元格中输入方程组（6-6）

的初值 1、1，定义 C2、C3 分别为方程组（6-6）两个等式的平方，即 $C2=(A2^{1.8}+2*B2^{2.1}-4)^2$；$C3=(2*A2^3+A2*B2^{1.2}-8)^2$，定义 $C4=C2+C3$。完成上述设置后，点击 Excel 上部菜单栏中的数据，在屏幕右上角会出现"规划求解"，点击"规划求解"，系统弹出图 6-83 所示对话框。设置目标单元格为 C4，选取值为 0；选取 A2、B2 单元格为可变单元格，同时添加约束条件，即将 A2、B2 单元格均设置大于 0。注意此时一定要再单击图 6-83 中所示的"选项"，系统弹出图 6-84 所示的选项对话框，将各项选项按图 6-84 所示数据设置好。注意系统默认的初始允许误差为 5%，如果不按图 6-84 所示进行修改，系统就无法求取精确解，这一点非常重要。设置好规划求解的各选项后，点击"确定"，系统回到图 6-83 所示对话框。点击对话框中的"求解"，得到图 6-85 所示的计算结果。

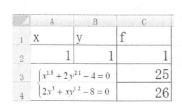

图 6-82　方程构建

图 6-83　规划求解设置

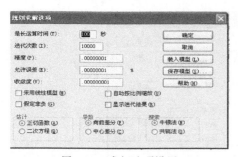

图 6-84　求解选项设置

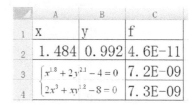

图 6-85　方程求解结果

由图 6-85 可知，利用 Excel 软件中规划求解的方法，可方便地求得方程组（6-6）的解，其中 $x=1.484$，$y=0.992$。

6.4.2　一解多题慕课教学实践

通过上面的例子，同学们领略了 Excel 软件的初步威力，其实 Excel 软件中的规划求解这一解法还可以帮助我们解决化学化工中的许多问题，下面是慕课教学中用到的一解多题的教学实践。

（1）参数拟合

已测得如表 6-5 所示的某物质的饱和蒸气压数据。现拟用 $\ln p=a+\dfrac{b}{T+c}$ 来拟合实验数据，试用计算机求取 a、b、c。

表 6-5　某物质饱和蒸气压随温度变化关系

序号	1	2	3	4	5	6	7
温度 T/K	283	293	303	313	323	333	343

续表

序号	1	2	3	4	5	6	7
压力 p/mmHg	35	120	210	380	520	680	790

将表中的温度和压力输入 Excel 表格中，并构建 $p_{拟合}=e^{a+\frac{b}{T+c}}$ 及 $(p_{实际}-p_{拟合})^2$ 及 $\frac{p_{拟合}-p_{实际}}{p_{实际}}\times100\%$的计算列，以 $\sum(p_{实际}-e^{a+\frac{b}{T+c}})^2$ 为目标函数，通过改变 a、b、c 的值，使目标函数的值为最小，完成以上数据输入及计算项构建后见图 6-86。注意图 6-86 中，a、b、c 的初值选取都为 1，这时拟合效果非常差。

	A	B	C	D	E
1	温度T（K）	压力P（mmHg）	$P_{拟合}=e^{a+\frac{b}{T+c}}$	$\sum(P_{实际}-e^{a+\frac{b}{T+c}})^2$	$\frac{P_{拟合}-P_{实际}}{P_{实际}}\times100\%$
2	283	35	2.727870114	1041.490367	-92.20608539
3	293	120	2.727543427	13752.82907	-97.72704714
4	303	210	2.727238268	42961.99776	-98.70131511
5	313	380	2.726952577	142334.9523	-99.2823809
6	323	520	2.726684548	267571.6829	-99.47563759
7	333	680	2.726432592	458699.4851	-99.59905403
8	343	790	2.726195307	619800.0436	-99.65491199
9			目标函数	1546162.481	98.09234745
10	a	b	c		
11	1	1	1		

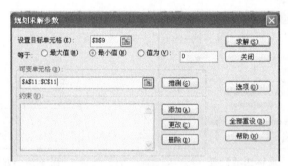

图 6-86　参数拟合（一）

图 6-87　参数拟合（二）

点击 Excel 上部的“数据”菜单，再点击“规划求解”，系统就弹出图 6-87 所示的对话框，选择目标函数为 D9 单元格，并选定等于“最小值”，其中 D9＝Sum(D2∶D8)；选择 A11、B11、C11 为可变单元格，和方程组求解时一样，进行选项设置，再点击“求解”，系统提示找到有用解，点击“确定”，得到图 6-88 所示的解。由图 6-88 可知 $a=8.096439$，$b=-120.701$，$c=-257.4502989$。图 6-88 中所示 E 列的数据是拟合数据和实验数据相比的百分误差，对于饱和蒸气压而言，这种误差还是可以接受的。

	A	B	C	D	E
1	温度T（K）	压力P（mmHg）	$P_{拟合}=e^{a+\frac{b}{T+c}}$	$\sum(P_{实际}-e^{a+\frac{b}{T+c}})^2$	$\frac{P_{拟合}-P_{实际}}{P_{实际}}\times100\%$
2	283	35	29.16064535	34.09806268	-16.68387042
3	293	120	110.0916375	98.17564763	-8.256968758
4	303	210	231.9653106	482.4748677	10.45967169
5	313	380	373.7444159	39.13233242	-1.646206342
6	323	520	520.6300916	0.397015449	0.121171465
7	333	680	664.3226973	245.7778213	-2.305485698
8	343	790	800.7285437	115.1016494	1.358043503
9			目标函数	1015.157397	5.833059697
10	a	b	c		

图 6-88　参数拟合（三）

(2) 线性方程组求解

将线性方程组(6-7)中的各系数及常数项按图 6-89 所示输入 Excel 软件中。

$$\begin{cases}6x_1-x_2-3x_3=10\\2x_1-5x_2+2x_3=-3\\2x_1+4x_2+4x_3=20\end{cases} \tag{6-7}$$

	A	B	C	D	E
1	x1	x2	x3	b	f
2	6	-1	-3	10	2
3	2	-5	2	-3	-1
4	2	4	4	20	10
5	1	1	1		

图 6-89　线性方程组求解(一)

其中设置 E2=A2 * A5+B2 * B5+C2 * C5；E3=A3 * A5+B3 * B5+C3 * C5，E4=A4 * A5+B4 * B5+C4 * C5，其他单元格数据均为直接输入。和前面计算的方法雷同，点击“数据”，再点击“规划求解”，在弹出的对话框中，任选 A5、B5、C5 三个单元格中的一个作为目标函数，任选最大或最小，本例中选 A5，求取最小值(其实以上选项均不会影响求解结果)。选 A5、B5、C5 三个单元格为可变单元格，其值分别对应 x_1、x_2、x_3；添加约束条件，令 D2∶D4=E2∶E4，见图 6-90。由于是线性问题，因此可以不理会选项问题的设置，直接点击图 6-90 中的“求解”，系统得到图 6-91 所示的计算结果。当然通过观察 D 列和 E 列的数据，可以认为求出的解完全正确。如将图 6-89 中所示的表格进行扩展，可以计算更多变量的线性方程组，其方法完全一致。

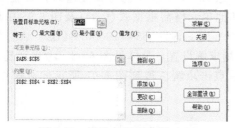

图 6-90　线性方程组求解(二)

	A	B	C	D	E
1	x1	x2	x3	b	f
2	6	-1	-3	10	10
3	2	-5	2	-3	-3
4	2	4	4	20	20
5	2.734	2.248	1.385		

图 6-91　线性方程组求解(三)

(3) 线性规划求解

线性规划在化学化工的资源配置、配方优化等方面有着重要的应用，它是在线性约束条件下求解线性目标函数最大或最小值的一种方法，作为一名理工科大学生应该掌握该种方法。线性规划求解尽管有许多专业软件，其求解效率和功能都很丰富，但对于化学化工专业的大学生来说，能掌握用最常用的 Excel 软件来求解的方法，是十分实用的。线性规划的求解过程和上面线性方程组(6-7)的求解过程十分相似，模型方程如下：

$$\begin{aligned}&\max J=2x_1+3x_2-x_3\\&\text{s.t.}\quad x_1+2x_2+x_3=4\\&\qquad\quad 2x_1+x_2\leqslant 5\\&x_1,x_2,x_3\geqslant 0\end{aligned} \tag{6-8}$$

和前面求解线性方程组一样，构建图 6-92 所示的具体数据及方程表格，图 6-92 和图 6-89 唯一的不同是在第 4 行输入目标函数的系数，E4 单元格是目标函数的计算公式，和图 6-89 中所示完全一致。在完成图 6-92 的基础上，进入图 6-93 所示的规划求解设置，设置 E4 单元格为目标单元格，求最大值；A5、B5、C5 为可变单元格，同时添加三个约束条件，具体见图 6-93。点击“求解”，得图 6-94 所示的结果，显示当 $x_1=2$、$x_2=1$、$x_3=0$ 时，目标函数为 7，其结果和文献介绍的结果完全一致。如对图 6-92 所示的表格数据进行拓展，则可以求解更多变量和约束条件的线性规划问题。

x1	x2	x3	b	f
1	2	1	4	4
2	1	0	5	5
2	3	-1	J	7
	2	1		

图 6-92　线性规划求解（一）

图 6-93　线性规划求解（二）

（4）非线性过程优化

非线性过程优化是化工优化设计中经常要碰到的问题，如多级串联换热器面积优化，其优化模型如下（其中已化去约束条件，也可以不化去，直接添加到规划求解的约束中）：

$$\min J = 10000\left(\frac{T_1-100}{3600-12T_1+}+\frac{T_2-T_1}{3200-8T_2}+\frac{500-T_2}{400}\right) \quad (6\text{-}9)$$

对于如式(6-9)所示的非线性优化问题，规划求解也可以方便地求取最优解。为了快速高效地求取式(6-9)的最优解，可以根据具体的物理意义增加约束条件，提高规划求解的成功率。因为对于非线性问题，规划求解有时会无法求取有用解。可增加 $T_1>100$，$T_2>T_1$，$T_2<500$，$3600-12T_1>0$，$3200-8T_2>0$。根据以上条件，构建图 6-95 所示的初始表格。其中第 1 行和第 4 行为直接输入，第三行除 B3 单元格外也为直接输入，设置 B3＝A2；第 2 行中 A2、B2 作为初值需直接输入，其他单元格需根据式(6-9)及图 6-95 中所示的表达式构建具体的计算公式，如 C2＝＝3600－12＊A2；B5＝10000＊(B2－A2)/D2；D5＝SUM(A5：C5)。完成上述工作后，进入规划求解设置，具体见图 6-96。考虑到是非线性问题，需要对选项进行设置，完成选项设置后点击求解，得到图 6-97 所示的求解结果，其结果和其他文献中用 MATLAB 求解完全一致。

x1	x2	x3	b	f
1	2	1	4	4
2	1	0	5	3
2	3	-1	J	4
1	1			

图 6-94　线性规划求解（三）

T_1	T_2	$3600-12T_2$	$3200-8T_2$
120	300	2160	800
100	120		
A_1	A_2	A_3	J
92.59	2250	5000	7342.593

图 6-95　非线性模型优化（一）

图 6-96　非线性模型优化（二）

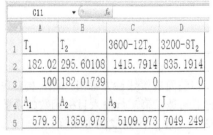

图 6-97　非线性模型优化（三）

（5）化工微分模型参数辨识

微分模型参数的辨识一般需要复杂的编程或专用的软件，那用 Excel 求解又如何呢？选取某液相间歇反应过程，根据已知条件，已建立以反应物 A 的浓度变化的微分方程如下：

$$\frac{\mathrm{d}y}{\mathrm{d}x}=-ay^{b} \tag{6-10}$$

式中，y 为 A 的摩尔浓度，kmol/m^3；x 为反应时间，h；a、b 为需要辨识的参数，已通过实验测得 21 组数据，见图 6-98。注意图 6-98 中所示 A、G 两列的数据只需根据实验数据直接输入即可，a、b 初值选为 1.4 和 1.7，也需要直接输入 C24、D24 两单元格。F 列的第一个数据也需要直接输入，为初始浓度，20 kmol/m^3；第二个数据设置为 F3＝F2＋0.01/6＊(B2＋2＊C2＋2＊D2＋E2)，它是利用四阶龙格-库塔法计算的结果。第 2 行中的 B2～E2 为四阶龙格-库塔法计算的参数，详细参看前面第 5 章的介绍，如设置 B2＝－＄C＄24＊F2^＄D＄24、C3＝－＄C＄24＊(F2＋0.01/2＊B2)^＄D＄24。H 列的数据采用公式计算，如 H2＝(F2－G2)^2。剩余其他数据采用列数据复制即可，但目标函数 H23 单元格需要单独设置，H23＝SUM（H2：H22）。完成上述任务后，就可以进入规划求解界面，选取目标单元格为 H23，可变单元格为 C24、D24，添加约束条件 C24：D24＞＝0，同时对规划求解的选项和前面非线性优化一样进行设置，点击求解，得到图 6-99 所示的辨识结果。由图 6-99 可知 a＝2.09893、b＝1.99992，目标函数为 8.5×10^{-5}，辨识结果相当理想。需要提醒读者注意的是如果 a、b 的初值选得不当，则系统可能求不到解，这时需要改变初值；同时如果实验测量时，时间间隔过大，则采用四阶龙格-库塔法的步长需要减小，即在实验点之间需要增加计算点，但这些增加的计算点不参与目标函数计算。

	A	B	C	D	E	F	G	H
1	x	k1	k2	k3	k4	$y_{计算}$	$y_{实际}$	Δy^2
2	0	-227.97	-206.33	-208.34	-189.09	20	20	0
3	0.01	-189.2	-172.54	-173.98	-159.05	17.9227	14.0809	14.75922
4	0.02	-159.12	-146.05	-147.11	-135.32	16.1872	10.8772	28.19638
5	0.03	-135.37	-124.96	-125.75	-116.31	14.7193	8.8564	34.37335
6	0.04	-116.34	-107.93	-108.53	-100.85	13.4641	7.4683	35.94965
7	0.05	-100.88	-93.99	-94.454	-88.145	12.3806	6.4566	35.09395
8	0.06	-88.163	-82.465	-82.828	-77.586	11.4374	5.6858	33.08128
9	0.07	-77.599	-72.837	-73.126	-68.728	10.6102	5.0795	30.58872
10	0.08	-68.738	-64.723	-64.955	-61.234	9.87978	4.5899	27.98286
11	0.09	-61.241	-57.828	-58.016	-54.843	9.2309	4.1864	25.44702
12	0.1	-54.849	-51.926	-52.08	-49.354	8.65129	3.8481	23.07059
13	0.11	-49.359	-46.839	-46.967	-44.611	8.13093	3.5604	20.88973
14	0.12	-44.614	-42.429	-42.535	-40.486	7.66163	3.3127	18.91316
15	0.13	-40.489	-38.582	-38.671	-36.88	7.23658	3.0972	17.13448
16	0.14	-36.882	-35.21	-35.285	-33.711	6.85012	2.9081	15.53955
17	0.15	-33.713	-32.24	-32.303	-30.913	6.49748	2.7407	14.11343
18	0.16	-30.915	-29.611	-29.665	-28.433	6.17463	2.5916	12.83811
19	0.17	-28.434	-27.275	-27.321	-26.224	5.87813	2.4578	11.69867
20	0.18	-26.225	-25.19	-25.231	-24.25	5.60505	2.3372	10.67884
21	0.19	-24.251	-23.324	-23.359	-22.479	5.35285	2.2278	9.76596
22	0.2	-22.48	-21.647	-21.678	-20.886	5.11936	2.1283	8.946433
23	$\frac{dy}{dx}=-ay^b$		a	b		J=		429.0614
24			1.4	1.7				

图 6-98　微分模型参数辨识（一）

	A	B	C	D	E	F	G	H
1	x	k1	k2	k3	k4	$y_{计算}$	$y_{实际}$	Δy^2
2	0	-839.32	-524.06	-633.81	-391.66	20	20	0
3	0.01	-416.52	-302.49	-331.9	-243.4	14.0888	14.0809	6.19E-05
4	0.02	-248.15	-194.75	-205.7	-163.15	10.8743	10.8772	8.55E-06
5	0.03	-164.51	-135.37	-140.32	-116.5	8.85395	8.8564	6.02E-06
6	0.04	-117	-99.385	-101.94	-87.233	7.46664	7.4683	2.76E-06
7	0.05	-87.448	-76.004	-77.456	-67.723	6.45516	6.4566	2.08E-06
8	0.06	-67.828	-59.977	-60.861	-54.083	5.68501	5.6858	6.27E-07
9	0.07	-54.139	-48.523	-49.091	-44.18	5.07903	5.0795	2.22E-07
10	0.08	-44.212	-40.056	-40.438	-36.765	4.58978	4.5899	1.36E-08
11	0.09	-36.785	-33.624	-33.89	-31.071	4.18651	4.1864	1.12E-08
12	0.1	-31.083	-28.623	-28.814	-26.603	3.84837	3.8481	7.17E-08
13	0.11	-26.611	-24.66	-24.8	-23.033	3.56077	3.5604	1.34E-07
14	0.12	-23.039	-21.465	-21.571	-20.137	3.31316	3.3127	2.12E-07
15	0.13	-20.141	-18.853	-18.934	-17.754	3.09775	3.0972	3.01E-07
16	0.14	-17.757	-16.689	-16.753	-15.77	2.90864	2.9081	2.88E-07
17	0.15	-15.772	-14.878	-14.928	-14.101	2.74128	2.7407	3.41E-07
18	0.16	-14.103	-13.346	-13.386	-12.684	2.59214	2.5916	2.93E-07
19	0.17	-12.685	-12.039	-12.072	-11.47	2.45839	2.4578	3.46E-07
20	0.18	-11.471	-10.915	-10.942	-10.422	2.33776	2.3372	3.13E-07
21	0.19	-10.423	-9.9413	-9.9633	-9.5119	2.22842	2.2278	3.79E-07
22	0.2	-9.5124	-9.0922	-9.1105	-8.7157	2.12884	2.1283	2.94E-07
23	$\frac{dy}{dx}=-ay^b$		a	b		J=		8.51E-05
24			2.09919	1.99986				

图 6-99　微分模型参数辨识（二）

习　题

1. 在化工论文中，目前通用的表格是三线表，表格中的数据不会随文档的编辑而打乱，除三条线以外不见其他线条，如表 6-6 所示。请写出制作三线表的步骤，并上机练习。

表 6-6　三线表

种类	粉煤灰	活性炭
处理后 COD/(mg/L)	524	115
除去率/%	59.98	91.12

2. 利用 Word 中的绘图功能可以绘制一些常见的实验流程图，请写出如何绘制图 6-100 所示简单的流程并在需要的位置精确地标上文字，保证此图形和文字之间的相互关系在排版编辑过程中不会改变，并上机练习。

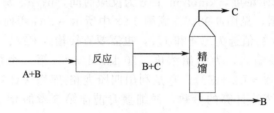

图 6-100　常见实验流程图

3. 已知表 6-7 所示的某 3 种化工产品 1995～2002 年度销售量及价格，请用 Excel 输入数据，并制作图表，计算各产品 8 年内的年平均销售量、年平均销售额、总销售量、总销售额等数据。

表 6-7　3 种化工产品 1995～2002 年度销售量及价格

年份	甲醇		乙醇		丙酮	
	产量/万吨	价格/(元/t)	产量/万吨	价格/(元/t)	产量/万吨	价格/(元/t)
1995	201	1600	350	2100	150	2800
1996	250	1700	380	2180	160	2700
1997	230	1800	400	2300	170	2750
1998	270	1750	410	2400	155	2650
1999	300	1900	420	2200	180	2850
2000	280	1650	390	2050	190	2930
2001	320	1950	450	1900	178	2660
2003	350	2000	470	2100	198	2830

4. 化工论文中常有图、表、公式等复杂的内容，我们在输入这些内容时，应该做到编辑时上述内容不会变乱，请写出下段 Word 文档的输入及编辑方法，要求该文档在编辑时不会改变相互之间的关系，并上机练习。以下黑框内的是文档内容。

图 6-101 是电解产生每公斤氧气所消耗的电能与电解槽电流大小关系图。由图 6-101 可知，每产生 1kg 氧气所需要的电能一般为 1.56～1.86kW·h，且随着电流的增加而增加，

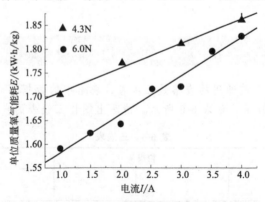

图 6-101　每公斤氧气所耗电能和电流大小关系图

随着 KOH 溶液浓度的增加而减小。电流的增加，虽然提高了单个电解槽的制氧能力，但也提高了由于溶液电阻所造成的能量消耗，故电流增加，单位质量氧气所需能耗也会增加。而溶液浓度的提高，使溶液的电导率增加、电阻下降，故其有：

$$\frac{\mathrm{d}I}{\mathrm{d}t}=4I^{2.1}-5\sqrt[3]{t}$$

5. 已知某类型换热器的加工劳动力成本如表 6-8 所示，现用 $C=a_0+a_1S^{0.82}+a_2N^{0.88}$ 进行拟合，其中 C 为劳动力成本（元），S 为换热器面积（m^2），N 为换热器管子数，试确定最佳 a_0、a_1、a_2，并计算在 $S=120m^2$、$N=380$ 时的成本 C，简要说明所用方法及步骤。

表 6-8　换热器加工成本与换热器面积及列管数关系

成本 C/元	2319+No	2007+No	1746+No	1647+No	1382+No	1110+No
换热面积 S/m^2	140	108	110	84	90	65
列管数 N	550	520	420	400	300	220

6. Excel 中的宏具有强大的辅助计算功能，现已知某反应系统达到平衡时某物质的转化率 β 符合以下关系：

$$a\beta^{1.2}+b\beta^{0.7}-(1+\mathrm{No}/100)=0$$

现利用宏进行计算，要求算出 a 为 1～8 间隔 1，b 为 1～8 间隔 1，共 64 个 β 值，将计算结果及含有宏内容的截屏打印，见图 6-102，需要格式完全一致，并将“我的姓名”变成真实的姓名。

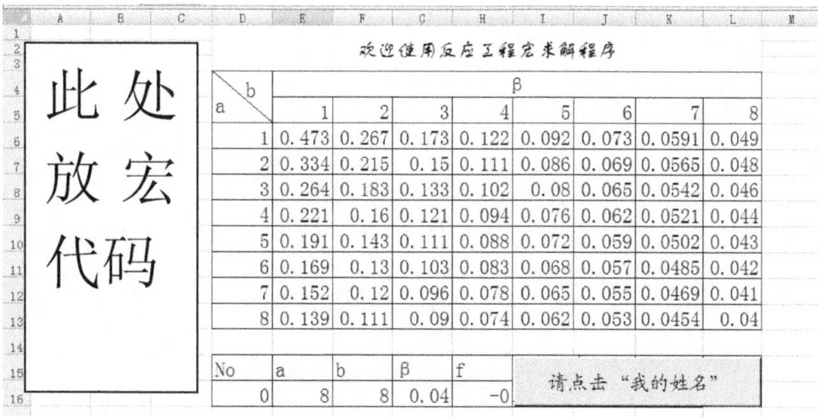

a \ b	1	2	3	4	5	6	7	8
1	0.473	0.267	0.173	0.122	0.092	0.073	0.0591	0.049
2	0.334	0.215	0.15	0.111	0.086	0.069	0.0565	0.048
3	0.264	0.183	0.133	0.102	0.08	0.065	0.0542	0.046
4	0.221	0.16	0.121	0.094	0.076	0.062	0.0521	0.044
5	0.191	0.143	0.111	0.088	0.072	0.059	0.0502	0.043
6	0.169	0.13	0.103	0.083	0.068	0.057	0.0485	0.042
7	0.152	0.12	0.096	0.078	0.065	0.055	0.0469	0.041
8	0.139	0.111	0.09	0.074	0.062	0.053	0.0454	0.04

No	a	b	β	f
0	8	8	0.04	-0

图 6-102　宏计算结果

7. 已知某管道摩擦系数 λ 与雷诺数 Re 的关系如下式：

$$\left(\frac{1}{\lambda}\right)^{0.7}=1.88-2\lg\left[\frac{2\varepsilon_i}{d_i}+\frac{18.8+0.1\mathrm{No}}{Re\lambda^{0.5}}\right]$$

试计算雷诺数 Re 为 1000～10000 每间隔 1000 共 10 个点的摩擦系数，已知 $\frac{2\varepsilon_i}{d_i}=0.2$，注意 lg 表示以 10 为底的对数，用宏进行计算，并写出前 3 个摩擦系数及宏代码，将计算结果及含有宏内容的截屏打印。

8. 已知某催化反应 A ⟶ 2B 反应物 A 的转化率 β(%) 在实验数据范围内和反应温度 T(K) 及催化剂用量 W(%) 具有以下关系，$\beta=a_0+a_1T^{0.5}+a_2W^{1.4}$，已测得的 9 组实验数据见表 6-9。

表 6-9 转化率数据

T/K	$W/\%$	$\beta/\%$
280	5	$44.5 + No/10$
320	5	$45.88 + No/10$
350	5	$46.87 + No/10$
280	10	$60.61 + No/10$
320	10	$61.99 + No/10$
350	10	$62.98 + No/10$
280	15	$78.49 + No/10$
320	15	$79.87 + No/10$
350	15	$80.86 + No/10$

　　试利用以上已知条件，用回归方法拟合转化率计算公式中的 3 个参数，并计算 $T = 300 +$ No/5(K)、$W = 12\%$ 时的反应物 A 的转化率。简要需要说明所用方法，要求保留 5 位小数，小于 1 的数需要有 5 位有效位。

第7章

Origin 在化学化工实验数据处理中的应用

7.1 Origin 简介

Origin 是由美国一家公司开发的具有较强功能的实验数据处理和图表绘制软件，自从推出 Origin1.0 版本以来，目前已推至 Origin2017 版本。由于其具有界面简洁、功能强大、上手容易、兼容性好等优点，能充分满足各种使用者的需求，已成为科学家和工程师们的必备工具，被公认为"最快、最灵活、最容易使用的工程绘图软件"。目前该软件常见的是英文版本。此软件不属于大众化软件，而属于专用软件一类。对于化学化工类专业的实验数据处理、图表绘制十分有用。针对化学化工专业主要有以下功能可以利用。

① 将实验数据自动画成在二维坐标中的图形，有利于对实验趋势的判断。

② 在同一幅图中可以画上多条实验曲线，有利于对不同的实验数据进行比较研究。

③ 不同的实验曲线可以选择不同的线型，并且可将实验点用不同的符号表示。

④ 可对坐标轴名称进行命名，并可进行字体大小及型号的选择。

⑤ 可将实验数据进行各种不同的回归计算，自动打印出回归方程及各种偏差。

⑥ 可将生成的图形以多种形式保存.以便在其他文件中应用。

⑦ 可使用多个坐标轴，并可对坐标轴位置、大小进行自由选择。

⑧ 可将各种模拟程序计算得到的数据以一定格式保存后（如 VB、VC、MATLAB、LabVIEW、Aspen Plus）直接导入 Origin，绘制曲线。

⑨ 几乎可以绘制所有在化学化工各种教科书中出现的数据图表。

⑩ 也可绘制各种三维数据图，进行更为复杂的实验数据分析。

总之，Origin 是一个功能十分齐全的软件，对于绘制化工实验曲线、进行实验数据回归及模型参数拟合非常有用，是化工专业类工程师必须掌握的应用软件。

7.2 Origin 的基本操作

Origin 软件和任何一款其他软件一样，都经历了不断更新的过程。在不断的更新过程中，软件的容量不断增加，软件的功能日益强大。容量从初始的几兆到目前最新版本的几百兆，功能也比原来大大增强。对该软件版本的选用，遵循在本书前言中的"五用"原则，选择 Origin8.0 版本。具体的介绍过程采用通用知识和化学化工应用相结合的方法，尽量用最少的篇幅、最直接的方法，让初次接触该软件者用最短的时间掌握 Origin 软件的实际应用，至于精通该软件，还是有赖于读者自己的进一步深造。

7.2.1 Origin 的安装

Origin8.exe

图 7-1 Origin 8.0 图标

随着计算机软件和硬件技术的发展，软件的安装越来越容易。不同版本的 Origin 软件只要双击安装文件（对于免安装的绿色软件，只要解压软件包即可），在安装向导的帮助下，按照提示可以很方便地将 Origin 软件安装到电脑上。值得提醒读者的是，在 C 盘空间已不大的情况下，建议将 Origin 文件安装到其他盘符。因为 C 盘必须保证有足够的空间给操作系统及虚拟内存使用，否则将影响计算机运行速度。安装好 Origin 后，将其快捷方式发送到桌面，见图 7-1。

7.2.2 数据输入

输入数据是 Origin 绘图的第一步。有几种不同的输入方法，下面介绍其主要步骤。

① 打开已装有 Origin8.0 软件的电脑，双击带有 Origin8.0 字样的图标，电脑就进入如图 7-2 所示的界面。

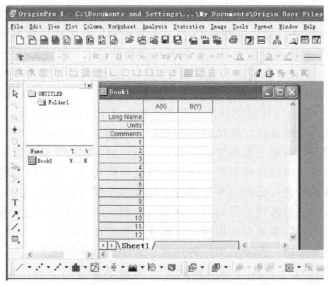

图 7-2 Origin8.0 初始界面

② 图 7-2 所示是 Origin8.0 初始界面。Origin8.0 比以前版本在数据输入的 Book1 界面上多了 3 行，从上到下分别是坐标名称（Long Name）、坐标单位（Units）、注释（Comment），需要说明的是对 X 轴的注释在图上是不显示出来的。如输入如图 7-3(a) 所示的内容，Origin8.0 绘制后（具体数据输入及绘制将在后面介绍）可得图 7-3(b)。由图 7-3(b) 可知 X 轴和 Y 轴的坐标名称和单位均在图上显示出来，对 Y 轴的注释也在图的右上方显示出来，表明该比热容的数据是在 1atm 的压力下测得的。软件如此处理有利于区分在不同压力下测得的比热容数据，并通过不同的图标来表明该数据测量时的压力大小，这一点在后面的例子中还会详细介绍。

在图 7-2 所示界面上只有两列数据输入项，用鼠标点击某一单元格，输入数据，回车或鼠标移至其他单元格。直接输入数据界面如果数据输错了，可重新输入，其方法和 Excel 相仿，用户可大胆利用在其他软件中通用的复制、粘贴、删除的方法。如果实验数据多于两列，则可将鼠标移到"Column"处点击，在其下拉的菜单中选择"Add New Columns"项，见图 7-4(a)。系统弹出如图 7-4(b) 所示的对话框，输入要增加的列数（2），单击"OK"即可。然后将所有的实验数据输入表格中，见图 7-4(c)。

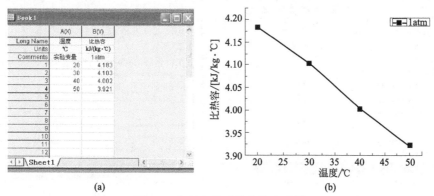

图 7-3　坐标名称及单位输入示例

图 7-4　增加数据列示意图

③ 除了直接输入数据以外，也可以将在其他程序计算中获取的数据直接引用过来，点击"File"，在其下拉的菜单中选择"Import"，系统显示如图 7-5(a) 所示的界面。如果需要输入数据，则点击"Import Wizard"，弹出如图 7-5(b) 所示对话框，对数据类型、数据来源、对数据是否进行过滤、目标窗口、数据输入模式等进行设置，主要对数据类型、数据来源及数据输入模式进行设置，其他可采用默认值。需要读者注意的是对数据输入模式进行设置是十分必要的，它将决定用新引入的数据替换原来表中的数据、在原来表的数据基础上添加、建立新表等各种情况，具体选择要视实际情况而定。提醒读者注意的是如果版本高于 Origin 8.0，那么图 7-5(b) 中出现的数据形式会有所不同，一般新的版本会增加数据类型。如想绘制 y＝3－x＊sin(x) 的曲线，可先编写下面程序：

```
Dim x,y
Open "e:shujv. dat" For Output As 1
For x＝0 To 20 Step 0. 1
    y＝3－x＊Sin(x)
Write ♯1,x,y
Next x
Close ♯1
Print x,y
End
```

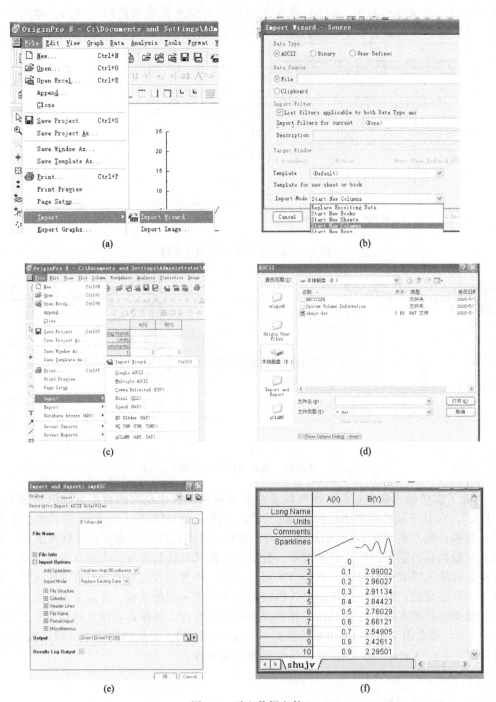

图 7-5　引入数据文件

　　运行上面的程序，将在 E 盘中建立 "shujv.dat" 数据文件，然后点击图 7-5(a) 中所示 "Import"，此时系统弹出另外一个菜单 [与第一次使用时弹出的界面不同，当然也可以进入图 7-5(b) 所示对话框，通过数据来源选择文件引入数据，但此时根据图 7-5(c) 所示导入文件更加方便]，见图 7-5(c)。在图 7-5(c) 中可以看到，许多我们常见的数据文件都可以导入。本例中，数据是由 VB 程序创建的 ASCII 形式的数据文件，点击 "Single ASCII"，弹出如图 7-5(d) 所示对话框，选取数据文件"shujv. dat"，点击"打开"，弹出图 7-5(e) 所示对话框，点击"OK"，得图 7-5(f) 所示内容，此时已将数据文件"shujv. dat"导入到 Origin8.0 中并且其图形的基本形状已在"Sparklines"中显示出来。值得注意的是，放在数据文件中的数据其次序应和数据表格中的次序相一致，同一行的数据以","相间隔，不同行的数据应换行存放，否则，引入的数据无法使用。

④ 对于大多数表格型数据，可以直接通过复制粘贴将其导入到 Origin8.0 的数据表格中。如在 Excel 中的数据，见图 7-6(a)，将所需数据选中后点击鼠标右键，选择"复制"，进入已打开的空到 Origin8.0 数据表格，点击"Comments"右边第一格，点鼠标右键，选择"Paste"，得图 7-6(b) 所示的数据，将其绘制可得图 7-6(c)。

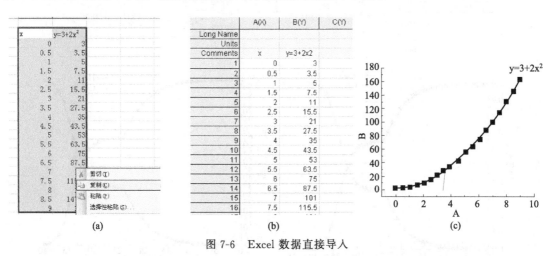

图 7-6 Excel 数据直接导入

⑤ 导入 Aspen Plus 数据绘制曲线。化学化工类工程师常常用 Aspen Plus 进行化工过程模拟计算或物性参数计算，尽管 Aspen Plus 本身也带有和 Origin 功能相仿的"Plot"，但有时图形和坐标单位不尽人意，这时可以将数据先复制到 Excel 中，通过数据处理，将单位进行转换，再将 Excel 中的数据复制到 Origin 中进行绘制，就可以得到满意的曲线。当然如果无需改变单位，也可直接将中的数据复制到 Origin 中进行绘制。如某甲醇-水精馏塔 Aspen Plus 模拟计算（具体有关 Aspen Plus 内容将在第 9 章中介绍），已获取每一块塔板上气相中水和甲醇的摩尔分数及利用 Aspen Plus 本身绘图软件所绘制的曲线图，见图 7-7(a)。由该图可见，摩尔分数是用小数表示的，所绘制曲线图也不是十分理想，如果只想对图形进行调整修改，不改变纵坐标单位，则可直接选中图 7-7(a) 中所示的三列数据后点击右键，在弹出功能菜单中点击"copy"，打开一个空白的 Origin 文件，将数据复制到空白文件的表格中，见图 7-7(b)，通过 Origin 的一些设置，可以绘制出图 7-7(c)。如果纵坐标需要用摩尔百分数来表示，则可先将数据复制到 Excel 中，将第二列和第三列数据乘上 100 后复制到空白的 Origin 中，可以绘制得到图 7-7(d)。

7.2.3 图形生成

当输入完数据后，就可以绘制实验数据曲线图。实验数据曲线图有单线图和多线图，下面分别介绍之。

（1）单线图

任何一个实验数据曲线图基本上有横坐标、纵坐标、坐标名称（含单位）、实验曲线（含实验点的图标）、对应曲线实验条件说明（即前面的注释部分）等几部分。要相获取理想

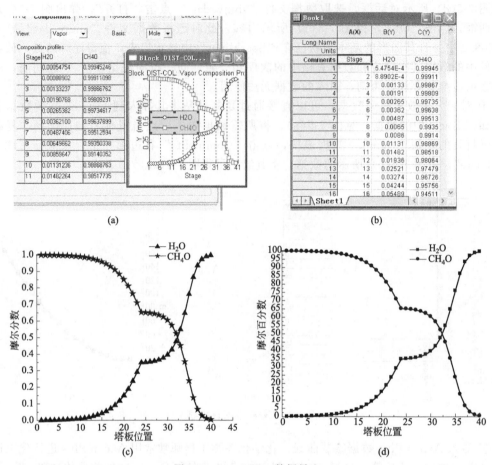

图 7-7 Aspen Plus 数据导入

的实验曲线图，需对以上个部分进行合理的设置，否则无法得到理想的图形。当然，曲线图是可以绘制的。下面以某强化传热实验的数据为基础，来介绍绘制各种不同的图形。实验数据见表 7-1。

表 7-1 强化传热实验数据

项目	四种强化传热管传热膜系数/[W/(m²·℃)]			
Re	螺纹管	横纹管	锯齿管	T 管
5000	4204.5	4777.1	5149.3	5793
6000	4400.6	5027.3	5438.8	6118.7
7000	4573.5	5249	5696.3	6408.3
8000	4728.7	5449	5929.1	6670.2
9000	4870	5631.7	6142.3	6910.1
10000	5000	5800.3	6339.6	7132
11000	5120.6	5957.2	6523.5	7338.9
12000	5233.2	6104.1	6696	7533

① 将表 7-1 中的数据通过直接输入，或复制粘贴导入到 Origin8.0 的数据表格中，见图 7-8。注意如果采用复制粘贴导入数据，可能会出现某些数据用"♯♯♯♯"表示，这是由于 Origin8.0 的数据表中表格的宽度不够造成的，只要将宽度拉宽即可，这一点和 Excel 相同。

② 点击 Origin8.0 上面第一行中的"Plot"菜单，在其下拉式菜单中选择曲线形式，一般选择"Line＋Symbol"，见图 7-9，将实验数据用直线分别连接起来，并在每一个数据点上有一个特殊的记号。

③ 点击图 7-9 中所示最右边的"Line＋Symbol"项，系统弹出图 7-10 所示对话框。用户利用该对话框可以选择将不同的数列作为横坐标（X）或纵坐标（Y），本列中将 A 列数据作为横坐标，将 B 列数据作为纵坐标。鼠标分别在对应位置点击后，系统会显示已选中标记即打钩，如果选择错了，可再次用鼠标点击，所打钩将会消失。选择好坐标后，点击图 7-10 中所示的"OK"，系统就会绘制出图 7-11。

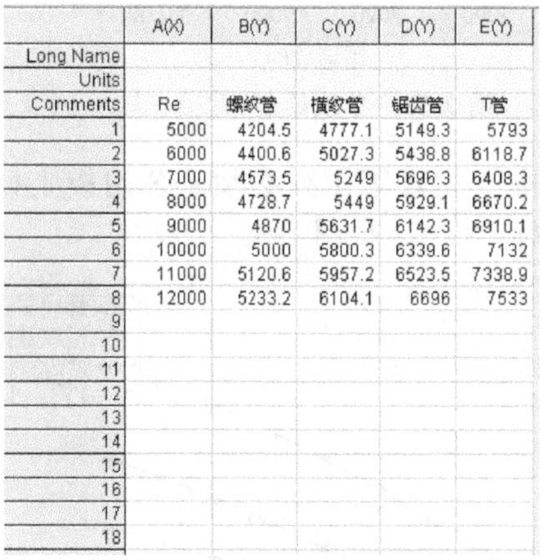

图 7-8 强化传热实验数据

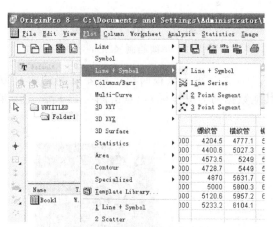

图 7-9 实验点连接形式选择

图 7-10 坐标选择对话框

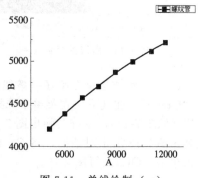

图 7-11 单线绘制（一）

④ 对图 7-11 进行修改设置，以使其符合不同图形标准的要求。图 7-11 仅仅是最基本的系统默认设置绘制的图，如将其直接复制到 Word 文档将出现图 7-12 中汉字无法显示的错误情况，故要进行各项设置工作，设置完成后的图形见图 7-13（具体的设置工作将在下一节介绍）。

（2）多线图

在化工实验中常常是多条实验曲线画在一起，这时数据列一般大于 2，在本例中共有 5 列，其中第 1 列为横坐标，其他 4 列为纵坐标。绘制多线图通常有两种方法。

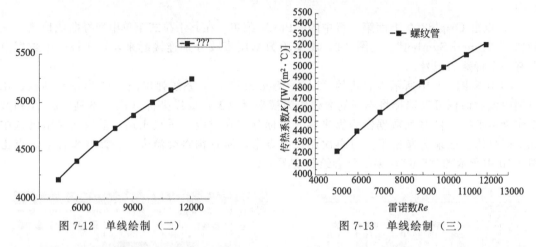

图 7-12　单线绘制（二）　　　　　　　图 7-13　单线绘制（三）

① 第一种方法很简单，将要绘制的所有数据列选中（注意第 1 列必须是公用横坐标，其他数据列为纵坐标），点击图 7-14 所示左下角处的图标"✎"，得图 7-15。

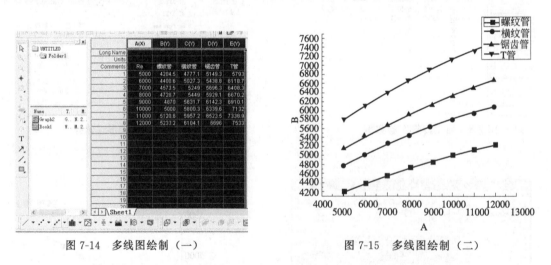

图 7-14　多线图绘制（一）　　　　　　　图 7-15　多线图绘制（二）

② 第二种方法是在画好一条线的基础上（如图 7-13 所示，当前活动窗口为图形），点击"Graph"，在其下拉式菜单中选择"Add Plot to Layer"，再在其下面选择"Line＋Symbol"（见图 7-16），系统会弹出图 7-17 所示对话框，点击"Book1"左边绿色图标"▦"，系统弹出图 7-18 所示对话框，将 C、D、E 数据列选中为 Y 坐标即纵坐标，点击"Add"，再点击单击"OK"，得图 7-19。

图 7-16　多线图绘制（三）

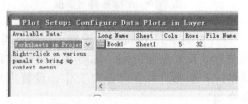

图 7-17　多线图绘制（四）

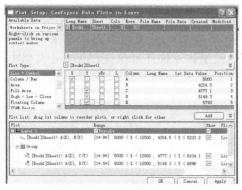

图 7-18　多线图绘制（五）

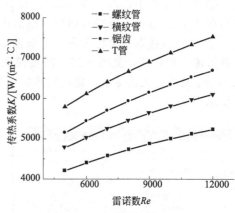

图 7-19　多线图绘制（六）

7.3　Origin 功能设置

7.3.1　坐标轴的设置

坐标轴的设置包括坐标名称、单位、起始值、间隔大小、网格线绘制等问题，有多种进入坐标轴的设置的方法。对于坐标名称、单位，建议在数据输入时直接输入，如图 7-3（a）所示，如果在数据输入时没有输入坐标名称、单位，则可以通过下面方法加以设置。

① 以图 7-15 为例，系统已绘制好基本的默认图形，将鼠标移到图 7-15 横坐标的任一数字上，双击，系统弹出图 7-20 所示的对话框，在对话框中可以对坐标的起始位置、坐标间隔、坐标轴位置及间隔小标签的方向等许多功能进行设置。如点击"Scale"，则弹出图 7-21 所示对话框，可对横坐标的起始值、间隔大小、类型等进行设置。本例中，横坐标的开始值是 4000，结束值为 13000，数值间隔为 1000，坐标的类型为线性（如需要，可以选择对数坐标）。如点击图 7-20 中所示的"Title & Format"，则系统弹出图 7-22 所示对话框。在"Title"右边的空格内输入"雷诺数，Re"，在"Major"及"Minor"右边的选项中选择"In"，这样横坐标的名称将成为"雷诺数，Re"，横坐标上的间隔线将朝上。如需要网格线，则可以点击图 7-20 中所示的"Grid Lines"，系统弹出图 7-23 所示对话框，将相关内容选中（见图 7-23 中已打钩内容），点击"确定"，将纵坐标也按上述步骤进行相关设置，得图 7-24。

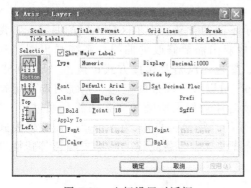

图 7-20　坐标设置对话框

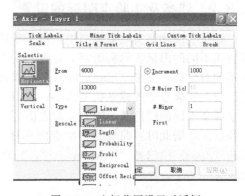

图 7-21　坐标范围设置对话框

② 在菜单栏中点击"Format"，在其下拉式菜单中选择"Axis-X Axis"，图 7-25，系统弹出和图 7-20 所示一样的对话框，以后操作同上。

③ 也可直接双击坐标名称，如双击纵坐标名称则转变成横向排列，可按 Word 输入方法进行输入和修改，见图 7-25。需要说明的是有些字体在 Origin 里可以显示出来，但粘贴到 Word 文档时无法显示，建议大家将字体选为宋体或黑体，这样可保证在 Word 文档中可以显示中文字。

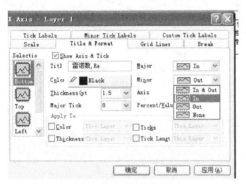

图 7-22 坐标名称设置

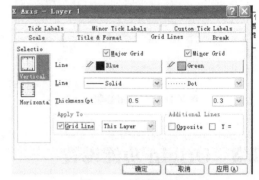

图 7-23 网格线设置

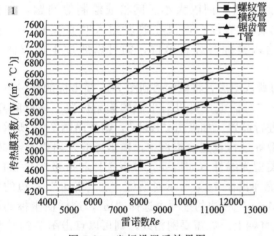

图 7-24 坐标设置后效果图

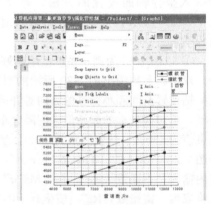

图 7-25 直接修改坐标名称

7.3.2 线条及实验点图标的设置

在化学或化工实验多线图中，每一条曲线表示不同的含义。为了区分不同的曲线，常常需要用不同的图标表示实验点，这时可直接用鼠标双击需要修改的曲线，系统弹出图 7-26 所示的对话框，点击"Line"可以修改线条宽度、颜色、风格及连接方式；点击"Symbol"可以修改实验点的图标形状和大小；点击"Group"可以进行线条的组态，系统自动设定每一条线条不同的颜色及不同的实验点图标。提醒读者注意如果所画的多条曲线是通过" ✎ "来绘制的，则此时各曲线的实验点图标是互相关联的，需通过点击"Group"，在编辑模式（Edit Mode）中选择"Independent"，打开关联后就可以对每条曲线的图标、颜色等特性进行设置。

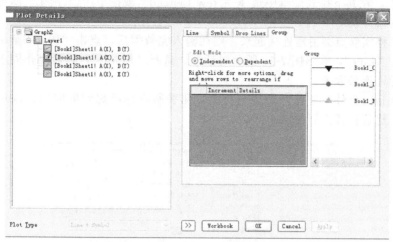

图 7-26　线条及实验点图标设置

7.3.3　其他一些实用技巧

（1）图形复制

如果要将 Origin 中的图复制到 Word 文档中去，则只要激活该图，按下"Ctrl＋C"，在 Word 文档中再按下"Ctrl＋V"即可；也可以点击"Edit"，在其下拉式菜单中点击"Copy Page"，在 Word 文档中点击粘贴即可。有些特殊情况，利用上面两种方法粘贴到 Word 文档的 Origin 图不是中文显示有问题就是特殊符号显示有问题，或字与字之间间隔有问题，无法达到 100％的复原，这时，可以在 Origin 中激活该图的情况下，按下键盘右上角的"Print Screen"，在 Word 文档中点击粘贴或按下"Ctrl＋V"，并对通过屏幕复制所得的图形进行裁剪即可。

（2）黑框消除

观测图 7-24，可以发现右上角对各条曲线的注释内容外面有个黑框，如果要消除这个黑框，则可以将鼠标移到黑框处点击鼠标，选中黑框后点击鼠标右键，系统弹出图 7-27 所示的下拉菜单，点击"Properties"，弹出图 7-28 所示对话框，在左上角的背景（Background）中选择"White Out"即可将黑框消除。

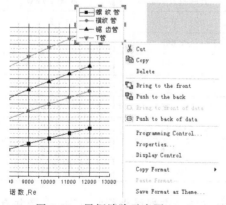

图 7-27　黑框消除示意图（一）

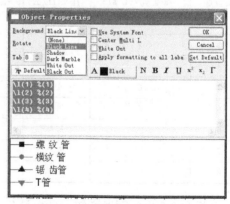

图 7-28　黑框消除示意图（二）

（3）注释再生

有时候，在操作过程中会删除某些线条的注释或系统没有生成注释，这时可以通过点击

"Graph"菜单，在其下拉式菜单中选择"New Legend"或按下"Ctrl+L"即可。

（4）绘制圆滑线

如果需要将实验点圆滑地连接起来，则在输入完数据后，点击"Plot"菜单，在其下拉式菜单中点击"Line"，弹出图7-29所示对话框，选择"Spline"，以后操作同上，就可以将实验数据圆滑地连接起来。

总之，Origin软件中还有许多其他功能，几乎所有你所想到的问题，Origin软件总有解决的方法，建议读者大胆尝试。

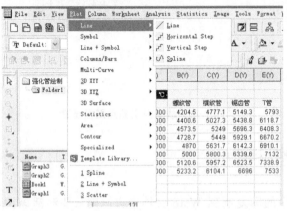

图7-29　圆滑线绘制设置

7.4　多图层绘制

在化工实验中，常常会碰到一个变量的改变会引起其他多个变量的变化，如果要绘制这样的实验曲线图，用前面多线图绘制的方法将会碰到多个变化的变量单位不同的问题，要解决这个问题，必须采用多图层绘制技术。

通过实验及理论研究，已获取某离心泵的以下数据，见表7-2。

表7-2　某离心泵实验数据

实验点	流量 q_V/(L/s)	压头 H/m	效率 η/%	管路阻力 H_e/m	功率 P/kW
1	0	11	0	6	2
2	2	10.8	15	6.096	2.04
3	4	10.5	30	6.384	2.08
4	6	10	45	6.864	2.12
5	8	9.2	60	7.536	2.16
6	10	8.4	65	8.4	2.2
7	12	7.4	55	9.456	2.24
8	14	6	30	10.704	2.28

分析表7-2中的数据可知，自变量只有1个，为流量（作为横坐标），而应变量共有4个，其中泵压头和管路阻力的单位相同可合用一个纵坐标，泵效率和功率单位不同，必须另用两个纵坐标，这样共有3个纵坐标，需要3个图层的叠加才能将离心泵的所有实验数据在一个图上展示出来，方便人们研究和分析离心泵的特性。下面介绍该图的绘制过程。

① 将表 7-2 中的数据复制到 Origin 的数据表格中（除去实验点一列数据），并通过 Origin 数据表的复制粘贴及修改，得到图 7-30 所示的数据。

② 绘制以流量为横坐标、以压头和管路阻力为纵坐标的第一图层，绘制方法和多线图绘制相同，得图 7-31。

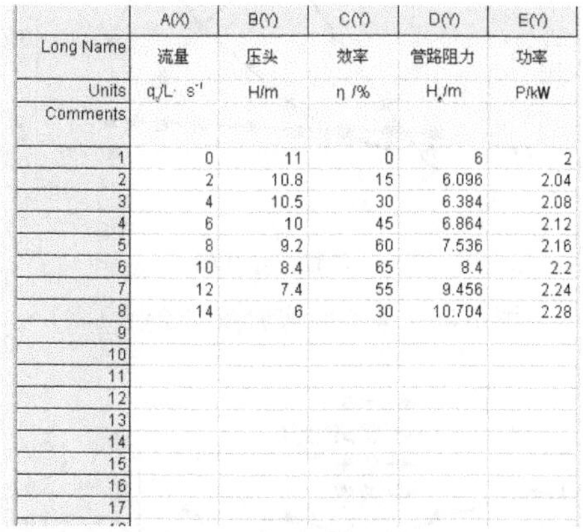

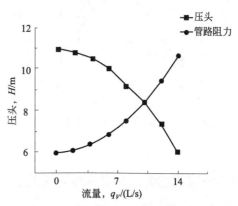

图 7-30　离心泵实验数据绘制（一）

图 7-31　离心泵实验数据绘制（二）

③ 点击"Graph"菜单，见图 7-32，在其下拉菜单中选择"New Layer"，再选择"Right Y"，得图 7-33。图 7-33 和图 7-31 的不同之处是在左上角多了一个图层 2 标记，表明目前是在第二图层。

图 7-32　离心泵实验数据绘制（三）

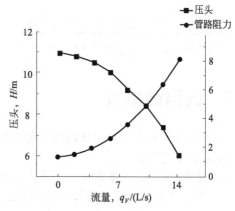

图 7-33　离心泵实验数据绘制（四）

④ 在第二图层，按照绘制多线图的第二种方法，将流量选为横坐标，将效率选为纵坐标，可得图 7-34。如果流量和效率曲线没有显示，则可能是效率纵坐标的起始值有问题，进行重新设置即可。

⑤ 重复第③步，再建立一个第三图层，并在第三图层上重复第④步，将流量选为横坐标，将功率选为纵坐标，可得图 7-35。

⑥ 在第三图层激活的状态下（图 7-35 即为激活状态），将鼠标移至右边的纵坐标的数字"2"处，双击，弹出图 7-36 所示对话框，点击"Title＆Format"，设置坐标轴位置为"20"，点击"确定"，根据得到的图进一步对坐标名称、单位、坐标范围等合理设置，得最后效果如图 7-37 所示。

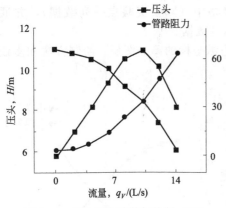

图 7-34　离心泵实验数据绘制（五）

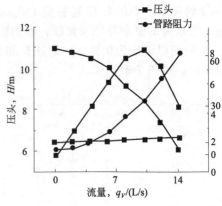

图 7-35　离心泵实验数据绘制（六）

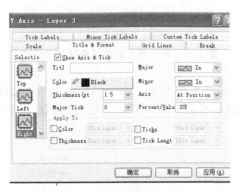

图 7-36　离心泵实验数据绘制（七）

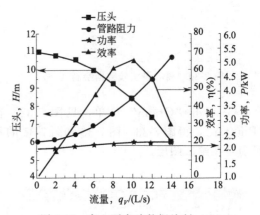

图 7-37　离心泵实验数据绘制（八）

7.5　数据的拟合

上面已经介绍了各种实验曲线图的绘制，但如果需要对实验数据进行一些回归计算，则可以通过以下方法：

① 点击"Data"，选中要回归的某一条曲线，本例中选中的是锯齿管，见图 7-38。

② 点击"Analysis"，选择回归的方法，本例中选择非线性回归，见图 7-39。

图 7-38　选择回归的曲线

图 7-39　选择回归的方法

③ 在弹出的对框中，进一步确定回归方法，在"Category"行选择"Power"指数型函数（有许多种选择），在"Function"行选择"Allometric1"（同样有许多选择），点击"Formula"就可以见到本例中选中的具体函数，见图 7-40，点击"Fit"，系统就会对所选择的曲线按指定的方法进行回归，回归结果见图 7-41。此结果和原来数据处理时设置的公式完全一致，线性相关系数为 1，表明所有实验点和回归曲线完全吻合。

关于数据回归的方法和方程，Origin 8.0 几乎提供了目前常用的所有方法和方程，其功能非常强大，建议读者大胆深入进行研究和应用。

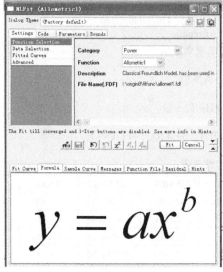

图 7-40　确定具体回归方程

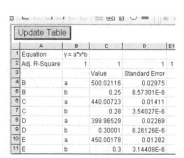

图 7-41　回归结果

7.6　应用示例

【例 7-1】　现有某活性炭吸附甲醇实验数据，请将其制成实验数据图。实验数据如表 7-3 所示。

表 7-3　某活性炭吸附量实验数据

温度/℃	压力/mmHg					
	20	40	80	120	140	160
	吸附量/(g/g)					
20	0.23	0.28	0.33	0.36	0.38	0.39
40	0.15	0.21	0.25	0.28	0.31	0.32
70	0.05	0.09	0.14	0.17	0.19	0.20

首先将实验数据输入，然后利用上面介绍的方法，画出 3 条实验曲线，并注上坐标名称，然后将其复制到 Word 文档就可以了。其具体图形见图 7-42。

【例 7-2】　应用 Antoine 跟 Harlalher 方程计算下列物质的不同温度的饱和蒸气压，并用 Origin 绘图（物性参数见表 7-4）。

Antoine 公式：

$$p = e^{(A - \frac{B}{T+c})}$$

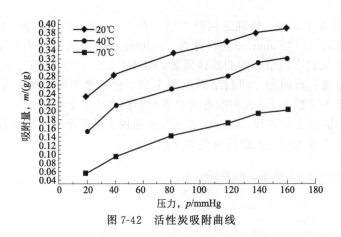

图 7-42　活性炭吸附曲线

式中，A、B、C 分别为 ANTA、ANTB、ANTC。

Harlalher 方程：
$$\ln p = A + \frac{B}{T} + C\ln T + D\frac{p}{T^2}$$

式中，A、B、C、D 分别为 HARA、HARB、HARC、HARD。

表 7-4　物性系数

物质	分子式	ANTA	ANTB	ANTC	HARA	HARB	HARC	HARD
溴苯	C_6H_5Br	15.7972	3313.00	−67.71	56.566	−7005.23	−5.548	5.59
氯苯	C_6H_5Cl	16.0676	3295.12	−55.6	57.251	−6684.47	−5.686	4.98
氟苯	C_6H_5F	16.5487	3181.78	−37.59	55.141	−5819.21	−5.489	3.88
碘苯	C_6H_5I	16.1454	3776.53	−64.38	57.691	−7589.50	−5.646	6.46

用 VB 编程求解个温度下对应的压力，并生成 pre.dat.

VB 源程序如下：

```
Private Sub Command1_Click()
Dim t,p1,p2,p3,p4,p10,p11 As Single
Open "e:\study\pre.dat" For Output As #1
Print "温度"," 溴苯"," 氯苯"," 氟苯"," 碘苯"," 碘苯"
Write #1," 温度"," 溴苯"," 氯苯"," 氟苯"," 碘苯"," 碘苯"
For t=300 To 400 Step 10
  p1=Int(Exp(15.7972-3313/(t-67.71)) * 10000)/10000          'Antonie公式
  p2=Int(Exp(16.0676-3295.12/(t-55.6)) * 10000)/10000
  p3=Int(Exp(16.5487-3181.78/(t-37.59)) * 10000)/10000
  p4=Int(Exp(16.1454-3776.53/(t-64.38)) * 10000)/10000
p11=760
  Do                                                          'HARA 法
  p10=p11
  p11=Exp(57.691-7589.5/t-5.646 * log(t)+6.46 * p11/t ^ 2)
  Loop While(Abs(p11-p10)> 0.00001)
  Print t,Format(p1,"# # # #.0000"),Format(p2,"# # # #.0000"),Format(p3,"# # # #.
0000"),   Print Format(p4,"# # # #.0000"),Format(p11,"# # # #.0000")
  Write #1,t; p1; p2; p3; p4; p11
Next t
End Sub
```

然后启动 Origin8.0，并导入 VB 程序所生成的 pre.dat 文件里面的数据，如图 7-43 所示（已对坐标名称及注释作了修改，以便后面绘制）。

全选上述数据，然后单击左下角的工具栏的 Line＋Symbol 图标，然后按前面所说的关于坐标轴的标注及设置作修改得图 7-44。

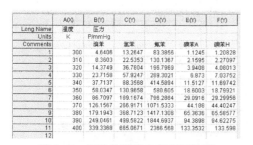

图 7-43　四种物质饱和蒸气压数据

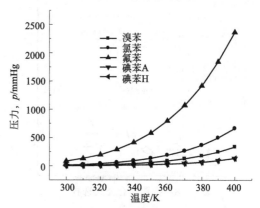

图 7-44　四种物质饱和蒸气压图

【例 7-3】　已知某物质的饱和蒸气压和温度有关，并已测得如表 7-5 所示的一组数据。

表 7-5　某物质饱和蒸气压水温度变化关系

序号	1	2	3	4	5	6	7
温度 T/K	283	293	303	313	323	333	343
压力 $p/mmHg$	35	120	210	380	520	680	790

现拟用 $\ln p = a + \dfrac{b}{T+c}$ 来拟合实验数据，试用 Origin 中的参数拟合功能求取 a、b、c。

将温度、压力数据输入图 7-45 所示的 Origin 数据输入界面，选中 A（X）、B（Y）两列数据，点击图 7-45 所示下方左边的 符号，Origin 自动绘制好图 7-46 所示的图形。点击图 7-46 中所示的 "Analysis"，系统弹出图 7-47 所示的下拉菜单，在菜单中点击 "Fit Exponential"，系统弹出图 7-48 所示的界面。在图 7-48 所示的 "Function" 选型中选择 "Exp3P1Md"，点击图 7-48 所示下方的 "Formula"，可以看到显示的函数就是本例需要拟合的函数，只不过是以指数的形式出现的，但两者是完全一致的。

图 7-45　Origin 数据输入界面

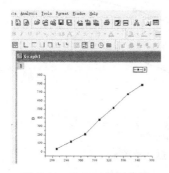

图 7-46　Origin 绘制曲线

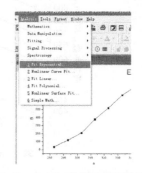

图 7-47　Origin 分析工具下拉菜单

完成上述工作后，点击图 7-48 所示下方的"Fit"，系统弹出图 7-49 所示的拟合结果，从图 7-49 可知 $a=8.0966$，$b=-120.72969$，$c=-257.44179$。

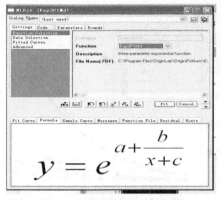

图 7-48　指数拟合公式选择

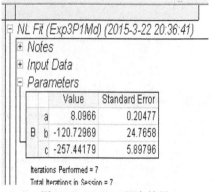

图 7-49　Origin 拟合结果

习　题

1. 已知四种强化传热管 A、B、C、D 在不同流速下的传热系数见表 7-6，请利用计算机画出如图 7-50 所示的图，并将图复制到 Word 文档。

表 7-6　四种强化传热管 A、B、C、D 在不同流速下的传热系数

流速/(m/s)	传热系数/[W/(m²·℃)]			
	A	B	C	D
2	400+No/2	600+No/2	700+No/2	800+No/2
4	500+No/2	700+No/2	800+No/2	900+No/2
6	600+No/2	790+No/2	870+No/2	1000+No/2
8	680+No/2	850+No/2	920+No/2	1050+No/2

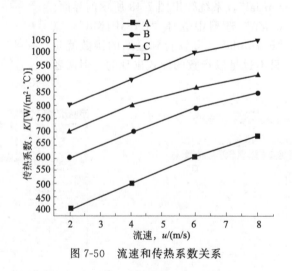

图 7-50　流速和传热系数关系

2. 已知离心泵数据如表7-7所示，请绘制如图7-51所示的图。

表7-7　离心泵实验数据

实验点	流量 $q_V/(L/s)$	压头 H/m	效率 $\eta/\%$	管路阻力 H_e/m	功率 P/kW
1	0	11	0	8	2
2	1	10.8	15	8.024	2.2
3	3	10.5	30	8.216	2.6
4	5	10	45	8.6	3
5	7	9.2	70	9.176	3.4
6	9	8.4	85	9.944	3.8
7	11	7.4	65	10.904	4.2
8	13	6	45	12.056	4.6

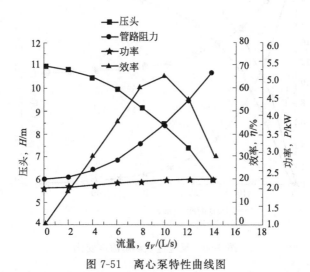

图7-51　离心泵特性曲线图

3. 请用 Origin 绘制图7-52，注意各个细节，坐标轴范围需随序号而改变，以便显示全部数据，图7-52是按学号为 0 绘制的，具体数据见表7-8。每个同学需对数据表中的 No 按学号进行处理，数据截屏图和所绘 Origin 图形需转换复制到 Word 文档。

表7-8　反应过程动态数据

反应时间 t/min	$C_A/(kmol/m^3)$	$C_B/(kmol/m^3)$	$T_C/(kmol/m^3)$	转化率 $\alpha/\%$
0.0	20.2＋No/10	0.0	21.4＋No/10	0.0
5.0	12.3＋No/10	3.3	18.1＋No/10	39.4
10.0	7.4＋No/10	6.0	15.4＋No/10	63.2
15.0	4.5＋No/10	7.6	13.8＋No/10	77.7
20.0	2.7＋No/10	8.7	12.7＋No/10	86.5
25.0	1.7＋No/10	9.4	12.0＋No/10	91.8
30.0	1.0＋No/10	9.8	11.6＋No/10	95.0

反应时间 t/min	C_A/(kmol/m³)	C_B/(kmol/m³)	T_C/(kmol/m³)	转化率 α/%
35.0	0.6＋No/10	10.1	11.3＋No/10	97.0
40.0	0.4＋No/10	10.2	11.2＋No/10	98.2
45.0	0.2＋No/10	10.4	11.0＋No/10	98.9
50.0	0.1＋No/10	10.5	10.8＋No/10	99.3

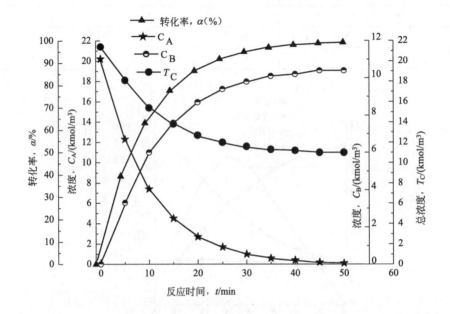

图 7-52　反应过程动态浓度变化

4. 请用 Origin 绘制图 7-53，注意各个细节，坐标轴范围可能需随学号而改变，以便显示全部数据，图 7-53 是按试卷号为 0 绘制的，具体数据见表 7-9。每个同学需对数据表中的所有比热容数据加上 No/100 进行处理，数据截屏图和所绘 Origin 图形需转换复制到 Word 文档。

表 7-9　物质比热数据

温度 t/℃	比热容 C_p/[kJ/(kg·℃)]			
	A 醇	B 醇	C 醇	D 醇
10	2.32	2.88	3.24	3.78
20	2.21	2.69	3.06	3.55
30	2.1	2.5	2.88	3.32
40	1.99	2.31	2.7	3.09
50	1.88	2.12	2.52	2.86
60	1.77	1.93	2.34	2.63

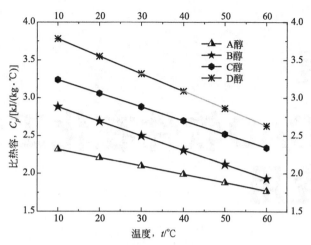

图 7-53　物质比热容随温度变化关系

5. 通过实验，获取表 7-10 所示的乙醇-水体系的气液平衡数据，请用 Origin 绘制图 7-54、图 7-55，注意各个细节。每个同学需对气、液相乙醇的摩尔分数加上 No/2000，所绘图形需转换复制到 Word 文档（2003 或 2007 版本）。

表 7-10　气液平衡数据表

泡点温度 $t/℃$	液相中乙醇摩尔分数 x	气相中乙醇摩尔分数 y	泡点温度 $t/℃$	液相中乙醇摩尔分数 x	气相中乙醇摩尔分数 y
100	0	0	80.75	0.4	0.6144
94.5	0.0201	0.1838	80.4	0.4541	0.6343
90.5	0.0507	0.3306	80	0.5016	0.6534
87.7	0.0795	0.4018	79.5	0.54	0.6692
86.2	0.1048	0.4461	79.55	0.5955	0.6959
84.5	0.1495	0.4977	79.3	0.6405	0.7176
83.3	0.2	0.5309	78.85	0.7063	0.7582
82.35	0.25	0.5548	78.6	0.7599	0.7926
81.6	0.3001	0.575	78.4	0.7982	0.8183
81.2	0.3509	0.5955	78.2	0.8597	0.864
80.75	0.4	0.6144	78.15	0.8941	0.8941

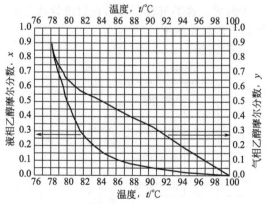

图 7-54　乙醇-水体系的气液平衡图（一）

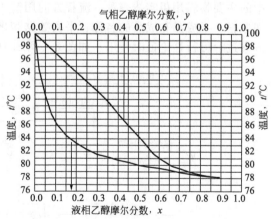

图 7-55　乙醇-水体系的气液平衡图（二）

第8章

AutoCAD软件在化工制图中的应用

8.1 化工制图概述

化工制图主要是绘制化工企业在初步设计阶段和施工阶段的各种化工专业图样，主要有化工工艺图、设备布置图、管道布置图及设备装配图等，是每一个化工工程师必须具备的能力。这些图样既可手工绘制也可以计算机辅助绘制，不管采用哪一种方法绘制，都需要对化工图样的基本知识有所了解。如图样的主要内容、图样的绘制标准、图样的主要表达方法等。下面对各种专业图样及化工制图基本规范作一个简单的介绍。

8.1.1 化工工艺图

化工工艺图是用于表达生产过程中物料的流动次序和生产操作顺序的图样。由于不同的使用要求，属于工艺流程图性质的图样有许多种。一般在各种论文或教科书中见到的工艺流程图各具特色，没有强制统一的标准，只要表达了主要的生产单元及物流走向即可。而较规范的工艺图流程图一般有以下 3 种。

（1）总工艺流程图

总工艺流程图或称全厂物料平衡图，用于表达全厂各生产单位（车间或工段）之间主要物流的流动路线及物料衡算结果。图上各车间（工段）用细实线画成长方框来表示，流程线中的主要物料用粗实线表示，流程方向用箭头画在流程线上。图上还注明了车间名称，各车间原料、半成品和成品的名称、平衡数据和来源、去向等。这类流程图通常在对设计或开发方案进行可行性论证时使用。如图 8-1 所示为某化工工艺总流程图。

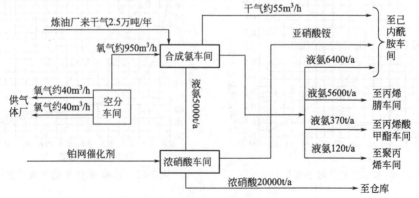

图 8-1　某化工工艺总流程图

（2）物料流程图

物料流程图是在总工艺流程图的基础上，分别表达各车间内部工艺物料流程的图样。物料流程图中设备以示意的图形或符号按工艺过程顺序用细实线画出，流程图中的主要物料用粗实线表示，流程方向用箭头画在流程线上，同时在流程上标注出各物料的组分、流量以及设备特性数据等。

物料流程图一般是在初步设计阶段中，完成物料衡算和热量衡算时绘制的。如无变动，在施工图设计阶段中就不再重行绘制，其主要内容包括图形、标注、标题栏。

（3）带控制点工艺流程图

带控制点工艺流程图也称生产控制流程图或施工工艺流程图，它是以物料流程图为依据、内容较为详细的一种工艺流程图。它通常在管线和设备上画出配置的基本阀门、管件、自控仪表等的有关符号。

带控制点的工艺流程图一般分为初步设计阶段的带控制点工艺流程图和施工设计阶段的带控制点工艺流程图，而施工设计阶段的带控制点工艺流程图也称管道及仪表流程图（PID图）。在不同的设计阶段，图样所表达的深度有所不同。初步设计阶段的带控制点工艺流程图是在物料流程图、设备设计计算及控制方案确定完成之后进行的，所绘制的图样往往只对过程中的主要和关键设备进行稍为详细的设计，次要设备及仪表控制点等考虑得比较粗略。此图在车间布置设计中作适当修改后，可绘制成正式的带控制点工艺流程图作为设计成果编入初步设计阶段的设计文件中。而管道及仪表流程图（PID）与初步设计的带控制点工艺流程图的主要区别在于更为详细地描绘了一个车间（装置）的生产全部过程，着重表达全部设备与全部管道连接关系以及生产工艺过程的测量、控制及调节的全部手段。

（4）PID图

PID图是设备布置设计和管道布置设计的基本资料，也是仪表测量点和控制调节器安装的指导性文件，该流程图包括图形、标注、图例、标题栏四部分。PID图是以车间（装置）或工段为主项进行绘制的，原则上个车间或工段绘一张图。如流程复杂可分成数张，但仍算一张图，使用同一图号。图 8-2 所示是 PID 图中常见的一些图例。

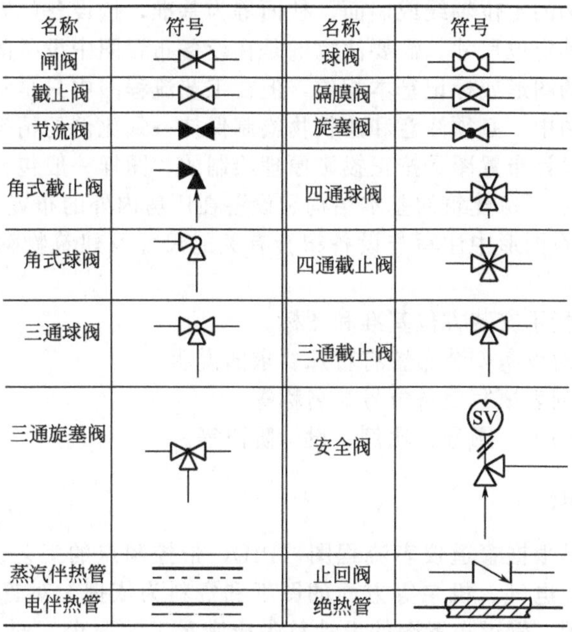

名称	符号	名称	符号
闸阀		球阀	
截止阀		隔膜阀	
节流阀		旋塞阀	
角式截止阀		四通球阀	
角式球阀		四通截止阀	
三通球阀		三通截止阀	
三通旋塞阀		安全阀	
蒸汽伴热管		止回阀	
电伴热管		绝热管	

图 8-2　PID 图中常见图例

PID 图可以不按精确比例绘制，一般设备（机器）图例只取相对比例。允许实际尺寸过大的设备（机器）按比例适当缩小，实际尺寸过小的设备（机器）按比例可适当放大，可以相对示意出各设备位置高低，整个图面要协调、美观。如图 8-3 所示是某精馏塔 PID 图局部内容。

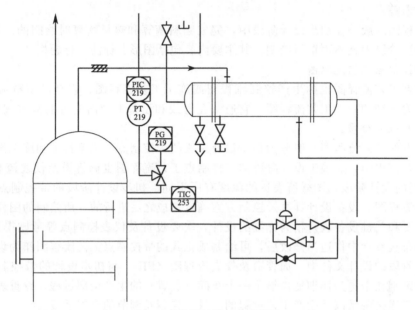

图 8-3　某精馏塔 PID 图局部

8.1.2　设备布置图

设备布置图是设备布置设计中的主要图样，在初步设计阶段和施工图设计阶段中都要进行绘制。不同设计阶段的设备布置图，其设计深度和表达内容各不相同，一般来说，它是在厂房建筑图上以建筑物的定位轴线或墙面、柱面等为基准，按设备的安装位置，绘出设备的图形或标记，并标注其定位尺寸。需要注意的是在设备布置图中设备的图形或标记可能和在工艺流程图中的设备的图形或标记基本相仿，但在工艺流程图中只是示意，无需注意具体的大小，而在设备布置图中，必须注意和建筑物绘制保持一致比例的精确的安装尺寸及设备的主要外轮廓线尺寸。设计布置图是按正投影原理绘制的，图样一般包括以下几个内容：

① 一组视图　表示厂房建筑的基本结构和设备在厂房内外的布置情况。

② 尺寸及标注　在图形中注写与设备布置有关的尺寸及建筑物轴线的编号、设备的位号、名称等。

③ 安装方位标　指示安装方位基准和图标。

④ 说明与附注　对设备安装布置有特殊要求的说明。

⑤ 设备一览表　列表填写设备位号、名称等。

⑥ 标题栏　注写图名、图号、比例、设计阶段等。

8.1.3　管道布置图

管道布置图设计是根据管道仪表流程图（PID，带控制点的工艺流程图）、设备布置图及有关的土建、仪表、电气、机泵等方面的图纸和资料为依据，对管道进行合理的布置设计，绘制出管道布置图。管道布置图的设计首先应满足工艺要求，便于安装、操作及维修，并要合理、整齐、美观。管道布置图在化工设备进行最后安装阶段具有重要的意义。好的管道布置图不仅能使安装者容易读懂图纸所要表达的含义，加快施工进程，同时也杜绝诸如将测量孔安放在光线不好的场合，或者将阀门的安装的方位朝向墙面，使之很难操作。因此，在各种化工工程具体施工前，必须绘制好详细的管道布置图。

管道布置图的绘制工作非常繁重，同时对时间的要求也较紧，另外，在具体施工过程中会碰到各种与原设计现场不同或原设计中错误的情况，需要及时更新管道布置图。这时，如果采用计算机绘图，就可以充分发挥计算机快速、易修改的特点，及时提供更新后的管道布置图。

管道布置图的主要内容有一组视图、尺寸和标注、分区简图、方位标、标题栏等。管道布置图的绘制基本步骤为确定表达方案、视图的数量和各视图的比例，确定图纸幅面的安排和图纸张数，绘制视图，标注尺寸、编号及代号等，绘制方位标、附表及注写出说明，校核与审定。

8.1.4 化工设备图

化工设备泛指化工企业中使物料进行各种反应和各种单元操作的设备和机器，化工设备的施工图样一般包括装配图、设备装配图、部件装配图、零件图，该图样的基本内容有一组视图、各种尺寸、管口表、技术特性及要求、标题栏及明细表等，化工设备图的特点及绘制技巧如下。

① 壳体以回转型为主。如各种容器、换热器、精馏塔等，可采用镜像技术，只绘制其中一半即可。

② 尺寸相差悬殊。如精馏塔的高度和壁厚，大型容器的直径和壁厚等，在绘制中，大的尺寸可按比例绘制，而小的尺寸若按比例绘制则将无法绘制或区分，这时可采用夸大的方法绘制壁厚等小的尺寸。

③ 有较多的开孔和接管。每一个化工设备最少需要两个接管，而一般情况下均多余两个接管，大量的接管一般安装在封头上或筒体上，绘制时主要注意接管的安装位置，接管上的法兰可采用简化画法，接管的管壁等小尺寸部件可采用夸张画法或采用局部放大。

④ 大量采用焊接结构。如接管和筒体、有些封头和筒体，需要注意绘出各种焊接情况，必要时需局部放大。

⑤ 广泛采用标准化、通用化及系列化的零部件。对于标准化的零部件，可采用通用的简化画法，一般画出主要外轮廓线即可，详细说明在明细表中标明即可。

8.2 AutoCAD 简介

AutoCAD 是由美国 Autodesk 公司开发的专门用于计算机绘图设计工作的通用 CAD（Computer Aided Design）即计算机辅助设计软件包，是当今各种设计领域广泛使用的现代化绘图工具。该软件具有强大的绘图功能，不但能够用来绘制一般的二维工程图，而且能够进行三维实体造型，生成三维真实感的图形。另外还可以在其基础上进行二次开发，形成更为广阔的专业应用领域。用 AutoCAD 绘图，可以采用人机对话方式，也可以采用编程方式。由于 AutoCAD 适用面广，且易学易用，因此它是一般设计人员喜欢的 CAD 软件之一，在国内外应用十分广泛。该软件自 1982 年 Autodesk 公司首次推出 AutoCAD R1.0 版本以来，由于其具有简单易学、精确无误等优点，一直深受工程设计人员的青睐，因此，Autodesk 公司不断推出 AutoCAD 新的版本。从 AutoCAD R1.0 到 AutoCAD R14.0；从 AutoCAD 2000、AutoCAD 2002、AutoCAD 2004、AutoCAD 2007、AutoCAD 2008 一直发展到今天的 AutoCAD 2017。在其功能不断完善和增加的同时，软件所需的空间也随之迅速增加。由最初的几兆、几十兆发展到今天的几百兆直至上千兆，对电脑的要求也越来越高。该软件发展到 AutoCAD 2000 和 AutoCAD 2004 版本，已是一个比较完善的工程制图软件，它已完全可以胜任一般化工制图的工作，而 AutoCAD 2008 的功能又有了进一步的扩充。尽管会有新的 AutoCAD 版本推出，但 AutoCAD 2008 已能满足化工制图的需要。AutoCAD 2008 不仅继承了早期版本的各种优点，如大量采用了目前 Windows 操作系统中通用的一些方法，几乎不用记住其各种命令的英文拼写形式，凭其提供的强大的视窗界面，就能完成全部工作。对于各种修改工作，也常常可以通过双击目标对象而自动进入修改界面，由其提供的修改对话框进行修改（如对标注、文字、填充、线宽、线型等诸多问题的修改）。总之，在其他软件中通用的一些方法，你可以大胆地在 AutoCAD 2008 中试用，常常会给你一个满意的结果。同时，AutoCAD 2008 增加了新的管理工作空间——二维草图和注释；在使用面板方面有新的增强，它包含了 9 个新的控制台，更易于访问图层、注解比例、文字、标注、多种箭头、表格、二维导航、对象属性以及块属性等多种控制；在图层对话框中新增"设置"按钮来显示图层设置对话框，方便控制图层，图层在不同布局视口中可以使用不同的颜色、线型、线宽、打印样式；在具体绘制过程中，动态地显示当前鼠标点的位置，方便工程人员绘制，比以前版本更人性化。由于考虑到许多学校的计算中心及电教科室采用 AutoCAD 2008 版本，故本教材以 AutoCAD 2008 版本为标准，以 2016 版本为补充，讲解如何利用 AutoCAD 软件进行化工制图。考虑到部分学校及使用者已使用 AutoCAD 2016 及 AutoCAD 2017 等最新版本，本教材中在介绍 2008 版本时，如遇到 2008 版本和 2016 版本不同时会加以说明。其实 2016 版本也完全可以调到和 2008 版本基本一致的经典模式。在该经典模式下操作，2016 版本几乎和 2008 的版本完全一致，无需学习新的知识。

8.3 AutoCAD 2008（2016）主要功能

8.3.1 AutoCAD 2008 的运行环境

（1）操作系统

Windows XP Home；

Windows XP Professional；

Windows NT 4.0 SP6.0 或更高版本；

Windows Vista；

Windows 7、Windows8、Windows10。

（2）浏览器

IE 6.0 或更高版本。

（3）处理器

一般应在 2G 以上。

（4）内存

一般应在 512MB 以上。

（5）硬盘

至少有 1G 以上的空闲安装空间。

（6）显示器

最低配置 1024×768VGA，真彩。

8.3.2 AutoCAD 2008 的安装及工作界面

AutoCAD 2008（2016）的安装过程和以前版本的安装过程大致相同，只要按照系统的提示，一步一步进行操作，就能完成安装任务。如果计算机还没有安装 Microsoft. NET Frame fork 2.0，必须先安装该软件。当 AutoCAD 2008（2016）安装完成后，系统会在桌面上生成一个 AutoCAD 2008（2016）的图标，如图 8-4 所示。只要鼠标双击这个图标，系统就会进入 AutoCAD 2008（2016）的工作界面，见图 8-5。AutoCAD 2008 共有三个工作界面，分别是二维草图和注释、三维建模、AutoCAD 经典。本教材主要在 AutoCAD 经典模式下绘制各

图 8-4　AutoCAD2008
及 2016 图标

种图样，故以后介绍的各种功能以该工作模式为准，图 8-5 所示也是该模式下的工作界面，除非有特别的说明。至于 AutoCAD 2016 的经典界面见图 8-6，比较图 8-6 和图 8-5，两者界面在左右两边的工具基本相同。AutoCAD 2008 中的各种绘图、修改、标注等所有方法几乎都可以移植到 AutoCAD 2016 上使用，有时你会发现 AutoCAD 2016 版会更加智能化和更加简单。需要提醒读者注意的是，安装好 AutoCAD 2016 版后不会自动出现图 8-6 所示的经典界面，一般出现图 8-7 所示的界面，需要用户自己设置才会出现图 8-6 所示的经典界面。在 AutoCAD 2016 中设置经典界面的具体步骤如下。

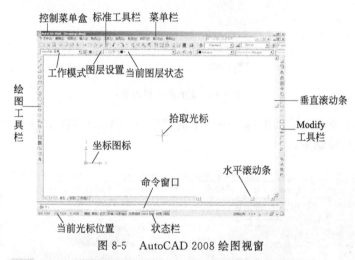

图 8-5　AutoCAD 2008 绘图视窗

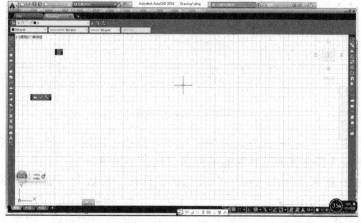

图 8-6　AutoCAD 2016 经典界面

① 打开 AutoCAD 2016，一般会出现"草图与注释"界面，见图 8-7，点击其右边的第二个倒三角，注意有时没有出现"草图与注释"，只有一个倒三角，则点击该倒三角，出现图 8-8 所示的界面，进入步骤 2。

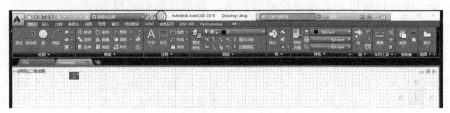

图 8-7　AutoCAD 2016 初始界面

② 如果没有出现"草图与注释"，则只要在图 8-8 所示下拉菜单中将"工作空间"打钩即可；点击图 8-8 中所示的"显示菜单栏"，即进入图 8-9 所示界面。

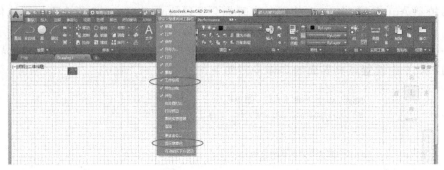

图 8-8　显示菜单栏设置

③ 点击图 8-9 所示中的"工具"→"工具栏"→"AutoCAD"，就会出现在 AutoCAD 2008 中熟悉的工具加载条。

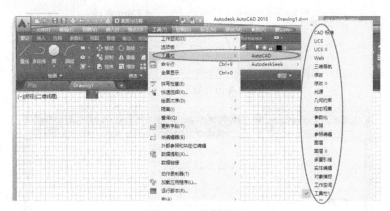

图 8-9　工具栏设置

④ 依次点击图 8-9 所示最右边竖条中的绘图、修改、图层、特性等你需要的工具，即成图 8-10 所示界面。你会发现原来熟悉的经典界面已经出现。

⑤ 点击图 8-10 所示"Performance"左边的三角形，可收起下面的内容，得图 8-11 所示界面。

⑥ 也可点击关闭，见图 8-12，彻底消除"Performance"下的内容，得图 8-13 所示界面。

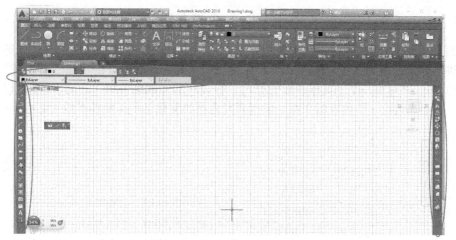

图 8-10　AutoCAD 2016 初步设置界面

图 8-11　AutoCAD 2016 Performance 收起界面

图 8-12　AutoCAD 2016 "Performance" 关闭设置

图 8-13　AutoCAD 2016 "Performance" 关闭后界面

⑦ 将当前的工作空间另存为 "经典 2017"，见图 8-14，就得到我们熟悉的经典绘图模式，见图 8-6。在图 8-6 所示界面上，各种操作基本和 AutoCAD 2008 一致，只有列阵有些变化，但也可以通过修改文件将其变回 AutoCAD 2008 的模式。

图 8-14　经典界面保存设置

8.3.3 AutoCAD 2008（2016）主要功能介绍

下面先将图 8-5 中所示的绘图工具栏和修改（Modify）工具栏放大表示出来（见图 8-15，为以后讲解方便，给它按 1～36 标上号，称为功能"x"，以后称点击功能"x"，就是图 8-15 对应的功能），并对每一个工具作一般的介绍，在以后的实战练习中，还会不断加以具体应用的介绍，希望通过这一节内容的介绍，使读者对这些绘制化工图样最基本的工具有一个大致的了解。

1	LINE	绘制直线
2	RAY	绘制射线
3	PLINE	绘制多义线
4	POLYGON	绘制多边形
5	RECTANG	绘制矩形
6	ARC	绘制圆弧
7	CIRCLE	绘制圆
8	REVCLOUD	绘制云线
9	SPLINE	绘制样条曲线
10	ELLIPSE	绘制椭圆
11	ELLIPSE	绘制椭圆弧
12	INSERT	插入
13	BLOCK	定义块
14	POINT	绘制点
15	GRADIENT	渐变色
16	HATCH	填充图形
17	REGION	定义面域
18	TABLE	表格
19	TEXT	写文本
20	ERASE	删除实体
21	COPY	拷贝实体
22	MIRROR	镜像
23	OFFSET	偏移复制
24	ARRAY	阵列复制
25	MOVE	移动
26	ROTATE	旋转
27	SCALE	比例缩放实体
28	STRETCH	拉伸移动实体
29	TRIM	修剪
30	EXTEND	延伸
31	BREAK	打断于点
32	BREAK	打断实体
33	JOIN	合并
34	CHAMFER	倒直角
35	FILLET	倒圆角
36	EXPLODE	分解实体

图 8-15　各种工具示意图

（1）直线

点击功能"1"；或通过菜单中"绘图"→"直线"；或输入命令"line"，系统提示输入一系列点，可以利用鼠标捕捉或利用键盘输入点的绝对坐标或相对坐标。输入相对坐标时，分为相对直角坐标和相对极坐标，关于相对坐标的示意图如图 8-16、图 8-17 所示。

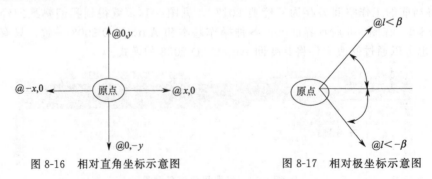

图 8-16　相对直角坐标示意图　　　　　图 8-17　相对极坐标示意图

下面是绘制两个三角形的命令过程及其示意图（图 8-18）（三角形的两条边长度分别为 30 和 40，两者夹角第一个为 90°，第二个为 60°）

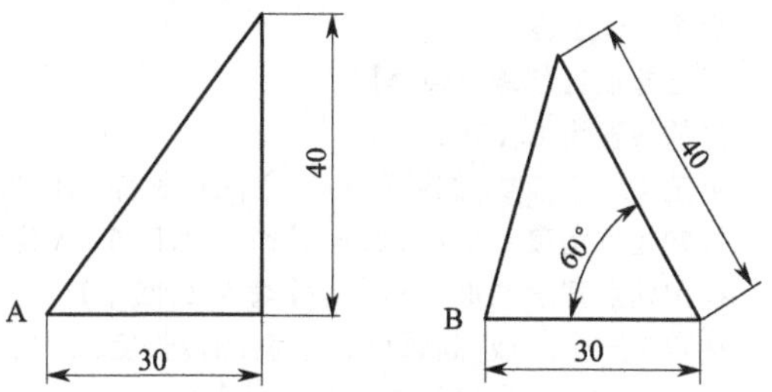

① 绘制第一个三角形命令：

命令:_line
指定第一点:【任取一点 A】
指定下一点或[放弃(U)]:@30,0【输入"30,0",回车】
指定下一点或[放弃(U)]:@0,40【输入"0,40",回车】
指定下一点或[闭合(C)/放弃(U)]:c【输入 c,回车】

② 绘制第二个三角形命令：

命令:_line
指定第一点:【任取一点 B】
指定下一点或[放弃(U)]:@30,0【输入"30,0",回车】
指定下一点或[放弃(U)]:@40<120【输入"40<120",回车】
指定下一点或[闭合(C)/放弃(U)]:c【输入 c,回车】

图 8-18　直线绘制示意图

提醒：在 AutoCAD 2008 中输入相对坐标时比 AutoCAD 2004 方便许多，无需再输入 @，直接输入后面的两个数字即可，同时在两个数字之间用","表示相对直角坐标；用"<"表示相对极坐标。

（2）构造线

构造线是某种形式的一系列无限长的直线，它在某些特殊的绘图场合可起到辅助线的作用。它可通过点击功能"2"进入绘制构造线，或通过菜单中"绘图"→"构造线"；也可在命令行输入"xline"来实现，若在系统提示中不作选择，直接点击鼠标，则绘制的是以点击点为中心的一系列放射线，见图 8-19。具体命令如下：

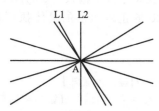

图 8-19　构造线绘制示意图

命令:_xline
指定点或[水平(H)/垂直(V)/角度(A)/
二等分(B)/偏移(O)]:【鼠标点击构造线中心点 A】
指定通过点:【需要位置点击】
指定通过点:@30<120【输入"30<120",回车,见 L1】
指定通过点:@60<90【输入"60<90",回车,L2】

如果在命令的提示行中输入相应的选择，则将分别绘制一系列平行的水平线、垂直线、以一定角度倾斜的直线，以及所选定角度的平分线和以选定目标线为基准的平行偏移线。具体的绘制过程比较简单，请读者自行练习。

（3）多义线

多义线或多段线（Polyline）是 AutoCAD 中最常见的且功能较强的实体之一，它由一系列首尾相连的直线和圆弧组成，可以具有宽度及绘制封闭区域，因此，多义线可以取代一些实心体等。可点击功能"3"；或通过菜单中"绘图"→"多段线"；或在命令行输入"pline"，具体命令过程如下，绘制结果见图 8-20。

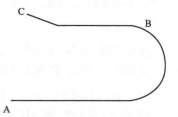

图 8-20　多义线绘制示意图

命令:_pline

指定起点:【任取一点 A】

当前线宽为 0.0000

指定下一个点或[圆弧(A)/半宽(H)/长度(L)/放弃(U)/宽度(W)]:w【输入 w,回车】

指定起点宽度<0.0000>:4【输入 4,回车,设定线宽为 4】

指定端点宽度<4.0000>:4【输入 4,回车】

指定下一个点或[圆弧(A)/半宽(H)/长度(L)/放弃(U)/宽度(W)]:@500,0【输入"500,0",回车,绘制长
度为 500 的线段】

指定下一点或[圆弧(A)/闭合(C)/半宽(H)/长度(L)/放弃(U)/宽度(W)]:a【输入 a,回车,绘制圆弧】

指定圆弧的端点或[角度(A)/圆心(CE)/闭合(CL)/方向(D)/半宽(H)/直线(L)/半径(R)/第二个点(S)/
放弃(U)/宽度(W)]:【任取一点 B】

指定圆弧的端点或[角度(A)/圆心(CE)/闭合(CL)/方向(D)/半宽(H)/直线(L)/半径(R)/第二个点(S)/
放弃(U)/宽度(W)]:1【输入 L,表示准备绘制直线】

指定下一点或[圆弧(A)/闭合(C)/半宽(H)/长度(L)/放弃(U)/宽度(W)]:@-300,0【输入"-300,0",
回车】

指定下一点或[圆弧(A)/闭合(C)/半宽(H)/长度(L)/放弃(U)/宽度(W)]:w【输入 w,回车】

指定起点宽度<4.0000>:【回车,默认宽度为 4】

指定端点宽度<4.0000>:0【输入 0,回车,设置宽度为 0,以便画箭头】

指定下一点或[圆弧(A)/闭合(C)/半宽(H)/长度(L)/放弃(U)/宽度(W)]:【任取一点 C】

指定下一点或[圆弧(A)/闭合(C)/半宽(H)/长度(L)/放弃(U)/宽度(W)]:【回车,完成绘制】

（4）正多边形

点击功能"4"；或通过菜单中"绘图"→"正多边形"；或在命令行中输入"polygon"，一个绘制边长为 100 的正六边形的具体执行命令过程如下：

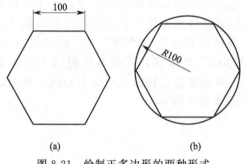

(a)   (b)

图 8-21 绘制正多边形的两种形式

命令:_polygon

输入边的数目<6>:6【输入 6,回车】

指定正多边形的中心点或[边(E)]:e【输入 e,回车】

指定边的第一个端点:300,300【输入"300,300",回
车,注意这里是绝对坐标】

指定边的第二个端点:@100,0【输入"100,0",回
车,注意这里是相对坐标,见图 8-21(a)】

如果知道的是多边形的内接或外切圆的信
息，则其绘制过程如下：

命令:_polygon

输入边的数目<6>:6【输入 6,回车】

指定正多边形的中心点或[边(E)]:600,400【输入"600,400",回车,注意这里是绝对坐标】

输入选项[内接于圆(I)/外切于圆(C)]<I>:i【输入 I,回车】

指定圆的半径:100【输入 100,回车,见图 8-21(b)】

（5）矩形

点击功能"5"；或菜单中的"绘图"→"矩形"；或命令行中输入"rectang"，下面是一个绘制长为 200、高为 100 的矩形具体的执行命令过程：

命令:_rectang【点击功能"5"】

指定第一个角点或[倒角(C)/标高(E)/圆角(F)/厚度(T)/宽度(W)]:100,100【输入矩形起点坐标,
"100,100",回车】

指定另一个角点或[面积(A)/尺寸(D)/旋转(R)]:@200,100【输入"200,100",默认为相对坐标,回车,得图 8-22 所示的矩形】

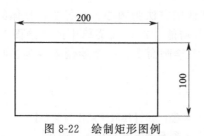

图 8-22　绘制矩形图例

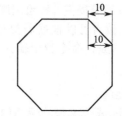

图 8-23　具有倒角的矩形示意图

若想绘制出来的矩形具有倒角、圆角等其他特性，可在命令提示项中进行选择。下面是绘制倒角距离为 10 的矩形命令：

命令:_rectang【点击功能"5"】
当前矩形模式:倒角＝10.0000×10.0000
指定第一个角点或[倒角(C)/标高(E)/圆角(F)/厚度(T)/宽度(W)]:c【输入 c,回车,准备设置倒角距离】
指定矩形的第一个倒角距离<10.0000>:10【输入 10,回车】
指定矩形的第二个倒角距离<10.0000>:10【输入 10,回车】
指定第一个角点或[倒角(C)/标高(E)/圆角(F)/厚度(T)/宽度(W)]:【在左下角任取一点】
指定另一个角点或[面积(A)/尺寸(D)/旋转(R)]:【在右上角任取一点,得图 8-23 所示倒角矩形】

提醒：如果默认的倒角距离符合目前要求，可以通过两次回车代替倒角距离设置；如果矩形的长或宽小于两个倒角的距离之和，则绘制的矩形不会显示倒角，还以无倒角矩形出现。

（6）圆弧

AutoCAD 2008 中，系统提供 11 种绘制圆弧的方法，默认的方法为（起点、第二点、端点），具体如图 8-24 所示。可点击功能"6"；或菜单中"绘图"（Draw）→"圆弧"（Arc）；或在命令行中输入"arc"。一个利用默认方法绘制圆弧命令过程如下，其见图 8-25。

命令:_arc
指定圆弧的起点或[圆心(C)]:300,300【输入绝对坐标位置】
指定圆弧的第二个点或[圆心(C)/端点(E)]:@100,0【系统默认为相对坐标】
指定圆弧的端点:@100,100【输入"100,100"后回车,可得如图 8-25 所示圆弧】

图 8-24　绘制圆弧的 11 种方法

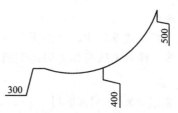

图 8-25　绘制圆弧实例

提醒：利用三点绘制的圆弧是该起点沿逆时针转动到端点所构成的圆弧；如果是要在已绘好三点的基础上绘制圆弧，则可采用鼠标捕捉功能加以绘制。

（7）圆

AutoCAD 系统提供 6 种绘制圆的方法，默认的方法为圆心、半径法，具体的 6 种方法如图 8-26 所示，读者可以根据需要而定。可点击功能"7"；或菜单中的"绘图"（Draw）→"圆"（Circle）；或在命令行中输入"circle"进入绘圆命令，一个绘制半径为 100 的圆的命令如下：

命令:_circle
指定圆的圆心或[三点(3P)/两点(2P)/相切、相切、半径(T)]:【任取一点作为圆心】
指定圆的半径或[直径(D)]:100【输入 100 作为半径,回车则得图 8-27 所示的圆】

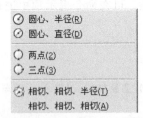

图 8-26　绘制圆的 6 种方法

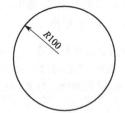

图 8-27　绘制圆的实例

提醒：普通圆的绘制，只要确定了圆心的位置和半径的大小就可以绘制，对于在规定的位置上绘制圆，需要利用 6 种方法中对应的绘制方法，如要绘制过已知 3 点的圆，就必须用图 8-26 中对应的第 4 种绘圆方法，必须注意的是，如果给定的 3 点是在一条直线上的，则无法绘制圆。在以后有关命令操作的说明中，如果基本上和前面相同，则不再作重复说明，希望读者注意。

（8）修订云线

可点击功能"8"；或菜单中"绘图"（Draw）→"修订云线"；或在命令行中输入"revcloud"，一个具体的绘制命令及其图 8-28 如下：

指定起点或[弧长(A)/对象(O)]＜对象＞:a
指定最小弧长＜0.5＞:30
指定最大弧长＜30＞:30
指定起点或[对象(O)]＜对象＞:【鼠标点击,作为云线的起点】
沿云线路径引导十字光标…【鼠标移动,并最后使云线闭合】
修订云线完成【自动完成闭合】

图 8-28　绘制云线实例

提醒：如果鼠标位置不恰当，可能不会闭合，如需强制中断，则需点鼠标右键，否则将继续绘制云线。

（9）样条曲线

点击功能"9"，或菜单中的"绘图"→"样条曲线"，或在命令行中输入"spline"，进入绘制样条曲线。样条曲线可作为局部剖的分界线，一个具体的绘制命令及其图 8-29 如下。

命令:_spline
指定第一个点或[对象(O)]:【点击 A】
指定下一点:【点击 B】
指定下一点或[闭合Ⓡ/拟合公差(F)]＜起点切向＞:【点击 C】

指定下一点或[闭合®/拟合公差(F)]＜起点切向＞:【点击 D】
指定下一点或[闭合®/拟合公差(F)]＜起点切向＞:【点击 E】
指定下一点或[闭合®/拟合公差(F)]＜起点切向＞:【回车】
指定起点切向:0【输入 0,回车】
指定端点切向:0【输入 0,回车】

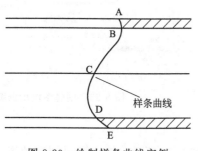

图 8-29　绘制样条曲线实例

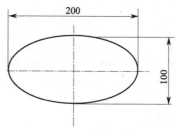

图 8-30　绘制椭圆实例

（10）椭圆

AutoCAD 系统提供 3 种绘制椭圆的方法，可点击功能 "10"；或菜单中的 "绘图"→"椭圆"；或在命令行中输入 "ellipse"，一个具体的绘制长轴为 200、短轴为 100 的椭圆命令如下（绘制结果见图 8-30）。

```
命令:_ellipse
指定椭圆的轴端点或[圆弧(A)/中心点(C)]:200,200【输入长轴第一个端点位置】
指定轴的另一个端点:400,200【输入长轴第二个端点位置,由此可确定长轴长度为 200】
指定另一条半轴长度或[旋转®]:50【输入 50 后回车,可得图 8-30 所示的椭圆】
```

（11）椭圆弧

点击功能 "11"，系统进入绘制椭圆弧，其实该命令也可从绘制椭圆命令中选择 "A" 进入，在系统的提示下进行操作，就可以绘制出你所需要的椭圆弧。一个具体的绘制长轴为 200、短轴为 100、只含有 1/4 的椭圆弧的命令如下（绘制结果见图 8-31）。

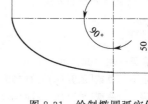

图 8-31　绘制椭圆弧实例

```
命令:_ellipse【点击"11"】
指定椭圆的轴端点或[圆弧(A)/中心点(C)]:_a
指定椭圆弧的轴端点或[中心点(C)]:200,200
指定轴的另一个端点:@200,0【输入"200,0"自动作为相对坐标,
这和 2004 版本不同】
指定另一条半轴长度或[旋转(R)]:50
指定起始角度或[参数(P)]:0
指定终止角度或[参数(P)/包含角度(I)]:90
```

提醒：绘制椭圆弧所包含的角度是从轴的第一个端点以逆时针方向所构成的角度。

（12）插入块

通过插入块操作，可以将一些在化工图样绘制中相同的或经常使用的图形的重复绘制工作省去，提高工作效率。点击功能 "12"，进入插入块操作，系统弹出如图 8-32 所示对话框。

通过选择插入的图块名称及其他提示的要求，就可以插入图块，如果要插入的图块不是在当前图制作的，则可以通过浏览进入其他目录，找到我们所需的图块。

图 8-32 插入图块示意图

图 8-33 创建图块示意图

（13）创建块

点击功能"13"，可进入创建图块界面，如图 8-33 所示。输入所要创建的图块名，然后点击拾取点，在屏幕上捕捉创建图块的基准点，系统就会显示拾取点的坐标；再点击选择对象，在屏幕上选择所需的对象，回车，然后按"确定"键，就创建了所需的图块。在以后的绘制中，如果需要绘制和已创建的块相同的部件，可以通过插入块来实现。

（14）点

可点击功能"14"；或菜单中"绘图"（Draw）→"点"（point）；或在命令行中输入"point"。如通过菜单中"绘图"进入点的绘制，会有 4 种选择，见图 8-34，定数等分点及定距等分点为绘图过程中基线位置的确定提供了方便。如原来有一条线段长度为 600，现需要等分成 6 段，其中间五个点的确定过程如下：

图 8-34 点的 4 种绘制方法

图 8-35 长度为 600 的线段

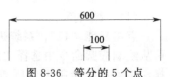

图 8-36 等分的 5 个点

命令:_line
指定第一点:100,100
指定下一点或[放弃(U)]:@700,0
指定下一点或[放弃(U)]:【回车,绘制好如图 8-35 所示的线段】
命令:_divide【点击图 8-34 中"定数等分"】
选择要定数等分的对象:【选择图 8-35 中所示的线段】
输入线段数目或[块(B)]:6【输入 6,回车,见图 8-36】

提醒：等分点绘制好以后，在显示上和原来没有区别，为了便于后续绘图，可将原线段删除，这时，等分点就可以显示出来，便于捕捉，见图 8-36。

（15）图案填充

可点击功能"15"；或菜单中"绘图"→"图案填充"；或在命令行中输入"bhatch"。执行命令之后，系统打开"边界图案填充对话框"，如图 8-37 所示。可再点击"图案填充"、"高级"、"渐变色"进行填充的一些设置工作。一般情况下，只要使用图 8-37 所示图案填充对话框就可以满足化工图样绘制的要求。在该对话框中，我们需设置图案、比例、角度，然后再选择拾取点，在屏幕上点击需要填充的地方，需要提醒读者的是需要填充的部分必须封闭，同时在当前视窗可见，否则，系统拒绝填充。化工图样绘制中常用的图案见图 8-38。

图 8-37　图案填充对话框

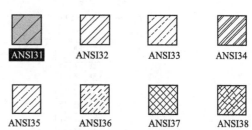

图 8-38　常用填充图案

（16）渐变色

点击功能"16"；也可在点击功能"15"时，选择"渐变色"进入，见图 8-39。填充效果见图 8-40。其操作过程和图案填充相仿。

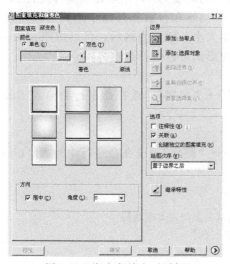

图 8-39　渐变色填充对话框

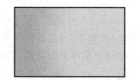

图 8-40　渐变色填充效果示意

（17）创建面域

可点击功能"17"；或菜单中的"绘图"→"面域"；或在命令行中输入"region"，其作用是将一个封闭的区域转变成面域，为以后进行其他工作做准备。一个具体的执行命令过程如下：

```
命令:_region
选择对象:找到 1 个
选择对象:
已提取 1 个环。
已创建 1 个面域。
```

（18）插入表格

可点击功能"18"；或菜单中的"绘图"→"表格"；或在命令行中输入"table"，出现图 8-41 所示的对话框。

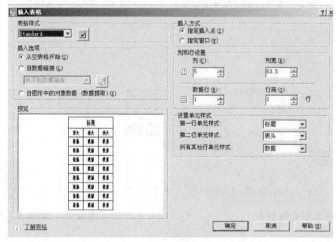

图 8-41　插入表格对话框

当插人方式选定"指定插入点"时，可对行数、列数、列宽和行高均进行设置，需要注意的是行高的设置中行高的单位是"行"，每行的高度为 9，如果你选择行高为 2，则其实际高度为 18；当插入方式选定"指定窗口"时，只能在行数和行高中选其一，列数和列宽选其一进行设置；剩下的两个变量取决于窗口的大小。插入表格后，可以仿照 office 软件中的操作进行数据和文字输入。表格中字体大小和形式可以进行选定。

（19）填充文字

可点击功能"19"；或菜单中的"绘图"→"文字"；或在命令行中输入"mtext"，其详细使用将在下一节单独讲解。

（20）删除

可点击功能"20"；菜单单中的"修改"→"删除"；或在命令行中输入"erase"，一个具体的删除命令如下所示：

命令:_erase【点击功能"20"】
选择对象:找到 1 个【若目标有多个,可采用鼠标从右上向左下拖动】
选择对象:【若不再另选物体,则回车,所选对象被删除】

（21）复制

可点击功能"21"；或菜单中的"修改"→"复制"；或在命令行中输入"copy"，一个具体的复制命令如下（复制过程见图 8-42）：

命令:_copy【点击功能"21"】
选择对象:找到 1 个【选择图 8-42 中虚线所示的矩形】
选择对象:【回车,如果有多个对象,可继续选择,最后通过回车结束选择对象】
当前设置:　复制模式=多个
指定基点或[位移(D)/模式(O)]<位移>:【点击图 8-42 中 A 点】
指定第二个点或<使用第一个点作为位移>:【点击图 8-42

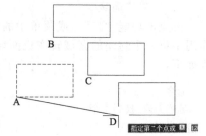

图 8-42　复制过程示意图

中 B 点】

指定第二个点或[退出(E)/放弃(U)]＜退出＞:【点击图 8-42 中 C 点】

指定第二个点或[退出(E)/放弃(U)]＜退出＞:【点击图 8-42 中 D 点】

指定第二个点或[退出(E)/放弃(U)]＜退出＞:【回车,完成复制】

（22）镜像

可点击功能"22"；或菜单中"修改"→"镜像"；或在命令
行中输入"mirror"，具体方法如下（见图 8-43）。

命令:_mirror

选择对象:找到 1 个【选择图 8-43 中左边的三角形】

选择对象:【回车,如果还有其他对象,可以继续选择】

指定镜像线的第一点:【点击图 8-43 中 A 点】

指定镜像线的第二点:【点击图 8-43 中 B 点】

是否删除源对象? [是(Y)/否(N)]＜N＞:【回车,完成镜像】

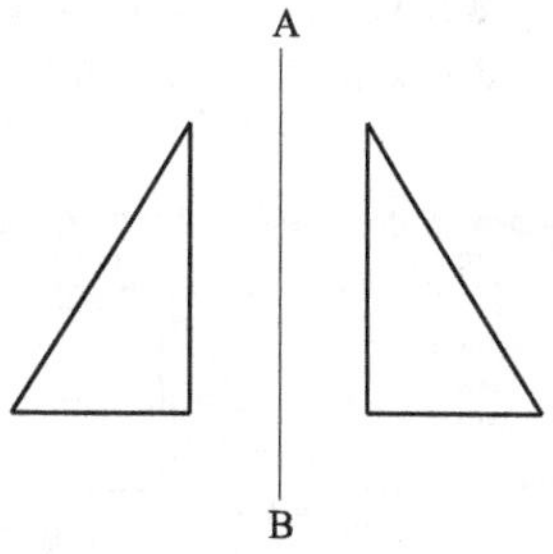

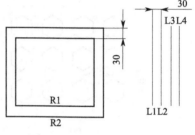

图 8-43　镜像示意图

（23）偏移

可点击功能"23"；或菜单中"修改"→"偏移"；或在命令
行中输入"offset"。该命令用于生成从已有对象偏移一
定距离的新对象，新对象和原对象形状相仿或相同，熟
练应用偏移功能，能够提高图形的绘制速度。下面是一
个矩形向外偏移的操作过程：

命令:_offset【点击功能"23"】

当前设置:删除源＝否,图层＝源,OFFSETGAPTYPE＝0

指定偏移距离或[通过(T)/删除(E)/图层(L)]＜20.0000＞:
30【输入"30"作为偏移距离】

图 8-44　OFFSET 命令实例

选择要偏移的对象,或[退出(E)/放弃(U)]＜退出＞:【点击
图 8-44 中内部的矩形 R1】

指定要偏移的那一侧上的点,或[退出(E)/多个(M)/放弃(U)]＜退出＞:【在 R1 外部点击】

选择要偏移的对象,或[退出(E)/放弃(U)]＜退出＞:【回车,完成图 8-44 左边所示的偏移】

上例即图 8-44 中左半图所示，由于该矩形为一整体，因此偏移为整体偏移，目前方向
为由内向外，也就是每边向外偏移 30 单位，当然也可以向内偏移，只要选择在 R1 内部点
击即可。下面操作的结果是图 8-44 右半图所示的一组平行直线，间距为 30 单位，原来只有
L1 一条线段，通过偏移生成 L2、L3、L4。

命令:_offset

当前设置:删除源＝否,图层＝源,OFFSETGAPTYPE＝0

指定偏移距离或[通过(T)/删除(E)/图层(L)]＜30.0000＞:【回车,默认原来的设置】

选择要偏移的对象,或[退出(E)/放弃(U)]＜退出＞:【点击 L1】

指定要偏移的那一侧上的点,或[退出(E)/多个(M)/放弃(U)]＜退出＞:【在 L1 右边点击】

选择要偏移的对象,或[退出(E)/放弃(U)]＜退出＞:【点击 L2】

指定要偏移的那一侧上的点,或[退出(E)/多个(M)/放弃(U)]＜退出＞:【在 L2 右边点击】

选择要偏移的对象,或[退出(E)/放弃(U)]＜退出＞:【点击 L3】

指定要偏移的那一侧上的点,或[退出(E)/多个(M)/放弃(U)]＜退出＞:【在 L3 右边点击】

选择要偏移的对象,或[退出(E)/放弃(U)]＜退出＞:【回车,完成 L2、L3、L4 绘制】

（24）阵列

可点击功能"24"；或菜单中的"修改"（Modify）→"阵列"（Array）；或在命令行中

输入"array",系统弹出如图 8-45 所示的对话框,通过对话框的不同设置可以绘制出如图 8-48 所示的 3 种列阵效果图。图 8-48(a) 所示是矩形列阵,参数设置如图 8-45 所示,其具体命令如下:

命令:_array【点击功能"24",弹出对话框,选择矩形列阵,设置好参数如图 8-45 所示】

选择对象:找到 1 个【点击对话框中的"选择对象",选择图 8-48(a)左下角的正六边形】

选择对象:【回车,点击对话框中的"确定"键,完成矩形列阵】

图 8-45　矩形列阵设置

图 8-46　环形列阵不旋转设置

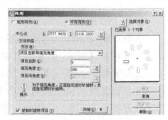

图 8-47　环形列阵旋转设置

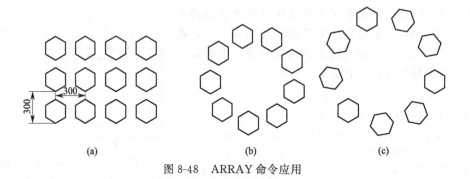

(a)　　　　　　　　　　(b)　　　　　　　　　　(c)

图 8-48　ARRAY 命令应用

提醒:在矩形列阵中,行间距以向上为正,列间距以向右为正,如果行间距或列间距设置过小,会出现图形重叠。

图 8-48(b) 所示是不旋转地环形列阵,参数设置见图 8-46,具体命令如下:

命令:_array【点击功能"24",弹出对话框,选择环形列阵,设置好参数,如图 8-46 所示】

选择对象:找到 1 个【选择图 8-48(b)中下方的正六边形】

选择对象:【回车】

指定阵列中心点:【点击中心点选取图标,鼠标在源图左上方点击,并通过预览确定点的选取是否合理,如果中心点选择不合理,则会出现图形重叠,可点击修改,重新选择中心点】

图 8-48(c) 的绘制过程和图 8-48(b) 相仿,其参数设置的对话框见图 8-47,具体绘制过程不再赘述。

(25)　移 动

可点击功能"25";或菜单中的"修改"(Modify) → "移动"(Move);或者在命令行中输入"move"。移动命令用于将指定对象从原位置移动到新位置,注意移动时基点的选择,如图 8-49 所示。

命令:_move【点击功能"25"】

选择对象:找到 1 个【选择图 8-49 中虚线所示的矩形】

选择对象:【回车】

指定基点或位移:【选择图 8-49 虚线矩形的左下角作为基点】

指定位移的第二点或<用第一点作位移>:【鼠标移动到需要位置点击既可移动原虚线所示的矩形】

（26）旋转

可点击功能"26"；或菜单中的"修改"（Modify）→"旋转"（Rotate）；或在命令行中输入"rotate"。旋转命令可以使图形对象绕某一基准点旋转，改变图形对象的方向。旋转以基准点向右的水平为基准线，以逆时针方向为计算角度，如图 8-50 所示。

命令:_rotate【点击功能"26"】

UCS 当前的正角方向:ANGDIR＝逆时针,ANGBASE＝0

选择对象:指定对角点:找到 3 个【选择图 8-50 中的虚线三角形】

选择对象:【回车】

指定基点:【选三角形直角点处为基点】

指定旋转角度,或[复制(C)/参照(R)]<0>:45【输入"45",回车即可得图 8-50 中的实线三角形,已按要求旋转了 45°】

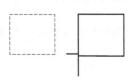
图 8-49　移动命令应用

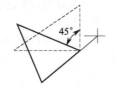
图 8-50　旋转命令应用

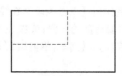
图 8-51　比例缩放命令应用

（27）比例缩放

可点击功能"27"；或菜单中的"修改"→"缩放"；或在命令行中输入"scale"。比例缩放命令用于将指定的对象按比例缩小或放大，如图 8-51 所示。

命令:_scale【点击功能"27"】

选择对象:找到 1 个【选择图 8-51 中的虚线部分】

选择对象:【回车】

指定基点:【选基点为左上角点】

指定比例因子或[参照(R)]:2【图形向右下方放大 1 倍,见图 8-51 中的实线部分】

提醒：若基点为右下角点，则图形向左上方放大。

（28）拉伸

可点击功能"28"；或菜单中的"修改"→"拉伸"；或在命令行中输入"stretch"。拉伸命令用于将指定的对象按指定点进行拉伸变形，如图 8-52 所示。

命令:_stretch

以交叉窗口或交叉多边形选择要拉伸的对象…

选择对象:

指定对角点:找到 3 个【选中图 8-52 中的虚线三角形】

选择对象:【回车】

指定基点或[位移(D)]<位移>:【点击 A 点】

指定第二个点或<使用第一个点作为位移>:【将 A 点拉到 B 处,即将原来虚线三角形拉伸】

提醒：拉伸操作既可以放大也可以缩小，但其与真实的放大和缩小有区别，其形状会有所不同，因为其变化的原理是从

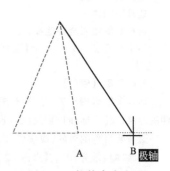
图 8-52　拉伸命令应用

基点出发，沿鼠标移动方向拉伸；如果单独拉伸矩形和圆形，则得到的结果是图形形状大小均不变，只作位置移动，但如果和三角形或五边形一起拉升，则也可能将矩形拉伸。

（29）修剪

可点击功能"29"；或菜单中的"修改"（Modify）→"修剪"（Trim）；或在命令行中输入"trim"。修剪命令用于将超过指定对象边界以外的线段删除。如图 8-53 所示，以线段 3 为基准，将超过线段 3 的右边部分剪去，其功能就像我们平时用的剪刀，故称修剪。一个具体的命令操作过程如下：

命令:_trim
当前设置:投影＝UCS,边＝无
选择剪切边…【点击线段 3】
选择对象:找到 1 个
选择对象:【回车】
选择要修剪的对象,或按住 Shift 键选择要延伸的对象,或［栏选(F)/窗交(C)/投影(P)/边(E)/删除(R)/放弃(U)］:【点击线段 1 在线段 3 的右边部分】
选择要修剪的对象,或按住 Shift 键选择要延伸的对象,或［栏选(F)/窗交(C)/投影(P)/边(E)/删除(R)/放弃(U)］:【点击线段 2 在线段 3 的右边部分】
选择要修剪的对象,或按住 Shift 键选择要延伸的对象,或［栏选(F)/窗交(C)/投影(P)/边(E)/删除(R)/放弃(U)］:【回车,修剪结果见图 8-54】

图 8-53　修剪前示意图 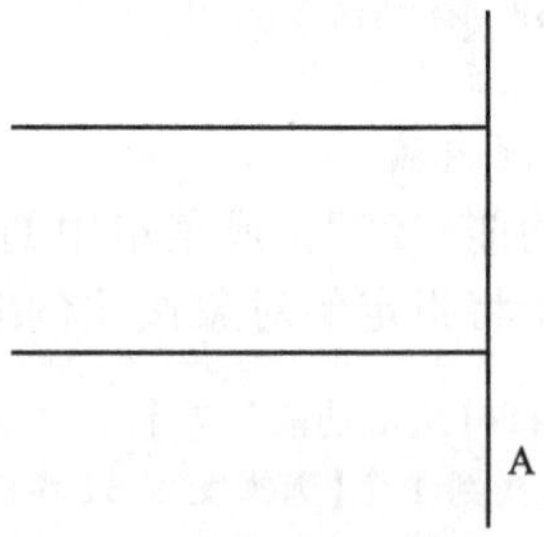　　　　　　图 8-54　修剪后示意图

提醒：修剪操作如能灵活应用，可以快速绘制许多图形，如绘制十字路口，可先画两横线和两纵线，然后通过下面修剪操作即可，过程见图 8-55。

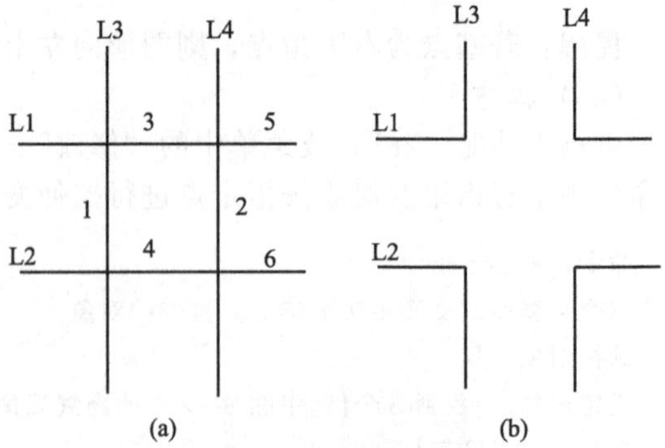

命令:_trim【点击功能"29"】
当前设置:投影＝UCS,边＝无
选择剪切边…
选择对象或＜全部选择＞:
指定对角点:找到 2 个【选择图 8-55(a)中的 L3、L4】
选择对象:【回车】
选择要修剪的对象,或按住 Shift 键选择要延伸的对象,或［栏选(F)/窗交(C)/投影(P)/边(E)/删除(R)/放弃(U)］:【点击 L1 上的"3"处】
选择要修剪的对象,或按住 Shift 键选择要延伸的对象,或［栏选(F)/窗交(C)/投影(P)/边(E)/删除(R)/放弃(U)］:【点击 L2 上的"4"处】
选择要修剪的对象,或按住 Shift 键选择要延伸的对象,或［栏选(F)/窗交(C)/投影(P)/边(E)/删除

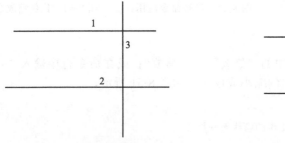

(a)　　　　　　　　　(b)

图 8-55　十字交通绘制

（R)/放弃(U)]:【回车,线段 3、4 将被删除】

命令:TRIM

当前设置:投影＝UCS,边＝无

选择剪切边…找到 6 个【选择选择图 8-55(a)中的 L1、L2 左边部分,及右边部分 5、6】

选择要修剪的对象,或按住 Shift 键选择要延伸的对象,或[栏选(F)/窗交(C)/投影(P)/边(E)/删除(R)/放弃(U)]:【点击 L3 上的"1"处】

选择要修剪的对象,或按住 Shift 键选择要延伸的对象,或[栏选(F)/窗交(C)/投影(P)/边(E)/删除(R)/放弃(U)]:【点击 L4 上的"2"处】

选择要修剪的对象,或按住 Shift 键选择要延伸的对象,或[栏选(F)/窗交(C)/投影(P)/边(E)/删除(R)/放弃(U)]:【回车,得图 8-55(b)完成十字交通绘制】

（30）延伸

可点击功能"30";或菜单中的"修改"（Modify）→"修剪"（Extend）;或在命令行中输入"extend"。延伸命令用于将指定对象延伸到我们所希望的边界上。如图 8-56 所示,以线段 3 为边界,将线段 1 和 2 延伸到线段 3,具体的命令操作过程如下:

命令:_extend【点击功能"30"】

当前设置:投影＝UCS,边＝无

选择边界的边…

选择对象:找到 1 个【点击线段 3】

选择对象:【回车】

选择要延伸的对象,或按住 Shift 键选择要修剪的对象,或[栏选(F)/窗交(C)/投影(P)/边(E)/删除(R)/放弃(U)]:【点击线段 1】

选择要延伸的对象,或按住 Shift 键选择要修剪的对象,或[栏选(F)/窗交(C)/投影(P)/边(E)/删除(R)/放弃(U)]:【点击线段 2】

选择要延伸的对象,或按住 Shift 键选择要修剪的对象,或[栏选(F)/窗交(C)/投影(P)/边(E)/删除(R)/放弃(U)]:【回车,完成延伸任务,具体见图 8-56 的右边部分】

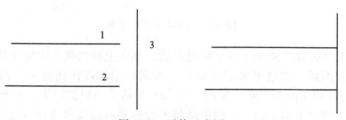

图 8-56　延伸示意图

（31）一点打断

点击功能"31";该操作的功能是将一个线段通过某一个打断点将其分成两段,以便将多余的一段删除,具体的操作过程如下（结果见图 8-57）。

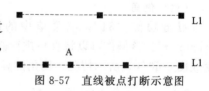

图 8-57　直线被点打断示意图

命令:_break

选择对象:【点击功能"30"】

指定第二个打断点或[第一点(F)]:_f【选择直线 L1】

指定第一个打断点:【在 L1 的左边 A 处点击,L1 就在 A 处被打断】

指定第二个打断点:@

（32）两点打断

点击功能"32";或菜单中的"修改"（Modify）→"打断"（break）;或在命令行中输

入"break"。该命令用于将指定对象通过两点打断，留下剩下的其余部分。如图 8-58(a)、(b) 所示是将圆打断的过程，其操作过程如下。

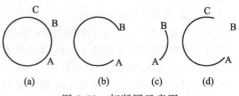

命令:_break
选择对象:【点击功能"32",并选择圆】
指定第二个打断点或[第一点(F)]:f【输入 f,回车】
指定第一个打断点:【选择图 8-58 中的 A 点】
指定第二个打断点:【选择图 8-58 中的 B 点,即成如
图 8-58(b)所示】

图 8-58　打断圆示意图

提醒：在将圆打断时，打断的部分是前后两点的逆时针移动部分，如果打断第一点选择 B 点，第二点选择 A 点，则打断后的效果如图 8-58(c) 所示；如果不输入 f，直接选取 A 点，则将选择圆时所取的点 C 作为第一大段的效果如图 8-58(d) 所示。

(33) 合并

点击功能 "33"；或菜单中的"修改"→"打断"；或在命令行中输入"join"。该命令用于将断开的圆弧和线段合并成一个圆弧或整个圆或整条线段，灵活应用该命令，可提高绘图速度。将圆弧合并的过程见图 8-59(a) ～ (d)。其中将圆弧合并的操作过程如下。

命令:_join
选择源对象:【点击功能"33",并选择图 8-59(a)中的上圆弧】
选择圆弧,以合并到源或进行[闭合(L)]:【点击图 8-59(a)中的下圆弧】
选择要合并到源的圆弧:找到 1 个
已将 1 个圆弧合并到源【得如图 8-59(b)所示圆弧】

图 8-59　圆弧合并示意图

提醒：圆弧合并过程中遵循逆时针移动原则，如在上面的操作中先选择图 8-59(a) 中的下圆弧，再选择上圆弧，其结果如图 8-59(c) 所示；如果选择任何一个圆弧后，直接输入"L"，则得到包含该圆弧的整个圆，如图 8-59(d) 所示。一般情况下，只有原来同属一个圆的圆弧才能合并，原来不属于同一个圆的圆弧不能合并，在线段合并时也只有原来同属同一条直线的线段才能合并，否则不能合并。

(34) 倒角

点击功能 "34"；或菜单中的"修改"（Modify）→"倒角"；或在命令行中输入"chamfer"。该操作可以将直角进行修剪变成两个钝角，如图 8-60(a) 所示，经过倒角处理变成图 8-60(b) 所示情况，倒角的具体操作过程如下：

命令:_chamfer【点击功能"34"】
("修剪"模式)当前倒角距离 1＝0.0000,距离 2＝0.0000
选择第一条直线或[放弃(U)/多段线(P)/距离(D)/角度(A)/修剪(T)/方式(E)/多个(M)]:d
指定第一个倒角距离＜0.0000＞:60【输入 60 作为第一个倒角距离,回车】
指定第二个倒角距离＜60.0000＞:60【输入 60 作为第二个倒角距离,回车】
选择第一条直线或[放弃(U)/多段线(P)/距离(D)/角度(A)/修剪(T)/方式(E)/多个(M)]:【点击图 8-60(a)中的 L1】

选择第二条直线,或按住 Shift 键选择要应用角点的直线:【点击图 8-60(a)中的 L2,得图 8-60(b)】

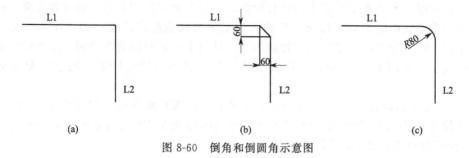

图 8-60　倒角和倒圆角示意图

（35）倒圆角

　　点击功能"35"；或菜单中的"修改"（Modify）→"圆角"；或在命令行中输入"fillet"。该操作可以将直角进行修剪变成圆角，如图 8-60(a) 所示，经过圆角处理变成图 8-60(c) 所示情况。圆角的具体操作过程如下：

命令:_fillet【点击功能"35"】
当前设置:模式＝修剪,半径＝0.0000
选择第一个对象或[放弃(U)/多段线(P)/半径(R)/修剪(T)/多个(M)]:R
指定圆角半径＜0.0000＞:80【输入 80 作为圆角半径经,回车】
选择第一个对象或[放弃(U)/多段线(P)/半径(R)/修剪(T)/多个(M)]:【点击图 8-60(a)中的 L1】
选择第二个对象,或按住 Shift 键选择要应用角点的对象:【点击图 8-60(a)中的 L2,得图 8-60(c)】

（36）分解

　　点击功能"36"；或菜单中的"修改"（Modify）→"分解"；或在命令行中输入"explode"。该操作能够将原来作为整体的矩形、多边形分解成每一条边，以便进行处理。如想要绘制图 8-61(a)，只要先利用绘制正多边形的功能绘制图 8-61(b)，然后选择该图进行分解，就可以删除该图上面的一条水平线，很方便地绘制出图 8-61(a)。

　　提醒：圆和椭圆不能被分解。

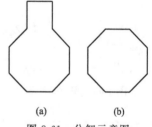

图 8-61　分解示意图

8.3.4　AutoCAD 2008 文本输入和尺寸标注

　　一张图纸之中除了图形绘制之外，还有相应的文字及尺寸标注。在了解了绘图的操作流程之后，还要认识一下 AutoCAD 2008 中的文本及尺寸标注。

（1）注释文本

图 8-62　文字样式设置对话框

　　文字是图纸必不可少的组成部分，AutoCAD 图形中所有文字都是按某一个文字样式生成的。文字样式是描述文字的字体、大小、方向、角度以及其他文字特性的集合。AutoCAD 为用户提供了默认的 STANDARD 样式，用户也可以根据需要创建自己需要的样式。图 8-62 所示是文字样式设置对话框，它可以通过菜单中的"格式"→"文字样式"进入，可对字体、大小、效果等进行设置，当然这些内容的设置，有些在具体文本输入时还可以进行设置，需要注意的是如果在此文字样式对话框中进行了设置，而在以后有关文字样式不再进行设置，而是以文字样式设置中的设置为准，则以后只要修改文字样式中的设置，原来已经输入的文字样式也随之改变；如果在具体文本输入时，又重新进行了设置，则以重新设置的为准，且当本对话框设置改变时，原来的文本样式也不会改变。注意图 8-62 所示"使用大字体"打钩和不打钩时所展示的字体数量会有所不同。

① 单行文字的输入　AutoCAD 2008 提供了 DTEXT 命令用于向图中输入单行文本，也可从下拉菜单中选取"绘图"→"文字"→"单行文字"（Draw→Text→Singer Line Text），执行 DTEXT 命令。系统提示如下：

命令:_dtext
当前文字样式:"Standard" 文字高度: 2.5000 注释性:否
指定文字的起点或[对正(J)/样式(S)]:【选取某一点,回车,默认其他设置】
指定高度<2.5000>:35【输入 35,作为文字高度,回车】
指定文字的旋转角度<0.00>:15【输入"15",作为文字旋转的角度,输入"3567889"后回车,再输入"4343434434",将鼠标移到其他地方,连续两次回车,即得图 8-63(a)】

命令:dtext
当前文字样式:"Standard" 文字高度:35.0000 注释性:否
指定文字的起点或[对正(J)/样式(S)]:【选取某一点,回车,默认其他设置】
指定高度<35.0000>:60【输入"60",作为文字高度,回车】
指定文字的旋转角度<15.00>:-15【输入-15,作为文字旋转的角度,输入"3567889"后回车,再输入"4343434434",将鼠标移到其他地方,连续两次回车,即得图 8-63(b)】

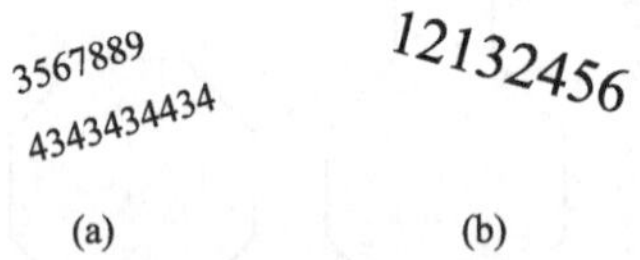

提醒：尽管是单行文字输入，但通过回车，仍可以输入多行文字，如图 8-63(a) 所示；单行文字输入中可以对字的大小和旋转角度进行重新设置，但字体只能通过图 8-62 所示文字样式设置对话框进行设置。

3567889
4343434434
12132456

(a)　　　　　(b)

图 8-63　单行文字输入

② 多行文字的输入　从下拉菜单中选取"绘图"→"文字"→"多行文字"，执行 MTEXT 命令；或在"绘制"工具栏中单击 A 按钮；或者直接在命令行键入 MTEXT 命令。系统提示如下：

命令:_mtext
当前文字样式:"Standard" 文字高度:20 注释性:否
指定第一角点:【点击一点】
指定对角点或[高度(H)/对正(J)/行距(L)/旋转(R)/样式(S)/宽度(W)/栏(C)]:【右上角点击一点,对图 8-64 进行设置,然后输入所需文本,点击"确定"即可】

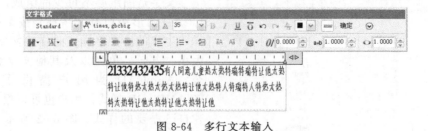

图 8-64　多行文本输入

在 AutoCAD 2008 中，提供了功能强大的多行文字编辑器。具体的情况和其他应用软件与 Word2007 差不多，可进行多种属性设置。其优点是一次可输入多行文字且字体、字高可不相同，还可以设置行宽、行间距、编码、特殊符号输入等，为输入复杂文本提供了保障。其提示窗口如图 8-64 所示。

③ 特殊字符　为了满足图纸上对特殊字符的需要，AutoCAD 提供了控制码来输入特殊字符。

%%d：用于生成角度符号"°"。

%%p：用于生成正负公差符号"±"。

%%c：用于生成圆的直径标注符号"φ"。

\U+00B2：用于生成上标 2，表示平方。

\U+00B3：用于生成上标 3，表示立方。

\U+2082：用于生成下标 2。

\U+2083：用于生成下标 3。

更多的特殊码输入形式见图 8-65，同时我们可以改变像"\U+00B3"特殊码中的最后一位数字，得到同一类但不同数字的特殊码。

④ 编辑文字　AutoCAD 2008 对已输入文字的编辑修改已十分简单了，无需再输入任何命令，直接双击所需要修改的对象即可。

（2）尺寸标注

尺寸标注（Dimension）是工程图纸的重要组成部分，它描述了图纸上的一些重要的几何信息，是工程制造和施工过程中的重要依据。为此，AutoCAD 2008 提供了强大的尺寸标注功能。

① 尺寸标注构成要素及类型　从前面的内容我们知道，一个完整的尺寸标注通常由尺寸线、尺寸界线、起止符号和尺寸文字组成。

AutoCAD 2008 为用户提供了三种基本类型的尺寸标注：线性标注（line）、径向尺寸标注（radial）和角度标注（angular）。

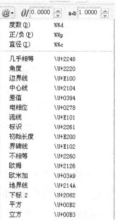

图 8-65　特殊码表达形式

a. 线性标注。线性标注用来标注线性尺寸，如对象之间的距离、对象的长宽等。又可分为：水平标注、垂直标注、对齐标注、旋转标注、坐标标注、基线标注、连续标注等。

b. 径向标注。径向尺寸标注用来标注圆或弧的直径、半径尺寸。

c. 角度标注。角度标注用来标注图纸上两条相交直线或圆弧的角度尺寸。

② 尺寸标注样式设置　从下拉菜单中选取"格式"→"标注样式"进入"标注样式管理器"，如图 8-66 所示。单击"新建（N）"按钮，弹出图 8-67 所示创建新标注样式对话框。输入"新样式名"、选择"基础样式（S）"、"用于（U）"之后单击"继续"，弹出新尺寸样式对话框如图 8-68 所示，此对话框就是对尺寸标注样式的各个变量的设定。修改、替换和创建是一样的过程。

图 8-66　标注样式管理器

图 8-67　创建新标注样式对话框

在图 8-66 所示标注样式管理器中根据你的要求单击"修改"、"替代"其中的一个，弹出新（修改、替换）尺寸样式对话框，如图 8-68 所示。

此对话框包括七个部分："线"、"符号和箭头"、"文字"、"调整"、"主单位"、"换算单位"、"公差"。

设置完成之后就可以进行尺寸标注了，当然在标注过程之中还可以对标注样式进行修改，直至你满意为止。具体用法需要读者经常进行练习并掌握。

图 8-68　修改尺寸样式对话框

图 8-69　标注工具栏

③ 线性尺寸标注　AutoCAD 2008 中将尺寸标注的命令全部放在"标注"下拉菜单和"标注"工具栏中，如图 8-69 所示。

线性标注、对齐标注、坐标标注、半径标注、直径标注、角度标注分别见图 8-70～图 8-74，需要注意的是在坐标标注中，水平标注的文字是该点的 y 坐标，垂直标注的是该点的 x 坐标；直径标注中，输入文字时需要在文字前加上直径标注符号"%%c"。

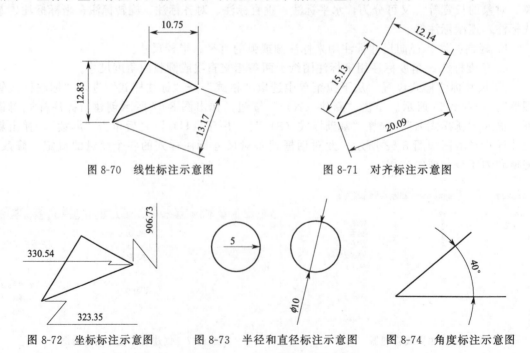

图 8-70　线性标注示意图　　　　图 8-71　对齐标注示意图

图 8-72　坐标标注示意图　　图 8-73　半径和直径标注示意图　　图 8-74　角度标注示意图

8.3.5 AutoCAD 2008 绘图过程

利用 AutoCAD 来绘制化工图样过程其实和利用铅笔、图纸及一些作图工具来绘制化工图样是相仿的。首先必须有设计人员提供的"＊＊设计条件单"及根据条件单计算得到的各种主要尺寸如设备装配图中的总高、宽、长及壁厚等数据；其次必须根据图样所表达内容的复杂程度确定图样的表达方式；再次根据图样的总尺寸、表达方式（用多少个视图及局部剖面图）以及技术特性、管口表、标题栏、明细表等内容所占的空间确定图纸的大小及比例。也就是说在用计算机制图前，已做好制图的各种准备工作以及草图。这些准备工作对应于电脑来说主要有启动 AutoCAD、设置图形范围、设置图形使用单位、设置图层、设置线型及粗细。这些工作如果使用手工来画的话大部分工作只要放在大脑里就可以了，而利用计算机来制图就必须进行一些设置工作，下面对计算机绘图过程主要步骤分别进行介绍。

（1）AutoCAD 的启动

AutoCAD 的启动方法和其他程序的启动方法一样有多种。可以在"开始"菜单的"程序"项中找到"AutoCAD 2008"，打开文件夹，找到执行文件单击就可以启动了。

大多数计算机已经将 AutoCAD 2008 拉到桌面上，这时，只要双击图 8-4 所示的图标就可以启动 AutoCAD 2008。当然还可以用其他的方法启动 AutoCAD 2008。

（2）设置图形使用单位

在工程制图中，中国使用者一般选择的是米制单位，而在英联邦国家则多数使用英制单位。单位的设置是在启动 AutoCAD 2008 后第一件要做的事，它可以通过菜单中的"格式"→"单位"而设置，设置的界面如图 8-75 所示。

（3）设置图形范围

它可以通过菜单中的"格式"→"图形界限"而设置，设置了图形范围后，仍可以在图形范围外绘制，只不过在打印时如果选择图形范围打印，那么图形范围外的对象就不会打印。一个具体的设置命令如下：

图 8-75　绘图单位设置界面

```
命令:LIMITS
重新设置模型空间界限:
指定左下角点或[开(ON)/关(OFF)]<910.2875,319.1444>:0,0
指定右上角点<1796.3209,944.9682>:500,700
```

（4）设置图层及图层的颜色、线型和粗细

做完上面的工作，相当于已经将一张合适大小的图纸展现在你的眼前，并已准备好了各种工具。现准备开始动笔绘画了，但在动笔之前需先考虑一下图纸共由几部分组成，每一部分应用的线条粗细及类型的一些问题。这些问题在电脑制图需要预先进行设置。当然也可以在以后需要时进行添加或重置，但这样在制图工程中会缺乏条理性，有时也会增加许多工作。

设置图层一般有两种方法，一种方法是单击图 8-5 所示标准工具栏中的"图层设置"；另一种方法是单击菜单栏中的"格式"，在其下拉式菜单中选择"图层"。两种方法均弹出一样的如图 8-76 所示的对话框。在图 8-76 所示对话框中可以完成许多工作，如根据具体需要添加图层，设置图层颜色、线型、线宽及图层的上锁、冻结、关闭等工作，这些工作在整个化工制图过程中均要用到，下面分别介绍。

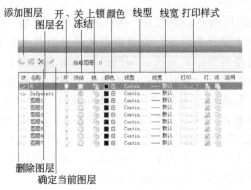

图 8-76　设置图层

① 添加图层　根据需要我们对化工图样一般可设置 8 个图层：0 图层为图纸框，1 图层为标题栏、明细标、管口表、技术要求及技术特性标，2 图层为中心线及基准线，3 图层为结构线，4 图层为剖面线，5 图层为焊缝及法兰填料，6 图层为尺寸标注，7 图层为指引线。要完成上述工作，只需点击 7 次图 8-76 左上方所示的"添加图层"，在对话框下方就会有图层 0 至图层 7 共 8 个图层。

② 设置图层颜色

a. 单击图 8-76 中所示需设置图层颜色的图层名，使其颜色反转如图中所示的图层 0。

b. 单击图 8-76 中所示选中图层的颜色（White），系统弹出图 8-77 所示的对话框。

c. 在图 8-77 所示对话框中选择合适的图层颜色，每一个图层设置一个不同的颜色。

d. 单击"确定"，系统就将图层 1 的颜色设置成蓝色。

图 8-77　设置图层颜色

图 8-78　设置图层线型

③ 设置图层线型

a. 单击图 8-76 中所示需设置图层线型的图层名，使其颜色反转如图中所示的图层 0。

b. 单击图 8-76 中所示选中图层的线型（Continuous），系统弹出图 8-78 所示的对话框。

c. 在图 8-78 所示对话框中选择合适的图层线型，每一个图层可选一个合适的线型，如画中心线的应选"Center"（如可选线型不够，可点击"加载"加载线型）。

d. 单击"确定"，系统就将图层 0 的线型设置为中心线。

④ 设置图层线宽

a. 单击图 8-76 中所示需设置图层颜色的图层名，使其颜色反转如图中所示的图层 0。

b. 单击图 8-76 中所示选中图层的线宽（——默认），系统弹出图 8-79 所示话框。

c. 在图 8-79 所示对话框中选择合适的图层线宽，每一个图层可选一个合适的线宽，如 0 图层画边框的可选 0.4mm 的

图 8-79　设置图层线宽

线宽。

　　d. 单击"确定"，设置好图层线宽。

　　⑤ 设置图层控制状态　　图层的控制状态共有三个按钮，在选中图层名后，可直接点取，点击一次改变状态，点击两次恢复原来的状态，具体的作用如下：

　　On/Off（打开/关闭）：关闭图层后，该层上的实体不能在屏幕上显示或由绘图仪输出。在重新生成图形时，层上的实体仍将重新生成。

　　Freeze/Thaw（冻结/解冻）：冻结图层后，该层上的实体不能在屏幕上显示或由绘图仪输出。在重新生成图形时，冻结层上的实体将不被重新生成。

　　Luck/Unlock（上锁/解锁）：图层上锁后，用户只能观察该层上的实体，不能对其进行编辑和修改，但实体仍可以显示和绘图输出。

　　(5) 设置绘图界面颜色

　　有时我们需要将 AutoCAD 中的图直接粘贴到 Word 文档中，这时如果 AutoCAD 中的绘图界面是黑底白字的话，粘贴到 Word 文档就无法将其修改成白底黑字了，影响了 Word 文档的编辑，这时我们可以利用下面的操作进入界面颜色的修改，见图 8-80。具体的操作过程如下："工具"→"选项"→"显示"→"颜色"。

　　(6) 进入正式绘图工作

　　完成以上工作后，我们就可以进入正式的

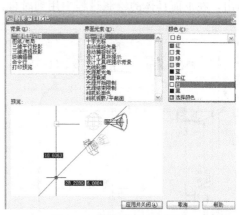

图 8-80　设置绘图界面颜色

绘图工作了。当然，对于一些较简单的图形，也可边绘制边做一些具体的设置工作。不过，对于内容较复杂的装配图，我们还是建议读者先完成一系列的设置工作，并将其作为图样模板，在下一次绘制同类图样时，可将其调出使用。

8.4　化工容器 AutoCAD 2008 绘制

　　容器，顾名思义乃容纳或储存物体之器皿。在化学工业生产中的任何一个单元操作的设备如反应器、热交换器、塔器等化工设备，虽然尺寸大小不一，形状结构不同，内部构件的形式也各不相同，但是它们都有一个使单元操作能够进行的场所，即一个能够容纳物料的外壳，这个外壳就是化工设备中的广义的容器。由于广义的容器概念包含太多的设备，本章介绍的是一种较为狭义的化工容器，该容器主要是用于储存原料、中间产物、产品的容器，如大型炼油厂的原油储罐、油制气厂的球形储气罐等。狭义容器的结构主要由筒体、封头、接管、法兰及支座组成。要绘制好容器，就必须首先确定容器的几个组成部分的尺寸，在此基础上，再根据各个组成部分的相互关系，绘制出符合条件的容器。值得注意的是，在几个组成部分中，筒体和封头需准确绘制，表明所有的细节，而接管上的法兰、人孔、支座如果是标准件，在装配图中，一般可采用简化画法，只需表明外轮廓线即可，但其装配位置（如中心位置、接管法兰面距筒体长度等）需准确标出。

8.4.1　储槽绘制前的准备工作

　　现在要绘制的是图 8-81 所示的体积为 $6.3m^3$ 的储槽（实际图纸中明细栏内容应尽量添齐）。在实际绘制前是没有图 8-81 图纸的，但应该已经完成储槽的直径、壁厚的计算，确定接管、封头等标准，并在此基础上画出草图。同时对本储槽的各个构成元件的尺寸已有了清晰的了解，知道了各种尺寸及加工要求，对各个元件之间的相对位置已经确定。其实在利用 AutoCAD 2008 绘制上面的容器储槽前的一些准备工作和手工绘制前的准备工作是一样的，准备工作做得越细致，在以后的绘制工作中就越顺利，绘制速度也就越快。一般来说，在进入 AutoCAD 2008 计算机绘制容器之前，应先完成以下几项工作：

① 完成工艺计算及强度计算，确定筒体和封头的直径、高度、厚度。本例中的具体数据请参看图 8-81，在此不再一一列出，在下面具体的绘制过程中用到时再作详细介绍。

② 完成各种接管如进料管、出料管、备用管、液位计接管、人孔等的计算或标准选定，并确定其相对位置，和上面一样，本例中各元件的具体位置请参看图 8-81，在此不再一一列出，在下面具体的绘制过程中用到时再作详细介绍。

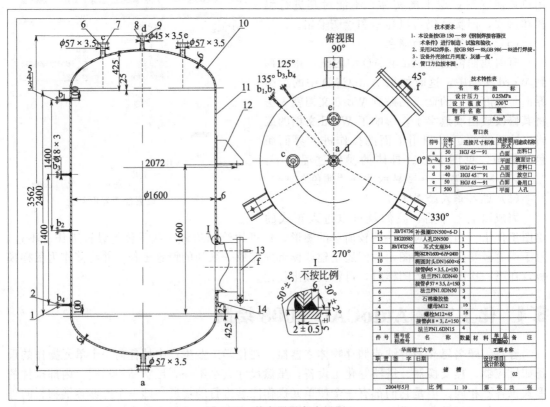

图 8-81 某容器设备全局图

③ 根据前面获得的基本信息，绘制草图，确定设备的总高、总宽，并对图幅的布置进行初步的设置。

④ 查取各种标准件的具体尺寸，尤其是其外观尺寸及安装尺寸，为具体绘制做好准备。

完成了前面的 4 项基本工作后，就可以启动 AutoCAD 2008，进入下一步工作。

8.4.2 设置图层、比例及图框

（1）设置图层

设置图层的目的是为了后面绘制过程的方便，将不同性质的图线放在不同的图层，用不同的颜色区别之，使绘图者一目了然。同时在图层中设置线条的宽度、类型等信息。图层可以用"图层特性管理器"对话框方便地设置和控制。利用对话框可直接设置及改变图层的参数和状态，即设置层的颜色、线型、可见性，建立新层，设置当前层，冻结或解冻图层，锁定或解锁图层，以及列出所有存在的层名等操作。

从下拉菜单"格式"中选取"图层"或在工具栏中直接单击图层图标，均会出现图层特性管理器对话框，可从对话框中进行图层设置。图层进行要根据具体的需要设置，本例中共设置10个图层，其中0图层是不能重命名的图层，故实际使用的是9个图层，每一个图层均以中文名表示，中文名基本上代表了图层的主要内容。图层名的修改可通过鼠标单击已选中的图层的名称，如图8-82中所示"中心线"图层已选中，若要修改其名称，则只要鼠标在"中心线"三字上单击，再输入新的名称即可。至于颜色和线宽的设置和名称修改一样，不再重复，详细内容可参看第一章。本图层设置中除主结构线的线宽为0.4mm以外，其余

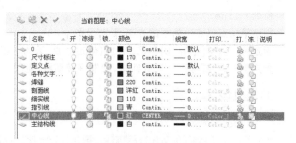

图 8-82　图层设置结果

均为0.13mm，以符合化工制图中对线宽的要求。各个图层的具体内容见图8-82。

需要说明的是，虽然定义各个图层的线宽，但在绘制过程中，一般不选用状态栏中的线宽状态，故屏幕上是不会有所显示的，只有不同线型在绘制过程中会有所显示。除非需要将该图复制到Word文档时，才会选择线宽状态，但只有线宽在0.3mm以上的才会有所显示，线宽小于0.3mm的线条，在屏幕上显示的宽度是一样的，并且采用线宽状态时，两条距离较近的线有时会重叠在一起，这一点需要引起读者注意。定义的线宽在用绘图仪输出时是可以体现出来的。

（2）设置比例及图纸大小

根据工艺计算及草图绘制，容器的总高达3762mm左右，总宽在2060mm以上，同时考虑尚需用俯视图表达管口位置，其宽度也将达到2060mm以上，这样在不考虑明细栏等文字说明内容的情况下，图纸的总宽将在4000mm以上，总高将在3762mm以上。同时，明细栏的宽度为180mm。根据以上的数据，如果选用A2号图纸，比例为1∶10，符合的绘图要求，这样，就选用A2号图纸，其大小为594mm×420mm，选用绘图比例为1∶10。

（3）绘制图框

根据前面的选定，图框由两个矩形组成，一个为外框，用细实线绘制，大小为594mm×420mm，线宽为0.13mm；另一个为内框，大小为574mm×400mm，用粗实线绘制，粗实线和主结构图层线可在同一图层，因为线宽均为0.4mm。

① 绘制外图框　点击图层特性框的下拉符号"∨"处，选择细实线图层，在细实线上点击，见图8-83，系统就进入细实线图层，然后点击绘图工具栏中的矩形绘图工具，按照下面命令中的具体操作，就可以绘制出符合条件的外图框。利用矩形绘制工具，绘制一个长为594mm、宽为420mm的矩形，见图8-84。

图 8-83　图层选择示意图

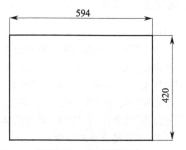

图 8-84　绘制外图框

② 绘制内图框　内框的大小为 $574mm\times400mm$，用粗实线绘制。外框只要尺寸正确就可以任意绘制，而内框则不能任意绘制，需借助辅助线确定矩形框的第一点，然后通过捕捉该点绘制大小为 $574mm\times400mm$ 的矩形，具体命令及操作过程如下：

　　a. 绘辅助线，确定内框某一点。

命令:_line
指定第一点:(点击外框的左下点 A,见图 8-85)
指定下一点或[放弃(U)]:@10,10(确定 B 点,因为内框比外框长度和宽度均小 20mm)
指定下一点或[放弃(U)]:(回车,绘制好辅助线,见图 8-85)

　　b. 绘制内框。

命令:_rectang
指定第一个角点或[倒角(C)/标高(E)/圆角(F)/厚度(T)/宽度(W)]:(捕捉辅助线的上端的 B 点,鼠标点击)
指定另一个角点或[尺寸(D)]:d
指定矩形的长度<594.0000>:574
指定矩形的宽度<420.0000>:400
指定另一个角点或[尺寸(D)]:(鼠标在右上角点击)
命令:(选择辅助线)
命令:_.erase 找到 1 个(点击"Delete"键,删除辅助线,最后见图 8-86)

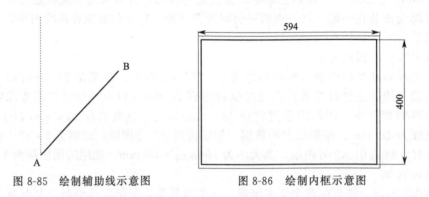

图 8-85　绘制辅助线示意图　　　　图 8-86　绘制内框示意图

8.4.3　画中心线

首先进入中心线图层，根据设备的具体尺寸及绘图比例和图幅布置，绘制中心线。在绘制前，必须对中心线进行定位，需要确定筒体中心线的第一点，筒体中心线和封头与直边交界线的交点以及俯视图中圆心的位置，只有先确定这些基准点的位置，才可以方便进行后续工作的绘制，具体命令及操作如下。

（1）确定基准位置

命令:_line
指定第一点:(捕捉内图框的左上角顶点 P0)
指定下一点或[放弃(U)]:@140,-15(此乃根据图幅的大小,图纸的比例及容器的总尺寸确定的,如果最后在绘制过程发现有所不妥,可采用整体移动的方法加以调整,不过建议在绘制前,尽量计算准确,该计算过程和用手工绘制时完全一样,在此不再讲述)
指定下一点或[放弃(U)]:(回车,确定筒体中心线的第一点,见图 8-87 中上方第一条线,确定 P1 点)
命令:(回车,可直接调用原命令)
LINE 指定第一点:(捕捉内图框的左上角顶点 P0)

指定下一点或[放弃(U)]:@140,一75(绘制 P3 点)

指定下一点或[放弃(U)]:(回车,确定筒体中心线和封头与直边交界线的交点)

命令:(回车,可直接调用原命令)

LINE 指定第一点:(捕捉内图框的左上角顶点 P0)

指定下一点或[放弃(U)]:@340,一120(确定 P2 点)

指定下一点或[放弃(U)]:(回车,确定俯视图中的圆心,见图 8-87 中上方第二条线)

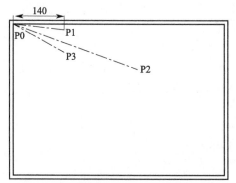

图 8-87 绘制确定中心线位置的辅助线

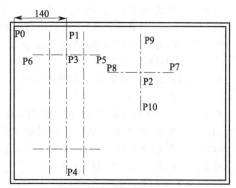

图 8-88 绘制基本中心线

(2) 绘制基本中心线

命令:_line

指定第一点:(鼠标捕捉 P1 点,此点乃筒体中心线的起点)

指定下一点或[放弃(U)]:@0,一370(由于绘图比例为 1:10,容器总长在 3550mm 左右,故取中心线的总长度为 3700mm,后面的有关数据的选择和计算,均和此相仿,亦和手工绘制相仿,以后一般不再叙述,确定 P4 点)

指定下一点或[放弃(U)]:(回车,绘制好筒体中心线,见图 8-88 中左边第二条垂直线)

命令:_line 指定第一点:(鼠标捕捉第三条辅助线的下端点 P3,此点乃筒体中心线和封头与直边交界线的交点)

指定下一点或[放弃(U)]:@90,0(向右绘制封头与直边交界线的右边部分,最后需删除,确定 P5 点,绘制好线段 P3P5)

指定下一点或[放弃(U)]:@一180,0(绘制整个封头与直边交界线,确定 P6 点,绘制好 P6P5)

指定下一点或[闭合(C)/放弃(U)]:(回车)

命令:指定对角点:(从左上方往右下方拉,选中原绘制的右边交界线部分 P3P5)

命令:_erase 找到 1 个(删除右边的交界线,由于交界线是用点划线绘制,如果重复不同的长度进行绘制,可能得不到点划线的效果,如果是实线的话,就不必进行该操作,也不影响绘图效果,结果见图 8-88 中左边上面第一条水平线)

命令:_offset(准备绘制下面一条封头和直边的交界线)

指定偏移距离或[通过(T)/删除(E)/图层(L)]<通过>:245(筒体高度为 2400mm,两个直边高度之和为 50mm)

选择要偏移的对象,或[退出(E)/放弃(U)]<退出>:(点击已绘好的上面一条交界线 P6P5)

指定要偏移的那一侧上的点,或[退出(E)/多个(M)/放弃(U)]<退出>:(在交界线 P6P5 的下方点击)

选择要偏移的对象,或[退出(E)/放弃(U)]<退出>:(回车,绘制好下面一条交界线)

命令:_offset(准备绘制 e、c 接管的中心线,长度可在最后进行修剪)

指定偏移距离或[通过(T)/删除(E)/图层(L)]<245.0000>:45(两接管管心距中心线为 450mm)

选择要偏移的对象,或[退出(E)/放弃(U)]<退出>:(点击筒体中心线 P1P4)

指定要偏移的那一侧上的点,或[退出(E)/多个(M)/放弃(U)]<退出>:(在筒体中心线右边点击,绘制

好e管的中心线,需要说明的是e在主视图中作了向右90度旋转处理)

选择要偏移的对象,或[退出(E)/放弃(U)]＜退出＞:(点击筒体中线)

指定要偏移的那一侧上的点,或[退出(E)/多个(M)/放弃(U)]＜退出＞:(在筒体中心线左边点击,绘制好c管的中心线)

选择要偏移的对象,或[退出(E)/放弃(U)]＜退出＞:(回车,结束偏移)

命令:_line

指定第一点:(鼠标捕捉第二条辅助线的下端点P2,此点俯视图圆心位置)

指定下一点或[放弃(U)]:@90,0(确定P7,绘制好P2P7)

指定下一点或[放弃(U)]:@－180,0(确定P8,绘制好P7P8)

指定下一点或[闭合(C)/放弃(U)]:(回车)

命令:指定对角点:(选中P2P7)

命令:_erase 找到1个(绘制好俯视图的水平中心线)

命令:_line

指定第一点:(鼠标捕捉第二条辅助线的下端点P2)

指定下一点或[放弃(U)]:@0,100(确定P9,绘制好P2P9)

指定下一点或[放弃(U)]:@0,－200(确定P10,绘制好P9P10)

指定下一点或[闭合(C)/放弃(U)]:

命令:指定对角点:(选中P2P9)

命令:_erase 找到1个(绘制好俯视图的垂直中心线,见图8-76中右边第一条垂直线)

将原来的3条辅助线删除,删除过程的具体命令和操作较简单,不再赘述,最后结果见图8-88。

(3) 绘制俯视图中的管口中心线

命令:_line

指定第一点:(捕捉俯视图中的圆心P2,见图8-89)

指定下一点或[放弃(U)]:@120＜45(人孔中心线在45°角上)

指定下一点或[放弃(U)]:(回车,绘制好人孔中心线L1)

命令:(回车,可直接调用原命令)

LINE 指定第一点:(捕捉俯视图中的圆心)

指定下一点或[放弃(U)]:@100＜125(液位计b_3、b_4接管中心线在125°角上)

指定下一点或[放弃(U)]:(回车,绘制好b_3、b_4接管中心线L2)

命令:(回车,可直接调用原命令)

LINE 指定第一点:(捕捉俯视图中的圆心)

指定下一点或[闭合(C)/放弃(U)]:@ 100＜135(液位计b_1、b_2接管中心线在135°角上)

指定下一点或[闭合(C)/放弃(U)]:(回车,绘制好b_1、b_2接管中心线L3)

命令:(回车,可直接调用原命令)

LINE 指定第一点:(捕捉俯视图中的圆心)

指定下一点或[放弃(U)]:@110＜210(三个支座中的其中一个在210°角上)

指定下一点或[放弃(U)]:(回车,绘制好其中一个支座的中心线L4)

命令:(回车,可直接调用原命令)

LINE 指定第一点:(捕捉俯视图中的圆心)

指定下一点或[放弃(U)]:@110＜330(三个支座中的其另一个在330°角上)

指定下一点或[放弃(U)]:(回车,绘制好其另一个支座的中心线L5,最后结果见图8-89)

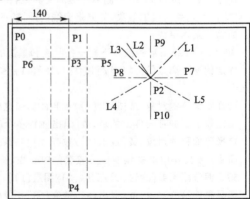

图 8-89 绘制完主要中心线示意图

8.4.4 画主体结构

（1）筒体主结构线

绘制筒体主结构线的时候，先不要考虑筒体上的所有接管，只需将筒体在全剖情况下的矩形框绘制出来即可。在绘制时首先利用筒体中心线和封头于直边交界线（上面那条）的交点作为基点，向下作一条垂直的长度为 25mm 的直线，将该直线的下端点作为绘制筒体主结构线的起点，利用相对坐标、偏移、镜像等工具，完成最后的绘制工作。在绘制筒体厚度时，用了夸张的处理技术（全图的比例为 1:10，筒体厚度采用 1:4，其他接管厚度等处理基本上均采用此处理方法），否则筒体的厚度将很难看清楚。

下面是具体的操作过程及其命令解释：

命令:_line
指定第一点:(捕捉筒体中心线和上面那条封头与直边交界线的交点 P0,在图 8-89 中位 P3,现设为 P0,方便其他点的标记)
指定下一点或[放弃(U)]:@0,-2.5(2.5=25/10,封头直边为 25mm,绘制好 P0P1,此线为辅助线,最后删除)
指定下一点或[放弃(U)]:@81.5,0(81.5=800/10+6/4=80+1.5,800mm 为筒体的半径,确定 P2)
指定下一点或[闭合(C)/放弃(U)]:@0,-240(240=2400/10,2400mm 为筒体长度,确定 P3)
指定下一点或[闭合(C)/放弃(U)]:(捕捉中心线上的垂足,确定 P4)
指定下一点或[闭合(C)/放弃(U)]:(回车,绘制好右边部分的外框)
命令:_offset
指定偏移距离或[通过(T)/删除(E)/图层(L)]<1.0000>:1.5(为筒体厚度在图上的数据)
选择要偏移的对象,或[退出(E)/放弃(U)]<退出>:(点击已画外框的垂直线 P2P3)
指定要偏移的那一侧上的点,或[退出(E)/多个(M)/放弃(U)]<退出>:(在上面垂直线的左边点击)
选择要偏移的对象,或[退出(E)/放弃(U)]<退出>:(回车,绘制好内框的垂直线)
命令:_mirror 找到 4 个(选择已画好的筒体结构线)
指定镜像线的第一点:指定镜像线的第二点:(在筒体中心线上从上到下点击两次)
是否删除源对象?[是(Y)/否(N)]<N>:(回车,绘制好左边的筒体结构线)

对接管的中心线进行修剪并删除辅助线，本轮绘制的最后结果见图 8-90。

（2）封头主结构线

封头有上下两个，在绘制时，先不要考虑接管的问题，接管问题可通过修剪、打断等工具加以解决。由于两个封头情况相似，因此只介绍上面一个封头的具体绘制方法，下面一个的绘制方法只说明和上面一个的不同之处。椭圆型封头由直边和半椭圆球组成。首先绘制封头左边的内外两条直边，然后利用直边的上端作为半椭圆的起点绘制内半椭圆，再利用偏移技术生成外半椭圆。具体操作过程及命令如下：

命令:_line
指定第一点:(捕捉图 8-91 中的 A 点,该图是将图 8-90 中的右上角放大所得)
指定下一点或[放弃(U)]:(在上面的交界线上捕捉垂足 A1 点)
指定下一点或[放弃(U)]:(回车,绘制好直边 AA1)
命令:_line
指定第一点:(捕捉图 8-91 中的 B 点,该图是将图 8-90 中的右上角放大所得,在图 8-90 中为 P2)
指定下一点或[放弃(U)]:(在上面的交界线上捕捉垂足 B1 点)
指定下一点或[放弃(U)]:(回车,绘制好直边 BB1)
命令:_ellipse
指定椭圆的轴端点或[圆弧(A)/中心点(C)]:_a

指定椭圆弧的轴端点或[中心点(C)]:(捕捉图 8-79 中的 A1 点,作为内半椭圆的起点)

指定轴的另一个端点:@-160,0(160=1600/10,1600mm 为椭圆的长轴长度)

指定另一条半轴长度或[旋转(R)]:40(40=400/10,该椭圆封头为标准形封头,短轴为长轴的一半,故短轴的一半为 400mm)

指定起始角度或[参数(P)]:0

指定终止角度或[参数(P)/包含角度(I)]:180(表明是半个椭圆)

命令:_offset

指定偏移距离或[通过(T)/删除(E)/图层(L)]<1.5000>:(默认为 1.5)

选择要偏移的对象,或[退出(E)/放弃(U)]<退出>:(选择已画好的半椭圆)

指定要偏移的那一侧上的点,或[退出(E)/多个(M)/放弃(U)]<退出>:(在已画好的半椭圆外侧点击)

选择要偏移的对象,或[退出(E)/放弃(U)]<退出>:(回车,绘制好外半椭圆)

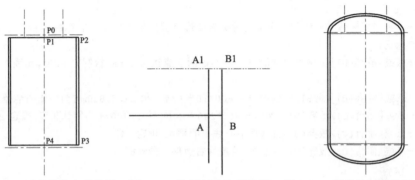

图 8-90　绘制筒体主结构线　　图 8-91　绘制封头主结构线　　图 8-92　完成绘制封头主结构线

　　然后再绘制好封头左边部分的两条直边,至此,上面的封头结构线绘制完成。下面的封头和上面的绘制相似,只不过必须从左边开始,因为下面的封头用的是椭圆的下部分,当然也可以通过先复制上面的封头,进行 180°的旋转,然后再进行移动定位完成下面封头的绘制;也可以通过作筒体的横向中心线,利用镜像完成下封头的绘制,这一点希望读者自己去练习,最后的结果见图 8-92。

　　(3) 所有接管在主视图和俯视图中的结构线

　　本设备图中共有各种接管 8 个,涉及 3 种公称直径,接管上采用管法兰和其他管子相连接,和这 3 种公称直径有关的数据见表 8-1,表中数据的第一项为实际大小,单位一律为mm,斜杠后面的数据为在具体绘制中用到的数据。所有的接管均采用如图 8-93 所示的简化画法,其涉及的数据均已在表中一一列出。俯视图中接管采用局部剖方法绘制,在俯视图中只绘制三个圆,分别是法兰外直径圆、螺栓孔中心距圆 (用中心线)、接管内径圆。由上分析,在本设备图中绘制接管的关键在定位,a、b、c、d 接管的定位线已经绘好,而四个液位计接管的定位线即接管中心线可以通过筒体主结构线中的水平线,利用辅助直线定位的方法绘制,下面通过 d 管的绘制方法来说明所有接管的绘制过程,其他接管均可以参照此方法绘制。

表 8-1　三种接管及法兰数据　　　　　　　　　　　　　mm

公称直径	法兰外径 D	螺栓孔中心距 K	法兰厚度 b	接管外径 d	接管内径 d_0	接管厚度 t	长度 L
a、c、e管:50	140/14	110/11	12/1.2	57/5.7	50/5	3.5/0.8	150/15
d管:40	120/12	90/9	12/1.2	45/4.5	38/3.8	3.5/0.8	150/15
$b_1 \sim b_4$:15	75/7.5	50/5	10/1.0	18/1.8	12/1.2	3/0.5	150/15

d 管的公称直径为 40mm，具体的数据见表 8-1，下面是其绘制过程及命令解释：

命令：_line
指定第一点：(捕捉筒体中心线和封头内轮廓线的交点 A，见图 8-93)
指定下一点或[放弃(U)]：@2.25,0(2.25＝22.5/10,22.5mm 为接管的外半径，确定 B 点)
指定下一点或[放弃(U)]：(在正交状态下，鼠标在上方一定位置点击，只要离开封头外壳即可，确定 D 点。不要太长，否则，以后还需要修剪)
指定下一点或[闭合(C)/放弃(U)]：(回车，绘制好 AB、BD 线，为面的绘制打下了基础)
命令：_line
指定第一点：(捕捉 C 点，为 BD 线与封头外轮廓线的交点)
指定下一点或[放弃(U)]：@0,13.8[13.8＝(150－12)/10，其中 150 为接管总长度，12 为法兰厚度，确定 E 点]
指定下一点或[放弃(U)]：@3.75,0[3.75＝(60－22.5)/10，其中 60mm 为法兰外半径]
指定下一点或[闭合(C)/放弃(U)]：@0,1.2(1.2＝12/10,12mm 为法兰厚度)
指定下一点或[闭合(C)/放弃(U)]：(鼠标在筒体中心线上捕捉垂足)
指定下一点或[闭合(C)/放弃(U)]：(回车)
命令：_line
指定第一点：(捕捉 E 点，完成法兰厚度线的下半部分)
指定下一点或[放弃(U)]：(鼠标在筒体中心线上捕捉垂足)
指定下一点或[放弃(U)]：(回车)
命令：_offset
指定偏移距离或[通过(T)/删除(E)/图层(L)]＜通过＞：0.8(0.8mm 作为接管的厚度，有夸张)
选择要偏移的对象，或[退出(E)/放弃(U)]＜退出＞：(点击 CE 线)
指定要偏移的那一侧上的点，或[退出(E)/多个(M)/放弃(U)]＜退出＞：(在 CE 线左侧点击)
选择要偏移的对象，或[退出(E)/放弃(U)]＜退出＞：(点击 BD 线)
指定要偏移的那一侧上的点，或[退出(E)/多个(M)/放弃(U)]＜退出＞：(线 BD 左侧点击)
选择要偏移的对象，或[退出(E)/放弃(U)]＜退出＞：(回车，绘制好接管右边部分)
命令：_mirror 找到 8 个
指定镜像线的第一点：指定镜像线的第二点：(在筒体中心线也是接管中心线上从上到下点击两次)
是否删除源对象？[是(Y)/否(N)]＜N＞：(回车)

然后绘制绘剖面部分和不剖部分分界线，最后结果见图 8-94。

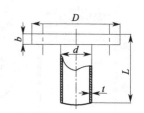

图 8-93　接管绘制（一）

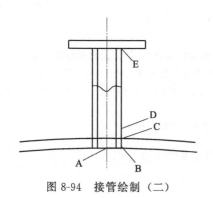

图 8-94　接管绘制（二）　　　　图 8-95　接管绘制（三）

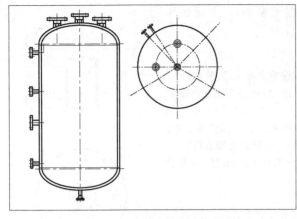

图 8-96　接管绘制最后结果

在图 8-94 的基础上，先进入中心线图层，绘制好两条螺栓孔的中心线。该中心线可通过法兰的垂直外侧线向内偏移 1.5（即 15mm）来定位，然后再通过修剪、打断等方法，最后得到满足要求的接管图，见图 8-95。其他接管均可仿照此法，只要根据表 8-1 中的数据作相应修改即可，同时对于相同大小的接管，只要找准基点，也可以通过复制、旋转、移动等一系列修改工具来绘制，无需再重新绘制，最后全局绘制结果见图 8-96。

（4）支座在主视图和俯视图中的结构线

图 8-97 是本容器图中支座的具体尺寸示意图，该尺寸大小是查有关标准得到的。现在的关键问题是确定支座绘制的起点或某一个基点，然后就可以根据图 8-97 中的具体数据及前面基本绘制工具介绍的方法进行绘制，下面是具体绘制过程及命令解释。

① 首先确定绘制的基点，选择垫板和筒体接触的下部端点的位置作为支座在正视图中的起点，见图 8-98 中的 C 点。

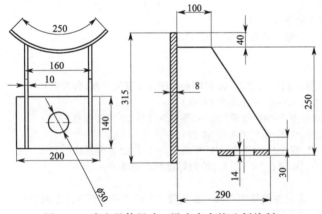

图 8-97　支座具体尺寸（没有完全按比例绘制）

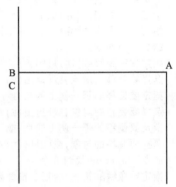

图 8-98　支座绘制在正视图中的定位图

命令:_line

指定第一点:(在筒体和下封头的交界线上捕捉一点)

指定下一点或[放弃(U)]:@30,0(绘制辅助线)

指定下一点或[放弃(U)]:@0,160(160＝1600/10,绘制好 A 点,此乃支座垂直距离定位点)

指定下一点或[闭合(C)/放弃(U)]:(在筒体垂直线上捕捉垂足 B 点)

指定下一点或[闭合(C)/放弃(U)]:@0,−1.1(1.1＝11/10,11＝315−40−250−14,确定 C 点,此乃绘制起点)

指定下一点或[闭合(C)/放弃(U)]:(回车,完成定位工作,见图 8-98)

② 绘制主视图中的支座主要结构线,最后结果见图 8-99。

命令:_line

指定第一点:(捕捉图 8-98 中的 C 点)

指定下一点或[放弃(U)]:@0.8,0(0.8＝8/10,其中 8mm 是垫板厚度,后面说明数据,直接用原尺寸来说明,除以 10 不再演示)

指定下一点或[放弃(U)]:@0,2.5(25＝315－40－250)

指定下一点或[闭合(C)/放弃(U)]:@29,0

指定下一点或[闭合(C)/放弃(U)]:@0,3

指定下一点或[闭合(C)/放弃(U)]:@－19,22(190＝290－100,220＝250－30)

指定下一点或[闭合(C)/放弃(U)]:@－10,0

指定下一点或[闭合(C)/放弃(U)]:@0,4

指定下一点或[闭合(C)/放弃(U)]:(捕捉筒体上的垂足)

指定下一点或[闭合(C)/放弃(U)]:(回车)

命令:_line

指定第一点:(捕捉图 8-99 中的 A 点)

指定下一点或[放弃(U)]:(捕捉图 8-99 中的 B 点,将垫板的结构线连起来)

指定下一点或[放弃(U)]:(回车,完成本轮绘制工作,见图 8-99)

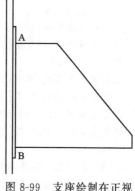

图 8-99　支座绘制在正视图中的主结构线

③ 绘制底板的命令过程,绘制结果见图 8-100。

命令:_line

指定第一点:(捕捉图 8-100 中的 A 点,即筋板的右下端点)

指定下一点或[放弃(U)]:@0,－1.4(14mm 为底板厚度)

指定下一点或[放弃(U)]:@－14,0(140mm 为底板宽度)

指定下一点或[闭合(C)/放弃(U)]:(在筋板水平结构线上捕捉垂足)

指定下一点或[闭合(C)/放弃(U)]:(回车,绘制好底板主视图中的结构线)

命令:_offset

指定偏移距离或[通过(T)/删除(E)/图层(L)]<通过>:7(底板螺栓孔中心线距底板边缘距离)

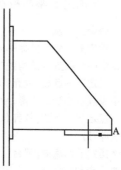

图 8-100　底板绘制结果图

选择要偏移的对象,或[退出(E)/放弃(U)]<退出>:(选择过 A 点的直线)

指定要偏移的那一侧上的点,或[退出(E)/多个(M)/放弃(U)]<退出>:(在左侧点击)

选择要偏移的对象,或[退出(E)/放弃(U)]<退出>:(回车)

　　以后进行将偏移得到的直线进行改变图层、两端拉伸操作,即可得到图 8-100 所示的结果。

　　④ 支座俯视图绘制。俯视图的绘制要考虑到垫板的长度 250mm 是和筒体紧贴的,为了便于绘制,需要算出其圆弧度数,其计算公式如下:

$$圆弧度数=\frac{250}{806}\times\frac{360}{2\pi}=17.77 \tag{8-1}$$

　　以垂直方向的支座为例,说明绘制过程:

命令:_line

指定第一点:(捕捉俯视图中的大圆圆心)

指定下一点或[放弃(U)]:(点击图 8-101 中的 A 点,为旋转做准备)

指定下一点或[放弃(U)]:(回车)

命令:_rotate

UCS 当前的正角方向:ANGDIR＝逆时针,ANGBASE＝0

找到 1 个(选择刚才绘制好的线条,注意不要选择整条原来的中心线)

指定基点:(捕捉圆心)

指定旋转角度或[参照(R)]:－8.89(绘制好 L₁)

命令:_mirror

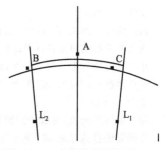

图 8-101　支座俯视图绘制（一）

选择对象:找到 1 个(选择已旋转的辅助线,见图 8-101 中的 L_1)

选择对象:(回车)

指定镜像线的第一点:指定镜像线的第二点:(在大圆的垂直中心线上从上到下点击两次)

是否删除源对象? [是(Y)/否(N)]<N>:(回车,绘制好 L_2)

命令:_offset

指定偏移距离或[通过(T)/删除(E)/图层(L)]<7.0000>:0.8(8mm 为垫板厚度)

选择要偏移的对象,或[退出(E)/放弃(U)]<退出>:(点击大圆)

指定要偏移的那一侧上的点,或[退出(E)/多个(M)/放弃(U)]<退出>:(在大圆外侧点击)

选择要偏移的对象,或[退出(E)/放弃(U)]<退出>:(回车)

命令:_break

选择对象:(选择偏移后得到的圆)

指定第二个打断点或[第一点(F)]:f

指定第一个打断点:(点击图 8-101 中的 B 点)

指定第二个打断点:(点击图 8-101 中的 C 点,本轮最后结果见图 8-101)

⑤ 确定支座筋板在俯视图中的绘制基点。

命令:_line

指定第一点:(捕捉图 8-102 中的 A 点,此点为俯视图垂直中心线和垫片结构线的交点)

指定下一点或[放弃(U)]:@8,0(80mm 为筋片外端距支座垂直中心线的距离,绘制好 B 点)

指定下一点或[放弃(U)]:(绘制好 D 点,在垫片的内部点即可)

指定下一点或[闭合(C)/放弃(U)]:(回车,本轮结果见图 8-102)

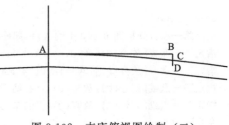

图 8-102　支座俯视图绘制(二)

⑥ 绘制俯视图中筋板及底板的右半部分

命令:_line

指定第一点:(捕捉图 8-102 中的 C 点)

指定下一点或[放弃(U)]:@0,29(290mm 为筋板长度,绘制好图 8-103 中的 A 点)

指定下一点或[放弃(U)]:@2,0[20=(200-160)/2,绘制好图 8-103 中的 B 点]

指定下一点或[闭合(C)/放弃(U)]:@0,-14(绘制好图 8-103 中的 C 点)

指定下一点或[闭合(C)/放弃(U)]:(捕捉垂足,见图 8-103 中的 D 点)

指定下一点或[闭合(C)/放弃(U)]:(回车)

命令:_line

指定第一点:(捕捉 A 点)

指定下一点或[放弃(U)]:(捕捉垂足 E 点)

指定下一点或[放弃(U)]:(回车)

命令:_offset

指定偏移距离或[通过(T)/删除(E)/图层(L)]<0.8000>:1(10mm 为筋板厚度)

选择要偏移的对象,或[退出(E)/放弃(U)]<退出>:(选择过 A 点的垂直线)

指定要偏移的那一侧上的点,或[退出(E)/多个(M)/放弃(U)]<退出>:(在左侧点击)

选择要偏移的对象,或[退出(E)/放弃(U)]<退出>:(回车)

命令:_offset

指定偏移距离或[通过(T)/删除(E)/图层(L)]<1.0000>:19(190=290-100)

选择要偏移的对象,或[退出(E)/放弃(U)]<退出>:(选择 AE 线)

指定要偏移的那一侧上的点,或[退出(E)/多个(M)/放弃(U)]<退出>:(下方点击)

选择要偏移的对象,或[退出(E)/放弃(U)]<退出>:(回车,见结果图 8-103)

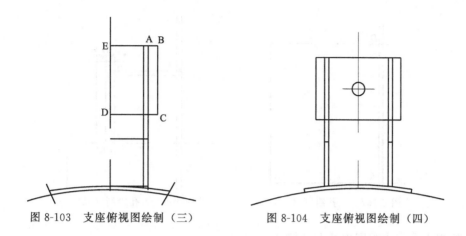

图 8-103 支座俯视图绘制(三)   图 8-104 支座俯视图绘制(四)

在图 8-103 的基础上通过修剪、打断,镜像等处理方法,并绘上底板中间的螺栓孔,该孔直径为 30mm,最后结果见图 8-104。在图 8-104 的基础上,通过复制、旋转、作辅助圆确定复制基点及带基点移动等多项处理技术,可得到另两个支座在俯视图上的结构线,最后全局图见图 8-105。观察图 8-105,发现主视图和俯视靠得太近,说明在原来中心线定位时有一点偏差,只要通过移动俯视图即可调节。其命令如下:

命令:_move 找到 93 个(选中俯视图中全部线条)
指定基点或位移:指定位移的第二点或<用第一点作位移>:@10,-10(向右,向下移动)

移动后的图见图 8-106。

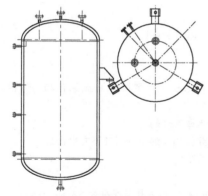
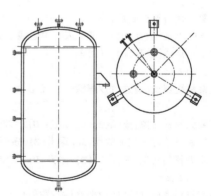

图 8-105 支座俯视图绘制(五)   图 8-106 支座俯视图绘制(六)

(5)人孔在主视图和俯视图中的结构线
① 确定绘制基点。

命令:_line
指定第一点:(捕捉图 8-107 中的 A 点,此点乃筒体外轮廓线和封头线的交点)
指定下一点或[放弃(U)]:@40,0(40 是基于人孔总长度为 352mm 左右考虑而选取的,绘制 B 点)
指定下一点或[放弃(U)]:@0,50(500mm 为人孔中心线距封头和筒体交界线距离,绘制 C 点)
指定下一点或[闭合(C)/放弃(U)]:(在正交状态下,在筒体内部点击,绘制好人孔中心线,和通体外壳交 D 点)

指定下一点或[闭合(C)/放弃(U)]:(回车,完成本轮操作,结果见图 8-107)

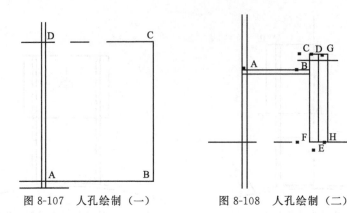

图 8-107　人孔绘制（一）　　　　图 8-108　人孔绘制（二）

② 绘制人孔在主视图中的上半部分。

命令:_line
指定第一点:(捕捉图 8-107 中的 D 点)
指定下一点或[放弃(U)]:@0,26.5(265＝530/2,530mm 为人孔的外径,绘制好图 8-108 中的 A 点,下面提到的点均指图 8-108)
指定下一点或[放弃(U)]:@19.8,0(198＝230－32,32mm 为法兰厚度,绘制好 B 点)
指定下一点或[闭合(C)/放弃(U)]:@0,5.75[57.5＝(645－530)/2,645mm 为法兰外径,绘制好 C 点]
指定下一点或[闭合(C)/放弃(U)]:@3.2,0(绘制好 D 点)
指定下一点或[闭合(C)/放弃(U)]:(捕捉人孔中心线上的垂足,绘制好 E 点)
指定下一点或[闭合(C)/放弃(U)]:(回车)
命令:_line
指定第一点:(捕捉 C 点)
指定下一点或[放弃(U)]:(捕捉人孔中心线上的垂足,绘制好 F 点)
指定下一点或[放弃(U)]:(回车)
命令:_offset
指定偏移距离或[通过(T)/删除(E)/图层(L)]<通过>:1.5(人孔壁厚为 6mm,采用和筒体相同的夸张方法)
选择要偏移的对象,或[退出(E)/放弃(U)]<退出>:(选择 AB 线)
指定要偏移的那一侧上的点,或[退出(E)/多个(M)/放弃(U)]<退出>:(在下方点击)
选择要偏移的对象,或[退出(E)/放弃(U)]<退出>:(回车)
命令:_offset
指定偏移距离或[通过(T)/删除(E)/图层(L)]<1.5000>:3.2(人孔盖厚度为 32mm)
选择要偏移的对象,或[退出(E)/放弃(U)]<退出>:(选择 DE 线)
指定要偏移的那一侧上的点,或[退出(E)/多个(M)/放弃(U)]<退出>:(在其右侧点击)
选择要偏移的对象,或[退出(E)/放弃(U)]<退出>:(回车,绘制好 GH 线)

然后通过延伸和偏移等处理,完成本轮的最后工作,见图 8-108。

③ 通过镜像生成下半部分,并利用中心线定位把手的位置。把手距中心线 175mm,把手直径为 20mm,本身长 150mm、高 70mm。具体的绘制命令和前面的基本相仿,不再解释,只列出命令,望读者在练习中体会其含义,结果见图 8-109。

命令:_mirror 找到 15 个
指定镜像线的第一点:指定镜像线的第二点:

是否删除源对象？[是(Y)/否(N)]<N>：

命令：_offset

指定偏移距离或[通过(T)/删除(E)/图层(L)]<2.2500>:17.5

选择要偏移的对象，或[退出(E)/放弃(U)]<退出>：

指定要偏移的那一侧上的点，或[退出(E)/多个(M)/放弃(U)]<退出>：

命令：_line

指定第一点：

指定下一点或[放弃(U)]:@7,0

指定下一点或[放弃(U)]：

命令：_offset

指定偏移距离或[通过(T)/删除(E)/图层(L)]<17.5000>:1

选择要偏移的对象，或[退出(E)/放弃(U)]<退出>：

指定要偏移的那一侧上的点，或[退出(E)/多个(M)/放弃(U)]<退出>：

选择要偏移的对象，或[退出(E)/放弃(U)]<退出>：

指定要偏移的那一侧上的点，或[退出(E)/多个(M)/放弃(U)]<退出>：

选择要偏移的对象，或[退出(E)/放弃(U)]<退出>：

指定要偏移的那一侧上的点，或[退出(E)/多个(M)/放弃(U)]<退出>：

选择要偏移的对象，或[退出(E)/放弃(U)]<退出>：

命令：_circle

指定圆的圆心或[三点(3P)/两点(2P)/相切、相切、半径(T)]：

指定圆的半径或[直径(D)]<1.0000>：

命令：_break

选择对象：

指定第二个打断点或[第一点(F)]:f

指定第一个打断点：

指定第二个打断点：

命令：_offset

指定偏移距离或[通过(T)/删除(E)/图层(L)]<3.5500>:35.5(此乃回转轴心与人孔中心线的距离)

选择要偏移的对象，或[退出(E)/放弃(U)]<退出>：

指定要偏移的那一侧上的点，或[退出(E)/多个(M)/放弃(U)]<退出>：

选择要偏移的对象，或[退出(E)/放弃(U)]<退出>：(回车，最后结果见图8-109)

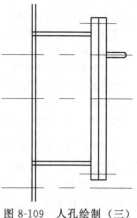

图 8-109 人孔绘制（三）

④ 绘制人孔回转轴上的一些结构线。这里作了一些简单画法，只确定了回转轴中心线的位置、轴的大小（直径为20mm）、轴上的固定螺母外径 32mm 等，具体绘制过程如下：

命令：_line

指定第一点：(捕捉图 8-110 中的 A 点)

指定下一点或[放弃(U)]：(在正交状态下鼠标过回转轴水平中心线点击)

指定下一点或[放弃(U)]：(回车)

命令：_circle

指定圆的圆心或[三点(3P)/两点(2P)/相切、相切、半径(T)]：(鼠标捕捉图 B 点)

指定圆的半径或[直径(D)]<5.0000>:1.0(绘制好小圆)

命令：_circle

指定圆的圆心或[三点(3P)/两点(2P)/相切、相切、半径(T)]：(鼠标捕捉图 B 点)

指定圆的半径或[直径(D)]<1.0000>:1.6(绘制好中圆)

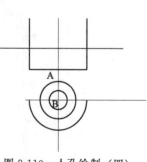

图 8-110 人孔绘制（四）

命令:_circle

指定圆的圆心或[三点(3P)/两点(2P)/相切、相切、半径(T)]:(鼠标捕捉图 B 点)

指定圆的半径或[直径(D)]＜2.0000＞:3.2(绘制好大圆)

命令:_break

选择对象:(选择大圆)

指定第二个打断点或[第一点(F)]:f

指定第一个打断点:

指定第二个打断点:(打断后见图 8-110)

　　在图 8-110 的基础上,补充好其他连接线并将法兰外端被回转轴组合构件挡住部分删除后,得图 8-111。在图 8-111 的基础上,绘制好补强圈,补强圈外径为 840mm,厚度为 6mm,内径最小处为 540mm,并以 35°左右的角度向上倾斜,具体细节见局部放大图,补强圈的中心线和人孔的中心线重叠,具体绘制过程不再重复,结果见图 8-112。此时的全局图见图 8-113,至此已完成了全部主要结构线的绘制工作,下面将进入一些辅助性工作,对于这些工作的介绍,一般只介绍工作方法,不再作详细介绍。

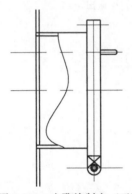

图 8-111　人孔绘制之（五）

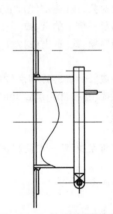

图 8-112　补强圈绘制图

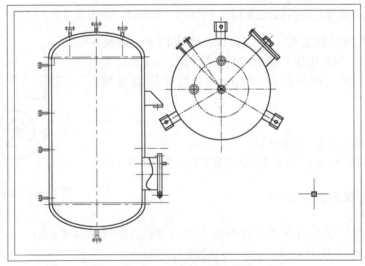

图 8-113　全局主结构线图

8.4.5 画局部放大图

本容器设备图中，已清晰地表明了大部分部件的相互关系，主要在补强圈部分有些看不清楚，通过将原来部分放大6倍，来表达局部放大图。该放大图可在俯视图下面重新绘制，也可以利用原来已画部分进行复制放大处理获取，可不按比例绘制，只要能表达清楚其结构相互关系即可。绘制好的局部放大图见图8-114。

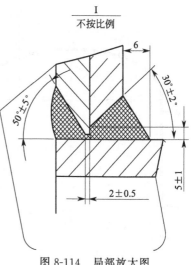
图 8-114 局部放大图

8.4.6 画剖面线及焊缝线

进入剖面线图层绘制剖面线，剖面线型号选为ANSI31，比例为1，角度为90°或0°。同一个部件其角度必须保持一致，两个相邻的部件，其角度应取不同值，如本容器图中筒体剖面线的角度为90°，封头则为0°，而封头上的管子的剖面线其角度又为90°，筒体上的液位计接管剖面线其角度为0°。在绘制剖面线之间，需为绘制焊缝做好准备，如筒体和封头之间的焊缝需在绘制剖面线前预先绘制出范围，如由原来的图8-115经预先处理变成图8-116；而接管和筒体及封头连接部分也需预先处理，如将原来的图8-117经预先处理变成图8-118。在剖面线的绘制过程中，有时需要添加一些辅助线，将填充空间缩小或封闭起来。总之只要细心并遵循前面提出的一些规定，就能绘制好剖面线。绘制好剖面线后，接着绘制各种焊缝，本例中主要有筒体和上下封头、封头上的接管、筒体上的接管、筒体和补强圈、筒体和支座上的垫板等焊缝。在绘制剖面线和焊缝的过程中，发现 c 管上封头的结构线没有打断，顺便补上该工作，绘至此时的全局图见图8-119。

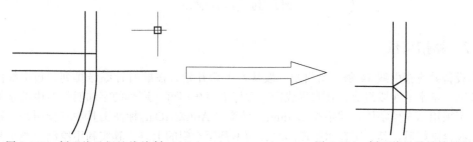

图 8-115　剖面线及焊缝线绘制（一）　　　　图 8-116　剖面线及焊缝线绘制（二）

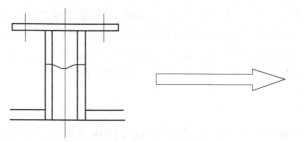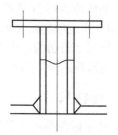

图 8-117　剖面线及焊缝线绘制（三）　　　　图 8-118　剖面线及焊缝线绘制（四）

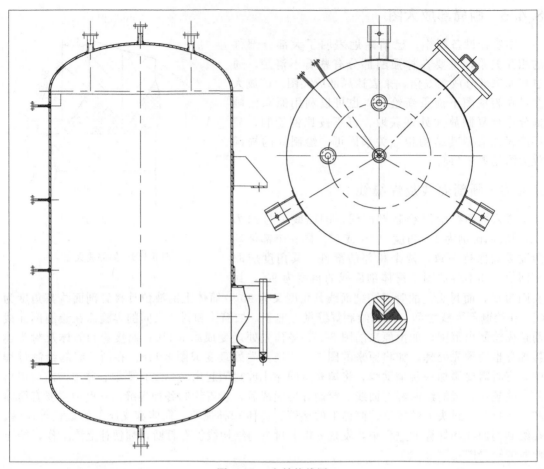

图 8-119　主结构线图

8.4.7　画指引线

本设备共有指引线 14 条，指引线一般从左下角开始，按顺时针编号排列。指引线由一条斜线段和一条水平线段组成，在水平线段上方标上序号即可。序号的字和明细栏中的字的大小相同，可采用 2.5 号字体，即字高 2.5mm。尽管在 AutoCAD 的标注工具中有指引线一栏，但其指引线绘制好后，其文字在水平段的左方而不是所希望的上方。其实利用绘制直线工具直接绘制指引线也是十分简便的，需要指出的是在绘制指引线的水平段时，其长度可采用 5mm，也就是说在绘制好指引线的斜线段后通过输入（@5，0）或（@−5，0）来绘制水平段，同一方向的水平线段应尽量对齐。需要注意的是水平段长度为 5mm，不能像绘制结构线那样按 1∶10 绘制，而应按实际大小绘制，同样在下面介绍的明细栏、主题栏、管口表、技术特性表均是按实际尺寸绘制的。指引线上方的文字通过点击左边工具栏中文字编辑工具，采用 2.5 号仿宋体。此阶段的全局图和标注好尺寸后的全局图一起表示，见图 8-120。

8.4.8　标注尺寸

进入尺寸标注图层，并通过"格式"→"标注式样"，设定标注的形式，如选择文字高度为"2.5"，选择箭头大小为"2.5"。设置好标注式样后，根据设备的实际尺寸进行标注，千万不要根据所画图的大小进行标注。因为在绘制时已经按比例进行了缩小，同时有些方面

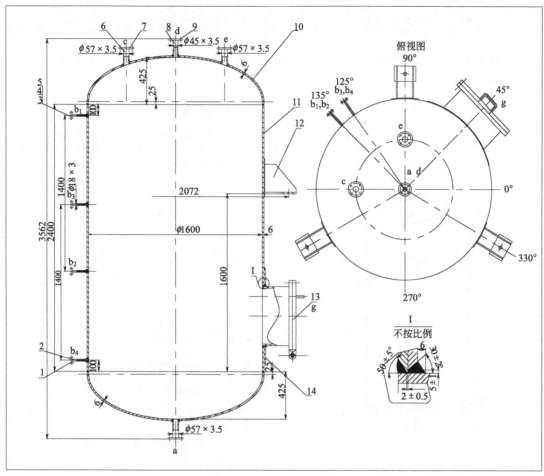

图 8-120 绘制好指引线及标注尺寸后的全局图（对俯视图作了移动）

还进行了夸张处理，所以必须按实际尺寸进行标注，其中支座安装尺寸是利用指引线绘制的，上面的数字利用文字编辑进行输入，标注后的全局图见图 8-81。

8.4.9 写技术说明，绘管口表、标题栏、明细栏、技术特性表等

技术说明可利用文字编辑器进行输入，"技术要求"4 个字采用 5 号字，正文说明采用 3.5 号字。明细栏、标题栏的绘制可通过直线绘制工具及多次利用偏移、修剪、打断等工具快速地进行绘制，栏中或表中的文字有采用 5 号的也有采用 2.5 号的，可根据其宽度而定。下面通过标题栏的具体绘制说明各类表的绘制方法。其主要步骤为：

① 绘制标题栏的外框尺寸。

② 通过偏移产生内部线条。

③ 通过修剪、打断生成其本框架。

④ 通过图层置换，改变所需要改变的线条。

经过以上 4 个步骤，就可以完成标题栏线条的绘制。然后再根据具体的内容，利用文字输入工具输入有关文字，本轮工作完成后，全局的效果图见图 8-81，需要说明的是明细栏中有些项目的内容没有写上去，作为正式图纸需要写上去，因为本教材的重点是教会大家如何用计算机绘图，而不是化工设计，故有关化工设计上的内容希望大家参考本教材后面列出的有关参考文献。

1. 绘制图 8-121 所示容器，所缺的数据请自己查资料补上，大于 100 的数据需加上自己的学号 No。

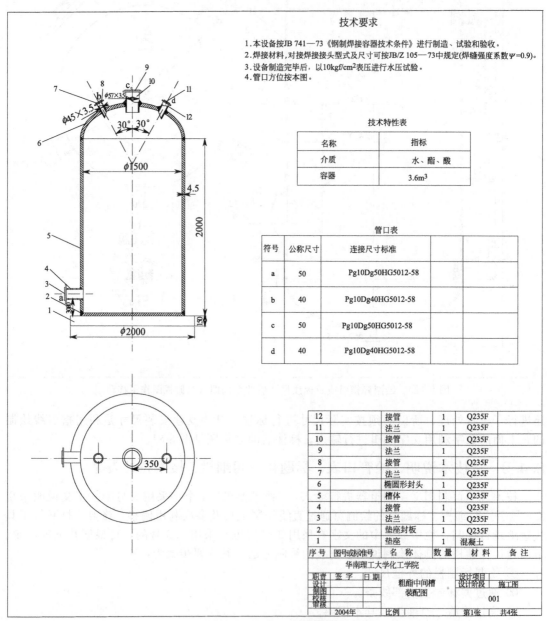

技术要求

1. 本设备按JB 741—73《钢制焊接容器技术条件》进行制造、试验和验收。
2. 焊接材料,对接焊接接头型式及尺寸可按JB/Z 105—73中规定(焊缝强度系数Ψ=0.9)。
3. 设备制造完毕后,以10kgf/cm²表压进行水压试验。
4. 管口方位按本图。

技术特性表

名称	指标
介质	水、酯、酸
容器	3.6m³

管口表

符号	公称尺寸	连接尺寸标准		
a	50	Pg10Dg50HG5012-58		
b	40	Pg10Dg40HG5012-58		
c	50	Pg10Dg50HG5012-58		
d	40	Pg10Dg40HG5012-58		

12		接管	1	Q235F	
11		法兰	1	Q235F	
10		接管	1	Q235F	
9		法兰	1	Q235F	
8		接管	1	Q235F	
7		法兰	1	Q235F	
6		椭圆形封头	1	Q235F	
5		槽体	1	Q235F	
4		接管	1	Q235F	
3		法兰	1	Q235F	
2		垫座封板	1	Q235F	
1		垫座	1	混凝土	
序号	图号或标准号	名　称	数量	材料	备注
		华南理工大学化工学院			
职责	签字	日期	粗酯中间槽	设计项目	
设计			装配图	设计阶段	施工图
制图					001
校核					
审核					
	2004年		比例	第1张	共4张

图 8-121　粗酯中间槽装配图

2. 绘制图 8-122 所示零件，如数据不够请自己补充，大于 100 的数据需加上自己的学号 No。

3. 请绘制图 8-123 所示法兰加工图，大于 100 的数据需加上自己的学号 No。

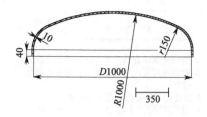

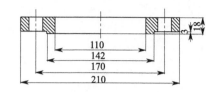

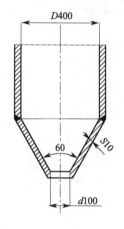

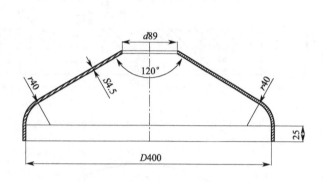

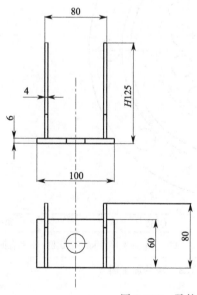

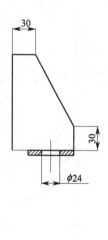

图 8-122　零件图

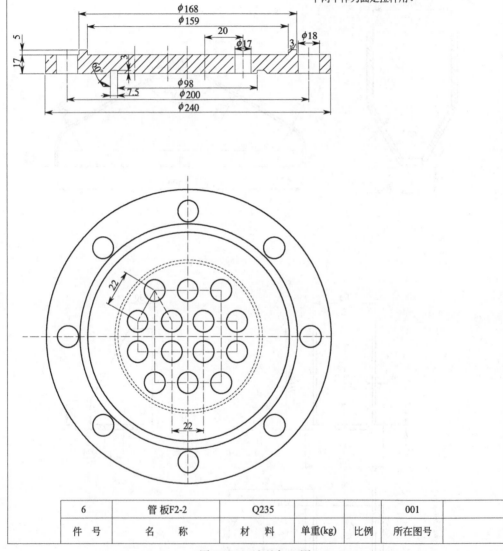

1. 管板表面应光滑、无气泡、毛刺等缺陷。
2. 管板密封面应与轴线垂直、偏差不得超过30′。
3. 管孔应严格垂直于管板紧密面。
4. 相邻两管孔中心距公差为±0.3mm,孔距积累公差为±1.2mm。
5. 相邻两螺栓孔间的弦长允许偏差为±0.6mm,任意两孔间弦长允许偏差为±1.0mm。
6. 管板开孔直径为16mm,孔间距为22mm,以100mm为直径的圆内共开14个孔,其中上下两个作为固定拉杆用。

6	管板F2-2	Q235			001	
件 号	名 称	材 料	单重(kg)	比例	所在图号	

图 8-123　法兰加工图

第9章

Aspen Plus在化工流程模拟计算中的应用

9.1 Aspen Plus 概述

    Aspen Plus 是一款功能强大的化工设计、动态模拟及各类计算的软件，它几乎能满足大多数化工设计及计算的要求，其计算结果得到许多同行的认可。该软件是在美国能源部的拨款资助下，委托麻省理工学院化工系有关教授组织了高等学校和企业部门各方人员参加的一个开发小组，集中进行新一代化工流程模拟系统的开发，于 1979 年初开发成功 Aspen，并投入使用。1981 年专门成立了一家公司接管了这套系统的继续开发和不断完善工作，同时软件更名 Aspen Plus。软件经过近 30 年的不断改进、扩充、提高，已成为全世界公认的标准大型过程模拟软件。它采用严格和先进的计算方法，进行单元和全过程的计算，还可以评估已有装置的优化操作或新建、改建装置的优化设计。许多世界各地的大化工、石化生产厂家及著名工程公司都是该软件的用户。它被用于化学和石油工业、炼油加工、发电、金属加工、合成燃料和采矿、纸浆和造纸、食品、医药及生物技术等领域，在过程开发、过程设计及老厂的改造中发挥着重要的作用。Aspen Plus 主要有三大功能，简单介绍如下。

    （1）物性数据库

    物性计算方法的选择是 Aspen Plus 计算成功的关键一步，而物性计算方法的基础是物性数据库，Aspen Plus 的物性数据库包括基础物性数据库、燃烧物数据库、热力学性质和传递物性数据库。

    ① 基础物性数据库　Aspen Plus 中含有一个大型物性数据库，含 5000 种纯组分、5000 对二元混合物、3314 种固体化合物、40000 个二元交互作用参数的数据库（读者接触到的最新版本数据库数据数量可能和本文所述的有所不同，这是由于数据库的具体数据数量会随着版本的更新而有所增加，但已有的数据一般不会改变，下面所述的其他数据库也有类似情况，不再提示）。主要有分子量、Pitzer 偏心因子、临界性质、标准生成自由能、标准生成热、正常沸点下汽化潜热、回转半径、凝固点、偶极矩、密度等。同时还有理想气体热容方程式的参数、Antoine 方程的参数、液体焓方程系数。对 UNIQUAC 和 UNIFAC 方程的参数也收集在数据库中，在计算过程中，只要所计算的组分在物性数据库中存在，则可自动从数据库中取出基础物性进行传递物性和热力学性质的计算。

    ② 燃烧物数据库　燃烧物数据库是计算高温气体性质的专用数据库。该数据库含有常见燃烧物的 59 种组分的参数，其温度可高达 6000K，而用 Aspen Plus 主数据库，当温度超过 1500K 时，计算结果就不精确了。但是燃烧物数据库只适用于部分单元操作模型对理想气体的计算。

③ 热力学性质和传递物性数据库　在模拟中用来计算传递物性和热力学性质的模型和各种方法的组合共有上百种，主要有计算理想混合物汽液平衡的拉乌尔定律、烃类混合物的 CHAO-SEADER、非极性和弱极性混合物的 REDILCH-KWONG-SOAVE、BWR-LEE-STAR-LING、PENG-ROBINSON。对于强的非理想液态混合物的活度系数模型主要有 UNIFAC、WILSON、NRTL、UNIQUAC，另外还有计算纯水和水蒸气的模型 ASME 及用于脱硫过程中含有水、二氧化碳、硫化氢、乙醇胺等组分的 KENT-EISENBERG 模型等。有两个物性模型分别用于计算石油混合物的液体黏度和液体体积。对于传递物性主要是计算气体和液体的黏度、扩散系数、热导率及液体的表面张力。每一种传递物性计算至少有一种模型可供选择。

具体物性计算方法选择可参考表 9-1～表 9-5。

表 9-1　油和气产品

应 用 领 域	推荐的物性方法
储水系统	PR-BM RKS-BM
板式分离	PR-BM RKS-BM
通过管线输送油和气	PR-BM RKS-BM

表 9-2　炼油过程

应 用 领 域	推荐的物性方法
低压应用(最多几个大气压)：真空蒸馏塔、常压原油塔	BK10、CHAO-SEA、GRAYSON
中压应用(最多几十个大气压)：Coker 主分馏器、FCC 主分馏器	CHAO-SEA、GRAYSON、PENG-ROB RK-SOAVE
富氢的应用：重整炉、加氢器	GRAYSON、PENG-ROB、RK-SOAVE
润滑油单元、脱沥青单元	PENG-ROB、RK-SOAVE

表 9-3　气体加工过程

应 用 领 域	推荐的物性方法
烃分离：脱甲烷塔、C_3 分离器 深冷气体加工：空气分离	PR-BM、RKS-BM、PENG-ROB、RK-SOAVE
带有甲醇类的气体脱水；酸性气体吸收含有甲醇(RECTI-SOL)、NMP(PURISOL)	PRWS、RKSWS、PRMHV2、RKSMHV2、PSRK、SR-POLAR
酸性气体吸收含有水、氨、胺、胺＋甲醇(AMISOL)、苛性钠、石灰、热的碳酸盐	ELECNRTL
克劳斯二段脱硫法	PRWS、RKSWS、PRMHV2、RKSMHV2、PSRK、SR-POLAR

表 9-4　化工过程

应 用 领 域	推荐的物性方法
乙烯装置：初级分馏器、轻烃、串级分离器、急冷塔	CHAO-SEA、GRAYSON、PENG-ROB、RK-SOAVE
芳香族环烃：BTX 萃取	WILSON、NRTL、UNIQUAC 和它们的变化形式
取代的烃：VCM 装置、丙烯腈装置	PENG-ROB、RK-SOAVE
乙醚产品：MTBE、ETBE、TAME	WILSON、NRTL、UNIQUAC 和它们的变化
乙苯和苯乙烯装置	PENG-ROB、RK-SOAVE、WILSON、NRTL、UNIQUAC 和它们的变化
对苯二甲酸	WILSON、NRTL、UNIQUAC 和它们的变化

表 9-5　化学品

应 用 领 域	推荐的物性方法
共沸分离：酒精分离	WILSON、NRTL、UNIQUAC 和它们的变化
羧酸：乙酸装置	WILS-HOC、NRTL-HOC、UNIQ-HOC
苯酚装置	WILSON、NRTL、UNIQUAC 和它们的变化

应 用 领 域	推荐的物性方法
液相反应：酯化作用	WILSON、NRTL、UNIQUAC 和它们的变化
氢装置	PENG-ROB、RK-SOAVE
含氟化合物	WILS-HF
无机化合物：苛性钠、酸、磷酸、硝酸、盐酸	ELECNRTL
氢氟酸	ENRTL-HF

最常见的水和水蒸气用 STEAMNBS 或 STEAM-TA。一般来说，物性方法的选择取决于物质是否具有极性、是否电解质、是否高压、是否气相组合、是否聚合等方面加以考虑，选择最适合的物性方法进行模拟计算，更为详细的内容请读者参见 Aspen Plus 公司提供的操作手册。

（2）单元操作模型

Aspen Plus 包含各种类型的过程单元操作模型，共有 8 大类、57 小类、349 个单元操作模型。如混合、分割、换热、闪蒸等，另外它还包括反应器、压力变送器、手动操作器、灵敏度分析和工况分析模块。具体内容参见表 9-6。

表 9-6　Aspen Plus 计算模块

类　型	模　型	说　明	类　型	模　型	说　明
混合器/分流器	Mixer Fsplit Ssplit	物流混合 物流分流 子物流分流	反应器	RCSTR RPlug RBatch	连续搅拌罐式反应器 活塞流反应器 间歇反应器
分离器	Flash2 Flash3 Decanter Sep Sep2	双出口闪蒸 三出口闪蒸 液-液倾析器 多出口组分分离器 双出口组分分离器	压力变送器	Pump Compr Mcompr Pipeline Pipe Valve	泵/液压透平 压缩机/透平 多级压缩机/透平 多段管线压降 单段管线压降 严格阀压降
换热器	Heater HeatX MHeatX Hetran Aerotran	加热器/冷却器 双物流换热器 多物流换热器 与 BJAC 管壳式换热器的接口程序 与 BJAC 空气冷却换热器的接口程序	手动操作器	Mult Dupl ClChong	物流倍增器 物流复制器 物流类变送器
塔	DSTWU Distl RadFrac Extract MultiFrac SCFrac PetroFrac Rate-Frac BatchFrac	简捷蒸馏设计 简捷蒸馏核算 严格蒸馏 严格液-液萃取器 复杂塔的严格蒸馏 石油的简捷蒸馏 石油的严格蒸馏 连续蒸馏 严格的间歇蒸馏	固体	Crystallizer Crusher Screen FabFl Cyclone Vscrub ESP HycCyc CFuge Filter SWash CCD	除去混合产品的结晶器 固体粉碎器 固体分离器 滤布过滤器 旋风分离器 文丘里洗涤器 电解质沉降器 水力旋风分离器 离心式过滤器 旋转真空过滤器 单级固体洗涤器固体 逆流倾析器
反应器	RStoic RYield REquil Rgibbs	化学计量反应器 收率反应器 平衡反应器 平衡反应器	用户模型	User User2	用户提供的单元操作模型 用户提供的单元操作模型

（3）系统实现策略

和任何一款模拟软件一样，有了数据库和单元计算模块之后，Aspen Plus 还有以下功能保证软件的正常运行。

① 数据输入　Aspen Plus 的输入是由命令方式进行的，即通过三级命令关键字书写的语段、语句及输入数据对各种流程数据进行输入。输入文件中还可包括注解和插入的 Fortran 语句，输入文件命令解释程序可转化成用于模拟计算的各种信息。这种输入方式使得用户使用起来特别方便。

② 解算策略　Aspen Plus 所用的解算方法为序贯模块法，对流程的计算顺序可由用户自己定义，也可由程序自动产生。对于有循环回路或设计规定的流程必须迭代收敛。所谓设计规定是指用户希望规定某处的变量值达到一定的要求，例如要规定某产品的纯度或循环流股的杂质允许量等。对设计规定通过选择一个模块输入变量或工艺进料流股变量，加以调节以使设计规定达到要求值。关于循环物流的收敛方法有威格斯坦法、直接迭代法、布罗伊顿法、虚位法和牛顿法等，其中虚位法和牛顿法主要用于收敛设计规定。

③ 结果输出　可把各种输入数据及模拟结果存放在报告文件中，可通过命令控制输出报告文件的形式及报告文件的内容，并可在某些情况下对输出结果作图。在物流结果中包括总流量、黏度、压力、汽化率、焓、熵、密度、平均相对分子质量及各组分的摩尔流量等。

关于 Aspen Plus 三大主要功能的具体应用将通过实际应用的例子加以详细介绍，本教材软件版本选用 Aspen Plus 11.1。提醒读者注意的是尽管 Aspen Plus 软件版本不断升级，但其基本操作模式没有改变。若读者接触到的版本与本教材不同，完全可以先按本教材介绍的方法操作（系统提示有问题除外），同时随着 Aspen Plus 软件版本的不断升级，软件的操作模式越来越向 Windows 的风格靠拢。建议读者在具体使用过程中大胆地使用双击、点右键、拖动等操作，将会给你带来意外的惊喜。

Aspen Plus 软件在应用过程中会涉及大量变量，这些变量大部分以英文缩写的形式出现，尤其是涉及物性变量的名称有些平时可能没有接触过，表 9-7、表 9-8 是一些常用的变量名称中英文对照表。

表 9-7　纯物质物性参数

中　文	缩　写	中　文	缩　写
标准生成热	DHFORM	气体压力	PL
标准吉布斯自由能	DGFORM	汽化焓	DHVL
偏心因子	OMEGA	液体摩尔体积	VL
溶解度参数	DELTA	液相黏度	MUL
等张比容	PARC	气相黏度	MUV
25℃固体生成焓值	DHSFRM	液体热传导率	KL
25℃固体吉布斯生成自由能	DGSFRM	气体热传导率	KV
理想气体热容	CPIG	表面张力	SIGMA
Helgeson C 热容系数	CHGPAR	固体热容	CPS
液体热容	CPL		

表 9-8　混合物物性参数

缩　写	中　文	缩　写	中　文
CPLMX	液体比热容	HSMX	固相焓
CPVMX	气体比热容	KLMX	液相传热系数
CPSMX	固体比热容	KVMX	气相传热系数
GLXS	过剩液相吉布斯自由能	KSMX	固相传热系数
HLMX	液相焓	MULMX	液体黏度
HLXS	过剩液相焓	MUVMX	气体黏度
HVMX	气相焓	RHOLMX	液体密度

缩　　写	中　　文	缩　　写	中　　文
RHOVMX	气体密度	GAMMAS	固体活度系数
RHOSMX	固体密度	HENRY	亨利常数
VLMX	液体摩尔体积	KLL	液液分布系数
VVMX	气体摩尔体积	KVL	汽液平衡 K 值
VSMX	固体摩尔体积	SIGLMX	液体表面张力
DLMX	液体扩散系数	USER-X	用户定义物性对 X 的函数
DVMX	气体扩散系数	USER-Y	用户定义物性对 Y 的函数
GAMMA	液体活度系数		

9.2　Aspen Plus 基本操作

9.2.1　Aspen Plus 软件安装

　　Aspen Plus 软件的安装过程比较容易，只要按照软件的提示操作就能完成安装工作。
不同版本的软件在具体安装时会有一些不同。
譬如 10.2 之前的版本在运行安装文件
Setup. exe 前需先建立一个安装文件的目录，
否则系统无法安装，这一点和大多数普通软件
的安装有所不同，而之后的版本已不再需要建
立安装目录，软件会自动建立默认的安装路
径。具体安装过程如下。

　　① 点击运行光盘 1 中 Setup. exe，系统弹
出如图 9-1 所示对话框，点击 Aspen
Engineering Suite 选项，系统进行安装初始化
设置工作，期间不断单击"Next"。如果系统
已安装有 Aspen Plus 软件，则系统提示是添
加安装还是删除原安装，如果是初次安装，则
系统完成初始化后弹出图 9-2 所示对话框。

图 9-1　Aspen Plus 软件安装（一）

　　② 对于一般的个人计算机而言，选择图 9-2 中所示的 All Products 选项，单击"Next"，
系统弹出图 9-3 所示对话框。

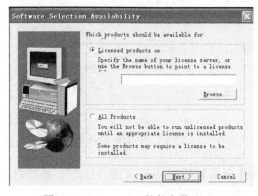

图 9-2　Aspen Plus 软件安装（二）

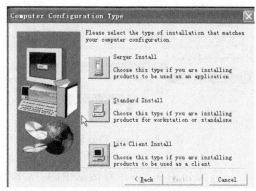

图 9-3　Aspen Plus 软件安装（三）

　　　　　　　　　　　　　　　　　　　　第 9 章　Aspen Plus 在化工流程模拟计算中的应用　**309**

③ 在图 9-3 所示对话框中，选择 Standard Install，单击"Next"，系统弹出图 9-4 所示对话框。

④ 在图 9-4 所示对话框中，选择要安装的模块，Aspen Plus 必选，第一次安装时不要选择和 online 及 web 相关模块，单击"Next"，系统弹出图 9-5 所示对话框。

⑤ 在图 9-5 所示对话框中，选择 Aspen License Manager，单击"Next"，系统提示插入 CD2 选项时，选择 CD2 内文件所在的路径或插入 CD2 继续进行安装。安装完成后重启，按系统提示指定 license. dat 文件的位置，完成全部安装工作。

图 9-4　Aspen Plus 软件安装（四）

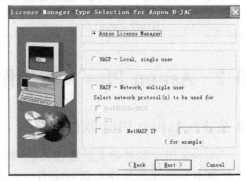

图 9-5　Aspen Plus 软件安装（五）

9.2.2　Aspen Plus 软件运算

Aspen Plus 软件运算的基本过程包括四个部分，分别为软件启动、流程设置、数据输入、结果输出。下面简要介绍该四部分的操作过程，更为详细的内容将在实例应用介绍。

（1）启动 Aspen Plus 软件

① 在程序菜单中打开 Aspen plus user interface，启动 Aspen Plus，见图 9-6，如已建桌面快捷方式，可直接双击桌面快捷方式，系统弹出图 9-7 所示对话框。

② 在图 9-7 所示对话框中，用户可以选择 Blank Simulation（新流程）、Template（模板）和 Open an Existing Simulation（打开一个已有的流程），一般选用 Blank Simulation，见图 9-7。

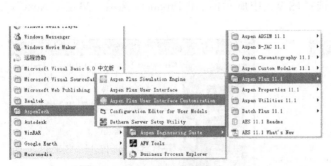

图 9-6　Aspen Plus 软件启动（一）

图 9-7　Aspen Plus 软件启动（二）

③ 点击图 9-7 所示对话框中的"OK"，在系统弹出的对话框中再点击"OK"，系统进入 Aspen Plus 主界面，见图 9-8，各种功能分布已在图 9-8 中标明。

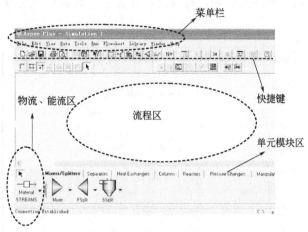

图 9-8　Aspen Plus 软件启动（三）

（2）设置模拟流程

① 选定合适的单元模块，放到流程区中去。

② 画好流程的基本单元后，打开物流区，用物流将各个单元设备连接起来。进行物流连接的时候，系统会提示在设备的哪些地方需要物流连接，在图中以红色的标记显示。

③ 在红色标记处，确定所需要连接的物流，当整个流程结构确定以后，红色标记消失，说明流程设置工作完成，按"Next"按钮，系统提示下一步需要做的工作。一个设置完成的流程见图 9-9。

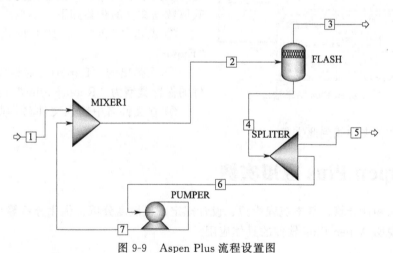

图 9-9　Aspen Plus 流程设置图

（3）输入各种数据

① 当流程的参数没有完全输入时，系统自动打开数据浏览器（Data Browser）使用户了解哪些参数需要输入，并以红色标记显示。

② 在组分（Components）一栏中，输入流程的组分，也可以通过查找功能从 Aspen 数据库中确定需要的组分。

③ 在物性计算方法栏（Properties→Specifications）确定整个流程计算所需的热力学方法。

④ 设置物流的参数，包括压力、温度、浓度等。

⑤ 设定设备的参数，如塔板数、回流比。当数据浏览器的红色标记没有以后，按 Next

按钮系统提示所有的信息都输入完毕，可以进行计算了。图 9-10 所示为某一 Aspen Plus 流程数据输入图。

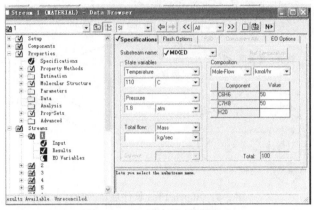

图 9-10　Aspen Plus 数据输入

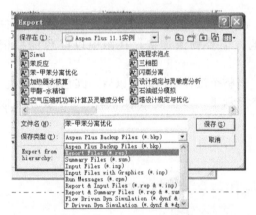

图 9-11　Aspen Plus 结果输出

（4）输出模拟结果

当 Aspen 对整个流程计算完毕以后，在数据浏览器中的结果汇总（Results Summary）中可以看到模拟的结果，也可以在物流（Streams）中看到输出物流的计算结果。更为详细的内容可通过生成数据文件获取，该数据文件以文本形式保存，便于其他软件调用编辑。获取数据文件的步骤如下。

① 点击"File"，在其下拉式菜单中选取"Export"。

② 在弹出的"Export"对话框中，选择文件的保存类型为"Report Files"，见图 9-11。

③ 在文件名中输入文件名，点击保存，就可以在相关文件夹中找到此文件。

9.3　Aspen Plus 应用实例

本节拟从物性计算、基本流程模拟、设计规定、灵敏度分析、优化分析等几个方面通过实际例子来说明 Aspen Plus 软件的具体应用。

9.3.1　物性计算

物性计算是 Aspen Plus 软件的一个重要功能和基础，其数据库数据和各种计算方法足以满足各种化工工艺计算对物性的需求，下面通过几个例子说明如何利用 Aspen Plus 来获取物性数据。

【例 9-1】　纯水的各种物性求取。

水是化工工艺生产中一种最基本的物质，其各种物性目前已有大量的数据可供查阅，可将 Aspen Plus 计算的结果和文献查阅的结果进行比对，验证 Aspen Plus 计算结果的正确性。若验证证明 Aspen Plus 计算结果正确，则可将此方法用于其他物质物性的求取。具体计算过程如下。

① 启动 Aspen Plus，点击"Data"菜单，选择"Setup"项，系统弹出图 9-12 所示对话框，在图 9-12 中设置程序名称为"water properties"，输入输出单位为"SI"制，运行模式为"Properties Plus"，这一点最为关键，因为该题是直接求取水的物性，并不通过模拟流程。如果选择默认的运行模式，将无法进行后续计算。

② 在图 9-12 所示对话框中，点击"N→"，系统弹出图 9-13 所示对话框，在该图"Formula"项中输入"H2O"，在"Component ID"也输入"H2O"，即完成组分输入。

③ 点击图 9-13 所示对话框中"N→"，系统弹出图 9-14 所示对话框，在该图的"Base method"中选择适合于水物性计算的方法"STEAMNBS"。

④ 点击图 9-14 所示对话框中"N→"，系统弹出图 9-15 所示对话框，在该图的"Base method"中，选择适合于水物性计算的方法"STEAMNBS"。

图 9-12　水的物性求取（一）

图 9-13　水的物性求取（二）

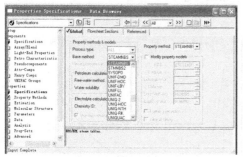

图 9-14　水的物性求取（三）

图 9-15　水的物性求取（四）

⑤ 完成上述关于运行模式、组分、物性计算方法的基本设置后，点击"Tools"菜单，在其不断展开的菜单中，见图 9-15，最后选择"Pure"项，系统弹出图 9-16 所示对话框。

⑥ 在图 9-16 所示对话框中，分别对物性类型（可选热力学、传递和全部）、具体物性（有多种，主要有密度、饱和压力、传热系数等）、单位、温度范围（这个最重要，因为许多物性是随温度改变而改变的）、压力（选择默认，即环境压力）、所计算物质进行选择，本次计算选择液体水的密度作为计算值，完成各种设置后，见图 9-17。

⑦ 点击图 9-17 所示对话框中的"Go"，系统自动对水的密度进行计算，并弹出水的密度随温度改变的图形即计算结果，见图 9-18。通过图 9-18，可以看到水的密度在 277K 附近有一个最大值，符合实际情况。

⑧ 如果要求取其他物性，只要返回图 9-17 所示对话框，选择其他物性参数，譬如选择比热容 C_p，其计算结果见图 9-19。

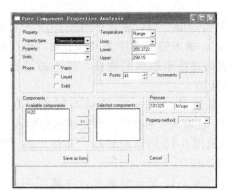

图 9-16　水的物性求取（五）

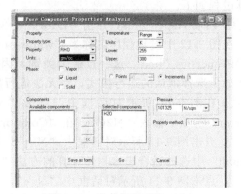

图 9-17　水的物性求取（六）

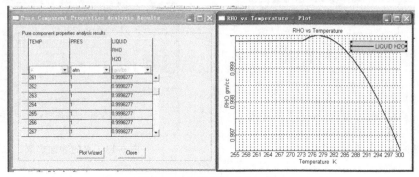

图 9-18　水的物性求取（七）

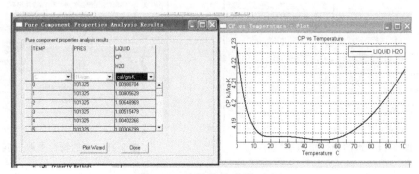

图 9-19　水的物性求取（八）

⑨ 如果想计算饱和蒸气压 p_L，这时系统将提示所选定的物性方法无法计算 p_L，这时可以通过改变物性方法来计算，如可以改成"WILSON"法，计算结果见图 9-20。由图9-20可知，在 100℃时水的饱和蒸气压为 1atm，表明计算方法合理。

如果还要继续计算水的其他物性，只要重复对图 9-17 所示的设置物性进行修改即可，提醒读者注意的是有些物性不一定能计算，有些需要用不同的物性方法计算，一般情况下系统会提示无法计算的原因。

【例 9-2】 四种卤代苯饱和蒸气压的计算。本次计算需要同时得到氟苯、氯苯、溴苯、碘苯在 300～400K 的饱和蒸气压，单位为 mmHg，具体计算过程如下。

① 启动 Aspen Plus，完成和例 9-1 中相仿的关于运行模式、物性（选用"WILSON"）、组分（分别输入"C6H5F、C6H5CL、C6H5BR、C6H5I"）设置工作。

② 点击"Tools"菜单，在其不断展开的菜单中，最后选择"Pure"项，系统弹出图 9-20 所示对话框，在图 9-20 所示对话框中，选择计算物性为"PL"，单位为"mmHg"，选中所有物质，温度范围为 300～400K，101 个计算点，点击"Go"，得图 9-21。观察 400K 时氯苯的饱和蒸气压，其数据为 660.1，用安东尼计算的结果为 665.1，两者相差 0.8％左右，数据可以应用。

③ 由于氟苯的饱和蒸气压明显大于其他三种物质，对其他三种物质的饱和蒸气压单独作图可得图 9-22。Aspen Plus 计算所得的物性数据可直接复制到 Excel 表格中进行二次处理。

图 9-20　卤代苯饱和蒸气压的计算（一）

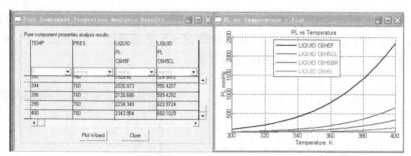

图 9-21　卤代苯饱和蒸气压的计算（二）

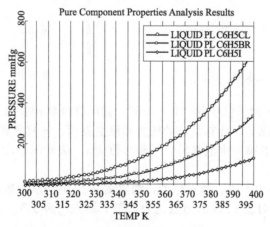

图 9-22　卤代苯饱和蒸气压的计算（三）

【例 9-3】　已知 LPG 的质量分数为乙烷 5％、丙烷 65％、正丁烷 10％、异丁烷 20％，用三种方法求取压力为 5×10^5 Pa 时该 LPG 的露点温度；压力为 15kgf/cm² 时该 LPG 的泡点温度。

第一种方法采用作图法，具体过程如下。

① 启动 Aspen Plus，完成和例 9-1 中相仿的关于运行模式、物性（选用"RK-SOAVE"）、组分（分别输入"C2H6、C3H8、C4H10-1、C4H10-2"）设置工作，结果见图 9-23。

② 点击"Data"菜单，在下拉式菜单中选择"Properties"，点击其中的"Analysis"，

在弹出的对话框中点击"New"，在弹出的对话框中默认 ID 为"PT-1"，类型选为"PTEN-VELOPE"，见图 9-24。

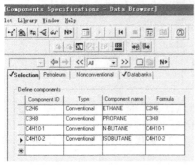

图 9-23 泡、露点求取（一）

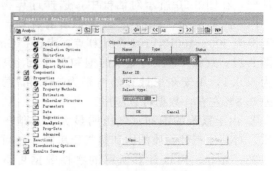

图 9-24 泡、露点求取（二）

③ 点击图 9-24 所示对话框中的"OK"，弹出图 9-25 所示对话框，输入组分的流量，分别为 5，65，10，20，就可以保证其质量分数如例 9-3 中的要求，点击图 9-25 中的"N→"，再在弹出的对话框中点击"OK"，系统完成计算。

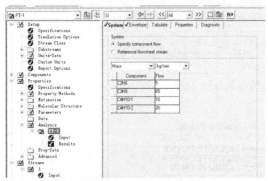

图 9-25 泡、露点求取（三）

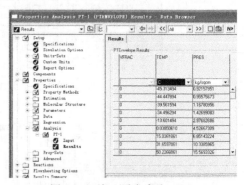

图 9-26 泡、露点求取（四）

④ 点击图 9-26 所示对话框中的"Results"，就可以得到计算结果，该计算结果以气相分数为 0 和为 1 两种情况下，计算组分的压力和温度表示，气相分数为 0，表示的温度为泡点温度，表示系统即将有第一个泡冒出；气相分数为 1，表示的温度为露点温度，表示系统即将有第一个液滴出现。

⑤ 为了求取具体压力的泡、露点温度，需将图 9-26 中所示的数据作图，见图 9-27，可见在压力为 $15kgf/cm^2$ 时该 LPG 的泡点约为 43℃，露点约为 55℃，更为精确的数据建议通过流程求取。

第二种方法采用换热器法，通过设置入口组分的流量，并对出口的压力加以控制，就可以精确计算出所需压力的泡点和露点，具体过程如下。

① 启动 Aspen Plus，默认运行模式（flowsheet）、物性（选用"RK-SOAVE"）、组分（分别输入"C2H6、C3H8、C4H10-1、C4H10-2"）设置工作。

② 在屏幕下方的单元模块区，点击"Heat Exchangers"模块，选择"Heater"中的第二个图标，将其拖放到流程区中，见图 9-28。

③ 点击图 9-28 所示左下方的物流区，选择"Materials"，流程区中将出现两个红色的箭头，用鼠标点击并拉动，完成加热器的连接，见图 9-29。

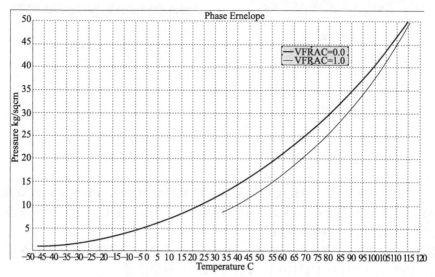

图 9-27　泡、露点求取（五）

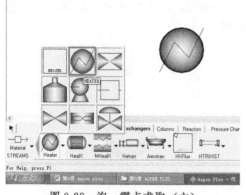

图 9-28　泡、露点求取（六）

图 9-29　泡、露点求取（七）

④ 点击"N→"，点击"确定"，系统弹出图 9-30 所示对话框，输入压力为 15（最关键），组分流量选质量流量，具体数据见图 9-30，温度可随意输入。

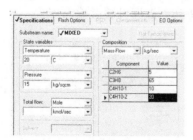

图 9-30　泡、露点求取（八）

图 9-31　泡、露点求取（九）

⑤ 点击"N→"，系统弹出图 9-31 所示对话框，气相分数为 0，压力为 0，表明没有压降，即加热器出口的压力为入口规定的压力，该计算的结果为泡点温度。再点击"N→"，点击"确定"，系统完成计算。通过查看 B1 的计算结果，精确的泡点温度为 43.4℃，如果气相分数选为 1，可得露点温度为 55.7℃，见图 9-32、图 9-33。

图 9-32 泡、露点求取（十）

图 9-33 泡、露点求取（十一）

第三种方法为闪蒸器法，该法设定闪蒸器入口的组分与所求组分相同，入口温度为任意给定，一般为常温；压力为所求压力，如本题中 5×10^5 Pa。主要通过对闪蒸器参数的设定来求取泡点和露点温度，具体步骤如下。

① 启动 Aspen Plus，默认运行模式（flowsheet）、物性（选用"RK-SOAVE"）、组分（分别输入"C2H6、C3H8、C4H10-1、C4H10-2"）设置工作。

② 在屏幕下方的单元模块区，点击"Separators"模块，选择"Flash2"中的右边最后一个图标，将其拖放到流程区中，见图 9-34。

③ 点击图 9-34 所示左下方的物流区，选择"Materials"，流程区中将出现两个红色的箭头，用鼠标点击并拉动，完成闪蒸器的连接，见图 9-35。

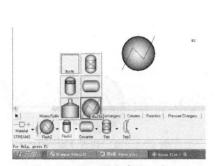

图 9-34 泡、露点求取（十二）

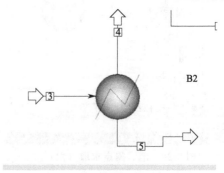

图 9-35 泡、露点求取（十三）

④ 点击"N→"，点击"确定"，系统弹出图 9-36 所示对话框，输入压力为 5×10^5 Pa（最关键），组分流量选质量流量，具体数据见图 9-36，温度可随意输入。

图 9-36 泡、露点求取（十四）

图 9-37 泡、露点求取（十五）

⑤ 点击"N→"，系统弹出图 9-37 所示对话框，气相分数为 1，压力为 0，表明没有压

降，即闪蒸器出口的压力为入口规定的压力，该计算的结果为露点温度。再点击"N→"，点击"确定"，系统完成计算。通过查看 B5 的计算结果，精确的露点温度为 15.2℃，如果气相分数选为 0，可得泡点温度为－0.61℃。见图 9-38、图 9-39。

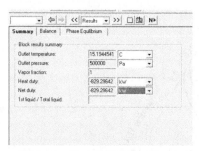 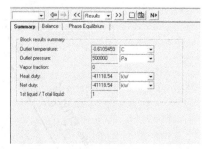

图 9-38 泡、露点求取（十六）　　　　　　图 9-39 泡、露点求取（十七）

【例 9-4】 乙醇-水-乙酸乙酯三元相图的绘制。

① 启动 Aspen Plus，完成关于运行模式、物性方法（选用"WILSON"）、组分（分别输入"C2H6O、H2O、C4H8O2"）等设置工作，在组分输入中有同分异构体需选择本题的结构，结果见图 9-40。

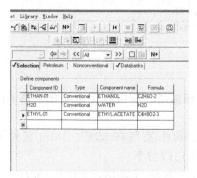 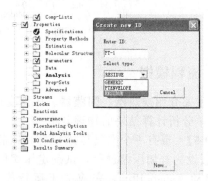

图 9-40 三元相图绘制（一）　　　　　　图 9-41 三元相图绘制（二）

② 点击"Data"菜单，在下拉式菜单中选择"Properties"，点击其中的"Analysis"，在弹出的对话框中点击"New"，在弹出的对话框中默认 ID 为"PT-1"，类型选为"RESI-DUE"，见图 9-41。

③ 点击图 9-41 所示对话框中的"OK"，弹出图 9-42 所示对话框，选择组分 1 为乙醇，组分 2 为水，组分 3 为乙酸乙酯，设定压力为 1atm，点击图 9-42 所示对话框中的"N→"，再在弹出的对话框中点击"OK"，系统完成计算。

图 9-42 三元相图绘制（三）　　　　　　图 9-43 三元相图绘制（四）

④ 完成计算后，通过查看 PT-1 的"Results"，可获得图 9-43 的数据，利用"Plot"绘图，可得三元相图见图 9-44。

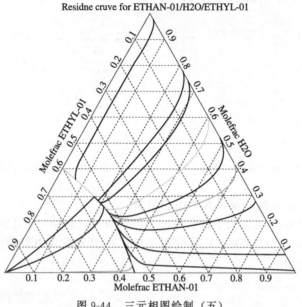

图 9-44　三元相图绘制（五）

9.3.2　流程模拟

本节主要介绍换热器、闪蒸器、压力变送器、精馏塔、反应器等主要化工单元的模拟计算，并简单分析计算结果的物理意义。

【例 9-5】　现有一个空气压缩任务，需将 100kmol/h 空气在 25℃、1atm 条件下压缩至 10atm，假设为等熵压缩过程，试确定压缩机理论消耗的功率。

① 启动 Aspen Plus，完成关于运行模式、物性方法（选用"RK-SOAVE"）、组分（分别输入"O2、N2"）等设置工作。

② 在屏幕下方的单元模块区，点击"Pressure Changers"模块，选择"Compr"左边最后一个图标，将其拖放到流程区中，并连接好输入输出物流，见图 9-45。

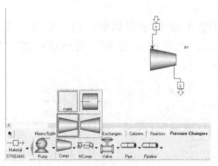

图 9-45　压缩过程模拟（一）

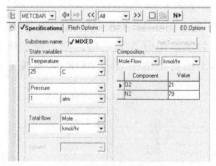

图 9-46　压缩过程模拟（二）

③ 对物流 1 作出如图 9-46 所示的设置，点击"N→"，系统弹出图 9-47 所示对话框，对模块 B1 的参数进行设定，压缩过程为 Isentropic，排放压力为 10atm，再点击"N→"，点击"确定"，系统完成计算。通过查看 B1 的计算结果，可知需要压缩功率为 310.999kW，

出口温度高达 398.7℃，见图 9-48。

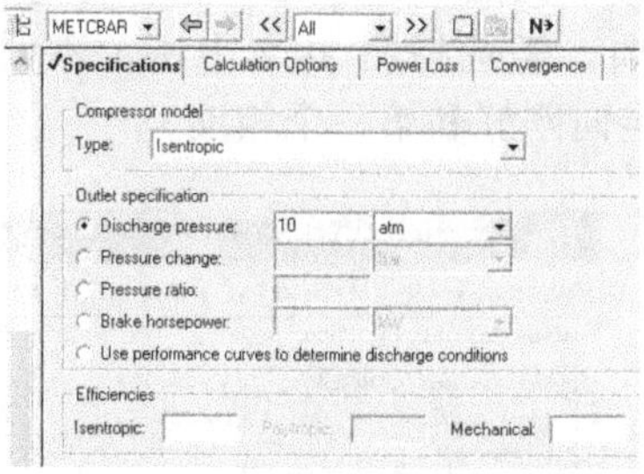

图 9-47　压缩过程模拟（三）

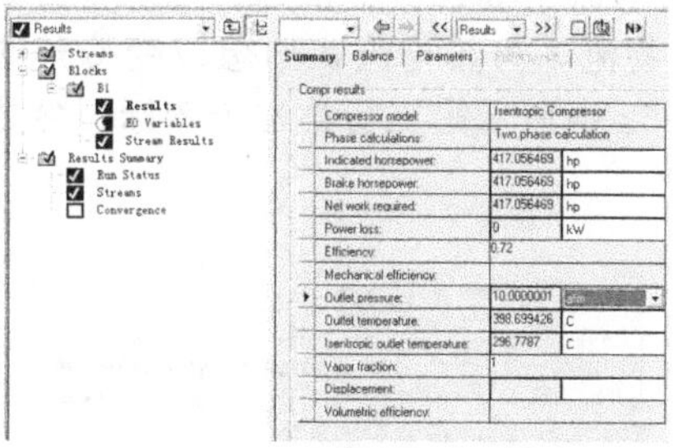

图 9-48　压缩过程模拟（四）

④ 实际工作时，就要考虑减少压缩比，增设冷却装置以减低出口温度，如压缩比为 1∶3，只需将出口压力改为 3atm 即可，由图 9-49 可知需要压缩功率为 123.4kW，出口温度为 176.2℃。如将此空气再按 3∶10 压缩至最后状态，需要压缩功率为 206.6kW，见图 9-50，分级压缩的总功率超过单独压缩，但如果能将分级压缩中第一级出口的空气冷却至 40℃（需维持压力不变）再进入二级压缩，这时二级压缩所需的功率为 144.5kW，见图 9-51。两者之和为 267.9kW，低于单级压缩的 310.999kW。

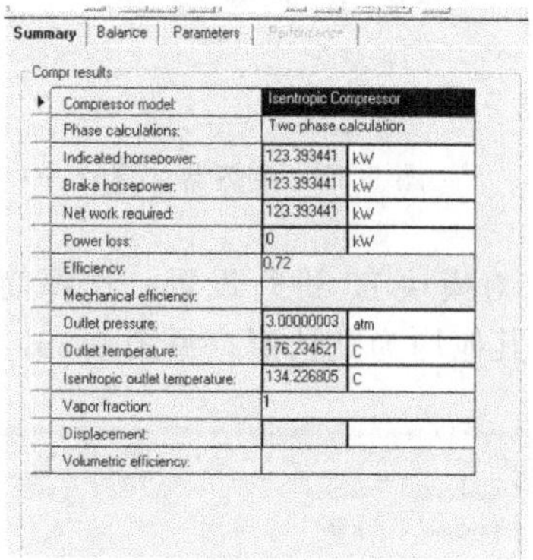

图 9-49　压缩过程模拟（五）

图 9-50　压缩过程模拟（六）

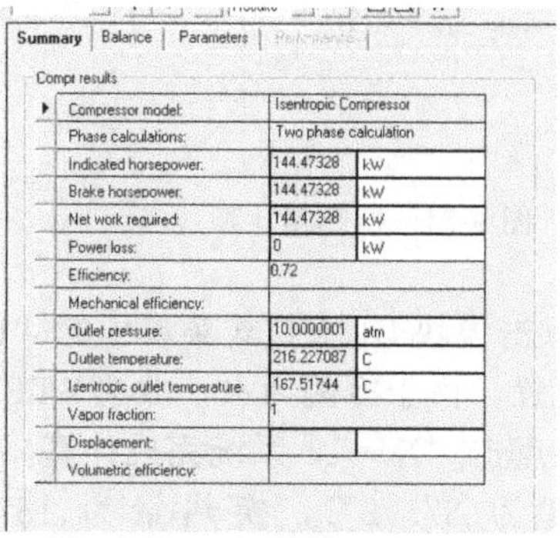

图 9-51　压缩过程模拟（七）

提醒：Aspen Plus 软件只提供了一个模拟计算的平台，进一步的优化分析需要用户的专业知识支撑。用户的专业知识越丰富，Aspen Plus 软件所发挥的作用越大。

【例 9-6】　现有一换热任务，需将流量为 1000kg/h，温度为 150℃，压力为 4atm 的己烷冷却至 40℃，已知冷却水的入口温度为 20℃，流量为 2000kg/h，压力为 3atm，求换热器的面积及冷却水出口温度。

① 启动 Aspen Plus，默认运行模式（flowsheet）、物性（选用"RK-SOAVE"）、组分（分别输入"H2O、C6H4"）设置工作。

② 在屏幕下方的单元模块区，点击"Heat Exchangers"模块，选择"HeatX"第二行第一个图标，将其拖放到流程区中，点击左下方的物流区，选择"Materials"，流程区中将

出现四个红色的箭头，用鼠标点击并拉动，完成换热器的连接，见图 9-52。

③ 对物流 1 和物流 3 根据已知条件分别进行设置，见图 9-53、图 9-54。注意物流 1 为冷物流，物流 3 为热物流，如想改变冷热物流的走向，需选择图 9-52 中所示不同的图标，如选图 9-52 中所示第二行第二个图标，冷热物流的走向刚好和第一个相反。

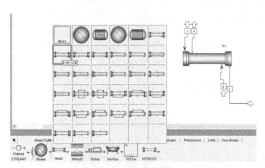

图 9-52 换热器计算（一）

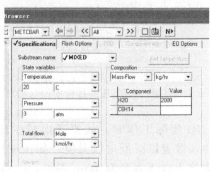

图 9-53 换热器计算（二）

④ 对模块 B1 进行设置，选择简捷计算方法，逆流流动，控制目标为热流体出口温度 40℃，其他均为默认值，见图 9-55。

图 9-54 换热器计算（三）

图 9-55 换热器计算（四）

⑤ 点击模块 B1 下拉式菜单中的 "Block Options"，在弹出的对话框中对冷侧的物性进行重新设置，由于冷侧为水，故选 STEAM-TA 为物性计算方法，见图 9-56。完成全部设置工作后，点击 "N→"，系统完成计算。查看模块 B1 下的 "Thermal Results"，可得冷却水出口温度为 87.92℃，换热量为 157.65kW，换热面积为 2.159m^2，总传热系数为 1477.09W/(m^2 · K)，具体计算结果见图 9-57、图 9-58。

图 9-56 换热器计算（五）

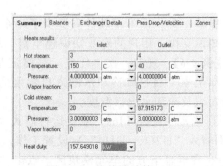

图 9-57 换热器计算（六）

图 9-58　换热器计算（七）

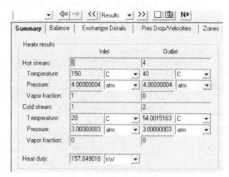

图 9-59　换热器计算（八）

⑥ 分析计算结果可知在目前计算模式下，冷却水出口温度不可控。如想改变冷却水出口温度，可以考虑改变冷却水流量；而冷却水流量的改变，会引起换热面积的改变。如将冷却水流量提高至 4000kg/h，出口温度为 54.00℃，换热量仍为 157.65kW，换热面积为 1.495m²，总传热系数为 1675.897W/(m²·K)，见图 9-59。

提醒：本例中对不同物流选用不同的物性计算方法，并不是在所有的模拟过程中适用，但对某些精馏塔和反应器适用，关于换热器的优化问题即最经济换热器面积的求取将在优化一节中详细介绍。

【例 9-7】　本次任务是对甲醇-二甲醚-水三元混合物精馏塔的模拟计算（本案例采用 10.2 版本）。首先假设系统已进入 Aspen Plus 的主界面，具体过程如下。

① 在单元模块区选择 Columns，在它的下层菜单中选择 RadFrac，见图 9-60，在其弹出的精馏塔图示中选择第一行中的第三个图例，见图 9-61。

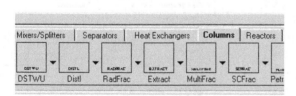

图 9-60　三元混合物精馏计算（一）

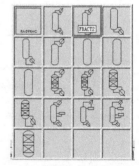

图 9-61　三元混合物精馏计算（二）

② 将鼠标移到流程区，并单击，在流程区出现一个塔，将鼠标移到物流、能流区，单击，将在塔上出现需要连接的物流（用红色表示），鼠标移到红色标记前后，通过拖动连接上进出单元的物流，见图 9-62。如果输入了多余的物流，这时需要将鼠标在左下角的箭头处点击一下，然后利用鼠标选中多余的物流，按常规的方法删除，该软件中许多有关删除、复制等功能和常规软件有相同之处，读者可以大胆使用。

③ 当连接单元物流上的红色标记消失后，表明单元流程已建立，单击"N→"，系统弹出

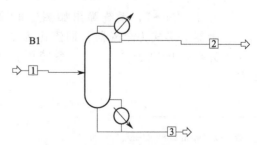

图 9-62　三元混合物精馏计算（三）

如图 9-63 所示的对话框，在"Title"中输入模拟流程名称，在"Units of measurement"选择输入、输出数据的单位制，一般选择米制。

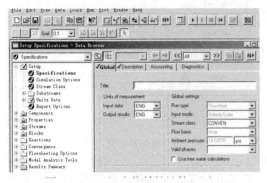

图 9-63　三元混合物精馏计算（四）

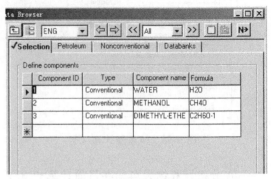

图 9-64　三元混合物精馏计算（五）

④ 单击"N→"，系统弹出如图 9-64 所示的模拟流程组分对话框，在"Component ID"下分别输入"1、2、3"，在对应的"Formula"下分别输入"H2O、CH4O、C2H6O"，对前两种物质，系统会自动辨识，系统会自己添上组分名称，而对于第三种物质，由于有多种可能，系统会弹出给你选择的对话框，选择二甲醚即可。

⑤ 单击"N→"，系统弹出如图 9-65 所示物流特性估算方法对话框，在对话框中选择"NRTL"方法（注意：在实际应用中，具体的物流特性估算方法应根据具体的情况，结合热力学知识进行选择，否则可能出现错误的计算结果）。

⑥ 单击"N→"，系统弹出如图 9-66 所示的输入物流基本情况对话框，主要有流量（8kmol/hr）、压力（8kg/sqcm❶）、温度（30℃）、摩尔分数（0.4，0.27，0.33）。

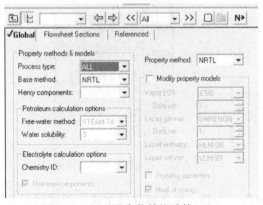

图 9-65　三元混合物精馏计算（六）

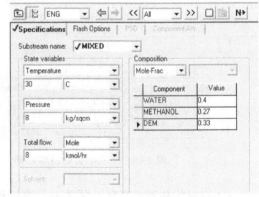

图 9-66　三元混合物精馏计算（七）

⑦ 单击"N→"，系统弹出如图 9-67 塔设备基本情况设置对话框，设置塔板数为 16，冷凝器的形式为全凝器，回流比为 2，塔顶引出物流量为 2.5lbmol/h❷，加料板为第 8 块塔板，再单击"N→"，系统弹出图 9-68 所示的塔压情况对话框，输入各种压力。

---

❶　8kg/sqcm 即 8kgf/cm²。
❷　1lbmol＝0.454kgmol。

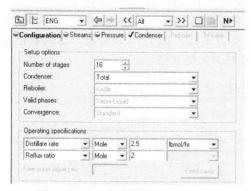

图 9-67 三元混合物精馏计算（八）

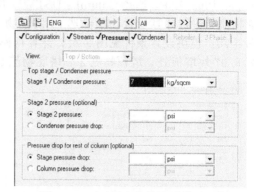

图 9-68 三元混合物精馏计算（九）

⑧ 点击"N→"，输入加料板位置及出料物流的气、液状态，完成所有的设置，输入区的红色标记消失，数据输入完毕，系统开始计算，计算完成后，可以点击"Results Summary"得到如图 9-69 所示的数据。

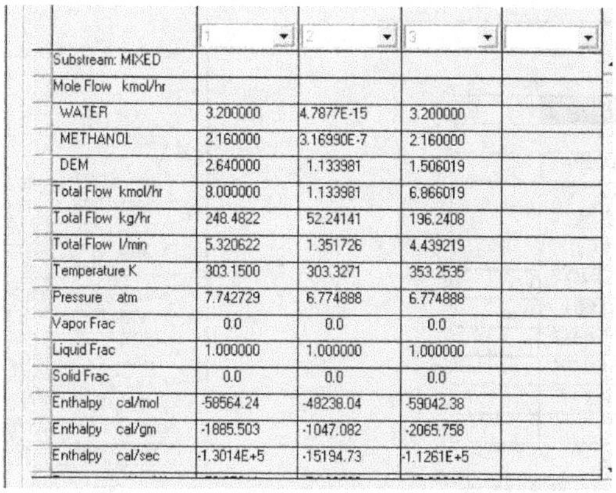

Substream: MIXED	1 ▼	2 ▼	3 ▼	▼
Mole Flow kmol/hr				
WATER	3.200000	4.7877E-15	3.200000	
METHANOL	2.160000	3.16990E-7	2.160000	
DEM	2.640000	1.133981	1.506019	
Total Flow kmol/hr	8.000000	1.133981	6.866019	
Total Flow kg/hr	248.4822	52.24141	196.2408	
Total Flow l/min	5.320622	1.351726	4.439219	
Temperature K	303.1500	303.3271	353.2535	
Pressure atm	7.742729	6.774888	6.774888	
Vapor Frac	0.0	0.0	0.0	
Liquid Frac	1.000000	1.000000	1.000000	
Solid Frac	0.0	0.0	0.0	
Enthalpy cal/mol	-58564.24	-48238.04	-59042.38	
Enthalpy cal/gm	-1885.503	-1047.082	-2065.758	
Enthalpy cal/sec	-1.3014E+5	-15194.73	-1.1261E+5	

图 9-69 三元混合物精馏计算（十）

【例 9-8】 苯-甲苯精馏过程模拟计算（本案例采用 10.2 版本）。

本次任务是设计常压下分离苯和甲苯溶液的连续精馏塔。已知入塔原料液温度为 293K，苯的摩尔分数为 0.44，回流比为 1.62，要求塔顶产品中苯的摩尔分数不低于 0.975，塔底中苯的摩尔分数不应高于 0.0235，试确定理论板数及加料位置。根据这些已知条件，在 Aspen Plus 无对应输入条件，需要将已知条件转化为塔顶苯和甲苯的回收率。现假设进料流量为 1000mol/s，塔顶产品流量为 x mol/s，塔底产品流量为 y mol/s，则根据条件有下面方程：

$$\begin{cases} x+y=1000 \\ x \times 0.975+y \times 0.0235=1000 \times 0.44 \end{cases} \tag{9-1}$$

求解方程(9-1) 得 $x=430.9$ mol/s，$y=569.1$ mol/s，则塔顶轻组分苯的回收率为

$$\frac{430.9 \times 0.975}{440}=0.9548$$

塔顶重组分甲苯的回收率为

$$\frac{430.9 \times 0.025}{560}=0.01924$$

根据这些已知条件，就可以利用 Aspen Plus 中的简捷蒸馏设计模块进行计算，打开

Aspen Plus 软件，选择 Columns-DSTWU-ICON1 简捷蒸馏设计模块，绘制好流程图，并添加物流后进行计算设置，单位选 SI 制，物性选用 RK-SOAVE，先输入物流已知条件，见图 9-70。模块设置条件见图 9-71，计算得模块结果见图 9-72，需 14.7 块塔板，加料板位置为 8.97 块塔板处，塔顶物流 2 和塔底物流 3 的计算结果见图 9-73。

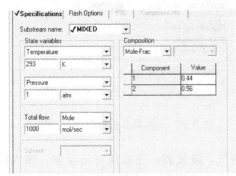

图 9-70　设计法输入物流设置

图 9-71　设计法输入模块参数设置

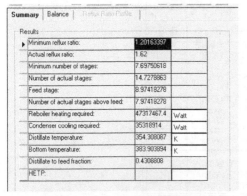

图 9-72　设计法塔结构参数输出

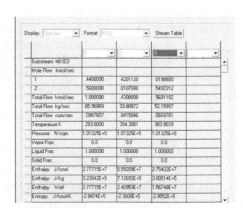

图 9-73　设计法物流结果输出

在简捷蒸馏设计计算的基础上，再进行简捷蒸馏核算，选择 Columns-Distl-ICON1 简捷蒸馏核算，物流、物性、单位设置和前面一致，模块输入不同，将图 9-72 中的计算结果作为已知条件输入，塔板数为 15，加料板为第 9 块塔板，具体见图 9-74。模块计算结果见图 9-75，塔顶物流 5 和塔底物流 6 的计算结果见图 9-76，核算计算结果基本和前面设计计算结果相符。如果需要更为精确的计算结果，则调用严格计算模块 Columns-RadFrac-ICON2，具体计算和例 9-7 相仿，不再重复。

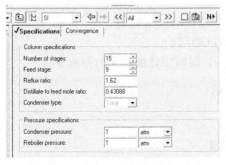

图 9-74　核算塔参数输入

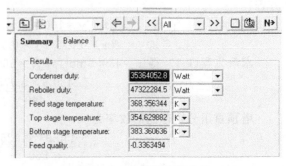

图 9-75　核算塔参数输出

图 9-76 核算物流参数输出

【**例 9-9**】 本次任务是苯与丙烯反应合成异丙苯的反应及分离过程模拟，其中包含三个单元，分别为反应、冷却、闪蒸分离。已知反应器入口温度为 84℃，压力为 2.5atm，反应过程压降为零，原料丙烯的转化率为 90%。反应产物需冷却到 44℃进入闪蒸分离器，冷却器压降为 0.01atm。闪蒸分离器压力为 1atm，热负荷为 0，试模拟计算反应温度、冷却负荷产品流量和组分。

① 启动软件后首先画出图 9-77 的反应工艺流程图。在单元模块区选择 Reactors，模型为 RSTOIC 拖放到流程区，再选 Heat Exchangers，模型为 HEATER 拖放到流程区，再选 Separators，模型为 FLASH2 拖放到流程区，将鼠标移到物流区，单击，将在反应器、冷却器、分离器上出现需要连接的物流，连接进出单元的物流，流程图画好见图 9-77。注意在两单元间连接物流时需先点击后面的红色箭头，再将其拖放到前面的红色或蓝色箭头处方可，切莫搞反了方向。

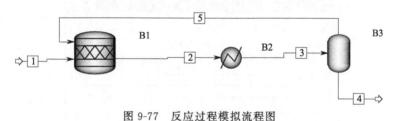

图 9-77 反应过程模拟流程图

② 单击 "N→"，完成标题及用户信息设置后，再单击 "N→"，系统进入模拟流程组分对话框（图 9-78），在 "Formula" 栏下对应输入 C6H6、C3H6-2、C9H12-2。或是在 Component name 栏下对应输入 BENZENE、PROPYLENE、ISOPROPYLBENZENE。

③ 单击左边的 Property 下的 Specification，弹出图 9-79 所示对话框，要求输入物流特性计算方法。在该对话框下选择 RK-SOAVE 方程。

④ 单击左边的 Streams 下的 Input，弹出对话框，要求输入物流基本情况，流量、温度、压力。温度 84℃，压力 2.5atm，流量 C6H6 为 30kmol/h，C3H6 为 30kmol/h，见图 9-80。

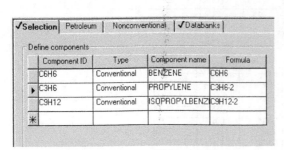

图 9-78　输入模拟流程组分

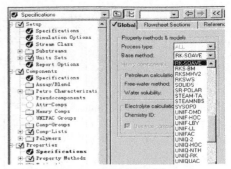

图 9-79　物流特性计算方法

⑤ 单击左边 Blocks，再单击 B1、B2、B3，弹出对话框，分别输入各单元设备基本情况，见图 9-81～图 9-84。先对 B1 进行设置，反应器热负荷输入 0，压力输入 0（表示反应器压降为零），详见图 9-81；点击图 9-81 中的 Reactions，点击 New，就可以进行 Edit Stoichiometry，输入反应方程式。对于反应物系数取负值，该反应 C6H6 为 −1，C3H6-2 为 −1。生成物系数取正值。C9H12-2 为 1，详见图 9-82。

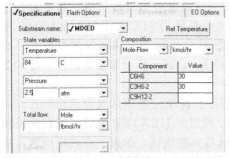

图 9-80　输入物流基本情况

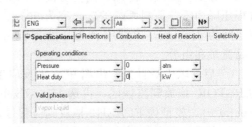

图 9-81　B1 反应器参数设置

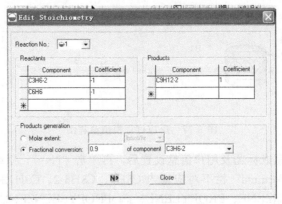

图 9-82　输入反应方程式

⑥ 对 B2 进行设置。输入温度 44℃，压力输入 −0.01atm（输入负值，表示压降为 0.01atm），见图 9-83。

⑦ 对 B3 进行设置，压力输入 1atm，热负荷输入 0，见图 9-84。

⑧ 所有参数输入完毕，运行所得模拟结果见图 9-85。计算结果反应器温度为 695.9K，

冷却器负荷为－1132kW，产品流量为 31.852kmol/h。

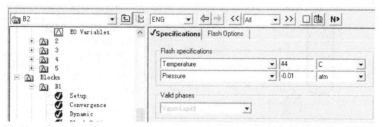

图 9-83　B2 冷却器参数设置

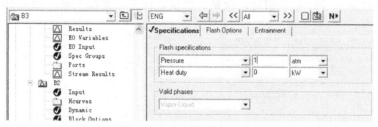

图 9-84　B3 闪蒸罐参数设置

Display: All streams ▼	Format: GEN_E ▼	Stream Table				
	1 ▼	2 ▼	3 ▼	4 ▼	5 ▼	▼
Temperature K	357.1	695.9	317.1	317.2	317.2	
Pressure atm	2.50	1.00	0.99	1.00	1.00	
Vapor Frac	0.892	1.000	0.040	0.000	1.000	
Mole Flow kmol/hr	60.000	33.173	33.173	31.852	1.321	
Mass Flow kg/hr	3605.828	3664.012	3664.012	3605.827	58.184	
Volume Flow l/min	10060.644	31371.901	652.296	72.359	565.941	
Enthalpy MMBtu/hr	2.984	3.011	-0.852	-0.879	0.027	
Mole Flow						
C6H6	30.000	1.875	1.875	1.852	0.023	
C3H6-2	30.000	3.128	3.128	1.852	1.276	
C9H12-2		28.170	28.170	28.148	0.022	

图 9-85　模拟计算结果

【例 9-10】　环已烷与甲苯分离任务。环已烷与甲苯的沸点相近，难以用简单的二元精馏分离，需引入苯酚作为萃取剂进行萃取蒸馏分离。已知进料 M1 为苯酚，温度为 84℃，压力为 20psi❶，流量为 600kmol/h，第 8 块塔板进料；进料 M2 为环已烷与甲苯，温度为 84℃，压力为 20psi，环已烷流量为 100kmol/h，甲苯流量为 100kmol/h，第 16 块塔板进料，总塔板数为 26 块，塔顶压力为 16psi，塔底压力为 20.2psi，回流比为 8，塔顶馏出物流量为 100kmol/h。试计算塔顶环已烷回收率。

① 萃取塔选用 Columns-RadFrac-FRACT1 模型，该模型适用于精馏、吸收、萃取、共沸物蒸馏及反应蒸馏。选定模型后拖至流程图，将鼠标移到物流区，单击，将在塔上出现需要连接的物流，连接进出单元的物流并定义各物流名称，见图 9-86。

② 在物流计算方法设置中采用 UNIFAC 算法，在组分对话框中，分别输入苯酚、环已烷及甲苯，见图 9-87。

---

❶　1psi＝6894.76Pa，下同。

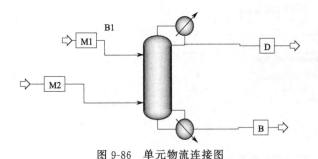

图 9-86　单元物流连接图

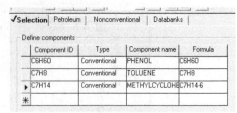

图 9-87　基本组分输入图

③ 输入物流 M1、M2 基本情况，流量、温度、压力，见图 9-88、图 9-89。

图 9-88　输入物流 M1 基本情况

图 9-89　输入物流 M2 基本情况

④ 输入塔板数及塔其他操作参数，见图 9-90～图 9-92。注意在压力设置时需对 "View" 进行选项，选择其第二项 "Pressure profile"，按图 9-92 所示填入数据。

图 9-90　塔基本参数设置

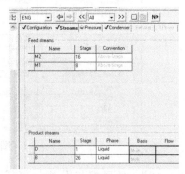

图 9-91　进料位置设置

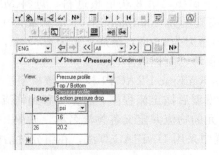

图 9-92　塔压力参数设置

⑤ 参数输入完毕，运行结果见图 9-93，塔顶环己烷回收率达 98.155%，见图 9-93 中的

D 列数据。

	B	D	M1	M2	
Substream: MIXED					
Mole Flow kmol/hr	B				
C6H6O	599.9269	.0730818	600.0000	0.0	
C7H8	98.22819	1.771809	0.0	100.0000	
C7H14	1.844891	98.15511	0.0	100.0000	
Total Flow kmol/hr	700.0000	100.0000	600.0000	200.0000	
Total Flow kg/hr	65692.89	9807.803	56467.82	19032.87	
Total Flow l/min	1204.069	234.4870	915.5544	418.9472	
Temperature K	436.4322	376.9334	357.1500	357.1500	
Pressure atm	1.374528	1.088735	1.360919	1.360919	
Vapor Frac	0.0	0.0	0.0	0.0	
Liquid Frac	1.000000	1.000000	1.000000	1.000000	
Solid Frac	0.0	0.0	0.0	0.0	
Enthalpy cal/mol	-24805.48	-40709.93	-34257.81	-18636.63	
Enthalpy cal/gm	-264.3184	-415.0769	-364.0071	-195.8363	
Enthalpy cal/sec	-4.8233E+6	-1.1308E+6	-5.7096E+6	-1.0354E+6	
Entropy cal/mol-K	-64.43567	-155.5306	-74.79571	-115.9587	

图 9-93　模拟计算结果

9.3.3　灵敏度分析

灵敏度分析是 Aspen Plus 软件的一个重要功能，如果没有此功能，将大大影响此软件功能的发挥。通过灵敏度分析，用户只需进行一次设置工作，Aspen Plus 软件就会完成在不同条件下的模拟计算，用户通过对这些计算结果的分析，确定各种工况的优缺点，找到最佳的工作条件。灵敏度分析的两个关键问题是操纵变量和被控变量的确定。所谓被控变量就是用户需要分析的结果变量，如塔顶某组分的摩尔分数，必须是模拟计算的输出变量；而操纵变量就是引起被控变量改变的变量，相当于函数中的自变量，必须是模拟计算中的输入变量，如进料温度。

【例 9-11】　石油产析品精馏过程模拟及灵敏度分析。现有庚烷、辛烷混合物，流量为 2kmol/s，温度为 323K，压力为 9atm，庚烷的摩尔分数为 50%，拟用精馏塔进行分离，塔板数为 70 块，加料板位置为第 35 块塔板，回流比（摩尔计）为 2，全塔压力为 3atm，精馏速率为 0.95kmol/s，试计算该塔的分离效果，并分析加料板位置及回流比对塔顶和塔底产物庚烷及辛烷摩尔分数的影响。

图 9-94　灵敏度分析物流设置

图 9-95　灵敏度分析塔板设置

打开 Aspen Plus 软件，如图 9-94 及图 9-95 所示设置物流参数和塔参数及其他常规参数后可进行模拟计算，得到塔顶和塔底各种物流的参数，如表 9-9 所示。

表 9-9　石油产品精馏过程模拟结果

特性说明	加料物流	塔顶物流	塔底物流
Substream：MIXED			
Mole Flow/(kmol/s)			
C7H16	1	0.94111382	0.05888618
C8H18	1	0.00888618	0.99111382
Total Flow/(kmol/s)	2	0.95	1.05
Total Flow/(kg/s)	214.43496	95.3184835	119.116477
Total Flow/(cum/s)	0.31868089	0.16709635	0.20956926
Temperature/K	323.15	413.747131	441.180068
Pressure/(N/m²)	911925	303975	303975
Vapor Frac	0	0	0
Liquid Frac	1	1	1
Solid Frac	0	0	0
Enthalpy/(J/kmol)	−231462437	−195863578	−208186305
Enthalpy/(J/kg)	−2158812.5	−1952091.5	−1835141.8
Enthalpy/Watt	−462924873	−186070399	−218595621
Entropy/[J/(kmol·K)]	−783849.46	−676177.4	−742041.61
Entropy/[J/(kg·K)]	−7310.8365	−6739.1812	−6541.0237
Density/(kmol/m³)	6.27587056	5.68534253	5.01027678
Density/(kg/m³)	672.883026	570.44024	568.387159
Average/MW	107.21748	100.335246	113.444263
Liq Vol 60F/(m³/s)	0.308026	0.13883122	0.16919478

　　现要分析加料板位置及回流比对塔顶和塔底产物中庚烷及辛烷摩尔分数的影响，需在常规模拟设置的基础上，点击 Model Analysis Tools（见图 9-96），在下拉菜单中点击 Sensitivity，系统弹出图 9-97 所示对话框中，点击 "New"，系统按先后次序自动创建 "S-1"、"S-2" 等单元，点击 "OK"，再点击 "New"，系统弹出图 9-98 所示对话框，依次输入 HE-TOP、OCTOB、HETOB、OCTOP 作为塔顶、塔底中庚烷及辛烷摩尔分数变量，系统弹出图 9-99 对话框，具体设置参数见该图，完成四个被控变量设置后，具体名称对应情况见图 9-100。

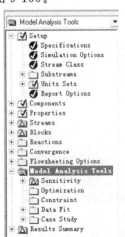

图 9-96　模型分析工具设置

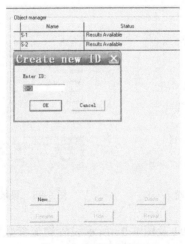

图 9-97　创建分析单元

图 9-98　创建分析变量

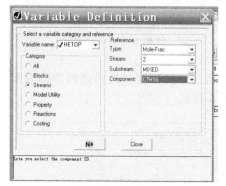

图 9-99　被控变量设置（一）

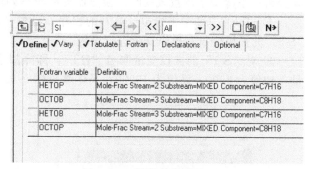

图 9-100　被控变量设置（二）

在此基础上，点击下一步，设置进料塔板位置、回流比作为操纵变量即自变量，注意只能将输入变量作为自变量，不能将输出变量作为自变量，具体自变量设置见图 9-101、图 9-102。其中 MOLE-RR 表示摩尔回流比，本例中要求从 1.3 变化到 3.6 共 24 个计算点，然后点击下一步或"Tabulate"，将原设置的四被控变量作为列表输出，见图 9-103。

图 9-101　操纵变量设置（一）

图 9-102　操纵变量设置（二）

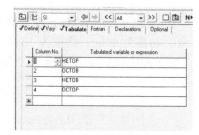

图 9-103　操纵变量设置（三）

最后可以通过"POLT"菜单将进料塔板位置、回流比对塔顶和塔底组分的影响绘制成图，进料塔板位置对组分的影响数据如图 9-104 所示。也可将该数据直接复制、粘贴到Origin 就可以方便地绘制图形，见图 9-105。尽管 Aspen Plus 软件允许同时指定多个操纵变量，但实际应用时还是单变量分析为好，因为同时指定多个变量时有可能引起模拟结果错误。

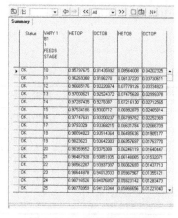

图 9-104　计算结果数据

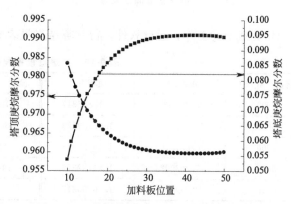

图 9-105　数据外置到 Origin 后绘制的图形

【例 9-12】 换热器冷却水流量与换热器面积关系灵敏度分析。原始条件见例 9-6，现在来分析一下冷却水流量改变时，换热器的面积是如何改变的，具体过程如下。

① 打开例 9-6 中已模拟计算好的程序，设置"S-1"、"S-2"分析单元，分别对"S-1"、"S-2"的被控变量和操纵变量进行设置。

② 对"S-1"的被控变量取名"HT"，即冷却水出口温度，操纵变量选择进料冷却水流量，初值为 2000，终值为 10000，具体参见图 9-106、图 9-107。

图 9-106　被控变量温度设置

图 9-107　操纵变量流量设置

③ 对"S-2"的被控变量取名"HA"，即换热器计算面积，操纵变量选择进料冷却水流量，初值为 2000，终值为 10000，具体参见图 9-108、图 9-109。注意被控变量面积需选取"AREA-CALC"，不要选取"AREA"。

图 9-108　被控变量面积设置

图 9-109　被控变量面积列表

④ 完成上述工作，运行软件，得计算结果见表 9-10。

表 9-10　换热器模拟灵敏度分析

流量/(kg/h)	温度/℃	面积/m²	流量/(kg/h)	温度/℃	面积/m²
2000	87.915173	2.15893317	7000	39.4303819	1.3278519
3000	65.3224695	1.66139223	8000	37.001029	1.30375959
4000	54.0015163	1.49533314	9000	35.1114897	1.28565815
5000	47.2030928	1.41182372	10000	33.5998612	1.2715594
6000	42.669301	1.36150317			

9.3.4 设计规定

Aspen Plus 软件的设计规定功能大大方便了设计型问题的计算，避免了通过灵敏度分析中的数据二次处理，它允许用户直接规定 Aspen Plus 模拟计算中某些输出变量的值，如在例 9-12 中，如果用户要求冷却水出口温度为 90℃，同时热物流的出口温度仍为 40℃，这时冷却水出口温度就只能作为设计规定，否则就会出现给定值多于输入变量。其他在精馏塔、闪蒸器中均可以通过设计规定达到用户所需的结果。

【例 9-13】 换热器冷却水流量出口温度设计规定。原始条件见例 9-6，现要求在原来换热任务不变的前提下，增加一个设计条件，即冷却水出口温度为 90℃，求此时冷却水流量和换热器的面积，具体过程如下。

① 打开例 9-6 中已模拟计算好的程序（无论是灵敏度分析还是设计规定或是下面介绍的优化分析，均需先按普通的模拟方法先进行基本设置工作，可对某些变量先输入一个初值），点击 Flowsheeting Options，在下拉菜单中点击 Design Spec，系统弹出图 9-110 对话框，点击 "New"，系统自动创建 "DS-1"，点击 "OK"，再点击 "New"，在系统弹出的图 9-111 所示对话框，输入 OUTT，点击 "OK"。

图 9-110　设计分析单元设置

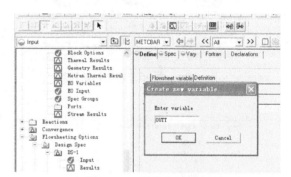

图 9-111　设计变量取名

② 对 DS-1 的 Define、Spec、Vary 进行设置，选择物流 2 的温度为设计变量，物流 1 的流量为操纵变量进行设置，具体见图 9-112～图 9-114。

图 9-112　设计变量选择

图 9-113　设计变量目标值

图 9-114　操纵变量设置

③ 完成上述工作，运行软件，得计算结果冷却水流量为 1940.18kg/h，换热器面积为 2.2228m²，此数据和灵敏度分析中的第一行数据较为接近。

【例 9-14】 苯-甲苯精馏分离任务中回流比确定。已知进料温度为 40℃，压力为 2atm，苯摩尔分数为 0.5，总流量为 200kmol/h，第 9 块塔板进料，总塔板数为 30；塔顶蒸出液流量为 100kmol/h，压力为 1.2atm，要求塔顶蒸出液中的苯摩尔分率达到 0.98，塔底出料压力为 2.2atm，试确定回流比为多少时，可满足塔顶苯摩尔分数达到 0.98 的设计规定。

① 精馏塔选用 Columns-RadFrac-FRACT2 模型，将所有已知条件输入，并取回流比初值为 1，进行模拟计算，得到图 9-115 所示计算结果。由图可知此时塔顶物流 D 中苯的摩尔分数尚未达到设计规定。

② 在①的基础上，点击 Flowsheeting Options，在下拉菜单中点击 Design Spec，按例 9-13 的步骤创建"DS-1"，并取设计规定变量名为"TDBEN"。

③ 对 DS-1 的 Define、Spec、Vary 进行设置，选择物流 D 中的苯摩尔分数为设计变量，目标值为 0.98，精度为 0.001，模块变量摩尔回流比为操纵变量进行设置，具体见图 9-116～图 9-118。

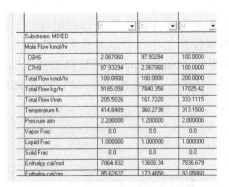

图 9-115　苯-甲苯精馏初始计算

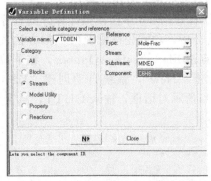

图 9-116　苯-甲苯精馏设计变量确定

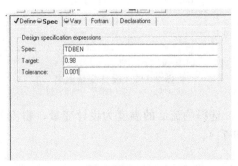

图 9-117　苯-甲苯精馏设计目标值

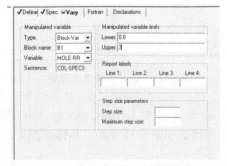

图 9-118　苯-甲苯精馏设计操纵变量

④ 完成上述工作，运行软件，得计算结果见图 9-119、图 9-120，所需回流比为 1.4962，摩尔分数为 0.9793，符合精度要求。

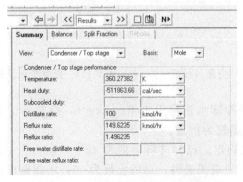

图 9-119　苯-甲苯精馏设计计算回流比

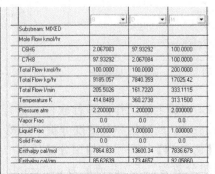

图 9-120　苯-甲苯精馏设计计算物流

9.3.5 优化分析

Aspen Plus 软件的优化分析功能允许用户构建一定的目标函数，通过设置操纵变量及设计规定来搜索满足设计规定的前提下，使用户规定的目标函数达到最大或最小，但该类计算过程常常碰到无法收敛的情况。建议有些优化问题通过灵敏度分析来处理。

【例 9-15】 苯-甲苯分离优化。本优化问题是在例 9-14 的基础上，确定在塔顶苯的摩尔分数为 0.98 的前提下，使目标函数为 "0.001×塔板数＋摩尔回流比" 为最小的操作条件。计算过程如下。

① 在例 9-14 的基础上，点击 Model Analysis Tools，在下拉菜单中点击 Optimization，在系统弹出的对话框中，点击 "New"，系统自动创建 "O-1"，再点击 "OK"，再点击 "New"，在系统弹出的图 9-121 所示对话框，输入 "MR"，点击 "OK"，对 "MR" 进行设置，见图 9-122。

② 再点击 "New"，在系统弹出对话框中输入 "TN"，点击 "OK"，对 "TN" 进行设置，见图 9-123。

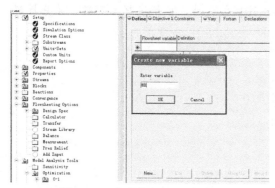

图 9-121　定义第一个目标变量

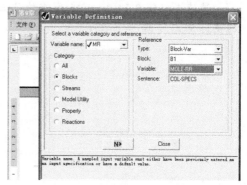

图 9-122　设置第一个目标变量

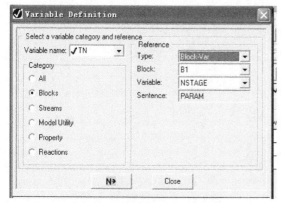

图 9-123　设置第二个目标变量

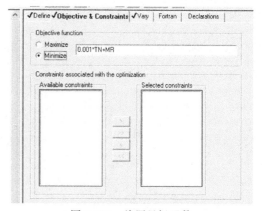

图 9-124　编写目标函数

③ 完成目标变量的定义和设置后，编写目标函数，注意目标函数的编写需符合计算机编程要求，见图 9-124。

④ 点击 "Vary"，设置塔板数操纵变量，见图 9-125。

⑤ 运行计算得图 9-126，可知最优塔板数为 27 块，回流比为 1.5149。

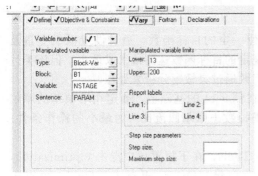

图 9-125 设置操纵变量

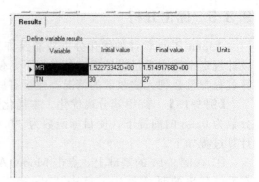

图 9-126 优化计算结果

习　题

请读者将例 9-1～例 9-15 所有的已知条件作±10％的变动，重新演算各例题，并分析解的实际意义。

下篇

化工应用软件开发

第10章
AutoCAD二次开发化工
制图软件

10.1 AutoCAD 二次开发概述

10.1.1 二次开发的目的及必要性

AutoCAD 软件作为 CAD 工业的旗帜产品以其强大的功能得到广大用户的青睐。它具有精确的坐标系，能够完成各种图形的精确绘制、任意缩放和修改，支持数字化仪的精确输入。尽管如此，由于 AutoCAD 是作为一个通用的绘图软件而设计开发的，但各行各业都有自己的行业和专业标准，许多单位也有自己的技术规格和企业标准，化工行业也不例外，有着大量的各种图纸设计标准，因而，AutoCAD 不可能完全满足每一用户的具体应用要求。但是，通过 AutoCAD 开放的体系结构，AutoCAD 允许用户和开发者在几乎所有方面对其进行扩充和修改，同时可以利用多种开发语言，开发可以自动完成某一绘制任务的软件，可大大提高绘制速度，改善工作效率。以上工作可称之为 AutoCAD 的二次开发技术。也就说 AutoCAD 二次开发技术主要包括两个方面，一方面是对它的功能进行扩充和修改，如修改或增加菜单、进行各种定制工作；另一方面是利用开发工具，编写能够完成特殊任务的自动绘制软件，如通过人机交互界面输入必要的数据后，系统就自动完成某一化工零件或设备的绘制。在化工图样绘制中，需要的也是有关这一方面的开发软件，它能最大限度地满足用户的特殊需要，通过调用各种已经开发好的专用零件图绘制软件，加快绘制速度，提高工作效率。尤其重要的是，可以将大量的计算工作交给计算机去完成。这样，不仅提高了绘图速度，同时也提高了绘制精度，避免了人为的计算错误。

目前很多的化工技术人员对 AutoCAD 的使用一般还仅限于它自身的各种绘图功能，使用鼠标手工绘制各种图件，对其强大的二次开发功能还没有进行深入使用。如果能使用 AutoCAD 的二次开发技术开发出一套软件，让 AutoCAD 自动绘制我们目前使用的各种图件，就可以大大提高作图的效率，发挥出 AutoCAD 强大的图形编辑、修改功能，对图件中的各种元素进行任意修改，满足各种不同的图件格式和绘图标准。由此可见，对于一个化工技术人员来说，学会自己开发 AutoCAD 二次应用软件，显得十分必要。因为这将大大减少化工技术人具体的绘制工作，而将主要精力集中到设备的设计中去，加快化工技术的开发速度。

目前，随着化工工业的进一步向前发展，各种新的机械设备被人们设计和制造。而这些设备的工程图都是很大的工程。比如一个完整的热交换器图纸，就需要一个专人 1～2 天的工夫才能完成。利用 AutoCAD 的二次开发技术，就可以编出对热交换器的图进行批处理的程序，只需通过简单的人机会话，计算机就能自动绘制出图纸，这也是化工技术人员学习掌握 AutoCAD 二次开发技术的目的之所在。随着化工工业的日新月异，对设备图纸绘制的速度要求也将越来越快，利用 AutoCAD 二次开发技术开发而成的软件直接绘制各种设备的技术将在化工中的得到更加广泛的应用，其开发技术必将伴着化工工业一起发展。同时，随着 3D 打印技术的发展，利用 AutoCAD 二次开发技术可直接生成用于 3D 打印的化工设备文件，这将给化工工业的发展带来颠覆性的革命。

10.1.2 二次开发几种主要语言简介

AutoCAD 为我们提供了完整的、高性能的、面向对象的 CAD 程序开发环境，为用户和开发者提供了多种新的选择，使得对 AutoCAD 进行二次开发和定制变得轻松而容易。通过下面几种开发工具的介绍，帮助大家在二次开发时根据自己所掌握的基本语言，选择适合自己的开发工具，可提高工效，达到事半功倍的目的。

（1）AutoLISP

LISP 是在 1960 年由美国麻省理工学院的 JohoMcCarth 设计实现的，它是一种计算机的表处理的语言，主要应用于人工智能领域，至今仍在广泛使用。

AutoLISP 语言是 AutoCAD 所支持的一种内嵌式语言，它由美国 Autodesk 公司开发，其目的是使用户十分方便地利用 AutoLISP 编程语言对 AutoCAD 进行二次开发，它采用了与 LISP 语言中的 Common LISP 接近的语法和习惯约定，同时又针对 AutoCAD 增加了许多新的功能，使用户可以直接调用几乎全部的 AutoCAD 命令，因此它既具有一般高级语言的基本结构和功能，又具有 AutoCAD 强大的图形处理能力，是目前计算机辅助设计和绘图中较广泛采用的语言之一。用户可借助于 AutoLISP 的编程语言将 AutoCAD 软件改装成能满足特殊需要的专业绘图设计软件，尤其在化学化工领域，可开发成各种专门用途的化学化工设计软件，有关 AutoLISP 基本语言我们将在 10.2 节里加以详细介绍。

（2）Visual LISP

Visual LISP（简称 VLISP）是为加速 AutoLISP 程序开发而设计的强有力的工具。它提供了一个完整的集成开发环境（包括编译器、调试器及其他工具，它可以显著地提高自定义 AutoCAD 的效率）。Visual LISP 提供的主要工具具有：文本编辑器、格式编排器、语法检查器、源代码调试器、检验和监视工具、文件编译器、工程管理系统/快捷相关帮助与自动匹配功能和智能化控制台等。

Visual LISP 克服了 AutoLISP 一直以来开发中所存在的诸多不便和某些局限性。例如，AutoLISP 必须用其他系统的文本编辑器来录入和编辑源代码；在 AutoLISP 中，当使用一个文本编辑器编写程序时，想要查找和检查圆括号、AutoLISP 函数或变量是较为困难的；调试是另一个重要的问题，因为如果没有调试工具，将很难发现程序在干什么及引起程序中错误的原因，为此通常不得不在程序中增加一些语句以在程序的不同运行状态中检查变量的值，当程序最终完成后，再删除这些附加的语句；括号是否成对以及代码的语法也是传统的 AutoLISP 编程中经常引起错误的地方。在 Visual LISP 的集成环境下，以上诸多问题都得到了圆满的解决。利用 Visual LISP 可以便捷、高效地开发 AutoLISP 程序，可以得到运行效率更高、代码更为紧凑、源代码受到保护的应用程序。

从语言方面看，Visual LISP 对 AutoLISP 语言进行了扩展，可以通过 Microsoft ActiveX Automation 接口与对象交互。同时，通过实现事件反应器函数，还扩展了 AutoLISP 响应事件的能力。Visual LISP 已经被完整地集成到 AutoCAD 中，它为开发者提供了崭新的、增强的集成开发环境，一改过去在 AutoCAD 中内嵌 AutuoLISP 运行引擎的机制，这样开发者可以直接使用 AutoCAD 中的对象和反应器，进行更底层的开发。其特点为自身是 AutoCAD 中默认的代码编辑工具；用它开发 AutoLISP 程序的时间被大大地缩短，原始代码能被保密，以防盗版和被更改；能帮助大家使用 ActiveX 对象及其事件；使用了流行的有色代码编辑器和完善的调试工具，使大家很容易创建和分析 LISP 程序的运行情况。在 Visual LISP 中新增了一些函数：如基于 AutoLISP 的 ActiveX/COM 自动化操作接口；用于执行基于 AutoCAD 内部事件的 LISP 程序的对象反应器；能够对操作系统文件进行操作的函数。关于 Visual LISP 的启动、编辑及调试将在 10.3 节里加以介绍。

（3）VBA

VBA（Visual Basic for Application）最早是建立在 Office 97 中的标准宏语言，由于它在开发方面的易用性且功能强大，许多软件开发商都将其嵌入自己的应用程序中，作为一种开发工具提供给用户使用。而 AutoCAD VBA 就是集成在 AutoCAD 中的 Visual Basic 开发环境，与 VB 的主要区别是 VBA 在与 AutoCAD 相同的进程空间中运行，提供了与 AutoCAD 关联的快捷的编程环境，程序设计直观快捷。它还提供了与其他可使用 VBA 的应用程序集成的能力，可以作为其他应用程序如 Word 或 Excel 的自动化控制器。可以看出，VBA 是其中编程比较快捷方便的一种，对于非计算机专业更多熟悉 VB 编程语言的人来说，可以很快就掌握它。

AutoCAD VBA 工程与 Visual Basic 工程在二进制结构上是不兼容的。然而，其中的窗体、模块和类可以通过在 VBA IDE 环境中使用输入和输出 VBA 命令来在工程之间进行转换。VBA 用的是 ActiveX 接口。AutoCAD ActiveX 使用户能够从 AutoCAD 的内部或外部以编程方式来操作 AutoCAD，它是通过将 AutoCAD 对象显示到"外部世界"来做到这一点的。一旦这些对象被显示，许多不同的编程语言和环境以及其他应用程序（例如 Microsoft® Word VBA 或 Excel VBA）就可以访问它们。

（4）ADS

ADS 的全名是 AutoCAD Development System，它是 AutoCAD 的 C 语言开发系统。ADS 本质上是一组可以用 C 语言编写 AutoCAD 应用程序的头文件和目标库，它直接利用用户熟悉的各种流行的 C 语言编译器，将应用程序编译成可执行的文件在 AutoCAD 环境下运行，这种可在 AutoCAD 环境中直接运行的可执行文件叫做 ADS 应用程序。ADS 由于其速度快，又采用结构化的编程体系，因而很适合于高强度的数据处理，如二次开发的机械设计 CAD、工程分析 CAD、建筑结构 CAD、土木工程 CAD、化学工程 CAD、电气工程 CAD 等。

（5）ObjectARX

ObjectARX 是一种崭新的开发 AutoCAD 应用程序的工具，它以 C++为编程语言，采用先进的面向对象的编程原理，提供可与 AutoCAD 直接交互的开发环境，能使用户方便快捷地开发出高效简洁的 Auto CAD 应用程序。ObjectARX 并没有包含在 AutoCAD 中，可在 AutoDESK公司网站中下载，其最新版本是 ObjectARX for AutoCAD 2018，它能够对 AutoCAD 的所有事务进行完整的、先进的、面向对象的设计与开发，并且开发的应用程序速度更快、集成度更高、稳定性更强。ObjectARX 从本质上讲，是一种特定的 C++编程环境，它包括一组动态链接库（DLL），这些库与 AutoCAD 在同一地址空间运行并能直接利用 AutoCAD 核心数据结构和代码，库中包含一组通用工具，使得二次开发者可以充分利用 AutoCAD 的开放结构，直接访问 AutoCAD 数据库结构、图形系统以及 CAD 几何造型核心，以便能在运行期间实时扩展 AutoCAD 的功能，创建能全面享受 AutoCAD 固有命令的新命令。ObjectARX 的核心是两组关键的 API，即 AcDb（AutoCAD 数据库）和 AcEd（AutoCAD 编译器），另外还有其他的一些重要库组件，如 AcRX（AutoCAD 实时扩展）、AcGi（AutoCAD 图形接口）、AcGe（AutoCAD 几何库）、ADSRX（AutoCAD 开发系统实时扩展）。ObjectARX 还可以按需要加载应用程序；使用 ObjectARX 进行应用开发还可以在同一水平上与 Windows 系统集成，并与其他 Windows 应用程序实现交互操作。

（6）ActiveX Automation

ActiveX 技术来源于 OLE（Object Linking and Embedding）技术。OLE 最初是对象链接与嵌入，后来发展成为复合文档技术，包括文字、图片、声音、动画和视频等媒体可以共同存在于一个文档中。它们可以由不同的应用程序产生，同时也可以在该文档中编辑。如果应用程序支持 OLE 文档，则在不同应用程序之间的切换由 OLE 自动完成。OLE 技术和其他技术共同作用，从而实现不同应用程序之间的无缝链接。

自动化技术（Automation）允许一个应用程序驱动另外一个程序。驱动程序被称为自动化客户，另一个为自动化服务器。自动化技术后来发展成为 ActiveX Automation。

1996 年 3 月 Microsoft 公司提出了 ActiveX。ActiveX 是指宽松定义的、基于 COM 的技术集合，而 OLE 仍然仅指复合文档。当然，最重要的核心还是 COM。ActiveX 与 OLE 都是基于构件对象模型（COM）的。COM 是一种客户/服务器方式的对象模型，这种模型使得各构件与应用程序之间能以一种统一的方式进行交互。OLE 利用 COM 提供了一种基于对象的、可定制和可扩展的服务，用于解决不同系统之间的交互操作问题。OLE 自动化技术扩充和发展为 ActiveX Automation，它适用于 OLE 对象与 ActiveX 对象。

ActiveX Automation 由客户程序和服务器程序组成，客户程序是操纵者与控制者，服务器程序是被控制者，它包含了一系列的暴露对象。只要服务器程序提供一定的接口就可以使任何对象实现自动化。对象包含了一些外部接口，它们被称为方法与属性。方法是自动化对象的一些函数，它们是提供给客户程序的外部公共成员函数。属性是一个对象的一些命名特征，即对象的一些公有数据域。

通过利用 ActiveX Automation 技术，我们可以方便地利用应用编程软件如 Visual Basic 来操控 AutoCAD，从而将 Visual Basic 和 AutoCAD 结合起来，一方面利用 Visual Basic 窗体设置的方便性及编程计算的简单性，另一方面利用 AutoCAD 内部的强大的绘图功能，可快速而方便地开发出化工制图应用软件。然而，该技术从原理上来看比较简单，但在实际应用中也会碰到诸如版本不配套等问题。

（7）Visual Java

Java 是最早由 Sun 公司创建的一种颇具魅力的程序设计语言，它是针对嵌入系统而设计的。像许多开发语言一样，Java 是一组实时库的集合，可为软件开发者提供多种工具来创建软件，管理用户接口，进行网络通信、发布应用程序等。对 AutoCAD 用户和开发者而言，Java 代表着新一代的编程语言，它主要用于开发出全新的优秀产品。

10.1.3 AutoCAD 二次开发的思路及步骤

AutoCAD 二次软件的开发和其他软件的开发一样，均需遵循一定的规律。一般来说，一个完善的 AutoCAD 二次软件开发过程可以分成以下 4 个阶段的内容，它们分别是系统规划、系统开发、系统运行与维护、系统更新。而系统规划又可以分成 3 个方面的内容，它们分别是战略规划、需求分析、资源分配。在这个阶段，我们的主要任务是确定所需要开发软件的目的、使用对象、使用者的要求，开发者目前的能力及拥有的资源。其实，开发者的能力也是一种资源，只不过这是一种软资源罢了。通过该阶段的工作，开发者应该把软件开发的内容、界面形式、所使用开发平台等基本要素确定下来。由于所开发的是 AutoCAD 二次软件，所以，开发的操作系统一般首选 Windows 系统，开发平台可根据开发者自己的实际情况及开发界面的形式，选择前面所介绍的几种 AutoCAD 二次开发工具。例如，开发者对 Visual Basic 比较熟悉，则可以选择 VBA 或 ActiveX Automation 作为开发工具。

软件开发的第二阶段是系统开发，它包括系统分析、系统设计、系统实施。这时的主要任务是在第一阶段已经做好的工作基础上，提出所开发软件的逻辑方案，确定系统开发中每一步的内容和任务，在此基础上，再进行系统总体结构设计，提出系统总体布局的方案。至此，软件开发工作还停留在逻辑开发状态，尚未进入具体的编码工作。

软件开发完成第二阶段的系统设计后，就进入了实质性的编码工作，也就是说进入了系统的实施阶段，这时要完成各种编码工作，完善系统各个接口之间的联络，改善界面的友好程度，对整个软件进行组装及调试，最后完成交付使用前的各项工作。如该保密的部分需要进行封装；可以公开的部分需要做好友善的人机界面。

软件开发的第三阶段是运行和维护阶段，一般对于规模较小的软件，对这方面的考虑就比较少。比如我们自己经常开发一些小软件来解决一些实际问题，就较少考虑以后的维护，一般只要满足目前的应用就可以了。但对于一个完善的软件来说，就需要考虑实际运行过程中出现的各种情况，并有解决方案及维护方法。这样，就会使得一个看上去较小的软件也变得复杂起来，但这种复杂为使用和维护带来了方便，提高了软件对付外来情况的能力，提高软件的使用寿命，实际上是节约了软件使用成本。

任何一个软件总有它更新的时候，此时就进入了软件开发的第 4 阶段，即系统更新阶段，在新的情况下，对原有的系统进行更新开发。

10.2 AutoLISP 语言基础

AutoLISP 属解释型语言，用户编写的程序源代码直接由解释器解释并执行。而在编译型语言中，源代码首先要编译为一种中间格式（目标文件），然后再与所需库文件连接，生成机器码的可执行文件。AutoCAD 本身就是用编译型语言写成的。

解释型语言的主要优点是在执行这种语言编写的程序之前不需要中间步骤，用户可以交互、独立于其他部分地试验或验证程序段或程序语句，而不需像编译型语言那样，每当试验程序时，要全部地编译、连接整个程序。

AutoLISP 语言的另一个优点是可移植性。AutoLISP 程序可以在运行于多种支持平台（如 Windows、DOS、UNIX、Macintosh 等）上的 AutoCAD 中执行，与 CPU 或操作系统无关，也基本上与 AutoCAD 的版本无关。AutoLISP 程序除平台和操作系统独立外，它的设计还考虑了向后的兼容性，这样，为任一版本 AutoCAD 编写的 AutoLISP 程序一般不加修改就可以在以后版本的 AutoCAD 中运行。

AutoLISP 与主流编程语言相比存在较大的差别，这一点在学习该语言之前必须引起高度重视，否则，常常会犯一些低级的错误。其主要差别如变量没有明确的类型，无需预先声明变量，变量的类型在赋值时动态确定；没有数组、联合、结构及记录，所有复杂的数据集均由表来表示和处理；没有语句、关键词以及运算符，是函数定位的语言，其所有运算都由函数调用完成。

表是 AutoLISP 中一个重要的概念，所谓表是指在一对相匹配的左、右圆括号之间元素的有序集合。表中的每一项称为表的元素，表中的元素可以是整数、实数、字符串、符号，也可以是另一个表。元素和元素之间要用空格隔开，元素和括号之间可以不用空格隔开。例如用（2 5）表示二维点，其中 2 和 5 分别代表 x、y 坐标的两个实数；用（3 4 5）的形式表示三维点，其中 3、4 和 5 分别代表 x、y、z 坐标的三个实数。所构成的表（xyz）的形式表示。上面所举例的两个表称为引用表，引用表的第一个元素不是函数，常用作数据处理，它相当于其他高级语言中的数组。而表的另外一种形式是标准表，如（+ 2 3），该表的第一个元素必须是系统内部函数或用户定义的函数，表中的其他元素为该函数的参数。如上表中共有 3 个元素，第一个元素为"+"，是系统的内部函数，表示进行加法运算；后面的两个元素 2 和 3 是加法运算的参数，表示 2 加上 3，返回结果值为 5。又如（setq b 8.8），它也是一个标准表，表中有三个元素，第一个元素 setq 为一函数名，是赋值函数，表示将表中第三个元素的值赋给第二个元素；第二个元素 b 为一变量，第三个元素 8.8，为一实数，该表相当于高级语言中"$b = 8.8$"这个语句功能。

表中的元素有多有少，表的大小就用表中的元素个数来表达，而表中元素个数就是表的长度，用来度量表的大小。需要说明的是，这里所说的表的元素个数是指表中顶层元素的个数。而所谓顶层元素也就是将表中从外往里的首层元素，一般称为 0 层，又叫顶层，例如表：(B (C D) (1 2 4) (+ 2 3))，该表的顶层元素共有 4 个，即该表的长度为 4；4 个顶层元素分别为 A、(C D)、(1 2 3)、(+ 2 3)，而后面的 3 个元素都由表组成，它们里面的元素称为 1 层的元素，如 C、D、1、2、3 等，但不能将其个数计入表的长度之中，表的长度仅为顶层元素的个数。为了便于计算机记忆存储，表中的每一个元素都有一个序号，第一个元素的序号为 0 号，依次类推，第 n 个元素的序号为 $n-1$ 号。空表是没有任何元素的表，用（）或 nil 表示，在 AutoLISP 中，nil 是一个特殊的符号原子，它既是表又是原子。

10.2.1 基本运算

（1）加法

格式：（+ ＜数＞ ＜数＞…）

功能：求出所列数的总和，可以是正数或负数。

【例 10-1】 （+ 90 30）　　　　　结果为 120。

　　　　　（+ 10 − 10 50）　　　　结果为 50。

　　　　　（+ − 28 − 22 90）　　　结果为 40。

（2）减法

格式：（− ＜数＞ ＜数＞…）

功能：求出第一个数逐次减去后面数的差。

【例 10-2】 （− 110 20 50）　　　　结果为 40。

　　　　　（− 25 − 10）　　　　　结果为 35。

　　　　　（− 15 − 10 30）　　　　结果为 −5。

（3）乘法

格式：（* ＜数＞ ＜数＞…）

功能：求出所列数的乘积。

【例10-3】　（＊20 30）　　　　　　结果为600。

（＊1.5－10 2）　　　　结果为－30。

（＊2.5 20－4）　　　　结果为－80。

（4）除法

格式：（/ ＜数＞　＜数＞…）

功能：求出第一个数逐次除以后面数的商。

【例10-4】　（/　8）　　　　　　　结果为8。

（/　110　2）　　　　　结果为55。

（/　5　60）　　　　　由于表中的两个元素均为整型数，结果也为整型数，因此结果为0。

（/　4.0　40）　　　　结果为0.1。

（/　40　（/7 10））　　系统显示被0除，原因在于表（/　7　10）的值为0。

（5）自然数求幂

格式：（exp　＜数＞）

功能：求 e 的＜数＞次幂值，e＝2.71828。

【例10-5】　（exp 2.0）　　　　　结果为7.3890561。

（exp 0）　　　　　　结果为1。

（6）普通数求幂

格式：（expt＜底数＞　＜幂＞）

功能：求＜底数＞的＜幂＞次方值。

【例10-6】　（expt 4 3）　　　　结果为64。

（expt 3 2）　　　　结果为9。

（expt 2 4）　　　　结果为16。

（7）求自然对数

格式：（log＜数＞）

功能：求＜数＞的自然对数，要求＜数＞必须大于零。

【例10-7】　（log 10.0）　　　　返回2.3025851。

（log 9）　　　　　　返回2.19722。

（log 12）　　　　　返回2.48491。

（8）求平方根

格式：（sqrt＜数＞）

功能：求＜数＞的平方根，要求＜数＞必须大于零。

【例10-8】　（sqrt 4.0）　　　　返回2.0。

（sqrt 12）　　　　　返回3.4641。

（sqrt 15.0）　　　　返回3.87298。

（9）求绝对值

格式：（abs＜数＞）

功能：求＜数＞的绝对值。

【例10-9】　（abs－3）　　　　　结果为3。

（abs 5）　　　　　　结果为5。

（abs－6.7）　　　　结果为6.7。

（10）求最大值

格式：（max＜数1＞＜数2＞…）

功能：求<数1>，<数2>……的最大值。

【例10-10】 （max 2 3 4 10）   结果为10。

　　　　　　（max 5 2 3.6 6.9）   结果为6.9。

　　　　　　（max-2 3 4-10）   结果为4。

（11）求最小值

格式：（min<数1><数2>…）

功能：求<数1>，<数2>……的最大值。

【例10-11】 （min 1 3 4 10）   结果为1。

　　　　　　（min 5 1.1 3.6 6.9）   结果为1.1。

　　　　　　（min-2 3 4-10）   结果为-10。

（12）求余数

格式：（rem<数1><数2>…）

功能：求<数1>整除<数2>的余数，若参数多于两个，则将<数1>整除<数2>后的余数再整除<数3>，求出余数，依此类推。

【例10-12】 （rem 50 9 4）   返回1。

　　　　　　（rem 55 7 5 3）   返回1。

　　　　　　（rem103 12 8 4）   返回3。

（13）综合运算

格式：（运算符1（运算符2<数1>）（运算符3　<数2>　<数2>）　<数4>…）

功能：利用括号达到各种数据混合运算的目的，要求先进行括号内的运算，数据和括号嵌套可增加。

【例10-13】 （+（/100 10）（-20 8（sqrt 4）））   返回20.0。

　　　　　　（*（/100 10）（max 20 8（sqrt 4））5）   返回1000.0。

　　　　　　（*（/100 10）（max 20 8（log 4））5（-65（sin（/pi 2）））） 返回64000.0。

10.2.2 基本函数

（1）正弦函数 sin

格式：（sin<角度>），其中<角度>用弧度表示。

功能：求<角度>正弦值。

【例10-14】 （sin　（/pi 2））   结果为1。

（2）余弦函数 cos

格式：（cos<角度>），其中<角度>用弧度表示。

功能：求<角度>余弦值。

【例10-15】 （cos　（/pi 2））   结果为0。

（3）反正切函数 atan

格式：（atan<数>）

功能：求<数>反正切值，单位为弧度，为 $[-\pi/2，\pi/2]$。

【例10-16】 （atan　1）   结果为0.785398，即（/4）。

　　　　　　（atan　-1）   结果为-0.785398，即（-π/4）。

　　　　　　（atan　0）   结果为0。

　　　　　　（atan　100000000000）   结果为1.5708，接近 π/2。

（4）取整函数 fix

格式：（fix<数>）

功能：求<数>的整数部分，相当于高级语言中的"INT（数）"这个语句。

【例 10-17】　(fix　8.6)　　　　　　　结果为 8。

　　　　　　　(fix　－8.6)　　　　　　结果为－8。

　　　　　　　(fix　19)　　　　　　　结果为 19。

（5）实型化函数 float

格式：(float<数>)

功能：求<数>转化为实型数，不考虑该数原来的类型。

【例 10-18】　(float 18)　　　　　　　结果为 18.0。

　　　　　　　(float 18.3)　　　　　　结果为 18.3。

　　　　　　　(float －28.3)　　　　　结果为－28.3。

（6）赋值函数 setq

格式：(setq　<变量1>　<表达式1>　[<变量2>　<表达式2>]…)

功能：将表达式的值赋给变量，变量和表达式需成对出现。

【例 10-19】　(setq a 18)　　　　　　结果 a＝18。

　　　　　　　(setq s　"it")　　　　　结果 s＝"it"。

　　　　　　　(setq b 123　c 10　d 48)结果 b＝123　c＝10　d＝48。

　　　　　　　(setq t　(＋　35　45))　结果 t＝80。

　　　　　　　(setq　P1　'(34 45))　　结果是 P1 点 x 轴的坐标为 34，y 轴的坐标为 45，其中在表（34　45）前面加了单引号"'"号，是为了禁止对表（34 45）的求值，需要注意的是所有的单引号和双引号必须在英文状态下输入，否则就会出现错误。如果不用"'"，也可以用 quote 表示，例如用下面的小程序就可以绘制一条从（130，140）到（200，400）的直线。

```
(setq p1 '(130 140))          //确定点 P1 的坐标
(setq p2 '(200 400))          //确定点 P2 的坐标
(command"line" p1 p2 "")      //绘制从 P1 点到 P2 点的直线
```

该函数是 AutoLISP 程序中应用程度较高的一个函数，希望读者引起注意。

（7）取表中第一元素 car 函数

格式：(car<表>)，表必须为引用表而非标准表，但可以是简单表，也可以是嵌套表。

功能：提取<表>的顶层第一个元素。

【例 10-20】　(car'(1 8 5))　　　　　结果为 1。

　　　　　　　(car'((1 8)6 5))　　　　结果为（1 8）。

（8）取表中除第一元素外其他元素的 CDR 函数

格式：(cdr<表>)，表必须为引用表而非标准表，但可以是简单表，也可以是嵌套表。

功能：提取<表>的除顶层第一个元素外的其他元素。

【例 10-21】　(cdr'(1 8 5))　　　　　结果为（8 5）。

　　　　　　　(cdr'((1 3) 7 5))　　　结果为（7 5）。

（9）car 和 cdr 的组合函数

car 和 cdr 可以任意组合，其组合深度可达 4 层，其执行顺序从右到左依此执行，若搞错次序，其结果必然出错。4 个层次的组合形式为：car、cxxr、cxxxr，cxxxxr，其中 x 既可以是 a 也可以是 d，例如：

```
(cadr '(2(1 2 3)34))          结果为(1 2 3)。
(caadr '(2((11 6)2 3)34))      结果为(11 6)。
(caaadr '(2((11 6)2 3)34))     结果为 11。
(caaddr '(2((11 6)2 3)(3 4)))  结果 3。
```

（10）last 函数

格式：(last<表>)，表必须为引用表而非标准表，但可以是简单表，也可以是嵌套表。

功能：提取<表>的顶层中最后一个元素。

【例 10-22】　(last '(1 2 3))　　　　结果为 3。
　　　　　　　(last '(12 3(4 5)))　　结果为（4 5）。

（11）nth 函数

格式：(nth<序号><表>)，表必须为引用表而非标准表，但可以是简单表，也可以是嵌套表。

功能：提取<表>中第<序号>个元素，注意第一个元素的序号为 0 号，依次类推。

【例 10-23】　(nth 2 '(2 3 (4 5) 5))　结果为（4 5）。
　　　　　　　(nth3 '(2 3 (4 5) 5))　结果为 5。

（12）list 函数

格式：(list<表达式 1><表达式 2>……)

功能：将所有的<表达式>按原位置构成新表，可用于确定点的坐标位置。

【例 10-24】　(list 2 3 '(5 6))　　　　结果为（2 3(5 6))。
　　　　　　　(list 2 3)　　　　　　　结果为（2 3)。

下面是一个利用 list 确定点的位置，绘制圆的小程序：

```
(setq p1(list 222 33))
(setq p2(list 200 300))
(command "circle" p2 160)
(command "circle" p1 160)
```

（13）atof 函数

格式：(atof　<数字串>)

功能：将<数字串>转换成实型数，返回实型数。

【例 10-25】　(atof　"23")　　　　　　返回结果为 23.0。

（14）rtos 函数

格式：(rtos　<数字>　<模式数>　<精度>)

功能：将<数字>转换成按模式数及精度要求的字符串。模式数为 1~5，1 代表科学计数，2 代表十进制，3 代表工程计数即整数英尺和十进制英寸，4 代表建筑计数格式即整数英尺和分数英寸，5 代表分数单位格式。

【例 10-26】　(rtos 12.5 1 3)　　　　返回"1.250E＋01"
　　　　　　　(rtos 12.5 2 3)　　　　返回"12.5"
　　　　　　　(rtos 12.5 3 3)　　　　返回"1'－0.5\""
　　　　　　　(rtos 12.5 4 3)　　　　返回"1'－0 1/2\""
　　　　　　　(rtos 12.5 5 3)　　　　返回"12 1/2"

（15）ascii 函数

格式：(ascii　<字符串>)

功能：将<字符串>中第一个字符转换成 ASCII 码，并返回该值。

【例 10-27】 （ascii "b c"）   返回结果为 98。

            （ascii "a"）   返回结果为 97。

            （ascii "c"）   返回结果为 99。

            （ascii "+"）   返回结果为 43。

            （ascii "y"）   返回结果为 121。

            （ascii "*"）   返回结果为 42。

（16）chr 函数

格式：（chr   <整数>）

功能：将 ASCII 码为<整数>的转换成相应字符，并返回该字符。

【例 10-28】 （chr 69）   返回结果为"E"。

            （chr 80）   返回结果为"P"。

            （chr 42）   返回结果为"*"。

（17）itoa 函数

格式：（itoa   <整数>）

功能：将<整数>转换成整数字符串。

【例 10-29】 （itoa 5）   返回结果为"5"。

            （itoa 6）   返回结果为"6"。

            （itoa 7）   返回结果为"7"。

（18）atoi 函数

格式：（atoi   <数字串>）

功能：将<数字串>转换成整数，返回值截去小数部分。

【例 10-30】 （atoi "45.4"）   返回结果为 45。

            （atoi "-5.6"）   返回结果为 -5。

            （atoi "7"）   返回结果为 7。

            （atoi "34.6ac"）   返回结果为 34。

            （atoi "df43"）   返回结果为 0。

说明：当数字串中有非数字字符时，则转换到第一个非数字原子时终止。

（19）strcat 函数

格式：（strcat<字符串 1><字符串 2>……）

功能：将<字符串>按先后顺序头尾相连起来，组成一个新的字符串。

【例 10-31】 （strcat "bc" "etr" "ty"）   返回结果为"bcetrty"。

（20）substr 函数

格式：（substr   <字符串><起点>［<长度>］

功能：从<字符串>中提取一个子串，该子串从起点的字符位置开始，由连续<长度>个字符组成，若<长度>缺省，则到字符串结束。

【例 10-32】 （substr "b212c" 2 3）   返回结果为"212"。

            （substr "b2er12c" 2）   返回结果为"2er12c"。

（21）read 函数

格式：（read<字符串>）

功能：将<字符串>转化成表或原子，文件处理时经常使用。

【例 10-33】 （read "ad"）   返回结果为 AD。

            （read "b"）   返回结果为 B。

(read "(a b)")	返回结果为（A B）。
(read "(3 4)")	返回结果为（3 4）。

注意返回结果英文字母成了大写。

10.2.3　编程中常用的分支及条件判断函数

程序编写中经常会用到一些条件判断函数及循环函数，没有这些函数，难以完成一个理想的程序，下面将一些在编程中使用程度较高的这类函数介绍一下。

（1）关系运算函数

关系运算函数是编程中分支及条件判断函数的基础，它对数值型表达式的大小进行比较，表达式可以是两个或两个以上，其返回值是逻辑变量。比较运算成立，则返回 T；不成立则返回 nil，常作为条件用于条件判断语句合循环判断语句中，这一点将在下面讲解中提到。AutoLISP 共有 6 种关系运算函数，它们分别是"="等于、"/="不等于、"<"小于、">"大于、"<="小于等于、">="大于等于。其中对于等于的关系函数，表达式只能有两个。下面是 6 种关系函数的实际例子：

(< 2 4 5 6)	返回结果 T。
(< 2 4 5 3)	返回结果 nil，全程比较。
(> 8 7 3 9)	返回结果 nil，全程比较。
(> 8 7 3 1)	返回结果 T。
(= 2 2)	返回结果 T。
(= " s" " b")	返回结果 nil。
(/= 1 2 3)	返回结果 T。
(/= 1 1 3)	返回结果 nil，只比较前面两个表达式。
(<= 3 3 5)	返回结果 T。
(>= 5 5 1)	返回结果 T。

（2）逻辑运算函数

AutoLISP 共有 3 种逻辑运算函数，分别是逻辑和 AND、逻辑或 OR、逻辑非 NOT，下面通过实例说明其应用。

(and a d c 3)	返回结果 nil，只要有一个表达式为假，则返回 nil。
(and d c)	返回结果 nil。
(setq a 3 b 4)	返回结果 4，返回最后一个赋值。
(and a b)	返回结果 T，由于前面给 a、b 赋了值。
(and(< 2 3)(+1 3)(> 3 5))	返回结果 nil。
(or 12 a b)	返回结果 T，只要有一个表达式为真，则返回 T。
(or(> 4 2)(< 4 2))	返回结果 T。
(not 2)	返回结果 nil。
(not (> 6 9))	返回结果 T。

（3）二分支条件函数 IF

格式：(if　<测试表达式><成立表达式>　<非表达式>)

功能：对<测试表达式>进行运算，若<测试表达式>成立，则执行<成立表达式>，否则，执<非表达式>，两者必居其一，所以称之为二分支条件函数，是在编程中经常用到的条件判断函数。下面是几个实际例子：

(if（=1 3）3 5)	测试式不成立，执行第二个表达式，第二个表达式为原子，返回 5。

（if（＜ 1 3）（setq a 2）（setq a 9））　　测试式成立，执行第一个表达式，返回 2。

（if（＝1 3）" yes"）　　　　　　　测试式不成立，但无第二个表达式，返回 nil。

（if 1 " yes" " no"）　　　　　　　测试表达式为 1，虽然不为 T，但也不为 nil，仍

　　　　　　　　　　　　　　　　　　执行第一表达式，返回"yes"。

（4）多分支条件函数 cond

前面二分支条件函数只能解决两种结果中选一种的条件判断，若有多个条件中选一，则需用 cond 函数。

格式：

（cond　（＜测试表达式1＞＜结果表达 1＞）

　　　　（＜测试表达式2＞＜结果表达 2＞）

　　　　　：

　　　　　：

　　　　（＜测试表达式n ＞＜结果表达n ＞）

　　　　）

该函数的参数为任意数目的表，每个表有两个元素，第一个元素为测试式，第二个元素为结果。

功能：对每一个支表中的＜测试表达式＞依此进行运算，若＜测试表达式＞成立，则执行该支表对应的＜结果表达式＞，停止后面的测试工作；否则，继续执行测试执＜非表达式＞，直到最后一个分支条件。下面是几个实例。

【例 10-34】

（cond　（（＜ 2 1）（setq x 3））　　//不成立，转下一分支条件

　　　　（（＜ 4 5）（setq x 6））　　//成立，将 6 赋值给 x

　　　　（（＜ 8 9）（setq x 9））　　//虽然成立，但前面分支已成立，故不再测试该分支

　　　　）

返回结果为 6。

【例 10-35】

（setq x（getreal "x＝"））　//输入实型数 x

（setq f（cond（（＜ x 0）x）

　　　　（（and（＞＝ x 0）（＜ x 1））（ ＊ x x））

　　　　（（＞＝ x 1）（ ＊ x x x））

　　　　）//结束 COND

　　　　）//结束 SETQ

输入－1，执行第一个分支条件，返回－1；输入 0.3，执行第二个分支条件，返回 0.09；输入 5，执行第三个分支条件，返回 125.0。

【例 10-36】

（cond　（（＜ 2 1）（setq x 3））

　　　　（（＞ 4 5）（setq x 6））

　　　　）//两个分支条件都不成立,返回 nil

（5）顺序控制函数 progn

常和 IF 函数一起使用，使其在某一条件下，顺序执行多个表达式。

格式：

```
(progn
    <表达式 1>
    <表达式 2>
     :
     :
    )
```

功能：按顺序执行多个表达式，并返回最后表达式求值结果，表达式需为标准表。下面是两个实例。

【例 10-37】

```
(progn
    (setq x 4)
    (setq y( * x x))
    (list x y)
)
```

返回结果为表（4 16）。

【例 10-38】

```
(setq x (getreal "x="))
    (if x (> x 0)
    (progn
    (setq z 4)
    (setq y ( * z z))
    )  //结束 PROGN
    )  //结束 IF
    (print (list z y))
```

输入 3，屏幕打印（4 16）并返回（4 16）；输入－4，返回 nil。

(6) 常见测试函数

zerop 函数，用于判断测试项是否为零，若为零，则返回 T，否则返回 nil，如（zerop 3）则返回 nil；（zerop 0）则返回 T。MINUSP 函数用于判断测试项是否为负，若为负，则返回 T，否则返回 nil，如（minusp 3）则返回 nil；（minusp－1）则返回 T。NUMBERP 函数，用于判断测试项是否为数，若为数，则返回 T，否则返回 nil，如（numberp（6 3））则返回 nil；（numberp 1）则返回 T。ATOM 函数，用于判断测试项是否为原子，若为原子数，则返回 T，否则返回 nil，如（atom '(3 4)）则返回 nil；（atom 'a）则返回 T。LISTP函数，用于判断测试项是否为表，若为表，则返回 T，否则返回 nil，如（listp 3）则返回 nil；（listp（1 2））则返回 T；其中较为奇怪的是（listp a），返回 nil，而（listp w）则返回 T。

(7) 循环函数

在各种程序编写中，循环语句是不可缺少的，AutoLISP 的两种主要循环函数是 while 函数和 repeat 函数，下面分别介绍之。

① while 函数

格式：

```
(while<测试表达式>
        [标准表 1]
        [标准表 2]
```

$$\vdots$$
$$)$$

功能：先对测试表达式进行测试，若其值不为 nil，则依次执行下面的各个［标准表］，执行完各［标准表］后，再返回来对测试表达式进行测试，直至测试表达式为 nil，停止循环执行．

下面是一个用 while 函数编写的求 1～10 的平方的程序。

```
(setq a 0)
(setq n 1)
(while(<=n 10)
  (setq a(+a( * n n)))
  (setq n(+1 n))
)
(print a)    //打印结果为 385
```

② repeat 函数

格式：

```
(repeat <次数>
        [标准表 1]
        [标准表 2]
            ⋮
        )
```

功能：按该定的次数进行循环计算，如上面用 while 语句编写的程序，用 repeat 语句编写，则变为：

```
(setq a 0)
(setq n 1)
(repeat 10
  (setq a(+a( * n n)))
  (setq n(+1 n))
)
(print a)    //打印结果仍为 385
```

10.2.4　常用的绘图命令

（1）常用的交互命令

在程序编写中，经常要用到一些交互式命令，通过交互命令，提高程序的人机对话能力，AutoLISP 也提供了一些常见的交互命令，下面介绍几个较常用的交互命令。

① 输入整型数 getint

格式：（getint［提示］）

功能：该函数提示用户输入一个整型数，并返回该数，常和赋值函数 SETQ 合用。

【例 10-39】（setq n(getint"n＝"))//等待用户输入一个整型数，并将该数赋值给 n

② 输入实型数 getreal

格式：（getreal［提示］）

功能：该函数提示用户输入一个整型数，并返回该数，常和赋值函数 SETQ 合用。

【例 10-40】 （setq a(getreal"a＝"))//等待用户输入一个实型数，并将该数赋值给 a

③ 输入字符串 getstring

格式：(getstring ［提示］)

功能：该函数提示用户输入一个字符串，并返回该数，常和赋值函数 SETQ 合用。

【例 10-41】 (setq m(getstring"your name"))//等待用户输入一个字符串，并将该字符串赋值给 m，若输入 xiaodong，返回 "xiaodong"。需要注意的是输入字符串时，千万别用空格键，否则只将把空格键以前的内容作为输入的字符串

④ 输入点 getpoint

格式：(getpoint ［基点］［提示］)

功能：该函数提示用户输入一个点，若有基点，则将从基点到输入的点之间画一条直线拖动直线，但命令执行过后消失。

【例 10-42】 (setq P1(getpoint ′(40 50)"第二点")) //等待用户从键盘输入点或用光标选点

⑤ 输入距离值 getdist

格式：(getdist ［提示］)

功能：该函数提示用户输入一个距离值。

【例 10-43】 (setq tspac （getdist"输入距离")) //等待用户从键盘输入某一数值

（2）点的确定

确定点的位置，是进行各种绘制工作的基础，除了前面介绍的用 getpoint 函数外，还可以用下面几种方法确定点，下面通过绘制直线的小程序加以说明验证。

【例 10-44】

```
(setq p1 '(30 40))   //用禁止求值表,确定 P1 点的位置
(setq p2 '(300 400))
(command "line" p1 p2 "")
```

【例 10-45】

```
(setq p1(list 3 40))   //用 list 函数确定点的坐标
(setq p2(list 30 400))
(command "line" p1 p2 "")
```

【例 10-46】

```
setq p1 '(30 40))
(setq p2(polar p1(/pi 4)600))//利用相对极坐标确定点,POLAR 后面第一项是基点,第二项是方位角,第三项是线条长度
(command "line" p1 p2 "")
```

（3）直线的绘制 line

格式：(command "line" p1 p2 p3……［条件］)

功能：将 p1、p2、p3 等点用直线连接起来，其中［条件］可缺省，若条件中输入 "c"，则绘制的将是封闭曲线。下面是一个用直线命令绘制矩形的程序：

```
(setq p0 '(100 100))                     //确定 p0 点,坐标为(100,100)
(setq p1(polar p0 0 200))                //确定 p1 点,坐标为(300,100)
(setq p2(polar p0(/pi 2)100))            //确定 p2 点,坐标为(100,200)
```

```
(setq p4(polar p2 0 200))          //确定 p4 点,坐标为(300,200)
(command "line" p0 p1 p4 p2 "c" "") //绘制矩形
```

（4）多义线绘制

格式：（command "pline" <起点> "w" <起点线宽> <末点线宽> <第二点>……<末点> ［条件］）

功能：将 p1、p2、p3 等点用各种曲线连接起来，其中［条件］可缺省，若条件中输入"c"，则绘制的将是封闭曲线。下面是一个用多义线绘制矩形的程序：

```
(setq p0 '(200 200))               //确定 p0 点,坐标为(100,100)
(setq p1(polar p0 0 200))          //确定 p1 点,坐标为(300,100)
(setq p2(polar p0(/pi 2)100))      //确定 p2 点,坐标为(100,200)
(setq p4(polar p2 0 200))          //确定 p4 点,坐标为(300,200)
(command "pline" p0 "w" 5 5 p1 p4 p2 "c" "")
```

（5）矩形绘制

格式：（command "rectang" ［倒角（C）/标高（E）/圆角（F）/厚度（T）/宽度（W）］<指定另一个角点>［尺寸（D）］<指定另一个角点>）

功能：绘制符合格式中定义的矩形，各项格式指标可以根据需要选择。图 10-1 所示是绘制矩形实例：

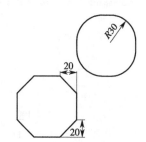

图 10-1　绘制的两个矩形

【例 10-47】 绘制一倒角矩距离为 20 的矩形。

```
(setq p0 '(0 0))
(setq p1(polar p0(/pi 4)100))
(command "rectang" "c" 20 20 p0 p1 "" "")
```

【例 10-48】 绘制一圆角矩形，圆角半径为 30。

```
(setq p0 '(0 0))
(setq p1(polar p0(/pi 4)100))
(setq p3(polar p0(/pi 4)200))
(command "rectang" "f" 30  p1 p3 "" "")
```

（6）圆的绘制

格式：（command "circle" ［三点（3P）/两点（2P）/相切、相切、半径（T）］<圆心><半径>）

功能：绘制符合格式中定义的圆，默认的输入方式是圆心、半径，其他输入方式需根据具体选定的形式而定。下面是绘制几个圆的实例程序，所绘圆见图 10-2。

图 10-2　所绘 3 个圆

```
(setq p0 '(0 0))
(setq p1(polar p0 0 100))
(setq p2(polar p0 0 200))
(setq p3(polar p0(/pi 2)200))
(setq p4(polar p1 0 100))
(setq p5(polar p1 0 200))
(command "circle" p0 100 "")       //默认方式
```

```
(command "circle" "2p" p1 p3 "")          //两点方式
(command "circle"  "3p" p1 p2 p3 "")       //三点方式
```

（7）圆弧绘制

格式：（command " arc" ＜圆弧的起点 p1＞" e"＜圆弧的终点 p2＞   " r"＜圆弧半径 R＞""）

功能：绘制从 p1 点逆时针到 p2 点，半径为 R 的圆弧。

【例 10-49】

```
(setq p1 '(100 100)p2 '(200 200)d 150)
(command "arc" p1 "e" p2 "r" d "")//见图 10-3(a)
```

【例 10-50】

```
(setq p1 '(100 100)p2 '(200 200)d 150)
(command "arc" p2 "e" p1  "r" d "")   //见图 10-3(b)
```

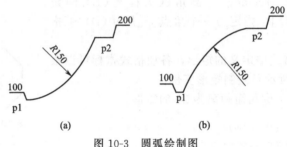

图 10-3   圆弧绘制图

（8）交点的确定

格式：（inters＜端点 1＞＜端点 2＞＜端点 3＞＜端点 4＞［＜任选项＞]）

功能：求＜端点 1＞和＜端点 2＞所确定的直线和＜端点 3＞和＜端点 4＞所确定的直线的交点，若存在则返回交点，若不存在则返回 nil。如果有任选项，且该项为 nil，则可求延长线的交点。

【例 10-51】

```
(inters'(0 0)'(100 100)'(100 0)'(60 40)"")          返回 nil
(inters'(0 0)'(100 100)'(100 0)'(0 100)"")          返回(50.0 50.0)
(inters'(0 0)'(100 100)'(100 0)'(60 40)nil)         返回(50.0 50.0)
```

（9）图层的设置

格式：（command "layer" "m"＜图层名＞ "c"＜图层颜色＞ "l"＜图层线型＞ "lw" ＜图层线宽＞ ""）

功能：设置和格式中描述相符合的图层，除图层名为不可缺省外，其他均可采用默认值，当调用图层时，可只采用格式中的前 4 项，具体实例参看下面实例开发中的应用。

（10）剖面线绘制

格式：（command "hatcht"＜填充图案模式＞［＜比例＞］［＜角度＞］＜填充对象＞）

功能：将＜填充对象＞按格式中定义的要求进行填充，其中［＜比例＞］和［＜角度＞］可默认，＜填充对象＞有多种获取方法，如果是填充刚绘制好的实体，则可用 entlast 命令。下面是一组填充实例程序。

```
(setq p1 '(0 0))
(setq p2 '(100 0))
(setq p3 '(100 100))
(setq p4 '(0 100))
(command "pline" p1 "w" 1 1 p2 p3 p4 "c" "")
(command "hatch" "ansi31" 5 0(entlast)"")
(command "circle" '(50 300)100 "")
(command "hatch" "ansi31" 5 90(entlast)"")//见图 10-4
(setq p1 '(0 0))
(setq p2 '(100 100))
(setq p3 '(200 200))
(command "rectang" p1 p2 "")
(command "hatch" "ansi31" 1 0  (entlast)"")
(command "rectang" '(0 100)'(150 150)"")
(command "hatch" "brick" 1 90(entlast)"")   //见图 10-5
```

图 10-4　填充效果图（一）

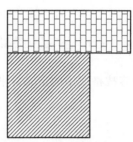

图 10-5　填充效果图（二）

（11）尺寸标注

格式：（command "dim" ＜标注模式＞　＜标注起点＞＜标注终点＞＜标注线位置中点＞［＜标注内容＞］）

功能：＜标注起点＞和＜标注终点＞之间按标注模式标注尺寸，若标注内容缺省，则按默认方式标注。

```
(setq p1 '(0 0))
(setq p2 '(100 0))
(setq p3 '(100 100))
(setq p4 '(0 100))
(command "rectang" "c" 0 0  p1 p3 "")
(setq p5 '(50－20))
(setq p6 '(－20 50))
(command "dim" "ver" p1 p4 p6 "")
(command "dim" "hor" p1 p2 p5 "")
(command)//结果见图 10-6(a)
```

如果需要标注直径符号，则可以采用以下命令，结果见图 10-6(b)。

```
(command "dim" "ver" p1 p4 "t" "%%c<>" p6 "")
(command)
(command "dim" "hor" p1 p2 "t" "%%c<>" p5 "")
(command)
```

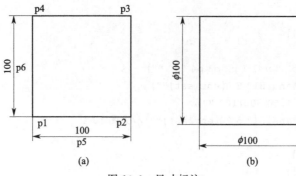

图 10-6　尺寸标注

注意尺寸标注时用（command "dim" "ver" p1 p4 p6 ""）在 AutoCAD 中是可以通过的，但在 AutoCAD 2016 中可能出现问题，建议在 AutoCAD 中采用（command " dim" " ver" p1 p4 "t" "<>"　p6 ""）完整的模式进行标注，并在标注命令后连加 2 个 command 命令。

（12）文本书写

格式：（command "text"［＜起点类型＞］＜起点＞＜字高＞＜字旋转角度＞＜文字内容＞）

功能：将文字内容按格式中的定义，书写出来，如缺省［＜起点类型＞］则以左下角为起点。

【例 10-52】

(setq p0 '(110 110))
(setq stra "华南理工大学")
(command "text" "c" p0 10 0 stra)　//起点作为下线的中点,需要注意将 AutoCAD 中的文字格式设为仿宋体,否则可能无法显示正确的文字

（13）直线夹角标注

格式：（command "dimangular" ""pt1 pt2 pt3 "t" "<>" pt4）

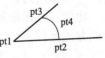

功能：以 pt1 为角度夹角点，pt2 为起始角度点，pt3 为结束角度点，pt4 为标注文字放置点，标注角度，若要更改标注文字，则修改"<>"即可。

图 10-7　直线角度标注点示意图

【例 10-53】

(setq p1 '(100 100))
(setq p2 '(200 100))
(setq p3 '(100 200))
(setq p4 '(150 150))
(command "line" p1 p3 "");//绘制 p1p3 线段
(command "line" p1 p2 "");//绘制 p1 p2 线段
(command "dimangular" "" p1 p2 p3 "t" "<>" p4)

运行上述命令后，得到图 10-8 所示的图。其中 p1～p4 是后来标注上去的。

（14）半径与直径标注

格式：(command "dimradius" pt1 "t" "<>" pt2)　　　//半径标注
　　　(command "dimdiameter" pt1 "t" "<>" pt2)　　　//直径标注

功能：以 pt1 为圆对象上的一个点，以 pt2 为标注文字放置点，标注半径或直径，若要更改标注文字，则修改"<>"即可。需要注意的是经过 pt1 点的对象必须为圆或圆弧。

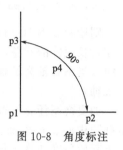

图 10-8　角度标注

【例 10-54】　圆的标注。

```
(setq p1 '(30 30))
(command "circle" p1 10)
(setq p2(polar p1 0 10))
(command "dimdiameter"  p2  "t" "<>" p1  )
(setq p1 '(130 30))
(command "circle" p1 10)
(setq p2(polar p1 0 10))
(command "dimradius"  p2  "t" "<>" p1  )
```

运行上述程序后，标注如图 10-9 所示。

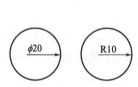

图 10-9　圆半径和直径标注

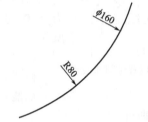

图 10-10　圆弧半径和直径标注

【例 10-55】　圆弧标注。

```
(setq pt1 '(120 120))
(setq pt2 '(140 140))
(setq p1 '(100 100)p2 '(150 150)d 80);            //设置参数
  (command "arc" p1 "e" p2 "r" d "");             //绘制圆弧
  (command "dimradius" p1 "t" "<>" pt1)
(command "dimdiameter" p1 "t" "<>" pt2)
```

运行上述程序后，得到图 10-10。

（15）椭圆弧的绘制

格式：(command " ellipse" " _ a" p1 p2 length θ_1 θ_2)

功能：绘制以线段 p1p2 为一轴，以 length 为另一轴的半轴长度，并且以长轴下端点或左端点为 0°，逆时针旋转，绘制 θ_1 为起始角度，θ_2 为终止角度的椭圆弧。

【例 10-56】

```
(setq p1 '(100 100))                     //拾取椭圆轴起点
(setq p2 '(200 100))                     //拾取椭圆轴另一端点,绘制一轴,该轴长度为 100
(command "osmode" 16575)                 //关掉捕捉以免在绘图时受到影响
(command "ellipse" "_a" p1 p2 120 0 60)  //以长轴端点为 0°,120 为另一轴的半轴长度,0°为起始
                                           角度,60°为终止角度
(command "osmode" 191)                   //开捕捉,恢复原状。
```

加载运行上述代码后，得到图 10-11(a)。

若要改变另一半轴的长度，则改为以下命令：

```
(command "ellipse" "_a" p1 p2 40 0 60)
```

则绘制成图 10-11(b)。椭圆弧绘制时必须注意长短轴的问题，角度的零点在长轴的下端（当垂直轴为长轴）或左端（当水平轴为长轴）。

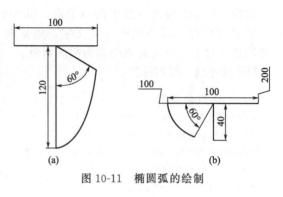

图 10-11　椭圆弧的绘制

如要绘制任意位置的椭圆弧，需要在确定椭圆中心、长短轴、0°绘制点的基础上，算出起始角度和终止角度，就可以绘制。如在原来定义点的命令基础上，运行下面命令，则绘制出图 10-12 所示的椭圆弧。

```
(command "ellipse" "_a" p1 p2 40 187 230)
```

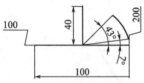

图 10-12　任意位置椭圆弧绘制

读者需要注意的是绘制命令中起始角度为 187°，结束角度为 223°，这个角度的算法是从长度为 100 的水平长轴左端为 0°算起，逆时针旋转，故实际绘制的图形就如图 10-12 所示。

（16）坐标标注

格式：（command "dimordinate" pt1 "t" "<>" pt2）

功能：在 pt2 处标注点 pt1 的坐标，若要更改标注文字，则修改"<>"即可。

注意 pt1 为要标注的点，pt2 为放置标注内容的点，若 pt2 相对 pt1 横向（x）的偏移量小于纵向（y）时，则标注的为 x 坐标；反之则标注的为 y 坐标，也可以在 pt1 后输入"x"或"y"来强行确定标注的是 x 或 y 坐标。

【例 10-57】

```
(setq  p1 '(120 100))
(setq  p2 '(200 100))
(setq  pt1 '(140 150))
(setq  pt2 '(230 110)。
(command "line" p1 p2 "")//绘制 p1 p2 线段
(command "dimordinate" p1 "t" "<>" pt1)
(command "dimordinate" p2 "t" "<>" pt2)
```

运行上述代码后，得到图 10-13。

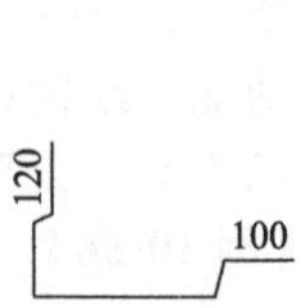

（17）圆柱体的绘制

格式：（command "cylinder" p0 R H ""）

功能：绘制以 p0 为圆柱体底部圆中心、R 为圆半径、H 为圆柱体高度的圆柱体

图 10-13　坐标标注

说明：注意在立体图绘制中，点的坐标必须是三维的，绘制前必须先通过命令进入三维绘制模式；另外在 lisp 命令中，大小写代表的变量是一样的。

【例 10-58】

```
(command "vscurrent" "c")         //确定当前为概念模式
(command "view" "swiso")          //确定为西南等测视图
(setq p0(list 0 0 0))             //确定圆柱体底部中心点
```

```
(setq R 50 H 200)                        //确定半径和高度
(command "cylinder" p0 R H "")           //绘制圆柱体
```

运行上述代码后，得到图 10-14。

（18）球的绘制

格式：(command "sphere" p0 r "")

功能：以 p0 为球心，绘制半径为 r 的球体

说明：同样需要设置三维模式及三维坐标，关于三维模式的设置命令，在后面的立体图像绘制中不再重复列出，请读者注意。

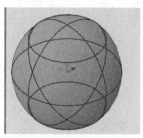

图 10-14　圆柱体的绘制

【例 10-59】

```
(command "vscurrent" "c")                //确定当前为概念模式
(command "view" "swiso")                 //确定为西南等测视图
(setq p0(list 0 0 0))                    //确定圆柱体底部中心点
(setq R 50)                              //确定球半径
(command "sphere" p0 r "")               //绘制球,字母大小写不影响结果
```

运行上述代码后，得到图 10-15。

（19）圆锥体及圆台的绘制

格式：(command "cone" p0　R1 "t" R2 H "")

功能：绘制以 p0 为底部圆中心、R1 为底部圆半径、R2 为上部圆半径、H 为高度的圆锥体（R2＝0）或圆台（R2≠0）。

说明：注意 R1 和 R2 的大小可以任意改变，只要两个不同时为零即可，当其中一个为零时，就绘制出圆锥体；命令行中的"t" 不可省略，否则无法绘制圆台，只能绘制圆锥体。

【例 10-60】

```
(setq R1 50 R2 30 H 100)
(setq p0(list 200 200 200))
(command "cone" p0　R1 "t" R2 H "")
```

运行上述代码后，得到图 10-16(a)。

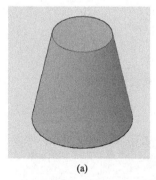
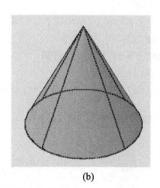

(a)　　　　　　　　　　　　(b)

图 10-16　圆锥体及圆台的绘制

【例 10-61】

```
(setq R1 50 R2 0 H 100)
(setq p0(list 200 200 200))
```

```
(command "cone" p0  R1 "t" R2 H "")
```

运行上述代码后，得到图 10-16(b)。

(20) 圆环的绘制

格式：(command "torus" p0 R1 R2 "")

功能：绘制以 p0 为圆环中心、R1 为圆环半径、R2 圆环上圆管半径的立体圆环。

说明：其他要求同上。

【例 10-62】

```
(setq p0(list 200 200 200))
(setq R1 150 R2 10)
(command "torus" p0  R1  R2 "")
```

运行上述代码后，得到图 10-17。注意该图是在原圆锥体的基础上绘制的。

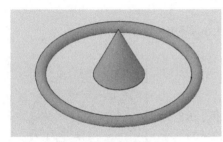

图 10-17　圆环的绘制

(21) 曲线旋转绘制任意立体图

格式：（command "revolve" S1 "" "o" S2 ""）

功能：以 S1 为旋转对象、以 S2 为旋转轴、360°旋转后所形成的立体图像。

说明：旋转对象必须先绘制好，旋转轴即可自己绘制，也可直接选用 x、y、z 轴。如直接选用 x、y、z 轴，则命令中 ""o" S2 ""）"部分省略为 ""x" ""）"即可，也可在"x" 后面增加旋转的角度，默认为 360°。

【例 10-63】

```
(setq p1(list 100 0 0))
(setq p2(list 130 0 0))
(setq p3(list 150 20 0))
(setq p4(list 80 20 0))
(setq p5(list 0 0 0))
(setq p6(list 0 50 0))
(command "pline" p1 p2 p3 p4 p1 "")//旋转对象
(setq S1(entlast))
(command "line" p5 p6 "")//旋转轴
(setq s2(entlast))
(command "revolve" s1 ""  "o" s2 "")//360°旋转成立体图像
```

运行上述代码后，得到图 10-18(a)。

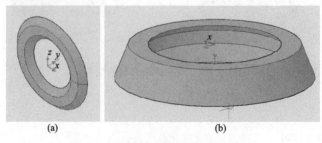

(a)　　　　　　　　(b)

图 10-18　任意对象旋转绘制立体图

【例 10-64】

```
(setq p1(list 100 0 0))
(setq p2(list 130 0 0))
(setq p3(list 150 50 0))
(setq p4(list 80 50 0))
(setq p5(list 110 30 0))
(setq p6(list 110 10 0))
(command "pline" p1 p2 p3 p4 p5 p6 p1 "")
(setq S1(entlast))
(command "revolve" s1 ""  "y"  "")
```

运行上述代码后，得到图 10-18(b)

（22）立体图形的合并

格式：(command"union" S1 S2 "")

功能：将图形 S1 和图形 S2 合并为整体。

说明：注意合并前需先定义各个图形，可多个图形直接合并，尽管不进行合并也可以将两个图形直接叠加，但合并后，原来分散的图形将作为一个整体出现，有利于后期编程处理。

【例 10-65】 球和圆柱体的合并。

```
(setq p0 '(0 0 0))
(setq p1 '(0 0 100))
(command "cylinder" p0 50 200 "")
(setq s1  (entlast))
(command "sphere" p1 80   "")
  (setq s2  (entlast))
(command"union" s1 s2 "")
```

运行上述代码后，得到图 10-19。

（23）立体图形的交集

格式：(command " intersect" S1 S2 "")

功能：求图形 S1 和 S2 的公共部分。

说明：要求图形 S1 和 S2 有重叠部分。

【例 10-66】 球和圆柱体的交集。

```
(setq p0 '(0 0 0))
(setq p1 '(0 0 100))
(command "cylinder" p0 50 200 "")
(setq s1  (entlast))
(command "sphere" p160   "")
  (setq s2  (entlast))
(command " intersect " s1 s2 "")
```

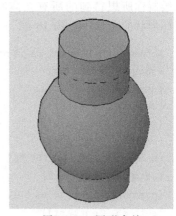

图 10-19 图形合并

运行上述代码后，得到图 10-20。

（24）立体图形的差集

格式：(command "subtract" S2 ""   S1 "")

功能：将图形 S1 从 S2 中删除。

说明：图形 S2 并不要求比 S1 大，没有负图形。

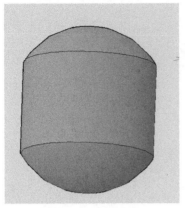

图 10-20　图形交集　　　　　　　图 10-21　图形差集

【例 10-67】 球和圆柱体的差集。

```
(setq p0 '(0 0 0))
(setq p1 '(0 0 100))
(command "cylinder" p0 50 200 "")
(setq s1  (entlast))
(command "sphere" p1 80  "")
(setq s2  (entlast))
(command  "subtract"  s2 "" s1 "")
```

运行上述代码后，得到图 10-21。

（25）综合应用

利用立体图形的并集、插集、交集的操作，并结合各种任意立体图形的绘制及移动，通过程序代码机会可以绘制你所想得到的所有立体图形。下面的代码是绘制茶杯形状的图形，见图 10-22。

```
(command "pline" p1 p2 p3 p4 p1 "")
(setq s1  (entlast))
(command "revolve" s1 ""  "y"  "")
(setq s2  (entlast))
(command "move" s2 "" '(0 100 0)'(0 0 100))
(setq s3  (entlast))
(command "cone" p0  50 "t" 70 200 "")
(setq s4  (entlast))
(command"union" s3 s4 "")
(setq s5  (entlast))
 (command "cone" '(0 0 0)45 "t" 65 220 "")
(setq s6  (entlast))
(command"subtract" s5 "" s6    "")
(command "cone" p0  50 "t" 51 5 "")
```

图 10-22　综合应用图

（26）其他常见命令

AutoLISP 中尚有更多的命令，读者可以参照在绘图过程中 AutoCAD 的提示，利用

command 命令直接编写，也可利用计算机提供的帮助，学习其他命令。在实例开发中遇到新的命令时，还会做具体的介绍。

10.2.5 AutoLISP命令调用过程

首先将 AutoLISP 的程序用任何一种 ASCII 码文本编辑器来编辑，在 DOS 环境下可采用 EDIT 编辑，在 Windows 环境下可用附件中的记事本编辑，并注意在保存时以 .LSP 后缀，一般的调用过程如下：

① 用编辑器编写好，以 ＊＊.LSP 存盘。

② 在 AutoCAD 中的命令中输入（Load "盘符/子目录/文件名"），回车。

③ 输入（文件名、参数 1、参数 2……）[注意参数和参数之间不要加逗号]，回车。

④ 在 AutoCAD 的界面上自动生成图。

下面是画一个简单图形的程序代码：

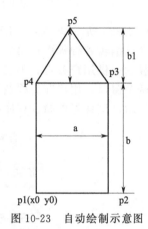

```
(defun ta1(x0 y0 a b b1)
  (setq p1(polar(list x0 y0)0 0))
  (setq p2(polar p10 a))
  (setq p3(polar p2(＊0.5 pi)b))
  (setq p4(polar p3 pi  a))
  (setq p5(polar(list(＋x0(/a 2))(＋y0 b b1))0 0))
  (command "pline" p1 "w" 2 2 p2 p3 p4 "c")
  (command "pline" p3 "w" 2 2 p5 p4 "")
  )
```

其调用过程如下：

命令：（load "g：/TA1"）

TA1

命令：（ta1 20 30 40 100 200）   //计算机将自动绘出图 10-23

图 10-23 自动绘制示意图

参数更多的图形需要通过 DCL 对话框输入数据，并通过加载菜单来绘制图形，关于这方面的内容将在下面介绍。

10.3 Visual LISP 开发基础

10.3.1 安装

Visual LISP 无需单独安装，我们在安装 AutoCAD 2008（2016）时已经和 AutoCAD 2008（2016）捆绑安装在一起，只要在使用时调用它即可，这为我们省了不少安装软件过程中的麻烦，同时也使得该软件和 AutoCAD 软件之间的关系更加紧密。尤其在 Visual LISP 中使 Auto LISP 部分的程序几乎可以移植到任何版本的 AutoCAD 中，而不受版本先后的影响。

10.3.2 启动

启动 Visual LISP 有两种方法，但都需首先启动 AutoCAD 软件。第一种方法是从 AutoCAD 菜单中选择"工具"→"AutoLisp"→"Visual Lisp 编辑器"，见图 10-24；第二种方法是在 AutoCAD 命令行中输入"vlisp"，启动 Visual Lisp 编辑器，见图 10-25。

图 10-24 AutoCAD 2008 及 AutoCAD 2016 Visual LISP 启动示意图

图 10-25 所示是 Visual LISP 启动后经典的 3 个窗口，其中第一个窗口为编辑窗口，用户可在此编辑各种程序；第二个窗口为控制台，它会将程序的运行结果或调试过程中的各种问题显示，供用户参考；第三个窗口为跟踪窗口，显示目前系统运行状态。一般应用较多的是前两个窗口，用户在编程调试时经常要用到它们，应将两个窗体调整好，使其能同时在屏幕上显示，这样可以减少程序在调试过程中的窗体切换。

图 10-25 Visual LISP 各种窗口

10.3.3 编辑

Visual LISP 的程序在编辑窗口进行编辑，编辑时，系统会自动进行一些识别，并将其显示成不同的颜色。如括号是红色；函数是蓝色，如果你想输的是各种函数，一般为表中第一项，但输完后系统没有自动变成蓝色，则说明你输错了；双引号内的绘图命令为粉红色，包括双引号本身；各种变量是黑色；数字是绿色。掌握这些规律对减少编程中的错误很有帮助。在编程过程中，如果遇到一些较为生疏的函数，可以通过系统的帮助功能加以解决。点击图 10-25 所示通用菜单中的"帮助"菜单，选择第一项"帮助主题"，系统弹出图 10-26

所示的帮助文档，里面有各种详细的解释文档，用户可根据自己的实际情况，选择自己所需要的主题进行查找。笔者通过使用 AutoCAD2016 及 AutoCAD2017 版本，发现均可出现和图 10-25 以及图 10-26 基本一致的界面，后面的代码编程工作完全一致。

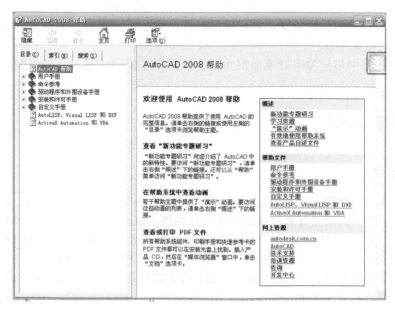

图 10-26　帮助文档界面图

10.3.4　调试

调试是编程工作中一项十分重要又非常繁重的工作。在没有 Visual LISP 之前，AutoLISP 程序的调试是十分困难的，常常找不到问题之所在。幸好有了 Visual LISP，使调试工作有了质的飞跃。利用其提供的调试工具和专用工具，一般可以较快地找到问题。系统调试中最常见的错误是缺少扩号或有多余括号；其次是错误函数或命令，常常是绘图命令输错，因为若函数错误，则在编写中可以根据颜色判断；还有列表缺陷、被零除及函数被取消等。函数被取消这种现象有点特殊，因为它并不是当前所编的程序有问题，而是在上一次调试过程中，所编程序存在缺陷，使的 AutoCAD 处于命令等待状态。这时，需要通过视图转换，激活 AutoCAD，取消命令等待状态，就可以了。根据笔者开发程序的经验，调试工作需和整个软件的开发工作结合起来。在程序开发的步骤上考虑到调试工作问题，以采用从下到上的程序编程工作为佳，结合该方法，笔者推荐如下的编程调试步骤。

① 将整个软件分解成功能相对独立的功能块，再将功能块分解成若干个小程序。

② 将小程序中的每一个语句按照先后次序进行编辑。在编辑过程中首先利用颜色的改变纠正一些明显的错误，如果对某一语句把握不大，可直接加载该语句，判断系统能否通过。关于加载运行可通过选中需要加载的语句，点击专用工具栏中的第二个工具，一般情况下，以编完相对较完整的一段语句后再将这段进行加载运行为好，如所有的赋值语句。一段语句编写完成，加载运行结果正确，则进入下一段语句的编写。如正确，但根据错误提示可明显找到问题的，则修改后再加载运行；如无法根据错误提示找到问题的，则可以采用调试工具栏中的各种方法进行错误查找，如仍无法查到，则需逐句加载，但在逐句加载中，需要补充对加载语句中所需变量值的设定工作。通过以上工作，将小程序全局调通，并进行

封装。

③ 将同一功能的小程序进行组装，并进行调试，调试完成，将功能程序进行封装。

④ 将不同功能的功能程序进行组装，并进行全局调试，调试通过，完成软件基本开发工作。

⑤ 根据客户应用的各种情况，对软件进行各种测试，对发现的问题进行修改，最后得到完善软件，并将其封装。

⑥ 在调试过程中切记关闭对象捕捉功能，否则，尽管调试通过，但绘制的结果与原设想不符。

10.4　DCL 基础

10.4.1　定义

对话框是人机交互的主要界面之一，它具有良好的视觉效果，操作方便、直观，输入数据与顺序无关。当我们编写好程序，需要通过外界输入数据时，对话框是一种首选的交互工具。对话框可以用 DCL 即对话框控制语言（Dialog Control Language，简称 DCL）来编写。DCL 本身可直接在 Visual LISP 的编辑框中按 DCL 的规律编写，并进行调试和预览工作，编辑完成后，将其后缀取为"．dcl"保存，然后在主程序中再用 Visual LISP 语句调用即可。在向用户提供图形的交互环境，使操作更为方便和直观。DCL 文件由 ASCII 码组成，后缀为"．dcl"。

10.4.2　控件

控件是 DCL 中的主要组成部分，编写对话框主要就是编写各种控件，对各种控件的属性进行定义。常见的控件主要有以下几种，分别是 Button（按钮）、Edit＿box（编辑框）、Image＿button（图像按钮）、List＿box（列表框）、Popup＿list（可下拉列表框）、Radio＿button（单选按钮）、Slider（滑动条）、Toggle（复选框）、Text＿part（文本控件的一部分）。而每一个控件又具有不同的属性，其中控件的典型属性有以下几种：

Label：指定显示在控件中的文字，该属性为一带引号的字符串。

Edit＿limit：指定在编辑框中允许输入的最大字符数个数，缺省值为 132。

Edit＿width：以平均字符宽度为单位指定 Edit＿box 控件中编辑或输入框的文本宽度，该属性值可以是一个整型或实型数值。

Fixed＿height：布尔型数值，决定控件的高度是否可以占据整个可用空间。缺省值为 False，如果属性值为 True，则控件的高度保持固定，不会占据由于布局或对齐操作而留出的可用空间。

Fixed＿width：布尔型数值，决定控件的宽度是否可以占据整个可用空间。缺省值为 False，如果属性值为 True，则控件的宽度保持固定，不会占据由于布局或对齐操作而留出的可用空间。

Key：指定一个 ASCII 码名称，应用程序可以通过该属性引用指定的控件，该属性为一带引号的字符串，没有缺省值。对话框中各控件的 Key 值必须是唯一的。注意：Key 值区分大小写。

Value：指定控件的初始值。该属性值为一个带引号的字符串，无缺省值。其中编辑框的 Value 值为缺省时的数值，可以不用加引号。

Aspect＿ratio：指定图像的宽高比。如果属性值为 0.0，则图像大小占据整个控件。

column：控件按钮纵向排列，注意需从整体上观察。

row：控件水平排列，同样需从整体上观察。

10.4.3　程序编辑

下面通过一个较典型的对话框，来说明对话框的程序编写过程。首先来观察一下这个对话框的结构，从大范围来看，是一个大列，列中共有5大行组成，其中第二行又是一个框型列，而第三行是一个框型行，需要进行重新定义。另外在第一大行和第二大行之间留一个空白。编辑框各控件之间的逻辑示意图见图10-27，具体对话框见图10-28。

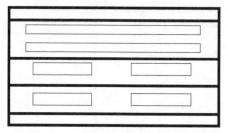

图10-27　对话框逻辑位置示意图

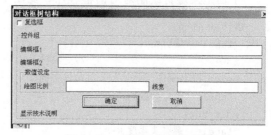

图10-28　具体对话框示意图

下面是图10-27所示对话框的程序：

```
对话框:dialog{
  label="对话框树结构";
  :column{
    :toggle{
      label="复选框";
      }
  :spacer{width=2;}
  :boxed_column{             //框中列
    label="控件组";
    :edit_box{
      label="编辑框1";
      key="xx";
      }
:edit_box{
    label="编辑框2";
    key="yy";
    }
}                          //框中列结束
:boxed_row{                //框中行
  label="数值设定";
    :edit_box{
      label="绘图比例";
      key="rr";
      }
:edit_box{
    label="线宽";
    key="dd";
```

```
          }
        }                        //框中列结束
    ok_cancel;                   //控件引用的另一种方法,将控件属性全部引用
  :text{
        label="显示技术说明";
        }
  }                              //全列结束
}                                //全局结束
```

下面是某螺钉绘制对对话框程序,见图 10-29。

```
螺钉:dialog{
    label="螺钉";
  :row{                         //全局行
  :boxed_column{                //框中列
    label="螺钉参数";
  :edit_box{
    label="螺钉头厚度 K:";
    key="k";
    edit_limit=15;
    edit_width=10;
    value=7;
  }
      :edit_box{
    label="螺钉体长 I:";
    key="i";
    edit_limit=15;
    edit_width=10;
    value=40;
  }
      :edit_box{
    label="螺钉齿长 B:";
    key="b";
    edit_limit=15;
    edit_width=10;
    value=26;
  }
      :edit_box{
    label="螺钉直径 D:";
    key="d";
    edit_limit=15;
    edit_width=10;
    value=10;
  }
  :edit_box{
    label="螺钉头大径 E:";
    key="e";
    edit_limit=15;
```

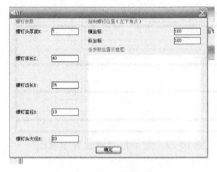

图 10-29　螺钉绘制对话框

```
      edit_width=10;
      value=20;
    }
  }                             //框中列结束

:column{    右边列
:boxed_column{                  //框中列
   label="绘制螺钉位置(左下角点)";
   :edit_box{
   label="横坐标:";
   key="xxx";
   edit_limit=15;
   edit_width=10;
   value=100;
   }
  :edit_box{
   label="纵坐标:";
   key="yyy";
   edit_limit=15;
   edit_width=10;
   value=100;
   }
   }

:boxed_column{                  //框中列
   label="各参数位置示意图";
   :image{
   key="ld_image";
   aspect_ratio=0.75;
   width=50;
   color=-2;
 }                              //图像结束
 }                              //框中列结束
 }                              //右边列结束
 }                              //全行结束
ok_only;
 }                              //对话框结束
```

10.4.4 软件调试及加载

软件编写好后，先将文件以后缀为".dcl"保
存，将会发现除了程序中最前面的对话框名称"对
话框"是黑色以外，其他部分都是有颜色的。如果
还发现有黑色的字符在控件名称或属性说明中出现，
请先检查修改之，等程序满足颜色要求后，点击菜
单栏中的"工具"，选择其中的"界面工具"，再点
击"预览编辑器中的DCL"，如图10-30所示。如果

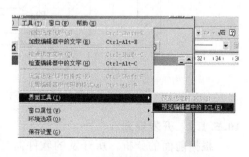

图10-30 对话框预览调试示意图

所编程序正确的话，系统就会弹出正确的对话框；反之，系统会弹出出错信息，并说明错误在第几行。用户需根据系统提示的问题进行修改，直至在预览中获取正确的对话框。对话框程序编写好后，在具体应用时，尚需编写调用程序，下面是一个典型的调用程序：

```
(defun c:diaoyong()                       //定义文件名
(setq dcl_id(load_dialog "jxfl.dcl"));    //加载对话框窗体
  (if(< dcl_id 0)                         //判断所加载的对话框是否存在,如果不存在则退出
    (exit)
    )
(if(not(new_dialog "jxfl" dcl_id))(exit))
//判断窗体文件是否存在,如果不存在则退出
(action_tile "accept" "(done_dialog)")
//当按下确定键时,执行"done_dialog"将控制权交给应用程序
(start_dialog)                            //用户与对话框开始对话
(unload_dialog dcl_id)                    //卸载窗体
```

其中"jxfl. dcl"是预先开发好的对话框程序。

10.5 AutoCAD 实例开发

10.5.1 法兰绘制

10.5.1.1 开发目标

本次软件的开发目标是用计算机自动绘制一个常用的甲型平焊法兰，该法兰的基本形状及绘图中需要用到的点如图 10-31 所示。要求所开发的软件在图形绘制时要具有 3 个功能：一是绘制好法兰所有轮廓线及中心线；二是绘制剖面线；三是标上所必需的数据。以上三点是软件需要自动完成的任务。考虑到软件的使用对象是化工类技术人员或化工设备加工人员，已具有一定的化工设备知识，但法兰具体数据的输入还是需要一个简单的人机对话窗体，通过对话窗体将法兰的数据传输给计算机。这样，计算机就能通过该窗体绘制出所有的该类型的法兰。为此，在软件开发中，除了具体绘制的核心程序外，尚需窗体开发程序及将窗体的数据传输到主程序的程序。通过以上分析，要达到上述开发目标需完成 3 个主要任务，分别是数据输入窗体的开发、数据的传输、具体图形的绘制。

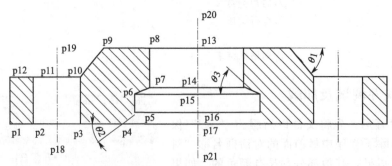

图 10-31 开发的法兰示意图

10.5.1.2 开发规划

根据前面的分析，所开发的软件需要具有 3 种功能，这 3 种功能需要通过 3 个子程序来实现。首先，我们根据开发要求及自己对软件的熟悉程度，选择 WindowsXP 为操作系统，

AutoCAD 2008（2106）为绘图平台、VisualLISP 为开发语言、DCL 为对话框设计语言。选择从下而上的开发原则。先开发绘制法兰核心子程序，在调试过程中先对需要通过窗体输入的数据预先定义某一确定的值，调试通过后，再将该语句删除；其次根据输入数据的需要，将开发数据输入窗体，窗体需先预览达到要求后，再开发窗体调用及数据获取程序，通过打印语句判断窗体输入的数据能否被正确地获取。完成以上所有工作后，编写主程序，调用前面几个子程序，进行全局调试，最后完成整个软件的开发工作。

10.5.1.3　代码编写

（1）法兰绘制子程序

在实际调试过程中，需要将该子程序中所有用到的变量加以暂时赋值。

```lisp
(defun draw_jxfl(); //法兰绘制程序,取程序名为 draw_jxfl,读者可自己选定
(command "layer" "n" "jxfl" "c" "1" "jxfl" "lw" "0.5" "jxfl" "s" "jxfl" ""); //新建图层
画法兰,"n"为新建图层,"jxfl"为新建图层名;"c"为设置图层颜色,"1"表示图层颜色为 1 号色;"lw"为设置
图层线宽,"0.5"表示线宽为 0.5mm,"s",表示设置为当前图层,图层名为"jxfl",以下均具有该图层性质,直
至有新图层设置为止,以后碰到类似情况不再解释

    (command "pline" p1 p2 p11 p12 p1 ""); //绘制左边矩形
    (command "mirror"(entlast)"" p20 p21 "")   //通过镜像生成右边矩形
    (command "layer" "n" "tc" "c" "7" "tc" "lw" "0.15" "tc" "s" "tc" ""); //新建填充图层
    (command "layer" "m" "tc" "");
    (command "hatch" "ansi31" "" 0 "all"  "")//填充左右两个矩形

    (command "layer" "m" "jxfl" "");
    (command "pline" p3 p4 p5 p6 p7 p8 p9 p10 p3 "")//绘制由命令中各点所构成的图形
    (command "mirror"(entlast)"" p20 p21 "")//通过镜像在右边生成刚才所谓的图形
    (command "layer" "n" "tc" "c" "7" "tc" "lw" "0.15" "tc" "s" "tc" "");新建填充图层
    (command "layer" "m" "tc" "");(2)
    (command "hatch" "ansi31" "" 0 "all"  "")//填充最后所绘的所有图形
     (setq ss(ssadd))  //设置 ss 为空实体集
    (command "layer" "m" "jxfl" "");(1)
    (command "line" p11 p10 "")
  (ssadd(entlast)ss)//将刚所绘内容加入 ss
    (command "line" p2 p3 "")
  (ssadd(entlast)ss)//将刚所绘内容加入 ss
    (command "line" p8 p13 "")
 (ssadd(entlast)ss)
    (command "line" p7 p14 "")
 (ssadd(entlast)ss)
    (command "line" p6 p15 "")
 (ssadd(entlast)ss)
    (command "line" p5 p16 "")
 (ssadd(entlast)ss)
    (command "line" p4 p17 "")
 (ssadd(entlast)ss)
    (command "layer" "n" "zz" "c" "6" "zz" "l" "ACAD_ISO04w100" "zz" "lw" "0.15" "zz" "s"
"zz" "");新建中轴线绘制图层
    (command "line" p18 p19 "")   //绘制锣孔中心线
  (ssadd(entlast)ss)
```

```
    (command "line" p20 p21 "")   //绘制法兰中心线
    (ssadd(entlast)ss)//将刚所绘内容加入 ss
    (command "mirror" ss "" p20 p21 "");//镜像实体 ss 图像
    (command "layer" "n" "bz" "c" "5" "bz" "lw" "0.15" "bz" "s" "bz" "");//新建标注图层
    (command "dimangular"  "" p4 p5 p17 "t" "<>"  jb2);//角度标注
 (command "dimangular"  "" p6 p7 p15 "t" "<>"  jb3);//角度标注
    (command "dim" "ver" p1 p12 "t" "<>" bz1 "");//垂直标注,采用完整形式
(command);//取消命令,相当于 ESC
    (command)
(command "dim" "ver" p12 p9 "t" "<>" bz11 "");//垂直标注
    (command);//取消命令,相当于 ESC
    (command)
(command "dim" "ver" p16 p17 "t" "<>"   bz22 "")
(command);//取消命令,相当于 ESC
    (command)
(command "dim" "ver" p15 p14 "t" "<>" bz21 "");//垂直标注
    (command);//取消命令,相当于 ESC
    (command)
(command "dim" "ver" p15 p17 "t" "<>" bz2 "");//垂直标注
    (command);//取消命令,相当于 ESC
    (command)
(command "dim" "hor" p2 p3   "t" "%%c<>"(list(+x(/(-d da)2))(-y 20))"");//水平标注
    (command "dim" "hor" p12 bz6 "t"  "%%c<>"(list(+x(/d 2))(+y b 65))"")
    (command "dim" "hor" p19 bz3  "t" "%%c<>"(list(+x(/d 2))(+y b 50))"")
    (command "dim" "hor" p9 bz4   "t" "%%c<>"(list(+x(/d 2))(+y b 35))"")
    (command "dim" "hor" p8 bz5   "t" "%%c<>"(list(+x(/d 2))(+y b 20))"")
     (command);//取消命令,相当于 ESC
    (command)
    (command "zoom" "all" "");显示全部绘制内容
)
```

将以上程序调试通过,并将暂时设定值删除,并保存为 draw_jxfl.lsp 备用。

(2) 窗体代码开发

本开发窗体根据实际需要设计成如图 10-32 所示,窗体上编辑框内的数据是程序默认的数据,是一个典型的吸收塔用的甲型平焊法兰。该窗体的逻辑关系图见图 10-33。我们可以根据逻辑关系图及具体的控件,开发出对话框程序的代码。

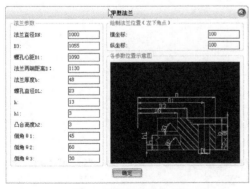

图 10-32　输入窗体图

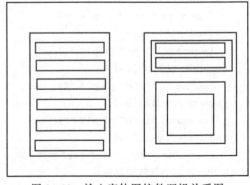

图 10-33　输入窗体图控件逻辑关系图

结合图 10-32 和图 10-33 分析，可知窗体中控件从全局来看为一大行，大行中有两列，第一列由框中列组成；第二列由两个大元素组成，该两个元素成列排列，并且都是框中列。有了以上的逻辑分析，再结合具体控件的内容，我们就可以得到以下代码：

```
jxfl:dialog{                    //创建新窗体,代号为 jxfl
  label="甲型法兰";             //窗体名称
:row{                          //全局横向排列
:boxed_column{                 //框中列,既纵向边框为全局大行中的第一列
  label="法兰参数";            //边框名称
:edit_box{                     //编辑框,以下所有的编辑框为全局大行中的第一列中的框中列元素
  label="法兰直径 DN:";        //编辑框名称
  key="dn";                    //编辑框 key 值
  edit_limit=15;               //字符数限定
  edit_width=10;               //编辑框宽度
  value=1000;                  //缺省值
}
:edit_box{
  label="D3:";
  key="db";
  edit_limit=15;
  edit_width=10;
  value=1055;
}
:edit_box{
  label="螺孔心距 D1:";
  key="da";
  edit_limit=15;
  edit_width=10;
  value=1090;
}
:edit_box{
  label="法兰两端距离 D:";
  key="ddd";
  edit_limit=15;
  edit_width=10;
  value=1130;
}
:edit_box{
  label="法兰厚度 b:";
  key="bbb";
  edit_limit=15;
  edit_width=10;
  value=48;
}
:edit_box{
  label="螺孔直径 DL:";
  key="dl";
  edit_limit=15;
```

```
    edit_width=10;
    value=23;
  }
  :edit_box{
    label="h:";
    key="hhh";
    edit_limit=15;
    edit_width=10;
    value=13;
  }
  :edit_box{
    label="h1:";
    key="ha";
    edit_limit=15;
    edit_width=10;
    value=3;
  }
  :edit_box{
    label="凸台高度 h2:";
    key="hb";
    edit_limit=15;
    edit_width=10;
    value=3;
  }
  :edit_box{
    label="倒角 θ1:";
    key="ja";
    edit_limit=15;
    edit_width=10;
    value=45;
  }
  :edit_box{
    label="倒角 θ2:";
    key="jb";
    edit_limit=15;
    edit_width=10;
    value=60;
  }
  :edit_box{
    label="倒角 θ3:";
    key="jc";
    edit_limit=15;
    edit_width=10;
    value=30;
  }
  }
  :column{        //纵向排列,为全局大行中的第二列
```

```
:boxed_column{    //框中列,为全局大行第二列中的第一个元素
label="绘制法兰位置(左下角点)";
  :edit_box{   //为框中列中的各元素。
  label="横坐标:";
  key="xxx";
  edit_limit=15;
  edit_width=10;
  value=100;
  }
:edit_box{
  label="纵坐标:";
  key="yyy";
  edit_limit=15;
  edit_width=10;
  value=100;
  }
}
:boxed_column{    //框中列,为全局大行第二列中的第二个元素
label="各参数位置示意图";
  :image{
    key="jxfl_image";
    aspect_ratio=0.75;
    width=50;
    color=-2;
  }
}
}
}
}
ok_only;   //确定按钮
}
```

将该代码文件保存为＜AutoCAD 目录＞AutoCAD 2008 \ Support \ jxfl. dcl，并预览调试通过。在窗体开发过程中，窗体最好事先进行布局设置，并且可以边开发边进行对窗体的预览，以确定最佳效果。通过熟练运用 row 和 column 等，使窗体紧凑和整洁。

（3）窗体数据的获取

以下为数据处理子程序，实现数据交互和处理。

```
(defun data_set()    //数据从窗体传入和处理,程序取名为 data_set
(setq dn(atof(get_tile "dn")))     //从窗体获取数据实现交互,其中 get_tile 为获取窗体中
(setq db(atof(get_tile "db")))     //控件关键字 key 为"dn"当前值,atof 是将字符串转化为
  (setq da(atof(get_tile "da")))数值的函数,通过 setq 将数值赋值给 dn,其它语句道
  (setq d(atof(get_tile "ddd")))理相同/
  (setq b(atof(get_tile "bbb")))
  (setq dl(atof(get_tile "dl")))
  (setq h(atof(get_tile "hhh")))
  (setq ha(atof(get_tile "ha")))
  (setq hb(atof(get_tile "hb")))
  (setq ja(atof(get_tile "ja")))
```

```
(setq jb(atof(get_tile "jb")))
(setq jc(atof(get_tile "jc")))
(setq x(atof(get_tile "xxx")))
(setq y(atof(get_tile "yyy")))
(setq fa( * pi(/ja 180)))          //角度和弧度的转换
(setq fb( * pi(/jb 180)))
(setq fc( * pi(/jc 180)))
//以下定义点为标注尺寸用,为标注尺寸文字的起点坐标
(setq bz1(list(-x 10)y));//定义点为标注尺寸用
(setq bz11(list(-x 10)(+y b 2)));
(setq bz2(list(+x(/d  2.0)-10)(+y h)))
(setq bz21(list(+x(/d 2.0)-10)(+y h 3)))
(setq bz22(list(+x(/d 2.0)-20)(+y h)))
(setq bz3(list(+x(/(-d da)2.0)da)(+y(-b hb)10)))
(setq bz4(list(+x(/(-d db)2.0)db)(+y b)))
(setq bz5(list(+x(/(-d dn)2.0)dn)(+y b)))
(setq bz6(list(+x d)(-(+y b)hb)))
(setq jb2(polar p4(/pi 8)10))
(setq jb3(polar p6(/pi 8)20))


//定义图 10-30 中的各关键点,为作图程序做好准备
(setq p1(list x y))
 (setq p2(list(+x(/(-d da dl)2))y))
 (setq p3(list(+x(/(+(-d da)dl)2))y))
 (setq p4(list(+x(-(/(-d dn)2)( * ha(+(/(sin fb)(cos fb))(/(cos fc)(sin fc))))))y))
 (setq p5(list(+x(-(/(-d dn)2)( * ha(/(cos fc)(sin fc)))))(+y ha)))
 (setq p6(list(+x(-(/(-d dn)2)( * ha(/(cos fc)(sin fc)))))(+y h)))
 (setq p7(list(+x(/(-d dn)2))(+y h ha)))
 (setq p8(list(+x(/(-d dn)2))(+y b)))
 (setq p9(list(+x(/(-d db)2))(+y b)))
 (setq p10(list(+x(/(+(-d da)dl)2))(-(+y b)hb)))
 (setq p11(list(+x(/(-d da dl)2))(-(+y b)hb)))
 (setq p12(list x(-(+y b)hb)))
 (setq p13(list(+x(/d 2))(+y b)))
 (setq p14(list(+x(/d 2))(+y h ha)))
 (setq p15(list(+x(/d 2))(+y h)))
 (setq p16(list(+x(/d 2))(+y ha)))
 (setq p17(list(+x(/d 2))y))
 (setq p18(list(+x(/(-d da)2))(-y 20)))
 (setq p19(list(+x(/(-d da)2))(+y(-b hb)20)))
 (setq p20(list(+x(/d 2))(+y b 20)))
 (setq p21(list(+x(/d 2))(-y 20)))
)
```

(4) 全局调用程序

```
(defun c:jxflhz();//定义全局程序名称为 jxflhz
//以下语句用于窗体调用和程序处理
(setq dcl_id(load_dialog "jxfl.dcl"))//其中 load_dialog 表示加载窗体,"jxfl.dcl"为窗体
```

文件,获取加载窗体文件的句柄,用于下面的判断

```
    (if(< dcl_id 0)(exit))

    (if(not(new_dialog "jxfl" dcl_id))(exit))//以上两句为判断窗体文件是否存在,若不存在即退出

    (image1 "jxfl_image" "jxflsl")   //定义图形函数,其中"jxfl_image"为前面图像控件中的
key值,jxflsl为幻灯片名称,在程序调用中用到,并已在相同目录下存盘

    (action_tile "accept" "(data_set)")

    //当按下确定键时,执行数据处理子程序data_set,将该子程序直接添加到本主程序后面,减少调用麻烦

    (start_dialog)   //加载窗体,对话框中开始输入数据

    (unload_dialog dcl_id)//卸载窗体

    (draw_jxfl)   //执行绘图子程序,将前面调通的子程序直接添加到本主程序后面

    )

    //以下语句是对图像框的处理子程序

    (defun image1(key image_name /x x);//加载图形,其中key为前面图像控件中的key值,所调用的
image_name为前面幻灯片名称,这里是形参,无需具体名称

    (start_image key)                //开始图像

    (setq x(dimx_tile key)           //获取图形控件宽度

        y(dimy_tile key)             //获取图形控件长度

        )

    (fill_image 0 0 x y 250)         //图像从(0,0)点开始,到(x,y)结束,以250号颜色即黑色为
背景填充图形控件

    (slide_image 0 0 x y image_name) //加载图形,为完全布满

    (end_image)     //结束图像

    )
```

添加数据处理及绘图子程序和前面主程序合并成一个程序文件,取名为jxflhz.lsp保存在以下目录:<AutoCAD目录> AutoCAD 2008 \ Support \

10.5.1.4 加载菜单

本次开发的菜单加载以后将集成于 AutoCAD 菜单栏上面,与 AutoCAD 常用菜单同样使用,当鼠标移动菜单栏区域内,它就会被激活。源代码以及相关解释如下:

```
    * * * menugroup=menu1
```

//菜单组名称,这里名称为"menu1",它将在菜单加载时作为菜单的代号,如有多个菜单,可分别另取名为"menu2"、"menu3"等

```
    * * * POP1
```

//第一个下拉菜单的区域标签。三个星号(* * *)是区域标签的开头,这是个惯例,AutoCAD菜单中的所有区域标签都是以三个星号开头的

```
    [甲型法兰绘制]
```

//菜单栏标题

```
    [绘制法兰]* ^C(load "jxflhz");jxflhz
```

//加载并运行法兰绘制程序

```
    [保存]^C^CSAVE
```

//保存文件

```
    [打印]^C^CPLOT
```

//打印文件

```
    [—————]
```

//菜单项目区分线

```
    [取消]^C
```

//取消命令,相当于ESC键或者Ctrl+C组合键

将代码文件保存为 ＜AutoCAD 目录＞ AutoCAD 2008\Support\fl.mnu

注意：菜单项目第一项是用一个星号（＊）开始命令的定义。星号前面的命令标题将写在屏幕上，它可以单击。受到单击后将执行星号以后的命令定义。星号的意义是允许命令重复，直到按 ESC 键、Ctrl＋C 组合键或者选择其他菜单命令才取消。^C^C 表示取消正在执行的命令两次。很多命令只要一次就可以取消，但是有些命令则需要取消两次，如绘制样条曲线的命令。

在 AutoCAD 命令行中输入 menuload 弹出如图 10-34 所示的对话框。

图 10-34　加载菜单对话框之一

图 10-35　加载菜单对话框之二

通过浏览，找到 fl.mnu 文件，打开并点击加载，就会在 AutoCAD 菜单中多出一项"甲型法兰绘制"，鼠标移上去后弹出选项，如图 10-35 所示，选择"绘制法兰"，弹出对话框窗体，输入数据，点击确定，系统就自动绘制下面的法兰，见图 10-36。

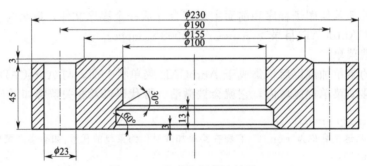

图 10-36　自动绘制的法兰图

10.5.2　某零件三维视图绘制

现需要绘制的零件三维视图见图 10-37，开发的窗体见图 10-38，则其窗体程序为：

```
ljsw:dialog{
  label＝"绘制零件三视图";
  :row{//引用行
    :image{//引用图像控件
      width＝130;//图像的宽
      height＝30;//图像的高
      key＝"image_ljsw";//图像的关键字为 image_ljsw
      color＝－2;//图像的背景色为 AutoCAD 的背景色
    }//图像的引用结束
```

```
:column{//引用列
  :boxed_column{//引用加框列
    label="几何数据";//加框列的标签
    :boxed_column{//引用加框列
      label="宽度数据";//加框列的标签
      :edit_box{//引用编辑框1
        label="底座宽度 W1(mm):";//编辑框1的标签
        edit_width=8;//编辑框1的宽度
        key="W1";//编辑框1的热键
      }//编辑框1引用结束
    }//加框列引用结束

    :boxed_column{
      label="长度数据";
      :edit_box{
        label="底座长度 L1(mm):";
        edit_width=8;
        key="L1";
      }
      :edit_box{
        label="半圆定位 L2(mm):";
        edit_width=8;
        key="L2";
      }
      :edit_box{
        label="第4直径定位 L3(mm):";
        edit_width=8;
        key="L3";
      }
      :edit_box{
        label="第1、2、3直径定位 L4(mm):";
        edit_width=8;
        key="L4";
      }
      :edit_box{
        label="上槽长度 L5(mm):";
        edit_width=8;
        key="L5";
      }
      :edit_box{
        label="下槽长度 L6(mm):";
        edit_width=8;
        key="L6";
      }
    }

    :boxed_column{
      label="高度数据";
```

```
:edit_box{
  label="总高度 H1(mm):";
  edit_width=8;
  key="H1";
}
:edit_box{
  label="底座高度 H2(mm):";
  edit_width=8;
  key="H2";
}
:edit_box{
  label="槽座高度 H3(mm):";
  edit_width=8;
  key="H3";
}
:edit_box{
  label="上圆高度 H4(mm):";
  edit_width=8;
  key="H4";
}
}

:boxed_column{
  label="直径数据";
  :edit_box{
    label="第 1 直径 D1(mm):";
    edit_width=8;
    key="D1";
  }
  :edit_box{
    label="第 2 直径 D2(mm):";
    edit_width=8;
    key="D2";
  }
  :edit_box{
    label="第 3 直径 D3(mm):";
    edit_width=8;
    key="D3";
  }
  :edit_box{
    label="第 4 直径 D4(mm):";
    edit_width=8;
    key="D4";
  }
  :edit_box{
    label="第 5 直径 D5(mm):";
    edit_width=8;
    key="D5";
```

```
            }
          }
    }//加框列引用结束

    :boxed_column{//列的控件是加框列
      label="定位点";//加框列的标签是定位点
      :button{//加框列的第1个控件是屏幕取点按钮
        label="屏幕取点＜";
        key="pick";
      }
      :edit_box{//加框列的第2个控件是编辑框
        label="&X(mm):";
        width=12;
        key="X_box";
      }
      :edit_box{//加框列的第2个控件是编辑框
        label="&Y(mm):";
        width=12;
        key="Y_box";
      }
    }//加框列结束
  }//列结束
}//行引用结束
ok_cancel;//引用ok_cancel组合控件
}
```

图像绘制主程序为：

```
(defun c:ljsw();定义命令
(defun getdata();定义从编辑框获取h d b bd ld x y数据的函数
  (setq w1(atof(get_tile "W1")))
  (setq l1(atof(get_tile "L1")))
  (setq l2(atof(get_tile "L2")))
  (setq l3(atof(get_tile "L3")))
  (setq l4(atof(get_tile "L4")))
  (setq l5(atof(get_tile "L5")))
  (setq l6(atof(get_tile "L6")))
  (setq h1(atof(get_tile "H1")))
  (setq h2(atof(get_tile "H2")))
  (setq h3(atof(get_tile "H3")))
  (setq h4(atof(get_tile "H4")))
  (setq d1(atof(get_tile "D1")))
  (setq d2(atof(get_tile "D2")))
  (setq d3(atof(get_tile "D3")))
  (setq d4(atof(get_tile "D4")))
  (setq d5(atof(get_tile "D5")))
  (setq p1100(list x0 y0))
  (setq p1101(list(+x0(-l1 14))(+y0(/w1 2))))
  (setq p1102(list(+x0(-l1 14))(-y0(/w1 2))))
```

```
(setq p1103(list(-x0 14)(+y0(/w1 2))))
(setq p1104(list(-x0 14)(-y0(/w1 2))))
(setq p1105(list(-x0 14)(+y0(/d5 2))))
(setq p1106(list(-x0 14)(-y0(/d5 2))))
(setq p1107(list(+(-x0 14)12)(+y0(/d5 2))))
(setq p1108(list(+(-x0 14)12)(-y0(/d5 2))))
(setq x1 x0)
(setq y1(+y0 w1))
(setq p1200(list x1 y1))
(setq x2 x1)
(setq y2(+y1 h1))
(setq p1210(list x2 y2))
(setq p1211(list(-x2(/d2 2))y2))
(setq p1212(list(+x2(/d2 2))y2))
(setq p1213(list(-x2(/d1 2))y2))
(setq p1214(list(+x2(/d1 2))y2))
(setq p1215(list(-x2(/d1 2))(+y1 h2)))
(setq p1216(list(+x2(/d1 2))(+y1 h2)))
(setq p1217(list(-x2(/d2 2))(-y2 h4)))
(setq p1218(list(+x2(/d2 2))(-y2 h4)))
(setq p1219(list(-x2(/d3 2))(-y2 h4)))
(setq p1220(list(+x2(/d3 2))(-y2 h4)))
(setq p1221(list(-x2(/d3 2))(+(-y2 h1)h3)))
(setq p1222(list(+x2(/d3 2))(+(-y2 h1)h3)))
(setq x3(+(-x1 14)13))
(setq y3 y1)
(setq p1233(list(-x3(/d4 2))(+y3 h2)))
(setq p1234(list(+x3(/d4 2))(+y3 h2)))
(setq p1235(list(-x3(/d4 2))(+y3 h3)))
(setq p1236(list(+x3(/d4 2))(+y3 h3)))
(setq p1237(list(+(-x3 13)12(/d5 2))(+y3 h2)))
(setq p1238(list(+(-x3 13)12(/d5 2))(+y3 h3)))
(setq p1240(list(-x3 13)y3))
(setq p1241(list(-x3 13)(+y3 h3)))
(setq p1242(list(-x3 13)(+y3 h2)))
(setq p1243(list(+(-x3 13)11)(+y3 h2)))
(setq p1244(list(+(-x3 13)11)(+y3 h3)))
(setq p1245(list(+(-x3 13)11)y3))
(setq x4(+x1( * w1 2)))
(setq y4 y1)
(setq p1301(list(-x4(/16 2))y4))
(setq p1302(list(+x4(/16 2))y4))
(setq p1303(list(-x4(/w1 2))y4))
(setq p1304(list(+x4(/w1 2))y4))
(setq p1305(list(-x4(/w1 2))(+y4 h2)))
(setq p1306(list(+x4(/w1 2))(+y4 h2)))
(setq p1307(list(-x4(/d1 2))(+y4 h2)))
(setq p1308(list(+x4(/d1 2))(+y4 h2)))
```

```
(setq p1309(list(-x4(/d1 2))(+y4 h1)))
(setq p1310(list(+x4(/d1 2))(+y4 h1)))
(setq p1311(list(-x4(/d5 2))(+y4 h2)))
(setq p1312(list(+x4(/d5 2))(+y4 h2)))
(setq p1313(list(-x4(/d5 2))(+y4 h3)))
(setq p1314(list(+x4(/d5 2))(+y4 h3)))
(setq p1315(list(-x4(/l5 2))(+y4 h3)))
(setq p1316(list(+x4(/l5 2))(+y4 h3)))
(setq p1401(list(-x0 l4 20)y0))
(setq p1402(list(+(-x0 l4)l1 20)y0))
(setq p1403(list x0(-y0(/d1 2)10)))
(setq p1404(list x0(+y0(/d1 2)10)))
(setq p1405(list(+(-x0 l4)l3)(-y0(/d4 2)10)))
(setq p1406(list(+(-x0 l4)l3)(+y0(/d4 2)10)))
(setq p1407(list(+(-x0 l4)l2)(-y0(/d5 2)10)))
(setq p1408(list(+(-x0 l4)l2)(+y0(/d5 2)10)))
(setq p1409(list x1(-(+y1 h3)10)))
(setq p1410(list x2(+y2 10)))
(setq p1411(list(+(-x1 l4)l3)(-(+y1 h3)10)))
(setq p1412(list(+(-x1 l4)l3)(+y1 h2 10)))
(setq p1413(list(+(-x1 l4)l2)(-(+y1 h3)10)))
(setq p1414(list(+(-x1 l4)l2)(+y1 h2 10)))
(setq p1415(list x4(-y4 10)))
(setq p1416(list x4(+y4 h1 10)))
);getdata 函数定义结束

(setvar"cmdecho" 0)   //设置系统变量
(setq dcl_id(load_dialog "ljsw.dcl"))
    (if(< dcl_id 0)(exit))
    (setq w1 100
    l1 200
    l2 30
    l3 80
    l4 150
    l5 85
    l6 70
    h1 100
    h2 40
    h3 15
    h4 10
    d1 80
    d2 60
    d3 40
    d4 30
    d5 30
    x0 0
    y0 0
    sdt 2
```

```
            p1000(list 0 0)
        )
    (while(> sdt 1);while 循环开始
        (if(not(new_dialog "ljsw" dcl_id))(exit));初始化对话框 ljsw
        (setq xl(dimx_tile "image_ljsw"));获取图像宽度赋给变量 xl
        (setq yl(dimy_tile "image_ljsw"));获取图像宽度赋给变量 yl
        (start_image "image_ljsw");开始建立图像
        (slide_image 0 0 xl yl "ljsw.sld");图像的左上角、右下角、幻灯片文件为 ljsw
        (end_image);图像建立完毕
        (set_tile "W1"(rtos w1 2 2))
        (set_tile "L1"(rtos l1 2 2))
        (set_tile "L2"(rtos l2 2 2))
        (set_tile "L3"(rtos l3 2 2))
        (set_tile "L4"(rtos l4 2 2))
        (set_tile "L5"(rtos l5 2 2))
        (set_tile "L6"(rtos l6 2 2))
        (set_tile "H1"(rtos h1 2 2))
        (set_tile "H2"(rtos h2 2 2))
        (set_tile "H3"(rtos h3 2 2))
        (set_tile "H4"(rtos h4 2 2))
        (set_tile "D1"(rtos d1 2 2))
        (set_tile "D2"(rtos d2 2 2))
        (set_tile "D3"(rtos d3 2 2))
        (set_tile "D4"(rtos d4 2 2))
        (set_tile "D5"(rtos d5 2 2))

        (set_tile "X_box"(rtos x0 2 2))    //数据转换成十进制,两位小数点的字符串
        (set_tile "Y_box"(rtos y0 2 2))
        (action_tile "pick" "(getdata)(done_dialog 2)");设置屏幕取点按钮的活动
        (action_tile "accept" "(getdata)(done_dialog 1)");设置 OK 按钮的活动
        (action_tile "cancel" "(done_dialog 0)");设置 Cancel 按钮的活动
        (setq sdt(start_dialog))
        (if(=sdt 2);同于单击了屏幕取点按钮,注意:该表达式在 while 内部
            (progn
                (initget 1);禁止空输入
                (setq p1000(getpoint "定位点"));在屏幕上获取 p 点
                (setq x0(car p1000)y0(cadr p1000));将 p 点的 x、y 坐标分别赋给变量 x、y
                );取点之后,重新开始循环
            )
        );while 循环结束

    (if(=sdt 1);由于单击了 OK 按钮,绘制轴段
        (progn
            (progn;定义图层
                (command "layer" "n" "粗实线" "c" "7" "粗实线" "lw" 0.50 "粗实线" "s" "粗实线" "")
                (command "layer" "n" "细实线" "c" "7" "细实线" "lw" 0.18 "细实线" "s" "细实线" "")
                (command "layer" "n" "点划线" "c" "1" "点划线" "l" "ACAD_ISO04W100" "点划线" "lw"
0.18 "点划线" "s" "点划线" "")
```

```
        (command "layer" "n" "尺寸线" "c" "5" "尺寸线" "lw" 0.18 "尺寸线" "s" "尺寸线" "")
        (command "layer" "n" "文本线" "c" "212" "文本线" "lw" 0.18 "文本线" "s" "文本线" "")
        (command "layer" "n" "剖面线" "c" "142" "剖面线" "lw" 0.18 "剖面线" "s" "剖面线" "")
        (command "layer" "n" "隐藏线" "c" "6" "隐藏线" "l" "ACAD_ISO02W100" "隐藏线" "lw"
0.18 "隐藏线" "s" "隐藏线" "")
        (command "layer" "n" "双点划线" "c" "3" "双点划线" "l" "ACAD_ISO09W100" "双点划线"
"lw" 0.18 "双点划线" "s" "双点划线" "")
        (command "layer" "n" "波浪线" "c" "7" "波浪线" "lw" 0.18 "波浪线" "s" "波浪线" "")
    )
    (progn;俯视图
        (command "layer" "m" "粗实线" "")
        (command "pline" p1107 p1105 p1103 p1101 p1102 p1104 p1106 p1108 "" "")
        (command "circle" p1100(/d1 2))
        (command "circle" p1100(/d2 2))
        (command "circle" p1100(/d3 2))
        (command "circle"(list(+(-x0 14)13)y0)(/d4 2))
        (command "circle"(list(+(-x0 14)12)y0)(/d5 2))
        ;(command "arc" "c"(list(+(-x0 14)12)y0)p1108 p1107)
        (command "layer" "m" "点划线" "")
        (command "line" p1401 p1402 "")
        (command "line" p1403 p1404 "")
        (command "line" p1405 p1406 "")
        (command "line" p1407 p1408 "")
    )
    (progn;主视图
        (command "layer" "m" "粗实线" "")
        (command "pline" p1237 p1238 p1235 p1233 "c" "")
        (command "layer" "m" "剖面线" "")
        (command "hatch" "ansi31" "" 0(entlast)"")
        (command "layer" "m" "粗实线" "")
        (command "pline" p1234 p1215 p1213 p1211 p1217 p1219 p1221 p1236 "c" "")
        (command "layer" "m" "剖面线" "")
        (command "hatch" "ansi31" "" 0(entlast)"")
        (command "layer" "m" "粗实线" "")
        (command "pline" p1222 p1220 p1218 p1212 p1214 p1216 p1243 p1244 "c" "")
        (command "layer" "m" "剖面线" "")
        (command "hatch" "ansi31" "" 0(entlast)"")
        (command "layer" "m" "粗实线" "")
        (command "pline" p1244 p1245 p1240 p1241 "c" "")
        (command "pline" p1241 p1242 p1237 "")
        (command "line" p1233 p1234 "")
        (command "line" p1211 p1212 "")
        (command "line" p1219 p1220 "")
        (command "layer" "m" "点划线" "")
        (command "line" p1409 p1410 "")
        (command "line" p1411 p1412 "")
        (command "line" p1413 p1414 "")
    )
```

```
    (progn;左视图
        (command "layer" "m" "粗实线" "")
        (command "pline" p1301 p1303 p1305 p1307 p1309 p1310 p1308 p1306 p1304 p1302 p1316
p1315 "c" "")
        (command "line" p1307 p1308 "")
        (command "line" p1315 p1316 "")
        (command "line" p1311 p1313 "")
        (command "line" p1312 p1314 "")
        (command "layer" "m" "点划线" "")
        (command "line" p1415 p1416 "")
    )
    (progn;标注
        (command "layer" "m" "尺寸线" "")
        (command "dimlinear" p1101 p1102 "v"(polar p1102( * (/pi 2)0)20))
        (command "dimlinear" p1105 p1106 "v" "t" "%%c<>"(polar p1105( * (/pi 2)2)20))
        (command "dimlinear" p1104 p1102 "h"(polar p1102( * (/pi 2)3)20))
        (command "dimlinear" p1233 p1234 "h" "t" "%%c<>"(polar p1233( * (/pi 2)1)20))
        (command "dimlinear" p1219 p1220 "h" "t" "%%c<>"(polar p1213( * (/pi 2)1)20))
        (command "dimlinear" p1211 p1212 "h" "t" "%%c<>"(polar p1213( * (/pi 2)1)30))
        (command "dimlinear" p1213 p1214 "h" "t" "%%c<>"(polar p1213( * (/pi 2)1)40))
        (command "dimlinear" p1245 p1244 "v"(polar p1244( * (/pi 2)0)20))
        (command "dimlinear" p1245 p1216 "v"(polar p1244( * (/pi 2)0)30))
        (command "dimlinear" p1245 p1214 "v"(polar p1244( * (/pi 2)0)40))
        (command "dimlinear" p1301 p1302 "h"(polar p1301( * (/pi 2)3)20))
        (command "dimlinear" p1315 p1316 "h"(polar p1301( * (/pi 2)3)30))
    )
  )
);if 结束
(unload_dialog id);卸载对话框文件
(princ);静默退出
)
```

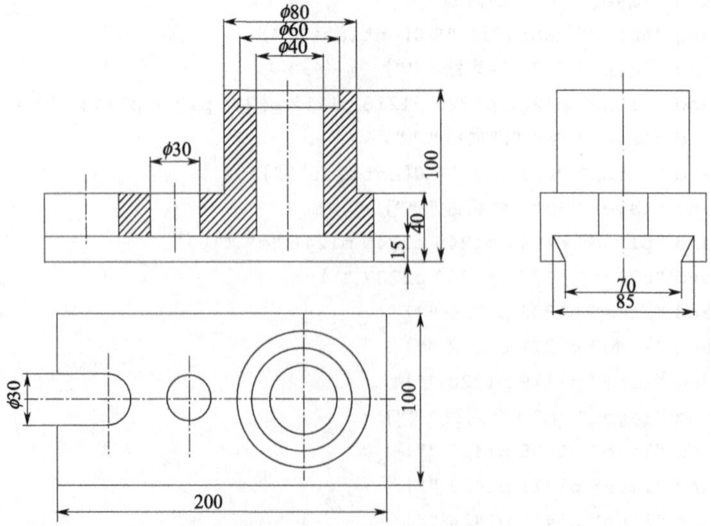

图 10-37　零件三维视图

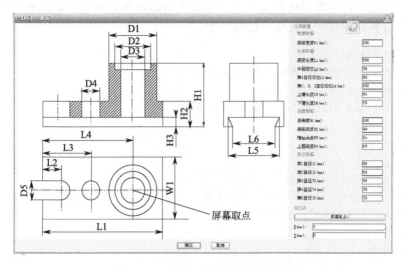

图 10-38　零件三维视图绘制对话框

10.5.3　立体法兰绘制

（1）开发目标

本次要开发的目标就是将 10.5.1 节中的平面法兰绘制成立体图形，并输出生成便于 3D 打印机打印的文件，绘制的立体法兰如图 10-39 所示，其全部参数类同于 10.5.1 节中的平面法兰。

（2）开发规划

要通过输入参数直接绘制图 10-39 所示的立体法兰，首先需要输入各项参数，其次开发绘制立体图的主程序，然后再编写菜单程序。由于参数输入及菜单代码和 10.5.1 节中相仿，故不再重复阐述。立体法兰参数化绘制的重点是主程序代码的编写。

（3）代码编写

首先是数据输入界面代码的编写，由于和 10.5.1 节中基本相仿，具体代码不再列出，但 DCL 的界面作了一些改变，具体见图 10-40。

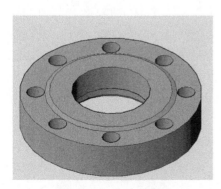

图 10-39　法兰立体图

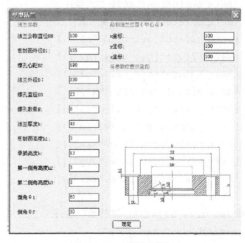

图 10-40　对话框界面

法兰立体图绘制的主程序代码反而比二维图绘制的简单，所需要的点的计算相对较少。主要是圆台的合并及差集，其主程序代码如下：

```
(defun c:D3jxflhz();定义命令
  (setvar "cmdecho" 0);关闭回显提示和输入
  (setvar "osmode" 0);对象捕捉
(setq dcl_id(load_dialog "D3jxfl.dcl"));加载窗体
  (if(< dcl_id 0)
    (exit)
    )
  (if(not(new_dialog "D3jxfl" dcl_id))(exit))
  (image1 "jxfl_image" "jxflsl");加载图形
  (action_tile "accept" "(data_set)")
  (start_dialog)
  (unload_dialog dcl_id)
  (draw_D3jxfl);执行绘图程序
)
(defun image1(key image_name /x x);定义图形函数
  (start_image key)
  (setq x(dimx_tile key)
        y(dimy_tile key)
        )
  (fill_image 0 0 x y 0)
  (slide_image 0 0 x y image_name)
  (end_image)
  )
(defun data_set();数据从窗体传入和处理
  (setq dn(atof(get_tile "dn")))
  (setq d1(atof(get_tile "D1")))
  (setq d2(atof(get_tile "D2")))
  (setq d(atof(get_tile "D")))
  (setq d3(atof(get_tile "D3")))
  (setq b(atof(get_tile "b")))
  (setq hh(atof(get_tile "hh")))
  (setq h1(atof(get_tile "h1")))
  (setq h2(atof(get_tile "h2")))
  (setq h3(atof(get_tile "h3")))
  (setq n(atof(get_tile "N")))
  (setq ja(atof(get_tile "ja")))
  (setq jb(atof(get_tile "jb")))
  (setq x(atof(get_tile "xxx")))
  (setq y(atof(get_tile "yyy")))
  (setq z(atof(get_tile "zzz")))
    )
(defun draw_D3jxfl();法兰绘制程序
(command "vscurrent" "c")
(command "view" "swiso")
(setq p0(list 0 0 0))
```

```
(setq ja( * (/pi 180)ja))
(setq jb( * (/pi 180)jb))
(setq R(/d 2)H(−b h1))
(command "cylinder" p0 R H "");绘制圆柱体
 (setq S1(entlast))
 (setq R1(−(/d2 2)(/d3 2))  R2(/d1 2)H h1)
 (setq p0(list 0 0(−b h1)))
 (command "cone" p0  R1 "t" R2 H "");绘制圆台
 (setq S2(entlast))
 (command"union" S1 S2 "")
(setq S3(entlast))
(setq R(/dn 2)H  b)
(setq p0(list 0 0 0))
(command "cylinder" p0 R H "");绘制圆柱体
(setq S4(entlast))
(command "subtract" S3 "" S4  "")
(setq S5(entlast))
(setq m 0);通过循环绘制 8 个螺栓孔
  (while(≤=m n)
  (setq pp(polar p0( * m(/( * 2 pi)n))(/d2 2)))
  (command "cylinder" pp(/d3 2)(−b h1)"")
  (command "subtract" S5 ""(entlast)"")
  (setq S5(entlast))
  (setq m(+m 1))
  )
(setq R1(+(/dn 2)( * h3(/(cos jb)(sin jb)))( * h2(/(cos ja)(sin ja)))));倒角 1 圆台
(setq R2(+(/dn 2)( * h3(/(cos jb)(sin jb)))))
(setq H h2)
(setq p0(list 0 0 0))
(command "cone" p0  R1 "t" R2 H "")
(setq S6(entlast))
(setq R2(+(/dn 2)( * h3(/(cos jb)(sin jb)))))
(setq p0(list 0 0 h2));倒角 1～2 之间圆柱体
(command "cylinder" p0 R2(−hh h2)"")
(setq S7(entlast))
 ;倒角 2 圆台
 (setq R1(+(/dn 2)( * h3(/(cos jb)(sin jb)))))
 (setq R2  (/dn 2))
 (setq H h3)
 (setq p0(list 0 0 hh));圆台底部中心抬高
 (command "cone" p0  R1 "t" R2 H "")
(setq S8(entlast))
(command "subtract" S5 "" S6 S7 S8  "")
 (command "move" S5 ""(list 0 0 0)(list x y z))
  (command)
  )
```

（4）菜单加载

菜单代码如下，比 10.5.1 节多了文件输出语句，具体的加载方法和前面一致，不再赘述。加载成功后，AutoCAD 绘图界面上方出现图 10-41 所示的菜单界面。

```
＊＊＊menugroup＝menu2017
＊＊＊POP1
[3D 甲型法兰绘制]
[绘制法兰]＊^C(load "D3jxflhz");D3jxflhz
[保存]^C^CSAVE
[打印]^C^CPLOT
[输出 STL]＊^C(load "D3jxflhzstl");D3jxflhzstl;用于输出 3D 打印文件
[—————]
[取消]^C
```

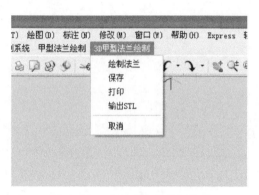

图 10-41　3D 甲型法兰绘制菜单

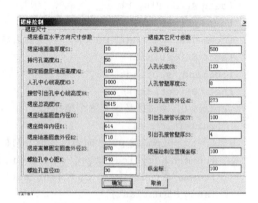

图 10-42　裙座绘制数据输入窗体

10.6　读者练习

(1) 裙座绘制

请读者自己开发能自动绘制裙座的 Visual LISP 程序，裙座绘制数据见图 10-42，人机交互界面见图 10-43。当然，读者也可以自己设计更好的人机对话界面，现将图 10-42 所示的界面程序提供给读者，给读者一个参考。

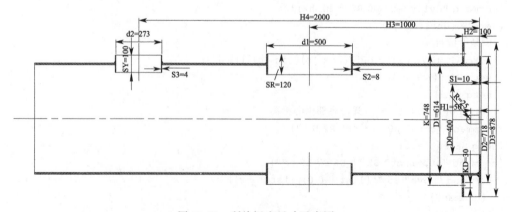

图 10-43　所绘裙座尺寸示意图

图 10-42 所示窗体代码如下：

```
qunz:dialog{
  label="裙座绘制";
:column{
  :row{
label="裙座尺寸";
    :boxed_column{
  label="裙座垂直水平方向尺寸参数";
  :edit_box{
  label="裙座地基盘厚度 S1:";
  key="S1";
  edit_limit=15;
  edit_width=10;
  value=10;
}
:edit_box{
  label="排污孔高度 H1:";
  key="H1";
  edit_limit=15;
  edit_width=10;
  value=50;
}
:edit_box{
  label="固定圆盘距地面高度 H2:";
  key="H2";
  edit_limit=15;
  edit_width=10;
  value=100;
}
:edit_box{
  label="人孔中心线高度 H3:";
  key="H3";
  edit_limit=15;
  edit_width=10;
  value=1000;
}
:edit_box{
  label="接管引出孔中心线高度 H4:";
  key="H4";
  edit_limit=15;
  edit_width=10;
  value=2000;
}
:edit_box{
  label="裙座总高度 HT:";
  key="HT";
  edit_limit=15;
  edit_width=10;
  value=2615;
```

```
    }
    :edit_box{
      label="裙座地基圆盘内径 D0:";
      key="D0";
      edit_limit=15;
      edit_width=10;
      value=400;
    }
    :edit_box{
      label="裙座筒体内径 D1:";
      key="D1";
      edit_limit=15;
      edit_width=10;
      value=614;
    }
    :edit_box{
      label="裙座地基圆盘外径 D2:";
      key="D2";
      edit_limit=15;
      edit_width=10;
      value=718;
    }
    :edit_box{
      label="裙座离地固定圆盘外径 D3:";
      key="ja";
      edit_limit=15;
      edit_width=10;
      value=878;
    }
    :edit_box{
      label="螺栓孔中心距 K:";
      key="K";
      edit_limit=15;
      edit_width=10;
      value=748;
    }
    :edit_box{
      label="螺栓孔直径 KD:";
      key="KD";
      edit_limit=15;
      edit_width=10;
      value=30;
    }
    }
    :boxed_column{
      label="裙座其他尺寸参数";
```

```
:edit_box{
  label="人孔外径 d1:";
  key="d1";
  edit_limit=15;
  edit_width=10;
  value=500;
}
:edit_box{
  label="人孔长度 SR:";
  key="SR";
  edit_limit=15;
  edit_width=10;
  value=120;
}
:edit_box{
  label="人孔管壁厚度 S2:";
  key="S2";
  edit_limit=15;
  edit_width=10;
  value=8;
}
:edit_box{
  label="引出孔接管外径 d2:";
  key="d2";
  edit_limit=15;
  edit_width=10;
  value=273;
}
:edit_box{
  label="引出孔接管长度 SY:";
  key="SY";
  edit_limit=15;
  edit_width=10;
  value=100;
}
:edit_box{
  label="引出孔接管壁厚 S3:";
  key="K";
  edit_limit=15;
  edit_width=10;
  value=4;
}
:edit_box{
  label="裙座绘制位置横坐标:";
  key="xxx";
  edit_limit=15;
  edit_width=10;
  value=100;
```

```
    }

:edit_box{
  label="纵坐标:";
  key="yyy";
  edit_limit=15;
  edit_width=10;
  value=100;
}
 }
}
ok_cancel;
 }
 }
```

（2）化工设备零件绘制

开发一个通过输入数据就可以绘制所有化工零件的二次开发软件。该软件的主要功能有图层设置、图框、标题栏自动绘制，通过零件的组装并加以一定的人工修改，就可以快速地生成化工设备组装图。化工零件绘制二次开发软件界面见图10-44。

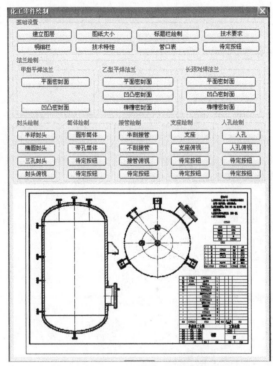

图 10-44 化工零件绘制二次开发软件界面

第11章
化学化工过程计算机测量与控制系统及仿真模拟系统开发

11.1 计算机测量与控制基本原理

11.1.1 概述

早在 20 世纪 60 年代,控制领域中就已引入了计算机,当时的计算机只是控制调节器的设定点,具体的控制则由电子调节器来执行,这种系统又称为计算机监控系统(SCC)。这种系统现在还有应用,所不同的是当时所用的调节器是模拟量的电子调节器,而现在则是使用了数字式的调节器。SCC 既采用了计算机,又采用了调节器,系统复杂,投资又大,于是在 60 年代末期出现了一种用计算机直接控制一个机组或一个车间的控制系统。但由于当时的技术水平所限,计算机的可靠性不高,因此一旦计算机发生故障,整个系统就会停顿,影响了这种系统的进一步推广应用。70 年代随着电子技术的飞速发展和大规模集成电路的出现,其生产成本大幅度的下降,为现在的以计算机为基础的分散控制系统奠定了物质基础。1975 年美国 HONEYWELL 首先推出了以微处理器为基础的 TDC-2000 型总体分散型控制系统(Total Distributed Control)。TDC 即为其缩写,其含意是集中管理、分散控制,因而称之为集散控制系统。

随后世界上各著名的仪表厂商都纷纷推出各种 TCS 系统。当时的产品,绝大多数是用一个 CPU 控制八个 PI 调节器回路。当 CPU 发生故障时只影响八个回路,对车间而言故障限制在局部的范围内,若及时采取措施,不至于影响全车的生产,这就是"危险分散化"的含义了。随着 CPU 大量生产及其价格下降,出现了一个 CPU 控制四个或两个回路,以至于用一个 CPU 控制一个回路的单回路数字式调节器。由于这种系统以数字控制代替了模拟控制,精度有所提高,而且其有集中管理、分散控制、危险分散、可靠性高、组态容易(无需逐条编程)和扩展性强的优点,因此很快得到了广泛应用。这种系统在国际上被称为分散控制系统(DCS),在国内也逐步将集散控制系统的名称改为分散控制系统了。

DCS 的出现使系统的控制方式发生了质的变化,是控制史上的一个里程碑。继 TDC-2000 之后,其他厂商吸收了计算机技术、自动控制技术、数据通信技术、CRT 显示技术(简称 4C 技术),不断地完善和改进自己的产品。这时期的代表产品有:日本横河公司的 GENTUM-XL,美国西屋公司的 WDPF,HONEYWELL 公司的 TDC-3000,ROSEMOUNT 公司的 SM3,FOXBORO 公司的 I/A 系列。值得一提的是西屋公司的 WDPF 系列,它采用了广播通信技术,在体系结构上采用了"水平式"结构,使系统内各站处于平等的地位,而 FOXBORO 公司的 I/A 系统是一种开放式的智能化体系,采用了这种开放式系统后可以方便地与其他厂商的设备进行互连，这时期产品的特点是精度高、可靠性强、模块化结构、智能化体系，系统已趋于成熟，得到用户的普遍接受。

由于技术的进步，工业 PC 机的平均无故障时间 MTBF 值大幅度提高，各种应用软件和控制应用软件也为进入控制领域铺平了道路。另外适合工业应用的网络技术的发展，为 PC 方式的 DCS 的广泛应用起了更有力的推动作用。目前，在许多化学化工领域都采用计算机进行各种数据的自动测量及操作过程的自动控制。

11.1.2　测量基本原理

图 11-1 所示是计算机数据采集和处理系统，它除了计算机之外，还需要采样的传感器及 A/D（D/A）转换装置。其实，无论是数据采集系统还是过程控制系统都离不开传感器和 A/D（D/A）转换装置，没有这两个装置就无法实现数据采集或过程控制。

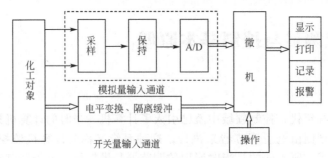

图 11-1　数据采集和处理系统

所谓传感器是指利用某些物质固有的物理特性，直接将各种被测参数如压力、温度、流量、物位等参数转换成一定的便于传送的信号（电信号或气信号）的仪表，如应变片式压力传感器、电容/电压传感器等，较简单的有作为温度传感器的热电偶、热电阻。当传感器的输出为单元组合仪表的标准信号时，此时的传感器就成了变送器。

一般传感器得到的是连续的模拟信号，计算机无法直接识别，就需要引入 A/D 转换装置，将连续变化的模拟（Analog）信号转换成与其成比例的数字（Digital）信号，以便让计算机接收或使数字仪表显示。转换的计量单位越小，整量化的误差也就越小，数字化就越接近连续量本身的值。常用模拟量整量化的方法有时间间隔-数字转换、电压-数字转换、机械量-数字转换，最常用的是电压-数字转换。如果是计算机控制系统，则还需要 D/A 转换装置，将计算机断续的数字信号转换成连续的模拟信号，以便驱动负载工作，从而控制整个操作过程。

在数据采样过程中，如果传感器得到的信号很微弱，就很难直接进行 A/D 转换，这时就需要放大器。所谓放大器就是将小的微弱的信号放大成大的强的信号的装置，有运算放大器和功率放大器两种。在数据采集和过程控制中常用运算放大器。在生产过程中测量到的信号或偏差信号有些是非常小的（如用热电偶测量温度时，信号有可能只有几微伏，并且功率很小），必须进行信号放大及功率放大方可进行显示并带动可逆电机工作。目前市场上已将放大器和 A/D 转换装置整合在一个模块中，有现成的产品可供选用，这大大方便了数据采集系统的开发工作。

11.1.3　控制基本原理

计算机控制系统指采用计算机作为自动化工具实现过程自动控制的系统。由于计算机具有运算速度快与逻辑判断功能，能存储大量数据信息，并进行加工、运算、实时处理，因此计算机控制能达到常规自动化仪表所不能达到的效果，可实现过程最优控制。图 11-2 是基本的计算机控制系统原理图。系统通过由传感器、A/D 转换器等组成的测量变送机构，将化工对象中需要控制的如温度、压力、流量等变量转变成数字信号，通过一定的输入通道及接口进入用于控制的计算机，计算机通过将输入得到的变量数字信号和该变量设定的数字信号进行比较，若两者不一致，则按一定的控制规律（如 PI 控制）进行运算，得到一个输出的数字信号，该信号通过一定的接口和输出通道转变成模拟信号后，进入执行结构，通过执行机构改变操作变量的大小（如阀门的开度），从而使被控变量达到系统的设定值。

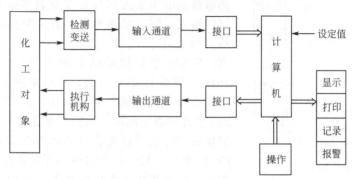

图 11-2 计算机控制系统原理图

11.1.4 两种不同的数据处理系统

计算机处理外来数字信号通常有两种形式，一种是并行通信，另一种则为串行通信。并行通信一次可以传输 8 个位的信号量，而串行通信则只能传输 1 个位的信号量。显然，并行通信的速度快于串行通信。常用的并行通信端口为打印机端口，更为直接的是将 A/D（D/A）转换卡直接插入电脑主板的总线槽中。尽管这样可以获得很快的通信速度，但电脑主板带电引起的数据漂移后受外界干扰引起的数据错误的概率也大大提高。目前，对于较远距离的计算机通信常采用串行通信，串行通信尽管速度比并行通信慢，但其正确率高，可以进行较长距离的传输，目前有许多数字测量仪表通过串行通信和计算机进行通信。常用的串行通信有两种，一种是 RS-232，另一种为 RS-485。RS-232 串行通信端口要通过计算机的 COM 端口，目前最新的计算机可能没有此端口，不过可以用 USB 端口通过转换装置连接上 RS-232。

11.2 串行通信测量系统软件开发

11.2.1 软件要求及功能

本软件要求在 A/D 转换模块供应商提供的驱动程序下运行，软件可以自动测量 8 个实验点的温度，通过对 8 个实验点温度的处理，用户可以将此软件用于测量许多物质的比热容、热导率、溶解热等参数。用户通过软件的人机界面，可以设定测量间隔及测量数据保存的文件名。对于测量的 8 个实验点的温度，软件以图形表示温度变化的曲线，以表格数据显示即时 8 个实验点的温度。软件还需要设置其中一个图形，用以表示用户自定义的性能指标，用户可以根据具体的实验来定义性能指标，如节能率、热导率、比热容等。

软件要求选用 VB6.0 编程。8 个实验点的热电偶传感器通过温度标定，修改程序中的温度计算参数，提高温度测量精度。软件所用功能集成在一个界面上，用户设置简单，使用方便。实验结果采用双重保存机制，既有图形记录温度变化过程，又有数据文件记录具体的数据，方便在其他软件上处理。

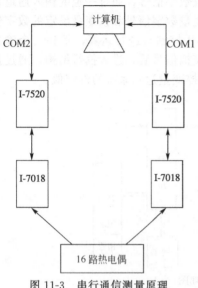

图 11-3　串行通信测量原理

11.2.2　基本原理

本测量系统的基本原理如图 11-3 所示，采用 T 型热电偶为温度传感器，热电偶将温度的变化转变成电压的变化。泓格 I-7018 模块为模拟量输入模块，它将热电偶的电压输入信号转变成数字信号。该模块最多可以输入 8 路差动热电偶，有多种热电偶类型可供选择。如 J、K、T、E、R、S、B、N、C 等型号的热电偶。I-7018 模块信号的分辨率为 16 位，采样频率为 10Hz，即 0.1s 采样一次，符合温度数据采集要求。I-7018 模块输出的信号再通过 I-7520 模块，转变成 RS-232 和计算机中的串行通信口相连接，利用模块供应商提供的软件就可以测得各路的温度。如果电脑上没有 COM 端口，尤其是目前许多手提电脑基本没有 COM 端口，这时就必须采用笔者发明的国家实用新型专利"一种储能相变微胶囊节能性能测量装置"，专利号为 CN204374121U，其测量原理如图 11-4 所示。

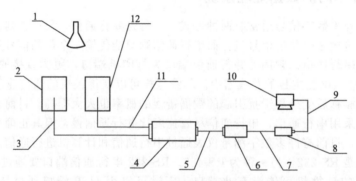

图 11-4　无 COM 端口的测量系统总体结构示意图

1—红外加热灯；2—储能微胶囊测量盒；3—储能微胶囊测量盒热电偶；4—热电偶温度测量模块；5—模块间数据连接线 1；6—RS-232 与 RS-485 信号转换模块；7—模块间数据连接线 2；8—USB 转 RS-232 转换器；9—USB 转 RS-232 转换器和电脑 USB 接口连接线；10—电脑；11—空白微胶囊测量盒热电偶线；12—空白微胶囊测量盒

11.2.3　系统软硬件配置

本数据测量系统对计算机软硬件要求均不高，软件操作系统只要是 Windows2000 或以上版本就能满足要求；应用程序 VB6.0 就能满足要求；硬件只要能运行 Windows2000 及 VB6.0 的任何一台 PC 机就能满足要求。

11.2.4　软件窗体设置

尽管购买泓格模块时，供应商会提供可供测量的应用软件，但有时对于具体的实际应用并不一定十分适用，需要进行二次开发。本测量系统在计算机的显示屏上同时显示 8 个点的温度数据以及图像显示，并将这 8 个点的温度数据实时记录下来，用于以后分析研究之用，而模块供应商提供的程序只能显示 1 个点的温度数据，也没有记录功能，因此我们在原窗体的基础上开发了适用于本测量系统的窗体，见图 11-5。

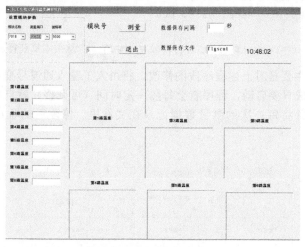

图 11-5　改进后软件窗体

11.2.5　主要源代码及说明

　　本软件是在供应商提供的软件基础上的二次开发，对于供应商提供的程序由于版权问题，在此不作全面介绍，但只要购买该产品，供应商就会免费提供。我们通过分析其提供的程序，其测量数据主要通过下段程序实现：

```
w7000(0)＝comCombo.ListIndex＋1                //设置通信端口,本软件中选择 COM1
    w7000(1)＝Val("&H" & addressText.Text)     //通过文本框设置通信地址
Select Case typeCombo.ListIndex               //设置模块类型
    Case 0
        w7000(2)＝&H7017
    Case 1
        w7000(2)＝&H7018
End Select
    If chksumOption(0).Value Then
    w7000(3)＝1         'CheckSum Enable
Else
    w7000(3)＝0
End If
 w7000(4)＝100        'TimeOut＝0.1 second
 w7000(5)＝Val(channelText.Text)              //设置通道号
w7000(6)＝1          'string debug
    Ret＝AnalogIn(w7000(0),f7000(0),SendTo7000,ReceiveFrom7000)
    If Ret <> 0 Then
        Beep
        A$ ＝"The Error Code:"＋Str$ (Ret)
        MsgBox A$ ,0,"_AnalogIn()error !!!"
        Close_Com(Port)
        End
```

```
    End If
       If w7000(6)＝1 Then
       Label7.Caption＝SendTo7000
       Label8.Caption＝ReceiveFrom7000
    End If
       Text1.Text＝Format$(f7000(0),"0.＃＃＃")    //从文本框获得测量温度值
```

我们的修改工作主要是对上述程序段的修改，将由人工输入通道号变成程序自动赋值；将人工启动程序执行变成只要启动，程序就会每隔一定时间（可调整）就自动执行下去，直到外界干预才停止测量，并将每一次的测量数据记录在文件里。修改后的程序代码如下，图 11-6 所示是某次测量结果。

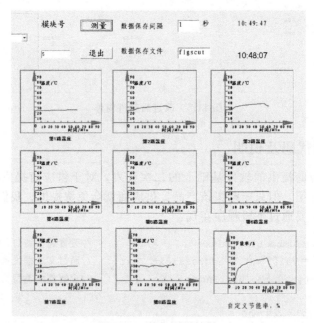

图 11-6   某次测量结果

```
 Public tk,tint    '设定公共变量
Dim x0(8),y0(8)
Private Sub baudCombo_Click()'端口设置及校验
    ConfigChange＝1
    If COMOpen ＞ 0 Then
        Close_Com(Port)
    End If
End Sub
Private Sub chksumOption_Click(Index As Integer)
    ConfigChange＝1
    If COMOpen ＞ 0 Then
        Close_Com(Port)
    End If
End Sub
Private Sub comCombo_Click()
    ConfigChange＝1
```

```vb
        If COMOpen > 0 Then
            Close_Com(Port)
        End If
End Sub
Private Sub Command1_Click()'测量模块,通过表格和图形显示温度及某些通过温度计算后的性能
                                       指标
Dim tt,t(8)
Dim data_name As String
    data_name=Text3. Text
    tint=Val(Text2. Text)
    Timer1. Interval=1000 * tint
Open "d:" & data_name & ". dat" For Output As #1
For jj=0 To 7
    SendTo7000=Space(100)
    ReceiveFrom7000=Space(100)
    If COMOpen=0 Or ConfigChange > 0 Then
        OpenCom
    End If
    w7000(0)=comCombo. ListIndex+1 '端口位置
    w7000(1)=Val("&H" & addressText. Text)'模块地址
    Select Case typeCombo. ListIndex    '模块 ID
        Case 0
            w7000(2)=&H7017
        Case 1
            w7000(2)=&H7018
    End Select
        If chksumOption(0). Value Then
            w7000(3)=1
    Else
            w7000(3)=0
    End If
        w7000(4)=100
        w7000(5)=jj
        w7000(6)=1
     Ret=AnalogIn(w7000(0),f7000(0),SendTo7000,ReceiveFrom7000)
        If Ret <> 0 Then
            Beep
            A$ ="The Error Code:"+Str$ (Ret)
            MsgBox A$ ,0,"_AnalogIn()error !!!"
            Close_Com(Port)
            End
    End If
        If w7000(6)=1 Then
        'Label7. Caption=SendTo7000
        'Label8. Caption=ReceiveFrom7000
    End If
     Text1(jj). Text=Format$ (f7000(0),"0. # # #")
    t(jj)=Val(Text1(jj). Text)
```

```
        Next jj
        Write ♯1,tt,t(0),t(1),t(2),t(3),t(4),t(5),t(6),t(7)
    Timer1. Enabled＝True
    End Sub
    Private Sub exitCmd_Click()
        If COMOpen ＞ 0 Then
            Close_Com(Port)
        End If
        End
    Close ♯1
    End Sub
    Private Sub Form_Load()   '加载窗体
        Dim i
        Dim xuhao As String
        typeCombo. ListIndex＝1
        comCombo. ListIndex＝0
        baudCombo. ListIndex＝4
        DataBit＝8      ' 8 data bit
        Parity＝0       ' Non Parity
        StopBit＝0       ' One Stop Bit
        COMOpen＝0
        Index＝0
        ConfigChange＝0
        Label2. Caption＝Time
            For i＝1 To 8
          xuhao＝"第" & i & "路温度"
          Label15(i－1). Caption＝xuhao
          Label15(i－1＋8). Caption＝xuhao
          x0(i－1)＝0
          y0(i－1)＝0
         Next i
      tk＝0
    End Sub
    Private Sub Form_Unload(Cancel As Integer)    '卸载窗体
        If COMOpen ＞ 0 Then
            Close_Com(Port)
        End If
    End Sub
    Private Sub runCmd_Click()
        Dim length As Integer
        Dim A$
        Dim i As Long
        Dim Cmd As String
        Dim Buf As String
        Dim Ret,status As Integer
        Cmd＝"                        "
        Buf＝"                          "
        If COMOpen＝0 Then
```

```
            OpenCom
        End If
        Cmd＝CommandText. Text
        For i＝0 To 300000
            Ret＝Read_Com_Status(Port,Buf,status)
            Ret＝Ret And ＆H300
            If Ret ＜＞ 0 Then
                Exit For
            End If
        Next
            receiveText. Text＝Buf
        Beep
End Sub
Private Sub Timer1_Timer()   '定时触发测量温度并画图
Dim tt,t(8)
Dim sx,sy As String   '坐标轴标注字符
Dim x,y,hx,hy,px0,py0,px,py,i,j,jj
tk＝tk＋tint
Label1. Caption＝Time
tt＝Time
  For jj＝0 To 7
    SendTo7000＝Space(100)
    ReceiveFrom7000＝Space(100)
    If COMOpen＝0 Or ConfigChange ＞ 0 Then
        OpenCom
    End If
    w7000(0)＝comCombo. ListIndex＋1 ' COM Port
    w7000(1)＝Val("＆H" ＆ addressText. Text)' Module Address
    Select Case typeCombo. ListIndex   ' Module ID
      Case 0
          w7000(2)＝＆H7017
      Case 1
          w7000(2)＝＆H7018
    End Select
    If chksumOption(0). Value Then
        w7000(3)＝1         ' CheckSum Enable
    Else
        w7000(3)＝0
    End If
    w7000(4)＝100       ' TimeOut＝0. 1 second
w7000(5)＝jj    '自动选取通道号
' w7000(5)＝Val(channelText. Text)    '界面输入通道号
w7000(6)＝1         ' string debug
'模块数据交换
Ret＝AnalogIn(w7000(0),f7000(0),SendTo7000,ReceiveFrom7000)
    If Ret ＜＞ 0 Then
        Beep
        A$ ＝"The Error Code:"＋Str$ (Ret)
```

```
                    MsgBox A$ ,0," _AnalogIn()error !!!"
                    Close_Com(Port)
                    End
            End If
        If w7000(6)=1 Then
            'Label7. Caption=SendTo7000
           'Label8. Caption=ReceiveFrom7000
        End If
        t(jj)=Format$ (f7000(0),"0. ＃＃＃")'获取 JJ 通道数据
        Select Case jj
          Case 0
            t(jj)=t(jj)/1. 059         '分母中的数据是热电偶标定后得到的系数,每根热电偶可能不相同
          Case 1
            t(jj)=t(jj)/1. 06
          Case 2
            t(jj)=t(jj)/1. 058－0. 1
          Case 3
            t(jj)=t(jj)/1. 069－0. 1
          Case 4
            t(jj)=t(jj)/1. 068－0. 3
          Case 5
            t(jj)=t(jj)/1. 059－0. 1
          Case 6
            t(jj)=t(jj)/1. 05＋0. 1
          Case 7
            t(jj)=t(jj)/1. 059
        End Select
        t(jj)=Int(t(jj) * 10＋0. 5)/10
      Text1(jj). Text=t(jj)
Next jj
      Write ＃1,tt,t(0),t(1),t(2),t(3),t(4),t(5),t(6),t(7)
For i=0 To 8
Picture1(i). Scale(－20,100)－(100,－20)
Picture1(i). DrawWidth=2
Picture1(i). Font. Size=10
Picture1(i). Line(－20,100)－(100,100),vbBlue
Picture1(i). Line(100,100)－(100,－20),vbBlue
Picture1(i). Line(－20,100)－(－20,－20),vbBlue
Picture1(i). Line(－20,－20)－(100,－20),vbBlue
Picture1(i). Line(－2. 5,80)－(0,100),vbRed   'Y 轴的箭头绘制
For j=1 To 300
    Picture1(i). Line(－2. 5＋j /300 * 5,80)－(0,100),vbRed
Next j
Picture1(i). Line(85,4)－(85,－4),vbRed
Picture1(i). Line(85,4)－(100,0),vbRed
Picture1(i). Line(85,－4)－(100,0),vbRed '    'X 轴的箭头绘制
For j=1 To 300
    Picture1(i). Line(85,－4＋j /300 * 8)－(100,0),vbRed
```

```
Next j
Picture1(i).CurrentX=0:Picture1(i).CurrentY=-2:Picture1(i).Print "0"
Picture1(i).CurrentX=50:Picture1(i).CurrentY=-10:Picture1(i).Print "时间/Min"
If i=8 Then
    Picture1(i).CurrentY=80:Picture1(i).CurrentX=10:Picture1(i).Print "节能率/%"
Else
    Picture1(i).CurrentY=80:Picture1(i).CurrentX=10:Picture1(i).Print "温度/℃"
End If
For j=1 To 9
            Picture1(i).Line(j*10,0)-(j*10,3),vbBlue
            Picture1(i).Line(0,j*10)-(3,j*10),vbRed
            sx=10*j
            sy=10*j
            Picture1(i).CurrentX=j*10-3:Picture1(i).CurrentY=-5:Picture1(i).Font.Size=
            8:Picture1(i).Print sx
            Picture1(i).CurrentX=4:Picture1(i).CurrentY=j*10+1:Picture1(i).Font.Size
=           8:Picture1(i).Print sy
Next j
Picture1(i).Line(-20,0)-(100,0),vbRed
Picture1(i).Line(0,-20)-(0,100),vbRed
        X1=tk
        If i=8 Then
          Y1=Abs(((t(1)+t(2)+t(3)-21)-(t(5)+t(6)+t(4)-21)))/Abs((t(5)+t(6)+t(4)-
          21))*100        '节能率计算,不同应用时,用户可以改变此公式
        Else
        Y1=t(i)
        End If
        px0=x0(i)
        py0=y0(i)
        px=X1
        py=Y1
          Picture1(i).Line(px0,py0)-(px,py),vbBlue
        x0(i)=px
        y0(i)=py
Next i
End Sub
Public Function OpenCom()
    Dim A$ ,B$
    Dim i,Response,RetValue As Integer
    Dim Cmd As String
    Cmd=Space(80)
    A$ =Space(80)
    B$ =Space(80)
      Port=comCombo.ListIndex+1
      Select Case baudCombo.ListIndex
      Case 0
          BaudRate=115200
      Case 1
```

```
                BaudRate=57600
        Case 2
                BaudRate=38400
        Case 3
                BaudRate=19200
        Case 4
                BaudRate=9600
        Case 5
                BaudRate=4800
        Case 6
                BaudRate=2400
        Case 7
                BaudRate=1200
    End Select
    RetValue=Open_Com(Port,BaudRate,DataBit,Parity,StopBit)
    If RetValue > 0 Then
        Beep
         Response = MsgBox("Quit this demo?",vbYesNo,"OPEN_COM Error Code:"+ Str
(RetValue))
        If Response=vbYes Then
             Close_Com(Port)
        End
        End If
    End If

    COMOpen=1
    ConfigChange=0
End Function

Private Sub typeCombo_Click()
    ConfigChange=1
    If COMOpen > 0 Then
        Close_Com(Port)
    End If
End Sub
```

11.3　化工仿真软件开发

　　进入 21 世纪，计算机技术已发展到相当成熟的阶段，与计算机有关的各种技术、设备的水平也不断提高。这些技术和设备的开发成功，促进了计算机技术的多媒体化、智能化。同时，许多具有强大绘图功能的辅助软件的出现，都为计算机辅助教学（CAI）的发展奠定了可靠的基础，提供了优异的条件和广阔的空间。在化学化工领域，随着生产规模的扩大及自动控制技术的提高，学生在生产实习期间亲手操作化工设备的可能性越来越小；同时，随着学生人数的急剧增加，每一个学生全程操作整个化工实验过程的机会也越来越小。那么，有什么办法解决上面的问题呢？出路就在于开发化工生产实习和化工实验的计算机仿真软件，通过计算机模拟化工生产实习及化工实验，使学生有身临其境的感性认识。

11.3.1　仿真（定义、数模）

仿真从字面上来理解就是模仿真实的事物或过程，其要点在于模仿，关键在于真实。如果模仿得不真实，模仿就失去了意义。仿真是通过对代替真实物体或系统的模型进行试验和研究，达到探索真实物体或系统规律的一门应用技术科学。它不是对真实过程直接进行试验和研究，而是用另一种相似的过程作为媒介，是一种间接的方法。这种相似的过程称为模型，模型是一事物（或过程）的近似代表或其模仿。所说的事物包括概念、实物、过程或复杂系统。相对于模型来说，原事物可称为原型。仿真可分为物理仿真和数学仿真，关键在于它所采用的模型。如果采用数学模型，就是数学仿真；反之，则为物理仿真。

模型有数学模型和物理模型之分。例如用风洞试验来模拟飞机在空中的飞行情况的风洞及用冷模试验来研究实际系统的规律的冷模试验设备就是物理模型。物理模型的好处是无需建立复杂的数学模型并求解模型，但缺乏数学模型的灵活性。而所谓数学模型就是将一个实际过程各参数之间的关系及其求解条件用数学方程组来描述，它是实际过程特征的数学描述。例如化学过程的动力学模型描述了化学反应的动力学特征与化学反应速率同浓度和反应温度之间的数学关系。

11.3.2　化学化工仿真

化学化工仿真就是化学化工过程的数学仿真，它是以起初的化学化工过程基本规律为依据，建立数学模型后，在计算机上再现该化学化工过程的一种应用技术。化工中所研究的各个单元操作，如离心泵的使用，换热、蒸发、吸收等过程，以及生产工艺过程都可以通过化工仿真软件真实地再现其生产过程。使化工人员在一个非常逼真的环境中获得对工艺知识的彻底理解、对实际操作技能的熟练掌握。

生产过程动态数学模型的建立是将实际系统的运动规律用数学形式表达出来，它们通过一组微分方程或差分方程来实现。但一般这样建立起来的模型过于复杂，需要对此降阶，得到简化模型。为了能在计算机上运行，还需将简化了的模型变成仿真模型。

化学化工仿真软件给现代化学化工培训和生产带来了很大方便，其主要有以下优点：

① 提高培训、实验的质量和效率；
② 降低培训、实验的成本和时间；
③ 既有真实感又安全可靠；
④ 对新开发的控制方案、优化设计可预先得到调试；
⑤ 进行现场常规操作、实验，可不受限制。

11.3.3　仿真软件开发策略

化学化工过程仿真在国内已走过十几年的历史，从单元设备的仿真，到工段级的仿真，再发展到全流程的仿真。在软件编程方面经历了高级语言、面向问题描述语言，发展到模块化概念，并进而发展到面向对象编程。其技术与经验均趋于成熟。采用集成的方法和工具改善建模仿真过程，增强对建模仿真全生命周期活动的支持功能，建立面向一般用户的可视化的化学化工过程建模环境是计算机技术发展的必然趋势。在 20 世纪 80 年代和 90 年代，部分高校和企业开发了化学化工仿真软件，但这些仿真软件大多数运行在 DOS 操作系统下，软件界面和人机对话环境较差。随着计算机技术的不断进步，Windows 环境下的化学化工仿真软件的开发已是目前的发展趋势。

目前，化工仿真系统软件的开发通常有以下两种方式。

一是应用多媒体合成平台，将多媒体素材有机组装成所要的系统。这一类平台具有代表性的是北大方正的方正奥思（Founder Author）以及 Macromedia 公司的 Authorware。前者具有全中文界面，后者为英文界面，相比之下后者比前者具有更丰富的内嵌函数和逻辑功能，设计流程更直观，功能更强大，并提供了标准应用程序接口来扩充功能。这一方式无须编写语言代码即可达到目的，而且合成工具也易于掌握，对于非计算机专业人员能够很快进入开发状态。

二是应用可视化开发语言工具，如 Microsoft 公司的 Visual C++ 和 Visual Basic，以及 Borland 公司的 C++Builder 和 Delphi 等。这类工具的特点是开发创作者必须具有很强的计算机编程能力，对计算机编程的各个方面有扎实的基础，同时需要具有化工专业知识背景的人员进行辅助；再者要利用程序设计语言编写大量的语言代码，开发周期长、程序调试比较复杂。但这一开发方式的优点是设计者的随意性较大，其设想与巧妙构思易于通过计算机专业人员变为现实。

11.3.4　化工仿真软件基本要求及功能

目前对新开发的化学化工仿真软件的基本要求是：操作系统的运行环境是 Windows 中文版，或者带有中文平台的 Windows 英文版；人机界面友好，全部采用标准的 Windows 图形窗口；图像分辨率高；可实现多任务操作，方便用户使用。

一般化学化工仿真软件实现的主要功能包括化工实验或化工生产的仿真操作训练、数据的读取和数据处理、仿真操作的评分、思考题测试及评分、实验室写真、帮助系统等。软件系统功能结构如图 11-7 所示。

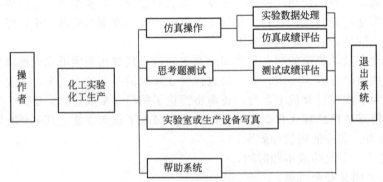

图 11-7　化工仿真系统功能结构

① 仿真操作训练　这是化工仿真系统的核心。根据正确的操作步骤，通过鼠标直接操作阀门或仪表等设备，可以完成仿真的全部过程，并依据仿真操作情况给出仿真的操作成绩。

② 化工数据的读取及数据的处理　在实验装置已处于稳定运行状态下，在相应的仪表上读取原始数据，只有在完整读取数据之后，才可以调用数据处理模块对数据进行处理，并将处理结果以图、表的形式显示出来。

③ 思考题测试　在本系统中，将基本实验知识以选择题的形式给出，学生可以选择正确的选项，并对测试进行评分。

④ 帮助系统　在进行仿真操作的过程中，可以充分利用 Windows 的多任务操作，从完全 Windows 风格的帮助系统中获得有关实验或生产原理、实验或生产的目的、实验操作步骤或开车停车的过程、数据处理及软件的使用等方面的帮助信息。

⑤ 其他辅助功能　软件可以提供快速信息提示功能，每个化工过程均有众多的设备及仪表，当鼠标在相应设备或仪表上停留一两秒钟后，就会弹出浮动信息条，提示该设备或仪表的名称及简单的功能介绍。操作者在开始仿真操作之前，可以先采用此方法熟悉化工的流

程，提高仿真的操作效率。另外，在仿真操作失误的情况下，通过弹出消息对话框给出警告及信息提示。

11.3.5 化工仿真软件开发中的几个主要问题

（1）过程建模

化学化工仿真软件的开发离不开过程数学模型的建立。数学模型就是实际化学化工过程的数学描述。它规定了化学化工系统的各个参数和变量之间的数学关系，通常表现为一个数学方程组。这个方程组可以是代数方程组、微分方程组、积分方程组或差分方程组。由这些方程组组成的模型相应地称为代数模型、微分模型、积分模型和差分模型。如果过程的数学模型为线性代数方程组则称为线性模型；如果过程的数学模型为非线性代数方程组则称为非线性模型。

建立化学化工过程数学模型的大致步骤，如图 11-8 所示。首先基于对过程的确切理解，对过程物理实质进行概括和合理简化而得到物理模型；在物理模型的基础上，通过推演或选择得到数学模型；再在数学模型的基础上，结合仿真的实际需要得到离散化的数字模型。

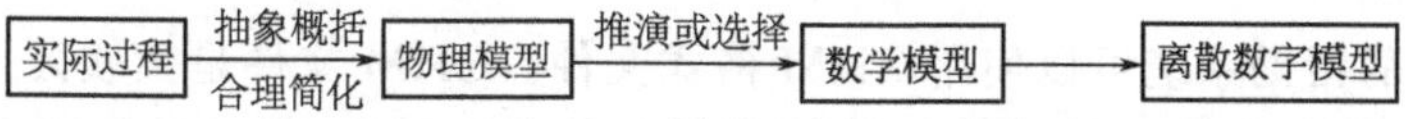

图 11-8 模型建立的步骤

化学化工数学模型的推演一般不外从物料、能量、动量等衡算方程、化学平衡和相平衡方程以及传递与反应等速率方程着手，或基于宏观单元（集中参数），或基于微分单元（分布参数）。对于实际过程的合理简化应注意做到以下四点：①简化但不失真；②简化但能满足应用要求；③简化使之能适应当前实验条件，以便于模型鉴别和参数化；④简化使之能适应现有的计算机能力。在满足仿真应用的前提下，模型应该力求简单。精细的模型可能更精确地反映过程，但它至少具有一个缺点，即复杂。另外，它还带来一些别的问题，如模型参数确定的困难等。

（2）界面图形

任何一个仿真软件，均需要一个图形界面来描述化学化工生产现场或实验现场，然后通过在图形界面上的适当位置设置控件来控制生产或实验过程，从而达到仿真化学化工生产或实验过程的目的。这个图形界面可以通过 AutoCAD 软件来绘制，该软件是目前较为优秀的CAD 软件，主要表现在系统的开放性和实用性。利用 AutoCAD 软件绘制图形，并将其转化成 JPG 格式图添加到主程序窗体上即可。

（3）控制算法

真实的化学化工过程需要对某些变量进行控制，而控制过程是有一定规律的，最常用的是比例-积分-微分（PID）控制，其数学公式如下：

$$P = K_P \left(e + \frac{1}{T_I} \int e \, dt + T_D \frac{de}{dt} \right) \tag{11-1}$$

式中，K_P 为放大系数；T_I 为积分时间；T_D 为微分时间；e 为偏差，它是被控变量的设定值和当前实际测量值之间的偏差。PID 控制中的微分作用使控制器的输出与输入偏差的变化速度成比例，它对克服对象纯滞后有显著的效果，能提高控制系统的稳定性；而积分作用可以消除余差。适当调整 PID 控制系统中的三个调节参数，可使控制系统获得较高的控制质量。但在仿真软件中，无法直接使用公式(11-1)，需要将该公式进行离散化处理，假设采样周期为 θ，则在采样时刻 $t = k\theta$，PID 控制的离散化计算公式如下：

$$P(k) = K_P \left\{ e(k) + \frac{\theta}{T_I} \sum_{i=0}^{k} e(i) + \frac{T_D}{\theta} [e(k) - e(k-1)] \right\} \tag{11-2}$$

（4）阀门调节

在化学化工仿真软件中，阀门是一个不可缺少的部件，对于开关式阀门只需通过逻辑变量设置就可以实现，而对于需要调节流量大小的阀门，则需要采用 VB 程序中的垂直滚动条控件 VScrollbar 来实现。在具体应用时，通过点击界面上的阀门图标，系统弹出阀门控制窗口，拖动滚动条上下移动就可以控制阀门的开度进而调节流量。

设计阀门的关键是对垂直滚动条控件 VScrollbar 的 Value 属性进行赋值。由于控件不在主窗体，它的 Value 值是个临时变量，关闭后会清空为 0，因此要即时地把控件的 Value 值存储在数据文档中，然后下次再打开阀门时读取上次所存的 Value 值，使滚动条位置与关闭时一样。这样就不会出现关闭阀门控制窗口后，下一次打开时滚动条回复到 Value 值为 0 的状态。

（5）动画效果

在仿真软件中可以通过二维动画来表示物流的流动，以使仿真软件更加逼真。简单的二维动画可以利用 VB 中的 shape 控件，利用 timer 控件触发该控件中的 visible、height、top 等属性变化，达到二维动画的效果。当然，更为复杂的动画效果可以通过复杂的编程来实现。

（6）帮助系统

仿真软件中的帮助系统可以使用 CHM 格式文件。CHM 文件是微软公司 1998 年推出的基于 html 文件特性的帮助文件系统，以替代早先的 WinHelp 帮助系统，在 Windows98 中把 CHM 类型文件称作"已编译的 html 帮助文件"。被 Internet Explorer 支持的 JavaScript、VBScript、ActiveX、Java Applet、Flash、html 图像文件（GIF、JPEG、PNG）、音频视频文件（AU、MIDI、WAV、AVI）等等，CHM 同样支持，并可以通过 URL 地址与因特网联系在一起。

制作 CHM 帮助文件的工具有很多，常用的有 QuickCHM。该软件界面简单直接，易学易用。

（7）考题系统

一个完善的仿真软件一般会有考题系统，通过考题检验仿真实习的效果，关于考题系统的开发请参见第 12 章的内容。

11.3.6　强化传热过程实验仿真软件开发

近年来，随着制造技术的进步及强化元件的开发，使得新型高效换热器的研究有了较大的发展，根据不同的工艺条件和换热工况设计制造了不同结构形式的新型换热器，已在化工、石油和制药等行业得到了广泛的应用，并取得了较大的经济效益。而换热器传热性能的测定是化工专业学生必须掌握的基本技能，开发该类实验的仿真软件，使学生能够通过仿真软件掌握测量不同类型换热器传热性能的方法及技术是十分必要的。

（1）软件要求及功能

强化传热动态仿真软件的开发是以教学为最终目的，使用对象为化工类本科生，软件为用户提供了真实、规范的强化传热实验操作，并模拟出过程中冷、热水流量的控制以及换热时温度的变化情况，利用科学合理的数学模型模拟温度的动态变化，使学生在计算机上便能完成实验室的实际操作，看到实际实验的效果。

软件应指导学生掌握整个实验过程正确的操作方法，如操作有误，软件应给出提示；同时还必须具备常规软件的帮助系统和教学软件的考题系统。软件的功能结构见图 11-9。

（2）后台数学处理模型

本仿真实验软件中，数学模型是常见的换热器模型。实验中共有两个不同的换热器，换热器中装有不同的传热强化管。后台数学模型需要解决的问题是当换热器的冷热物流流量（G，W）及进口温度确定（t_1，T_1）的情况下，算出冷热物流的出口温度（t_2，T_2），并将该温度进行动态处理。模型见图 11-10。要解决这个问题，首先必须已知换热器的总传热系数，对于给定的换热器，我们通过实验测量了冷热物流进出口温度及流量，并通过下面方程的计算得到不同工况下的每一个换热器的名义总传热系数（KA/C_p），这里假设 $C_{pG}=C_{pW}=C_p$。

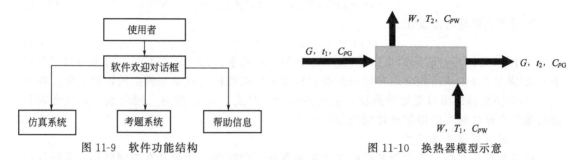

图 11-9　软件功能结构

图 11-10　换热器模型示意

$$WC_{pW}(T_1-T_2)=GC_{pG}(t_2-t_1) \tag{11-3}$$

$$WC_{pW}(T_1-T_2)=KA\Delta t_m \tag{11-4}$$

$$\Delta t_m=\frac{(T_2-t_1)-(T_1-t_2)}{\ln(T_2-t_1)/(T_1-t_2)} \tag{11-5}$$

我们将实验测得的数据进行拟合处理，将影响固定换热器名义总传热系数的变量定义为冷热物流流量（G，W）及冷热物流进出口平均温度温度确定（t，T），得到每一个换热器名义总传热系数的拟合公式如下：

$$KA/C_p=a_0+a_1W^{n_1}+a_2G^{n_2}+a_3t^{n_3}+a_4T^{n_4} \tag{11-6}$$

利用参数拟合方法确定公式(11-6)中右边的 9 个拟合系数，而参数拟合方法请参见第 3 章的内容，在此不再赘述。

有了公式(11-6)及公式中的各项拟合系数，利用下面的程序框图（图 11-11）就可以计算出出口冷热物流的温度。

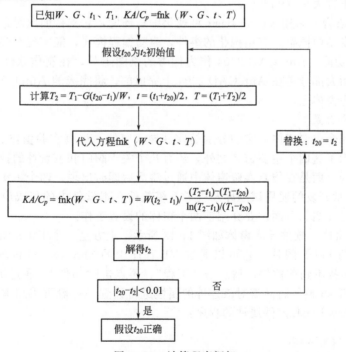

图 11-11　计算程序框架

假设静态模拟后得到工况改变后换热达到稳态时的出口温度为 t_n，而原来的出口温度为 t_0，从工况发生变化开始计时，要求在 τ_n 时刻换热器的出口温度达到稳态温度的 99%，即：

$$t(\tau_n) \approx 99\%(t_n - t_0) + t_0 \tag{11-7}$$

采用下式处理动态变化：

$$t(\tau) = t_n - (t_n - t_0)e^{(-C\tau/\tau_n)} \tag{11-8}$$

式中，$t(\tau)$ 为 τ 时刻的出口温度。将式(11-7)的条件代入式(11-8)，可求得式(11-8)中 C 的值为 4.6，从而就可以将得到的静态模拟出口温度转变成动态模拟的出口温度。如果在 τ_n 时刻换热器的出口温度达到稳态温度的百分比改变，则 C 值也会随之改变，读者在开发其他仿真软件时可以根据具体情况加以选择。

（3）后台逻辑关系设置

后台逻辑关系的设置主要考虑整个实验过程开车的顺序，如果开车顺序错误，系统就会作出提示，操作者必须按照提示进行操作，否则实验无法进行。后台逻辑关系设置依据下面的实验操作要求通过逻辑变量及 MsgBox 语句来实现。实验操作的要求如下：

实验开始前需要将水箱中的水加满，才能打开温度控制仪设定加热温度，水箱中的水到达设定温度后自动保温。此时才可以进行实验的后继工作。

打开水泵；打开热水阀门；打开换热器的热水进出口阀门。打开冷水阀门；打开换热器的冷水进出口阀门。此后可以改变冷热水的流量进行实验仿真；也可以切换不同的换热器进行仿真实验。如果要改变热水的进口温度，需要先停止传热实验，重新设定加热温度，待水箱的温度达到要求后按前面的步骤进行操作即可。

（4）软件开发环境设置

① 运行环境说明　操作系统：Windows2000 或以上版本。

显示分辨率：1024×786。

颜色质量：32 位。

字体大小：正常大小（96dpi）。

② 程序设计语言　采用 Visual Basic 可视化编程环境，它支持面向对象的程序设计，采用基于控件的开发结构框架，有结构化的事件，驱动编程模式，能实现对多媒体的管理。

③ 其他辅助功能　AutoCAD 2004 作为优秀的绘图工具，在制作软件界面上起到很大作用。软件的界面大部分是在 AutoCAD 2004 上完成的，将完成的 AutoCAD 图转换成 JPG 图后添加在主程序窗体上。

（5）软件窗体设置

本软件共有四个主要窗体，它们分别是软件导入窗体、仿真实验窗体、教师出题窗体、学生考试窗体。除了这四个主要窗体之外，还有几个关于阀门和流量计的控件窗体，这些控件窗体不单独出现，而是在仿真实验窗体中通过激活后即时出现。四个主窗体中，后面两个窗体是利用第 11 章开发的通用试题库及机考系统软件在本软件中的集成应用，程序代码也完全一致，故不再介绍，下面主要介绍前两个窗体的设置工作。

① 软件导入窗体　软件导入窗体如图 11-12 所示，上方是一个 Falsh 图片，可根据具体的实验制作不同的 Falsh 图片。它可以通过 VB 程序中的 ShockwaveFlash 控件插入而成。如果在 VB 软件中找不到该控件，请点击"工程"，再点击"部件"，通过滚动条选择该件。插入 ShockwaveFlash 控件后尚需对该控件的属性进行设置，一般可采用编程设置，下面是一个设置 ShockwaveFlash 控件属性的程序：

```
Private Sub Form_Load()
ShockwaveFlash1.Movie＝App.Path ＆ "/wel.swf"
```

```
ShockwaveFlash1. Playing=True
End Sub
```

该程序的功能是当窗体载入的时候，在 ShockwaveFlash1 控件的位置上播放和 VB 主程序同一路径下取名为 "wel. swf" 的 Flash 图片。

窗体的下方是 4 个 Command 控件，其功能和窗体中的文字说明相符，分别执行相关的程序。

图 11-12　软件导入窗体

② 仿真实验窗体　仿真实验窗体见图 11-13，它利用 AutoCAD 绘制实验流程示意图，并将其以 JPG 的格式保存，在仿真实验的窗体中插入该图，然后在图的对应位置插入 Label、CommandButton、Timer 等控件。需要注意的是当显示器的设置改变的时候，会引起图片大小的改变，而控件的位置不会改变，这样就会使得控件位置所提示的内容和图片所处的位置不一致，使得仿真实验无法进行，因此，显示器的设置必须和原来开发软件时的设置一致。

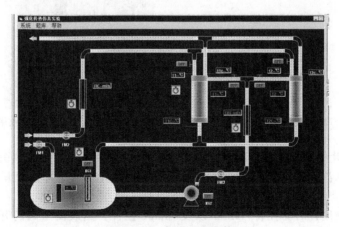

图 11-13　仿真实验窗体

（6）主要控件开发

① 控制阀门的实现　阀门的设计采用垂直滚动条控件 VScrollbar。点击界面上的阀门图标，弹出阀门控制窗口（见图 11-4），拖动滚动条上下移动可以控制阀门的开度和流量。

设计阀门的关键是对垂直滚动条控件 VScrollbar 的 Value 属性进行赋值。由于控件不在主窗体，它的 Value 值是个临时变量，关闭后会清空为 0，因此要即时地把控件的 Value 值存储在数据文档中，然后下次再打开阀门时读取上次所存的 Value 值，使滚动条位置与关闭时一样。这样就不会出现关闭阀门控制窗口后，下一次打开时滚动条回复到 Value 值为 0 的状态。下面以阀门 1（FM1）说明主要代码（在阀门控制窗体中的代码）：

```
Private Sub VScroll1_Change()
……
a＝VScroll1.Value                              //把滚动条的Value值赋给变量
……
Open App.Path & "\data.txt" For Output As ＃1    //把变量存在数据文档中
    Write ＃1,a,t,b,C
    Close ＃1
……
(在程序主窗体中的代码)
Private Sub famen1_Click()
……
Open App.Path & "\data.txt" For Input As ＃1     //读取变量
    Input ＃1,a,t,b,C
    Close ＃1
  frm_flux.VScroll1.Value＝a                      //把变量值赋给滚动条
……
```

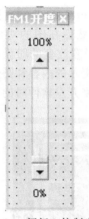

图 11-14　阀门 1 控制窗口

图 11-15　转子流量计动画效果

② 转子流量计的动画效果　转子流量计的动画效果是由阀门的控制引发的，控制阀门让流量变化会有水流通过流量计，同时转子的位置会上升或者下降到流量对应的位置（见图 11-15）。

这里要配合使用计时器控件 Timer 以及 Shape 控件。当改变了阀门开度时，就开始触发计时器的 Timer 事件，然后改变 Shape 控件的 Top 和 Height 属性，出现水流通过流量计还有转子在浮动的动画效果。下面以热水流量计为例说明主要代码（程序主窗体中的代码）：

```
Private Sub Timer3_Timer()
……
If b ＞ Val(Labelhot.Caption)Then            //流量增大的情况
  Shpflux1.Visible＝True
```

```
    Shpflux1. Top＝Shpflux1. Top－100
    Shpflux1. Height＝Shpflux1. Height＋100        //水流通过流量计的动画处理
  If Shpflux1. Height ＞ 1330 Then
    Shpflux1. Height＝1330
    Shpflux1. Top＝3410
……
  Shp1. Top＝Shp1. Top－40                        //转子的浮动效果
  If Shp1. Top ＜ 4710－1. 3＊b Then
    Shp1. Top＝4710－1. 3＊b
  End If
  Labelhot. Caption＝(4710－Shp1. Top)/1. 3
Else                                            //流量减小的情况
    Shp1. Top＝Shp1. Top＋100
    If Shp1. Top ＞ 4710－1. 3＊b Then
      Shp1. Top＝4710－1. 3＊b
    End If
    If b＝0 Then                                //无流量的情况
      Shpflux1. Top＝Shpflux1. Top＋100
      Shpflux1. Height＝Shpflux1. Height－100
      If Shpflux1. Height ＜ 31 Then
        Shpflux1. Height＝15
        Shpflux1. Top＝4710
        Timer3. Enabled＝False
      End If
    End If
    Labelhot. Caption＝(4710－Shp1. Top)/1. 3
End If
End Sub
```

③ 温度控制仪的模拟　温度控制仪模拟的关键也是对临时
变量的处理，与阀门的模拟一样，在温度控制仪的模拟窗体
（见图 11-16）中把设定温度（Label 控件的 Caption 属性，它是
个临时变量）存在数据文档中，下次打开时再读出来。以下是
主要代码说明（温度控制仪窗体中的代码）：

图 11-16　温度控制仪窗体

```
Private Sub Command1_Click()                    //温度增大时
……
t＝t＋h                                          //使温度增大,步长为 h
Label3. Caption＝t
……
Open App. Path ＆ "\data. txt" For Output As ＃1   //将变量存起来
    Write ＃1,a,t,b,C
    Close ＃1
End Sub


Private Sub Command2_Click()                    //温度减小时
……
t＝t－h                                          //使温度减小,步长为 h
```

```
Label3. Caption＝t
……
Open App. Path & "\data. txt" For Output As ＃1     //将变量存起来
    Write ＃1,a,t,b,C
    Close ＃1
End Sub


P rivate Sub Form_Load()
Open App. Path & "\data. txt" For Input As ＃1          //每次打开温度控制仪窗体时将温度变量读出
    Input ＃1,a,t,b,C
    Close ＃1
Label3. Caption＝t
End Sub


P rivate Sub Option1_Click()
h＝0. 1                                               //微调的步长设定为 0. 1
End Sub


P rivate Sub Option2_Click()
h＝1                                                  //粗调的步长设定为 1
End Sub
```

  在程序主窗体中也是先把设定温度的变量读出来，再利用计时器去编译温度增大或减小的程序。

  （7）软件导入及仿真实验窗体源代码及说明

  ① 软件导入窗体。

```
//导入仿真界面
Private Sub Command1_Click()
frm_main. Show
frm_load. Hide
End Sub
//导入出题界面
Private Sub Command2_Click()
Form2. Show
frm_load. Hide
End Sub
//导入考试界面
Private Sub Command3_Click()
jikao. Show
frm_load. Hide
End Sub
//导入帮助界面
Private Sub Command4_Click()
Shell "hh. exe help. chm",vbNormalFocus
End Sub
//动画导入
Private Sub Form_Load()
```

```
ShockwaveFlash1. Movie＝App. Path & "/wel. swf"
ShockwaveFlash1. Playing＝True
End Sub
```

② **仿真实验窗体。**

```
//变量定义
Dim step1 As Boolean
Dim step2 As Boolean
Dim step3 As Boolean
Dim step4 As Boolean
Dim t,t1,a,b,C,V,W,tc1,th1,t1ci,t1hi,t1co,t1co0,t1co1,t1ho,tt,t1cd,t1hd,tm1,k1,tc2,
th2,t2ci,t2hi,t2co,t2co0,t2co1,t2ho,t2cd,t2hd,tm2,k2,tn

//公共函数定义计算出口温度
Public Function jisuan2()
V＝Val(Labelcold. Caption) * 10 ^(－6)
W＝Val(Labelhot. Caption) * 10 ^(－6)
t2ci＝Val(Label7. Caption)
t2hi＝Val(Labelwenkong. Caption)
t2co0＝20
t2co00＝t2ci
t2ho00＝t2hi

Open App. Path & "\t2ch. txt" For Input As 1
   Input ＃1,t2co0,t2ho0
   Input ＃1,t2co00,t2ho00
Close ＃1

Open App. Path & "\t2ch. txt" For Output As 1
   Write ＃1,t2co00,t2ho00
100   t2ho＝t2hi－V * (t2co0－t2ci)/W
      tc2＝(t2ci＋t2co0)/2
      th2＝(t2hi＋t2ho)/2
      k2＝fnk2(V,W,tc2,th2)
      If Abs((t2hi－t2co0)/(t2ho－t2ci)－1)＜＝0. 01 Then
        tm2＝((t2hi－t2co0)＋(t2ho－t2ci))/2
      Else
      tm2＝(t2hi＋t2ci－t2ho－t2co0)/log((t2hi－t2co0)/(t2ho－t2ci))
      End If
      t2co1＝k2 * tm2 /V＋t2ci
      If Abs((t2co0－t2co1)/t2co0)＜＝0. 001 Then
        t2ho＝t2hi－V * (t2co1－t2ci)/W
        t2co＝t2co1
      Else
          t2co0＝t2co1
          GoTo 100
      End If
  Write ＃1,t2co,t2ho
```

```vb
    Close #1
End Function

Public Function jisuan1()
V=Val(Labelcold. Caption) * 10 ^(-6)
W=Val(Labelhot. Caption) * 10 ^(-6)
t1ci=Val(Label5. Caption)
t1hi=Val(Labelwenkong. Caption)
t1co0=20
t1co00=t1ci
t1ho00=t1hi

Open App. Path & "\t1ch. txt" For Input As 1
    Input #1,t1co0,t1ho0
    Input #1,t1co00,t1ho00
Close #1

Open App. Path & "\t1ch. txt" For Output As 1
    Write #1,t1co00,t1ho00

100    t1ho=t1hi-V * (t1co0-t1ci)/W
       tc1=(t1ci+t1co0)/2
       th1=(t1hi+t1ho)/2
       k1=fnk1(V,W,tc1,th1)
       If Abs((t1hi-t1co0)/(t1ho-t1ci)-1)<=0. 01 Then
         tm1=((t1hi-t1co0)+(t1ho-t1ci))/2
       Else
       tm1=(t1hi+t1ci-t1ho-t1co0)/log((t1hi-t1co0)/(t1ho-t1ci))
       End If
       t1co1=k1 * tm1 /V+t1ci
       If Abs((t1co0-t1co1)/t1co0)<=0. 001 Then
         t1ho=t1hi-V * (t1co1-t1ci)/W
         t1co=t1co1
       Else
           t1co0=t1co1
           GoTo 100
       End If
Write #1,t1co,t1ho
    Close #1
End Function

//冷水阀门开关联动1
Private Sub cold1_Click()
If hot1. Caption= "OFF" Then
    hot1. Caption = " ON ": hot1. BackColor = &H80FF80: cold1. Caption = " ON ":
cold1. BackColor=&H80FF80
    hot2. Caption="OFF":hot2. BackColor=&HFF&:cold2. Caption="OFF":cold2. BackColor
=&HFF&
```

```
    Label1.Visible=True: Label2.Visible=True: Label5.Visible=True: Label6.Visible
=True
      Label3.Visible=False: Label4.Visible=False: Label7.Visible=False: Label8.Visible
=False
      tn=30
   Else
      hot1.Caption="OFF": hot1.BackColor=&HFF&: cold1.Caption="OFF": cold1.BackColor
=&HFF&
      hot2.Caption=" ON ": hot2.BackColor= &H80FF80: cold2.Caption=" ON ":
cold2.BackColor=&H80FF80
      Label1.Visible=False: Label2.Visible=False: Label5.Visible=False: Label6.Visible
=False
      Label3.Visible=True: Label4.Visible=True: Label7.Visible=True: Label8.Visible
=True
      tn=15
   End If
   step4=True
   If Shpflux1.Top=3410 And Shpflux2.Top=2240 Then jisuan1: jisuan2
     If Timer3.Enabled=True And Timer4.Enabled=True Then Timer5.Enabled=True: tt=0
   End Sub

//冷水阀门开关联动 2
   Private Sub cold2_Click()
   If hot2.Caption="OFF" Then
      hot2.Caption=" ON ": hot2.BackColor= &H80FF80: cold2.Caption=" ON ":
cold2.BackColor=&H80FF80
      hot1.Caption="OFF": hot1.BackColor=&HFF&: cold1.Caption="OFF": cold1.BackColor
=&HFF&
      Label1.Visible=False: Label2.Visible=False: Label5.Visible=False: Label6.Visible
=False
      Label3.Visible=True: Label4.Visible=True: Label7.Visible=True: Label8.Visible
=True
      tn=15
   Else
      hot2.Caption="OFF": hot2.BackColor=&HFF&: cold2.Caption="OFF": cold2.BackColor
=&HFF&
      hot1.Caption=" ON ": hot1.BackColor= &H80FF80: cold1.Caption=" ON ":
cold1.BackColor=&H80FF80
      Label1.Visible=True: Label2.Visible=True: Label5.Visible=True: Label6.Visible
=True
      Label3.Visible=False: Label4.Visible=False: Label7.Visible=False: Label8.Visible
=False
      tn=30
   End If
   step4=True
   If Shpflux1.Top=3410 And Shpflux2.Top=2240 Then jisuan1: jisuan2
     If Timer3.Enabled=True And Timer4.Enabled=True Then Timer5.Enabled=True: tt=0
   End Sub
```

下篇　　第 11 章　化学化工过程计算机测量与控制系统及仿真模拟系统开发　**421**

```
//实验操作过程提示 1
Private Sub famen1_Click()
If step1=False Then
  frm_flux. Show
  Timer1. Enabled=True
  Open App. Path & "\data. txt" For Input As #1
      Input #1,a,t,b,C
      Close #1
  frm_flux. VScroll1. Value=a
Else
    If step2=False Then
        MsgBox "水箱已满,请打开 KG1 加热! 请参看帮助中的实验步骤!",vbOKOnly,"注意"
    End If
End If
End Sub


Private Sub famen2_Click()
If step4=False Then
  MsgBox "注意打开冷水出口阀!",vbOKOnly,"注意"
End If
frm_flux2. Show
Open App. Path & "\data. txt" For Input As #1
    Input #1,a,t,b,C
    Close #1
frm_flux2. VScroll1. Value=C
End Sub


Private Sub famen3_Click()
If step3=True Then
  If step4=False Then
    MsgBox "注意打开热水进口阀!",vbOKOnly,"注意"
  End If
  frm_flux1. Show
  Open App. Path & "\data. txt" For Input As #1
      Input #1,a,t,b,C
      Close #1
  frm_flux1. VScroll1. Value=b
Else
    MsgBox "水泵没有打开! 请参看帮助中的实验步骤!",vbOKOnly,"注意"
End If
End Sub

//窗体代入初始化设置
Private Sub Form_Load()
step1=False
step2=False
step3=False
```

```
        step4=False
        Me. Picture=LoadPicture(App. Path+"/Drawing1. bmp")
        End Sub


        //退出设置回归初始
        Private Sub Form_Unload(Cancel As Integer)
        a=0
        t=22
        b=0
        C=0
        Open App. Path & "\data. txt" For Output As #1
            Write #1,a,t,b,C
            Close #1
        End
        End Sub


        //热水阀门联动1
        Private Sub hot1_Click()
        If hot1. Caption="OFF" Then
            hot1. Caption = " ON ": hot1. BackColor = &H80FF80: cold1. Caption = " ON ":
        cold1. BackColor=&H80FF80
            hot2. Caption="OFF":hot2. BackColor=&HFF&:cold2. Caption="OFF":cold2. BackColor
        =&HFF&
            Label1. Visible = True: Label2. Visible = True: Label5. Visible = True: Label6. Visible
        =True
            Label3. Visible = False: Label4. Visible = False: Label7. Visible = False: Label8. Visible
        =False
            tn=30
          Else
            hot1. Caption="OFF":hot1. BackColor=&HFF&:cold1. Caption="OFF":cold1. BackColor
        =&HFF&
            hot2. Caption = " ON ": hot2. BackColor = &H80FF80: cold2. Caption = " ON ":
        cold2. BackColor=&H80FF80
            Label1. Visible = False: Label2. Visible = False: Label5. Visible = False: Label6. Visible
        =False
            Label3. Visible = True: Label4. Visible = True: Label7. Visible = True: Label8. Visible
        =True
            tn=15
          End If
        step4=True
        If Shpflux1. Top=3410 And Shpflux2. Top=2240 Then jisuan1:jisuan2
          If Timer3. Enabled=True And Timer4. Enabled=True Then Timer5. Enabled=True:tt=0
        End Sub
        ////热水阀门联动2
        Private Sub hot2_Click()
        If hot2. Caption="OFF" Then
            hot2. Caption = " ON ": hot2. BackColor = &H80FF80: cold2. Caption = " ON ":
        cold2. BackColor=&H80FF80
```

```
    hot1. Caption＝"OFF":hot1. BackColor＝&HFF&:cold1. Caption＝"OFF":cold1. BackColor
＝&HFF&

    Label1. Visible＝False:Label2. Visible＝False:Label5. Visible＝False:Label6. Visible
＝False

    Label3. Visible＝True:Label4. Visible＝True:Label7. Visible＝True:Label8. Visible
＝True

    tn＝15

  Else

    hot2. Caption＝"OFF":hot2. BackColor＝&HFF&:cold2. Caption＝"OFF":cold2. BackColor
＝&HFF&

    hot1. Caption ＝ " ON ": hot1. BackColor ＝ &H80FF80: cold1. Caption ＝ " ON ":
cold1. BackColor＝&H80FF80

    Label1. Visible＝True:Label2. Visible＝True:Label5. Visible＝True:Label6. Visible
＝True

    Label3. Visible＝False:Label4. Visible＝False:Label7. Visible＝False:Label8. Visible
＝False

    tn＝30

  End If

  step4＝True

  If Shpflux1. Top＝3410 And Shpflux2. Top＝2240 Then jisuan1:jisuan2

   If Timer3. Enabled＝True And Timer4. Enabled＝True Then Timer5. Enabled＝True:tt＝0

End Sub

//实验操作过程提示 2

Private Sub KG1_Click()

If step1＝False Then

   MsgBox "请先打开 FM1 将水箱加满水！请参看帮助中的实验步骤!",vbOKOnly,"注意"

Else

    KG1. Caption＝"ON"

    KG1. BackColor＝&H80FF80

    frm_Tcontrol. Show

    Open App. Path & "\data. txt" For Input As #1

        Input #1,a,t,b,C

        Close #1

    step2＝False

    If Timer2. Enabled＝False Then

    t1＝t

    End If

  End If

End Sub


 Private Sub KG2_Click()

  If step2＝True Then

   If KG2. Caption＝"OFF" Then

     KG2. Caption＝"ON"

     KG2. BackColor＝&H80FF80

     MsgBox "请打开 FM3 调节流量!",vbOKOnly,"注意"

     step3＝True

    Else
```

```
        KG2. Caption="OFF"
        KG2. BackColor=&HFF&
        step3=False
        b=0
        Open App. Path & "\data. txt" For Output As #1
        Write #1,a,t,b,C
        Close #1
    End If
Else
    MsgBox "水箱加热温度未达到设定值！请参看帮助中的实验步骤!",vbOKOnly,"注意"
End If
End Sub


//菜单调用设置
Private Sub mnuabout_Click()
frm_about. Show
End Sub


Private Sub mnuelp_Click()
Shell "hh. exe help. chm",vbNormalFocus
End Sub


Private Sub mnuend_Click()
Unload Me
End Sub


Private Sub mnustore_Click()
Form2. Show
End Sub


Private Sub mnutest_Click()
jikao. Show
End Sub


//各时钟触发设置
Private Sub Timer1_Timer()
Shpcold. Visible=True
Shpcold. Top=Shpcold. Top-1
Shpcold. Height=Shpcold. Height+1
    If Shpcold. Top=7560 Then Labelwenkong. Caption=10
    If Shpcold. Top=7320 Then Labelwenkong. Caption=15
    If Shpcold. Top=7080 Then Labelwenkong. Caption=20
    If Shpcold. Top=6910 Then Labelwenkong. Caption=22
    If Shpcold. Top < 6910 Then
        Shpcold. Top=6910
        Shpcold. Height=810
        MsgBox "水箱已满,可以进行加热!",vbOKOnly,"注意"
        Timer1. Enabled=False
```

```
                step1=True
        End If
    End Sub


    P rivate Sub Timer2_Timer()
    Open App. Path & "\data. txt" For Input As #1
        Input #1,a,t,b,C
        Close #1
    If t > t1 Then
    t1=t1+0. 1
    Labelwenkong. Caption=t1
    If Shpflux1. Top=3410 Then Label1. Caption=t1:Label3. Caption=t1
        If t1 > t Then
            step2=True
            Timer2. Enabled=False
            Unload frm_Tcontrol
            If Shpflux1. Top=3410 And Shpflux2. Top And step4=True=2240 Then jisuan1:jisu-
an2:tt=0:Timer5. Enabled=True
        End If
    Else
        Timer2. Interval=200
        t1=t1-0. 1
        Labelwenkong. Caption=t1
        If Shpflux1. Top=3410 Then Label1. Caption=t1:Label3. Caption=t1
        If t1 < t Then
            step2=True
            Timer2. Enabled=False
            Unload frm_Tcontrol
            If Shpflux1. Top=3410 And Shpflux2. Top=2240 And step4=ture Then jisuan1:ji-
suan2:tt=0:Timer5. Enabled=True
        End If
    End If
    If t1 > 20 Then Shpcold. BackColor=&HFF00&
    If t1 > 35 Then Shpcold. BackColor=&HC0C0FF
    If t1 > 50 Then Shpcold. BackColor=&H8080FF
    If t1 > 65 Then Shpcold. BackColor=&HFF&
    If t1 > 80 Then Shpcold. BackColor=&HC0&
    If t1 > 95 Then Shpcold. BackColor=&H80&
    End Sub


    P rivate Sub Timer3_Timer()
    Open App. Path & "\data. txt" For Input As #1
        Input #1,a,t,b,C
        Close #1
    If b > Val(Labelhot. Caption)Then
        Shpflux1. Visible=True
        Shpflux1. Top=Shpflux1. Top-100
        Shpflux1. Height=Shpflux1. Height+100
```

```
    If Shpflux1. Height ＞ 1330 Then
      Shpflux1. Height＝1330
      Shpflux1. Top＝3410
      Label1. Caption＝Labelwenkong. Caption
      Label3. Caption＝Labelwenkong. Caption
        If step4＝True And Timer4. Enabled＝True Then Timer5. Enabled＝True:tt＝0
    End If
    Shp1. Top＝Shp1. Top－40
    If Shp1. Top ＜ 4710－1. 3 * b Then
      Shp1. Top＝4710－1. 3 * b
    End If
    Labelhot. Caption＝(4710－Shp1. Top)/1. 3
If step4＝True And Shpflux2. Top＝2240 Then jisuan1:jisuan2
Else
      Shp1. Top＝Shp1. Top＋100
      If Shp1. Top ＞ 4710－1. 3 * b Then
        Shp1. Top＝4710－1. 3 * b
      End If
      If b＝0 Then
        Shpflux1. Top＝Shpflux1. Top＋100
        Shpflux1. Height＝Shpflux1. Height－100
        If Shpflux1. Height ＜ 31 Then
          Shpflux1. Height＝15
          Shpflux1. Top＝4710
          Timer3. Enabled＝False
        End If
      End If
      Labelhot. Caption＝(4710－Shp1. Top)/1. 3
If step4＝True And Shpflux2. Top＝2240 Then jisuan1:jisuan2
End If
End Sub


Private Sub Timer4_Timer()
Open App. Path & "\data. txt" For Input As ＃1
    Input ＃1,a,t,b,C
    Close ＃1
If C ＞ Val(Labelcold. Caption)Then
  Shpflux2. Visible＝True
  Shpflux2. Top＝Shpflux2. Top－100
  Shpflux2. Height＝Shpflux2. Height＋100
  If Shpflux2. Height ＞ 1330 Then
    Shpflux2. Height＝1330
    Shpflux2. Top＝2240
    Label5. Caption＝22
    Label7. Caption＝22
      If Timer5. Enabled＝False Then Label6. Caption＝22:Label8. Caption＝22
      If step4＝True And Timer3. Enabled＝True Then Timer5. Enabled＝True:tt＝0
    End If
```

```
        Shp2. Top＝Shp2. Top－40
        If Shp2. Top ＜ 3540－1. 3 * C Then
            Shp2. Top＝3540－1. 3 * C
        End If
        Labelcold. Caption＝(3540－Shp2. Top)/1. 3
If Shpflux1. Top＝3410 And step4＝ture Then jisuan1:jisuan2
Else
        Shp2. Top＝Shp2. Top＋100
        If Shp2. Top ＞ 3540－1. 3 * C Then
            Shp2. Top＝3540－1. 3 * C
        End If
        If C＝0 Then
            Shpflux2. Top＝Shpflux2. Top＋100
            Shpflux2. Height＝Shpflux2. Height－100
            If Shpflux2. Height ＜ 31 Then
                Shpflux2. Height＝15
                Shpflux2. Top＝3552
                Timer4. Enabled＝False
                Label5. Caption＝""
            End If
        End If
        Labelcold. Caption＝(3540－Shp2. Top)/1. 3
If Shpflux1. Top＝3410 And step4＝True Then jisuan1:jisuan2
End If
End Sub


Private Sub Timer5_Timer()
Open App. Path & "\t1ch. txt" For Input As 1
    Input ＃1,t1co0,t1ho0
Close ＃1


Open App. Path & "\t2ch. txt" For Input As 1
    Input ＃1,t2co0,t2ho0
Close ＃1


tt＝tt＋1
t1cd＝t1co－(t1co－t1co0) * Exp(－4. 6 * tt /tn)
t1hd＝(t1ho0－t1ho) * Exp(－4. 6 * tt /tn)＋t1ho
Label6. Caption＝t1cd
Label2. Caption＝t1hd
t2cd＝t2co－(t2co－t2co0) * Exp(－4. 6 * tt /tn)
t2hd＝(t2ho0－t2ho) * Exp(－4. 6 * tt /tn)＋t2ho
Label8. Caption＝t2cd
Label4. Caption＝t2hd
If tt＝tn Then
Label8. Caption＝t2cd * (1＋Rnd(1)/10)
Label4. Caption＝t2hd * (1＋Rnd(1)/10)
Else
```

```
End If
End Sub
```

//自定义函数名义总传热系数计算

```
Public Function fnk1(V,W,tc1,th1)
fnk1=-0.039894836+0.010005723*V^0.0008617397+0.010004063*W^0.00086411173+
0.010049109*tc1^(-0.00016726505)+0.010036184*th1^(-0.00021175768)
End Function
```

```
Public Function fnk2(V,W,tc2,th2)
fnk2=0.032001379-0.0079981769*V^0.0000086696517-0.0079980686*W^0.0000083400362-
0.007998094*tc2^(-0.0000016210713)-0.0079881202*th2^(-0.0000021718261)
End Function
```

（8）进一步维护及扩展

尽管本软件只是一个相对简单的实验仿真软件，但已具备基本的仿真软件功能，并且通过该软件的开发，指出了一条仿真软件开发的基本途径。当然，软件的完善和扩展工作是没有止境的，本软件主要存在以下两个问题有待进一步完善：一是对实验操作过程的记录及评价尚未开发；二是由于真实实验的换热器较小，因此得到的名义总传热系数也较小，出口温度和进口温度两者之差不大，在进行出口温度计算时，如果流量等数据不合理的话，会出现无法求取出口温度的情况，导致仿真失败，应加以修正。

习　题

1. 请结合数据采集系统具体的硬件情况，开发一个实验用途的多功能数据采集系统软件。

2. 请完善本章介绍的仿真软件，主要作以下改进：增加操作情况记录并记分；增加背景知识及各实验设备性能介绍。

第12章
化学化工通用试题库及机考辅助教学系统软件开发

随着现代科学技术的快速发展和计算机的广泛应用，各学科和计算机科学之间的关系也越来越密切，化学化工教育也不例外。利用计算机出题并进行考试不仅是一种较为有效的提高考试效率的手段，也是其他功能更为全面的教育辅助软件的基础。尽管本章所开发的软件并不十分完善，但为读者进一步开发功能完善的机考辅助教学系统软件提供了一种途径和方法。

12.1 概述

随着大学的普及化，学生的数量急剧增加，如何利用计算机出好试题、管理好试题，让学生通过计算机在无人监督的情况下完成考试，并由计算机及时给出学生的考试成绩已成为目前计算机辅助教学中一个重要的研究课题。本辅助教学系统软件由两部分组成：一部分是教师的出题及学生信息管理；另一部分是学生考试部分。两者通过数据库互相影响，缺一不可。

数据库就像存放数据的仓库，早期的数据库是依附于程序的数据组，仅供一个程序使用；后来产生了独立于程序的数据文件，可通过操作系统，由不同的程序调用；发展到如今，数据库一般都指专门的数据库软件，其功能已不是仅仅存放数据这么简单，一般都具有较强的数据处理能力。

数据库从数据本身的逻辑关系来分，可分为关系型数据库、层次型数据库和网状型数据库，其中应用最广的是关系型数据库，关系型数据库由几个二维数据表组成，每个二维数据表由若干列和若干行组成，每一行为一条数据，而每一列为一个字段，可以把它想象成行列整齐的表格，如表 12-1 所示。

表 12-1　试题表

序号	章号	节号	题目	答案 a	答案 b	答案 c	答案 d	正确答案
1	1	1	在实验中,若离心泵启动后抽不上来,可能的原因是?	开泵时,出口阀未关	发生了气缚现象	没有灌好初给水	泵的吸入管线中的进水阀没有打开	a
2	1	1	离心泵启动时应该关闭出口阀,其原因是?	若不关闭出口阀,则开泵后抽不上水来	若不关闭出口阀,则会发生气缚现象	若不关闭出口阀,则会使电机启动电流过大	若不关闭出口阀,则会发生汽蚀	c
3	1	1	关闭离心泵时应该关闭出口阀,其原因是?	若不关闭出口阀,则因吸入管线中的进水阀开启会使水倒流	若不关闭出口阀,则会发生气蚀作用	若不关闭出口阀,则会使泵倒转而可能损坏电机	若不关闭出口阀,则会使电机倒转而可能损坏电机	a

序号	章号	节号	题目	答案 a	答案 b	答案 c	答案 d	正确答案
4	1	2	开大排出口时，离心泵出口压力表的读数按什么规律变化？	升高	降低	先升高后降低	先降低后升高	b

如果从数据库的应用环境来分，数据库可分为桌面数据库和网络数据库两种。桌面数据库有时也叫 ISAM（Indexed Sequential Access Method，索引顺序存取方式）数据库，是专为个人计算机设计的数据库，如 Microsoft Access、Microsoft FoxPro、FoxBase 等都属于桌面数据库。尽管这些桌面数据库产品各有自己的特点，但它们在许多方面具有共同之处，譬如都有自己的语言和数据类型，有自己的解释程序，可以运行自己语言编写的程序，提供标准的 DBMS（数据库管理系统）功能以及提供基于集合的操作，一条命令可以处理成千上万条记录等。尽管桌面数据库文件可以通过局域网供远程计算机访问，此时运行应用程序的计算机叫客户机，数据驻留的计算机叫服务器，但所有的数据和索引文件都要从服务器一端通过网络传送到客户机进行处理，使其处理能力和数据吞吐量受到限制。

网络数据库又叫分布式数据库，它是在集中式数据库的基础上，由计算机网络引入而发展起来的新技术。集中式数据库是建立在单一计算机系统上的数据库，而分布式数据库其数据资源在地理位置上存储于计算机网络的多个节点上，但在逻辑上又把它们视为一个统一的逻辑数据库进行处理，分布式数据库和集中式数据库比较具有节点自治、数据独立、数据恢复、并发控制等特点。从体系结构上讲，分布式数据库通常可分为综合型和联合型两种。

本软件中共有三个数据库，第一个为教师出题的数据库，库中的内容如表 12-1 所示；第二个为学生的用户信息库，库中的内容如表 12-2 所示。从该表显示的内容表明，"张山"已参加过考试，考试成绩为 70 分，而"02"及"03"用户则尚未参加考试；第三个为考试过程中随机产生的考题数据库，库中内容和教师出题数据库相仿，它是从教师出题数据库中随机抽取的部分试题，用于每一次的考试。由于是随机抽取，只要保证教师出题数据库的题目和随机抽取用于考试的试题数目相比足够大，基本可以避免完全相同的一次考试，但每次考试中，可能会有少量的题目相同。

表 12-2　用户信息

用户名	密码	成绩	姓名	考试记录
01	01	70	张山	1
02	02			
03	03			

12.2　化学化工通用试题库及机考辅助教学系统软件开发方案的确定

辅助教学系统软件的开发和常规的软件开发一样，需要遵循一定的规律和方法，才能取得满意的效果。软件开发和程序开发有相当大的不同，程序开发只要根据程序的功能直接进行编程开发，而一个软件的开发过程必须遵循软件开发的生命周期规律，需要进行软件需求分析、资源分析、总体设计、详细编码、集成测试、维护更新等诸多步骤，需要进行许多的前期工作，才能进入真正的软件编码工作。否则，匆忙进入软件编程阶段的工作，等正式编程工作展开时，将碰到一系列意想不到的困难，此时，若再改变软件开发方案将困难重重，前期的工作也将全部白费。因此，在软件具体编程开发前，必须先确定软件的开发方案，解决一系列必要的问题，才能使软件的编写工作顺利进行。

软件开发的常用方法有结构分析和设计法及面向对象法，两种方法各有优缺点，在具体软件的开发过程中，可以根据所开发软件的特点，选择合适的开发方法。现行流行的软件开发生命周期模型有瀑布模型、原型法模型、增量模型、螺旋模型和快速应用开发模型，在这些模型中，有些是自上而下的模型，有些是自下而上的模型，有些是上下交替螺旋发展的模型，选用上面哪种模型需根据具体软件开发的需要加以确定，对于要开发的化学化工通用试题库及机考辅助教学系统软件，拟采用自上而下的开发模型。

12.2.1 软件需求及服务对象分析

通用试题库及机考辅助教学系统软件不仅方便了老师出题，同时也方便学生参加考试并及时了解自己的成绩。由于软件开发过程中已考虑到了软件的通用性，故本软件不仅适用于化学化工课程，只要稍作修改，也可用于其他课程，因此它必将受到老师和同学们的欢迎。

本软件所有功能透明，没有加密部分，并提供全部源代码，故可作为仿真实习、仿真实验等软件的功能扩展部分，进行二次开发利用。

12.2.2 软件所需资源分析

这里所说的资源是广义的资源，它包括开发软件涉及的一切资源，如系统软件、应用软件、计算机硬件、开发人员、专业知识、开发资金等一系列硬件和软件。如果以上资源中的其中一项缺乏，就会影响整个软件的开发进程，因此，在软件的具体开发前，应对软件所需的资源作一个详细的分析，对于较大型的软件，还需提供资源分析报告，根据资源分析报告，调整原来的软件开发方案，使软件开发能够顺理进行。

本软件开发中的系统软件即操作系统拟采用 Windows 系统，编程软件采用 VB，数据库软件采用 Access，以上三个软件是目前广泛应用的软件，这些资源可以获得；目前的计算机硬件足以满足本软件的开发，作为化学化工专业人员，化工专业的知识已足以应付该软件的开发，并已收集了大量的化学化工选择题资料；对于计算机方面的知识，除了常规的计算机基本知识外，主要涉及的是前面提及的三个软件，对于该三个软件，开发者已经有了充分的了解，足以应付本软件的开发。通过以上分析，可以认为开发者已经为软件的开发准备了所需的资源，不会因资源准备不足而影响软件开发进程，可以进入软件开发的下一步工作。

12.2.3 软件开发平台确定

软件开发平台不仅需要考虑到开发者的开发环境，同时更应考虑到广泛使用者的使用环境。本软件的开发平台主要涉及操作系统、数据库、程序语言，下面分别讨论。

（1）操作系统

操作系统是系统平台部分首要考虑的部分，因为假如将系统平台比喻成一栋建筑物的话，操作系统就是建筑物的基石，没有坚实的基础，再豪华的室内装修、再诱人的园林绿化等都是虚无缥缈的东西。

本系统基于 Windows XP 操作系统开发。Windows XP 具有较强的稳定性，用户较多，方便以后的维护。

（2）数据库

数据库是一个应用软件的灵魂，所有的数据操作都是围绕着数据库进行的，所以选择一个称心如意的数据库也很重要。在本系统中我们选择 Access 数据库，其优点有二：

① Access 和程序语言 Visual Basic 同是 Microsoft 公司开发的软件，具有很好的兼容

性，同时又是 Windows XP 操作系统绑定的数据库软件，可减少软件之间的冲突；

② Access 用户界面具有良好的可操作性和 Office 应用程序的共享性，不需要编写程序代码就可以创建实用的数据库应用系统。

（3）程序语言

Visual Basic 是一种可视化程序语言，为用户提供了一个直观的、图形丰富的工作环境，除了提供常规的编程环境外，还提供了一套可视化工具，便于程序员建立图形对象，巧妙地把 Windows 编程的复杂性封装起来。随着版本的改进，其功能越来越强大，可方便快捷地实现数据库连接和管理，本系统采用 Visual Basic 6.0 版本。

12.2.4 软件功能及逻辑结构确定

本软件功能主要针对教师出题、用户信息设置及学生考试，总的功能希望系统操作简单、界面友好、运行稳定，能满足教师出题及学生考试的基本要求，具体应具备以下几个功能：

① 在界面上增加试题库题目；

② 在界面上删除试题库题目；

③ 在界面上查询试题库题目；

④ 在界面上增加用户信息；

⑤ 在界面上删除用户信息；

⑥ 在界面上查询用户信息；

⑦ 考试登录系统；

⑧ 随机产生考试题目；

⑨ 答题对错判断及计分系统。

根据以上功能要求，建立了如图 12-1 所示的软件逻辑结构框架图。

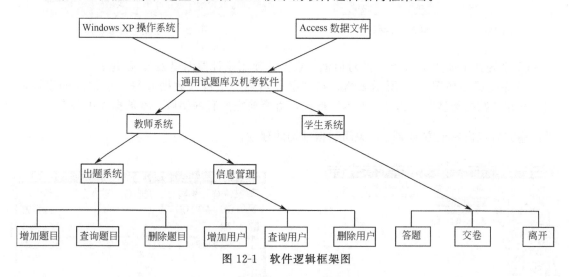

图 12-1　软件逻辑框架图

12.3 化学化工通用试题库及机考辅助教学系统软件具体功能代码编写

通过前面的分析及准备工作，下面进入软件开发的实质性阶段，编写软件各功能的具体代码及数据的输入工作。

12.3.1 数据库的建立及连接

前面已经确定了采用 Access 数据库作为本软件的数据库软件，该软件在安装 Windows XP 操作系统时如果选择完全安装，一般计算机上均已有该软件。如果计算机上没有该软件，需要先添加该软件。

在 Access 软件上建立数据库的主要步骤如下。

① 启动 Access（以 2000 版本为例，其他版本相仿），系统弹出如图 12-2 所示的对话框，选择"空 Access 数据库"，点击确定；若数据库已建立，只是添加或修改数据，则选择"打开已有文件"，在图 12-2 对话框下半部所列的文件中点击需要打开的文件。

② 系统弹出如图 12-3 所示的对话框，在"文件名（N）"中输入所建立数据库的名称，本例中取数据库名为"shiti"，在"保存位置（L）"选择合适的保存位置，鼠标点击"创建（C）"，建立好空白数据库"shiti"。

图 12-2　Access 启动对话框

图 12-3　建立空白数据库

③ 系统弹出如图 12-4 所示的对话框，点击"使用设计器创建表"，创建表。

④ 系统弹出如图 12-5 所示表格，在"字段名称"中输入数据库每一条记录的字段名称，并在"数据类型"中选择"文本"形式，直至输完所有的字段，本数据库中共有 9 个字段，输完后点击右上方的 ✕，关闭数据结构的建立。

图 12-4　表的创建

图 12-5　创建数据结构

⑤ 系统弹出如图 12-6 所示的对话框，点击"是（Y）"，系统又弹出如图 12-7 所示的对话框，在"表名称"一栏中输入"1"，点击确定。

⑥ 系统弹出如图 12-8 所示界面，和图 12-4 相比多了一项"1"，点击该项，系统出现图 12-9 所示的界面，可以开始录入数据。数据录入完毕，退出即可。

图 12-6　保存对话框

图 12-7　表名称对话框

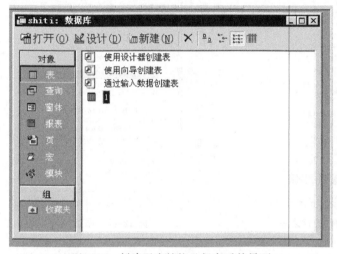

图 12-8　创建了表结构及保存后的界面

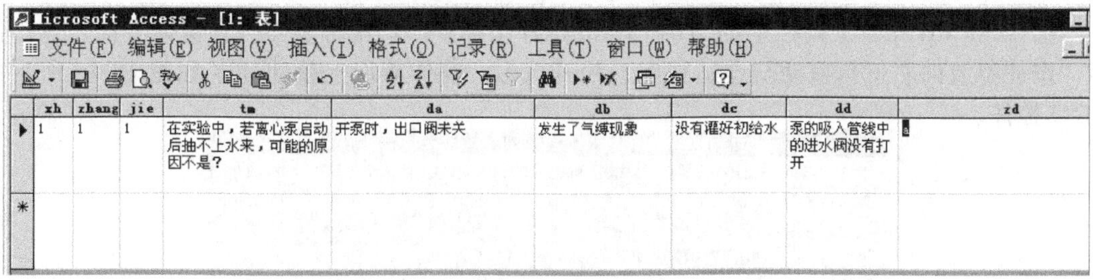

	xh	zhang	jie	tm	da	db	dc	dd	zd
▶	1	1	1	在实验中，若离心泵启动后抽不上水来，可能的原因不是？	开泵时，出口阀未关	发生了气缚现象	没有灌好初给水	泵的吸入管线中的进水阀没有打开	a
*									

图 12-9　数据录入界面

完成以上工作后，取名为"shiti"的 Access 数据库已经建立，为下面的 VB 程序调用及数据添加和修改做好了准备。当然，教师也可以通过直接进入"shiti"数据库，进行数据的添加修改，至于具体如何工作，可参考有关介绍 Access 数据库的书籍。另外两个数据库的建立方法和"shiti"数据库建立方法相同，不再赘述。

在 VB 程序中调用 Access 数据库有许多中方法，如 RDO、DAO、ADO，其中较为简单和实用的是 ADO 控件技术，在本系统中采用 ADO 技术。其优点是 ADO 是独立于开发工具和开发语言的简单而且容易使用的数据接口，所有的数据源都可以通过 ADO 来访问，ADO 控件使人们能够快速地创建一个到数据库的连接，无须编写任何代码。当然对于复杂的应用程序也可以通过编写 ADO 代码来执行大部分的数据访问操作，因为 ADO 提供了更多的灵活性和其他选项，这是 ADO Date 控件不能单独提供的，有关利用编写 ADO 代码来执行数据访问操作的内容请参看有关文献，本软件编写中主要利用 ADO 的直接数据连接及绑定功能。在一般情况下 VB 的工具栏里并不能直接看到 ADO 控件，可以通过以下步骤添加 ADO 控件。

① 在 VB 界面中点击"工程"，在其下拉式菜单中选择"部件"（见图 12-10）。

② 在弹出的"部件"对话框（图 12-11）中选择"Microsoft ADO Data Control 6.0"，点击"应用"，在 VB 的工具栏中就可以看到 ADO Data 控件的图标 。

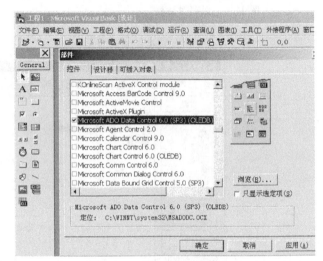

图 12-10　添加 ADO 控件之一　　　　　　　图 12-11　添加 ADO 控件之二

在工具栏中添加好 ADO Data 控件后，就可以开始进行数据库连接工作，数据库的连接工作可按以下步骤进行。

① 点击 VB 界面工具栏中的 ADO Data 控件图标 ，鼠标移至 VB 窗体界面，点击鼠标，按住不放向右下角拖动至合适位置，松开鼠标，窗体界面上就建立了如图 12-12 所示的 ADO 控件。

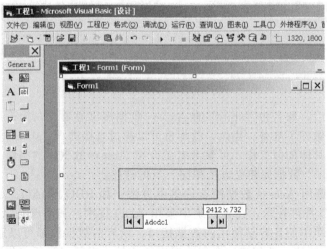

图 12-12　窗体 ADO 控件

② 点击窗体上的 ADO 控件，对其属性进行设置，以便连接上数据库。其设置工作为：控件名称可以取为默认的"Adodc1"，控件的 ConnectionString 属性需要创建一个连接字符串，在 Adodc1 的属性框中选中 ConnectionString 属性，单击右侧的小按钮，打开通用属性页，如图 12-13 所示。

在"连接资源"框内，选中"使用连接字符串"单选框，单击右边"生成"按钮，打开"数据链接属性"对话框（见图 12-14），选择"Microsoft Jet 4.0 DLE DB Provider"，单击"下一步"按钮，弹出图 12-15 所示对话框。

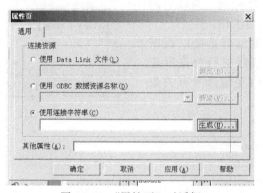

图 12-13 "属性页"对话框

图 12-14 "数据链接属性"对话框之一

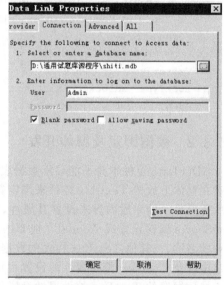

图 12-15 "数据链接属性"对话框之二

在图 12-15 中，如果数据库的位置及名称是已知的，则可直接在数据库名称栏中输入，否则，可以通过右边的"…"浏览选择数据库，在"用户名称"文本框里输入"Admin"，选中"空白密码"的单选框，单击"测试连接"，如果连接成功，则单击"确定"按钮返回。这时 Adodc1 的 ConnectionString 属性使用下面这一行的字符串来填充：

Provider＝Microsoft. Jet. OLEDB. 4.0；Data Source＝D:\通用试题库源程序\shi-ti. mdb；Persist Security Info＝False

另外，还要设置 ADO 控件的 RecordSource 属性，设置该属性的目的是确定控件所要选择的数据表名称及数据符合的条件（此项可以空缺，表明是该表中的所有数据）。在Adodc1属性框中选中RecordSource属性，单击其右侧的下拉按钮，打开"属性页"对话框，在"命令文本（SQL）"里输入"select * from 1"（见图12-16），其中"1"是在"shiti"数据库中所取的表名称。至此，ADO控件的属性设置已经完成，为以后的数据绑定及查询做好了准备工作。

当然，数据库的连接也可直接以程序的形式进行，下面是用程序进行数据库连接的代码，更为详细的内容请参考有关数据库的书籍。

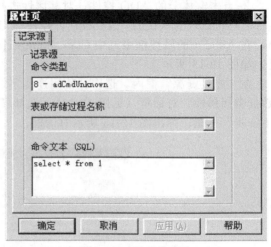

图 12-16　选择数据表

```
Option Explicit
Dim cnn1 As ADODB. Connection
Dim rst As ADODB. Recordset
Dim strcnn As String

Set cnn1＝New ADODB. Connection
strcnn＝"Provider＝Microsoft. Jet. OLEDB. 4. 0;" & "Data Source＝ " & App. Path & "\shi-
ti. mdb;" & "Persist Security Info＝False"
cnn1. Open strcnn                    //打开数据库"shiti. mdb"
Set rst＝New ADODB. Recordset
rst. CursorType＝adOpenKeyset
rst. LockType＝adLockOptimistic      //数据集属性设置
rst. Open "1", cnn1, , , adCmdTable  //打开数据库中的表"1"
```

12.3.2　数据绑定及窗体开发

ADO Date控件本身不能显示数据表中的记录，还需要一些数据绑定控件来显示。可以通过在窗体上放置TextBox控件来绑定数据库表中对应的各个字段。根据每个TextBox控件所需要显示的字段内容来设置其属性，比如想在Text1中显示题目，则把此TextBox的DataSource属性设置成Adodc1，把DataField属性设置成tm（试题i数据表中的题目所对应列的名称），其他TextBox控件的数据绑定工作都和此相仿，在此不再赘述。当然，数据绑定中涉及TextBox控件属性的设置也可以通过程序代码来实现，下面是一个通过程序直接连接数据库的TextBox控件属性设置代码：

```
Set Text1. DataSource＝rst1     //设定数据源为"rst1",而"rst1"为已打开数据库中的数据集
Text1. DataField= "da"          //设定数据字段名为"da"
Set Text2. DataSource＝rst1
Text2. DataField="db"
Set Text3. DataSource＝rst1
Text3. DataField="dc"
Set Text4. DataSource＝rst1
Text4. DataField="dd"
Set Text5. DataSource＝rst1
```

```
Text5.DataField="zd"
```

　　数据绑定工作完成后，数据的显示及获取的问题就可以解决。因为可以通过编程来获取文本框即 TextBox 控件中的文本内容，从而为进一步的数据处理工作打下了基础。完成了上述所有的准备工作后，窗体的开发就进入实质性阶段。窗体其实就是软件的应用界面，必须坚持实用、简单、易于使用者操作等特点。为了实现本软件的功能，使用了两个窗体，第一个窗体为教师系统，第二个窗体为学生系统，每一个窗体都要实现软件的一些功能。

　　在窗体开发中需要注意的是窗体的最大面积应和显示屏幕设置的像素相配合。在本软件中，显示屏幕的像素应该设置为 1024×768。如果屏幕设置的像素小于 1024×768，则在软件应用会出现显示不全的现象，使得软件的部分功能无法实现。尽管窗体设置得越大，在同一个窗体中可以放置的控件会越多，实现的功能也越多，但应考虑到大多数使用者的显示器可以达到的最大像素，不能盲目求大。第一个窗体的示意图见图 12-17，窗体分为左右两个功能区。左边为教师对试题库中题目进行增加或删除区。主要功能有增加题目、删除题目、查询题目，这些工作均需和数据库发生关系。右边为用户信息设置区，教师可以通过右边的功能区了解学生的考试情况，并可增加、删除用户信息。

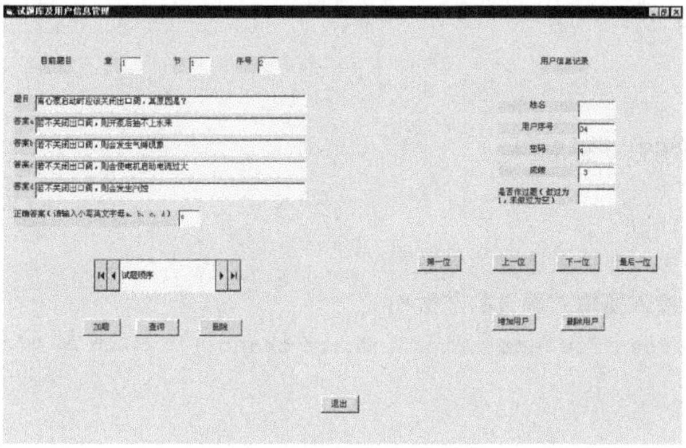

图 12-17　第一个窗体

　　第二个窗体为学生考试窗体（图 12-18），其中窗体左边的第一列控件在具体执行程序中是不可见的，但程序需要它们，其他控件在程序的运行过程中会改变其可见性，可根据需要显示这些控件。

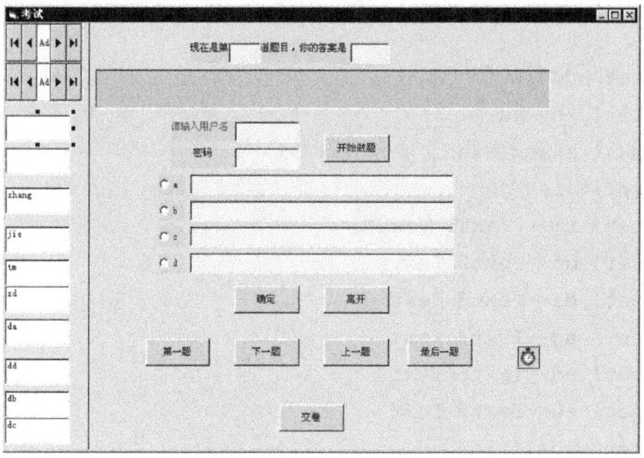

图 12-18　第二个窗体

至此，窗体的设置开发工作已经完成，软件开发需要进入实质性的程序代码编写阶段。

12.3.3 教师系统代码开发

在教师系统中需要连接两个数据库，一个为教师试题库（取文件名为"shiti"），另一个为学生信息管理库（取文件名为"yhm"）。需要连接这两个数据库，才能实现教师系统中的其他功能。对教师试题库通过窗体上的设置来实现，而学生信息管理库通过程序来连接。下面是教师系统中所有功能的代码，在适当的地方对程序作了说明，以便读者阅读理解。

全局强制申明：

```
Option Explicit
Dim cnn2 As ADODB.Connection
Dim rst1 As ADODB.Recordset
Dim strcnn1 As String
Dim style, title, response
Dim msg As String
```

增加试题库题目：

```
Private Sub Command1_Click()
Dim pp As Integer
Dim zh, je As String
zh＝InputBox("请输入要输入题目的章数")
je＝InputBox("请输入要输入题目的节数")
Adodc1.RecordSource＝"select* from 1 where zhang='" & zh & "'and jie='" & je & "'"
Adodc1.Refresh
If Adodc1.Recordset.BOF Then
Adodc1.Recordset.MoveLast
End If
Adodc1.Recordset.MoveLast
Dim xu As String
xu＝Text7.Text
pp＝Val(xu)＋1
xu＝(pp)
  Adodc1.Recordset.AddNew
  Adodc1.Recordset! xh＝xu
  Adodc1.Recordset! zhang＝zh
  Adodc1.Recordset! jie＝je
  Adodc1.Recordset! tm＝(Text1.Text)
  Adodc1.Recordset! da＝Text2.Text
  Adodc1.Recordset! da＝Text3.Text
  Adodc1.Recordset! dc＝Text4.Text
  Adodc1.Recordset! dd＝Text5.Text
  Adodc1.Recordset! zd＝Text6.Text
  Adodc1.Recordset.Update
End Sub
```

增加用户信息：

```
Private Sub Command11_Click()
If rst1.BOF Then
rst1.MoveLast
End If
rst1.MoveLast
rst1.AddNew
End Sub
```

查询试题库中的题目：

```
Private Sub Command13_Click()
Dim z,j As String
z＝InputBox("请输入要查询题目的章数")
j＝InputBox("请输入要查询题目的节数")
Adodc1.RecordSource＝"select* from 1 where zhang＝'" & z & "'and jie＝'" & j & "'"
Adodc1.Refresh
End Sub
```

删除试题库中的题目：

```
Private Sub Command2_Click()
On Error GoTo 0
With Adodc1.Recordset
   .Delete
   .MoveNext
   If .EOF Then .MoveFirst
 End With
End Sub
```

退出系统：

```
Private Sub Command3_Click()
rst1.MoveFirst
Adodc1.Recordset.MoveFirst
0：End
End Sub
```

删除用户信息：

```
Private Sub Command4_Click()
With rst1
  .Delete
.MoveNext
If .EOF Then .MoveFirst
End With
End Sub
```

移到第一位用户：

```
Private Sub Command6_Click()
rst1.MoveFirst
```

```vb
msg="已经是第一位"
style=vbOKOnly
title="提示信息"
msg=MsgBox(msg, style, title)
End Sub
```

移到下一位用户:

```vb
Private Sub Command7_Click()
rst1.MoveNext
If rst1.EOF Then
msg="已经是最后一位"
style=vbOKOnly
title="提示信息"
msg=MsgBox(msg, style, title)
rst1.MoveLast
Else
End If
End Sub
```

移到上一位用户:

```vb
Private Sub Command8_Click()
rst1.MovePrevious
If rst1.BOF Then
msg="已经是第一位"
style=vbOKOnly
title="提示信息"
msg=MsgBox(msg, style, title)
rst1.MoveFirst
Else
End If
End Sub
```

移到最后一位用户:

```vb
Private Sub Command9_Click()
rst1.MoveLast
msg="已经是最后一位"
style=vbOKOnly
title="提示信息"
msg=MsgBox(msg, style, title)
End Sub
```

加载窗体,连接数据库及显示用户信息:

```vb
Private Sub Form_Load()
Set cnn2=New ADODB.Connection
strcnn1="Provider=Microsoft.Jet.OLEDB.4.0;" & "Data Source= " & App.Path & "\
yonghu.mdb;" & "Persist Security Info=False"
    cnn2.Open strcnn1
```

```
Set rst1=New ADODB. Recordset
rst1. CursorType=adOpenKeyset
rst1. LockType=adLockOptimistic
rst1. Open "1", cnn2, , , adCmdTable
Set Text10. DataSource=rst1
Text10. DataField="yhm"
Set Text11. DataSource=rst1
Text11. DataField="mm"
Set Text12. DataSource=rst1
Text12. DataField="cj"
Set Text13. DataSource=rst1
Text13. DataField="zt"
Set Text14. DataSource=rst1
Text14. DataField="xingming"
End Sub
```

12.3.4 学生系统代码开发

学生系统中需要和三个数据库发生关系，其中两个数据库通过窗体中设置 Adodc1 和 Adodc2 来连接数据库，其中 Adodc1 连接"shiti"数据库，Adodc2 连接"yhm"数据库，通过窗体上的控件绑定来获取数据库中的数据。第三个数据库是用于每一次考试而临时生成的考题，用编程的形式进行连接。下面是学生系统所有程序控件代码，为方便读者理解，已在适当位置对代码功能作了说明。

全局强制申明：

```
Option Explicit
Dim cnn1 As ADODB. Connection
Dim rst As ADODB. Recordset
Dim strcnn As String
Dim s(1 To 30) As Integer
Dim h(1 To 30) As String
Dim tem, e, g As String
Dim f As Integer
Dim total As Integer
Dim i As Integer
Dim style, title, response
Dim msg1, msg As String
```

开始做题：
```
Private Sub Command1_Click()
Dim i, j, k As Integer
Dim mv
Dim vz, vj, vm As String
Set cnn1=New ADODB. Connection
strcnn= "Provider=Microsoft. Jet. OLEDB. 4. 0;" & "Data Source=" & App. Path & "\shi-
ti1. mdb;" & "Persist Security Info=False"
cnn1. Open strcnn                              //连接临时考题库
Set rst=New ADODB. Recordset
```

```
rst. CursorType＝adOpenKeyset
rst. LockType＝adLockOptimistic
rst. Open "1", cnn1, , , adCmdTable
cnn1. Execute "delete from 1"                    //删除上次考题
k＝0
For i＝1 To 10 Step 1
For j＝1 To 3 Step 1
k＝k＋1
Randomize
mv＝Int((3* Rnd)＋1)
Adodc1. RecordSource＝"select * from 1 where zhang＝'" & i & "'and jie＝'" & j & "'
and xh＝'" & mv & " '"                           //设置符合试题(shiti)库中的条件
Adodc1. Refresh 数据更新
rst. AddNew                                      //准备向考题库中添加记录
rst! xh＝Str(k)                                  //考题库一条记录中的序号字段
rst! zhang＝Text15. Text                         //在窗体 Text15 控件中已和 Adodc1 中的对应
                                                   字段绑定,下同
rst! jie＝Text14. Text
rst! tm＝Text13. Text
rst! da＝Text12. Text
rst! db＝Text11. Text
rst! dc＝Text10. Text
rst! dd＝Text9. Text
rst! zd＝Text8. Text
rst. Update
Next j
Next i
rst. Requery                                     //保存所有对考题库的更改
Set Text1. DataSource＝rst                        //设置 Text1～Text6 的数据绑定
Text1. DataField＝"tm"
Set Text2. DataSource＝rst
Text2. DataField＝"da"
Set Text3. DataSource＝rst
Text3. DataField＝"db"
Set Text4. DataSource＝rst
Text4. DataField＝"dc"
Set Text5. DataSource＝rst
Text5. DataField＝"dd"
Set Text6. DataSource＝rst
Text6. DataField＝"xh"
g＝Val(rst! xh)
Text7. Text＝h(g)
Timer1. Enabled＝True
Option1. Visible＝True
Option2. Visible＝True
Option3. Visible＝True
Option4. Visible＝True
Label1. Visible＝True
```

```
Label2. Visible=True
Text1. Visible=True
Text2. Visible=True
Text3. Visible=True
Text4. Visible=True
Text5. Visible=True
Text6. Visible=True
Text7. Visible=True
Command2. Visible=True
Command3. Visible=True
Command4. Visible=True
Command6. Visible=True
Command8. Visible=True
Command1. Visible=False
Command7. Visible=False
End Sub
```

显示第一题答题情况：

```
Private Sub Command2_Click()
rst. MoveFirst
msg="已经是第一题"
style=vbOKOnly
title="提示信息"
msg=MsgBox(msg, style, title)
Option1. Value=False
Option2. Value=False
Option3. Value=False
Option4. Value=False
g=Val(rst! xh)
Text7. Text=h(g)
End Sub
```

显示上一题答题情况：

```
Private Sub Command3_Click()
rst. MovePrevious
If rst. BOF Then
msg="已经是第一题"
style=vbOKOnly
title="提示信息"
msg=MsgBox(msg, style, title)
rst. MoveFirst
End If
Option1. Value=False
Option2. Value=False
Option3. Value=False
Option4. Value=False
g=Val(rst! xh)
```

```
Text7. Text=h(g)
End Sub
```

显示下一题答题情况：

```
Private Sub Command4_Click()
rst. MoveNext
If rst. EOF Then
msg="已经是最后一题"
style=vbOKOnly
title="提示信息"
msg=MsgBox(msg, style, title)
rst. MoveLast
End If
Option1. Value=False
Option2. Value=False
Option3. Value=False
Option4. Value=False
g=Val(rst! xh)
Text7. Text=h(g)
End Sub
```

确定用户信息：

```
Private Sub Command5_Click()
Dim yh, mm As String
yh=Text17. Text
mm=Text16. Text
Adodc2. RecordSource="select * from 1 where yhm='" & Text17. Text &"'"
Adodc2. Refresh
If Text18. Text=mm Then
If Text20. Text="1" Then
msg="该用户已参加过考试,请退出!"
style=vbOKOnly
title="提示信息"
msg=MsgBox(msg, style, title)
End
Else
Text16. Visible=False
Text17. Visible=False
Command5. Visible=False
Label3. Visible=False
Label4. Visible=False
Command1. Visible=True
End If
Else
msg="用户名或密码错误,请重新进入!"
style=vbOKOnly
title="提示信息"
msg=MsgBox(msg, style, title)
End
End If
End Sub
```

显示最后一题答题情况：

```
Private Sub Command6_Click()
rst.MoveLast
msg="已经是最后一题"
style=vbOKOnly
title="提示信息"
msg=MsgBox(msg, style, title)
Option1.Value=False
Option2.Value=False
Option3.Value=False
Option4.Value=False
g=Val(rst! xh)
Text7.Text=h(g)
End Sub
```

离开：

```
Private Sub Command7_Click()
End
End Sub
```

交卷算分并登记：

```
Private Sub Command8_Click()
Dim style, title, response
msg="要交卷了吗?"
style=vbOKCancel+vbExclamation
title="提示信息"
response=MsgBox(msg, style, title)
If response=vbOK Then
For i=1 To 30
Print s(i)
total=total+s(i)
Next i
total=(total /30)*100
msg1="你的分数是" & CInt(Str(total))
style=vbOKOnly
msg=MsgBox(msg1, style, title)
Text19.Text=Str(total)
Text20.Text="1"
Adodc2.Recordset.MoveFirst
Else
End If
End
End Sub
```

窗体载入：

```
Private Sub Form_Load()
Option1.Visible=False
Option2.Visible=False
Option3.Visible=False
Option4.Visible=False
Label1.Visible=False
```

```
Label2. Visible=False
Text1. Visible=False
Text2. Visible=False
Text3. Visible=False
Text4. Visible=False
Text5. Visible=False
Text6. Visible=False
Text7. Visible=False
Command2. Visible=False
Command3. Visible=False
Command4. Visible=False
Command6. Visible=False
End Sub
```

四个选择：

```
Private Sub Option1_Click()
tem=rst! zd
If tem="a" Then
f=1
Else
f=0
End If
e=Val(rst! xh)
s(e)=f
h(e)="a"
Text7. Text=h(e)
End Sub
Private Sub Option2_Click()
tem=rst! zd
If tem="b" Then
f=1
Else
f=0
End If
e=Val(rst! xh)
s(e)=f
h(e)="b"
Text7. Text=h(e)
End Sub

Private Sub Option3_Click()
tem=rst! zd
If tem="c" Then
f=1
Else
f=0
End If
e=Val(rst! xh)
s(e)=f
h(e)="c"
Text7. Text=h(e)
End Sub
Private Sub Option4_Click()
```

```
tem＝rst！zd
If tem＝"d" Then
f＝1
Else
f＝0
End If
e＝Val(rst！xh)
s(e)＝f
h(e)＝"d"
Text7.Text＝h(e)


End Sub
```
时钟程序：
```
Private Sub Timer1_Timer()                    //在窗体控件中设置时钟触发间隔为 60000ms
Static nTimes As Integer
    nTimes＝nTimes＋1
    If nTimes＝5 Then                         //设置考试时间为 5min,可以修改
    Timer1.Enabled＝False
    msg＝"考试时间到了"
style＝vbOKOnly
title＝"提示信息"
msg＝MsgBox(msg, style, title)
For i＝1 To 30
total＝total＋s(i)
Next i
total＝(total /30) * 100
msg1＝"你的分数是" & CInt(Str(total))
msg＝MsgBox(msg1, style, title)
Text19.Text＝Str(total)
Text20.Text＝"1"
Adodc2.Recordset.MoveFirst                    //数据记录移到第一条
End
Else
Timer1.Enabled＝True
End If
End Sub
```

12.4 软件的维护及进一步改进

  任何一个软件都存在维护及进一步改进的问题，本软件也不例外，需要在使用过程中不断加以维护和改进，才可以使本软件发挥更大的作用。本软件在使用过程中如果有新试题或新用户时，既可在教师系统中进行添加，也可以直接进入"shiti"和"yhm"数据库进行数据添加及删除。对新增加的试题，如果不对学生系统的程序进行对应修改，那么产生的考题不会选中新增加的试题，主要是对下段程序中带下划线的数字进行修改。

```
For i＝1 To 10 Step 1
For j＝1 To 3 Step 1
k＝k＋1
Randomize
mv＝Int((3 * Rnd)＋1)
```

本系统最突出的优点就是它的实用性和易操作性，但同时也存在一些问题有待改进，软件进一步优化和改进方向如下：

　　① 将两个程序合并为一个程序；

　　② 优化窗体布置；

　　③ 允许各节的题目数目可以不同，且在学生系统中能自动修改，无须改变程序；

　　④ 允许在题目或答案中显示图片或公式；

　　⑤ 修改为网络版，学生做完题后自动将成绩及考题发给老师的服务器。

习　　题

　　请将本章介绍的软件拓展为网络版，使教师在主机上就可以收到学生的考试信息。

参 考 文 献

［1］ 张帆，卫朝富．AutoCAD实战演练．北京：人民邮电出版社，2001.

［2］ 沈剑华．数值计算基础．上海：同济大学出版社，1999.

［3］ 施妙根，顾丽珍．科学和工程计算基础．北京：清华大学出版社，1999.

［4］ 陈中亮．化工计算机计算．北京：化学工业出版社，2000.

［5］ 孙岳明，陈志明，肖国民．计算机辅助化工设计．北京：科学出版社，2000.

［6］ 赵文元，王亦军．计算机在化学化工中的应用技术．北京：科学出版社，2001.

［7］ 希望图书第一创作室．中文OFFICE 2000教程．北京：北京希望电子出版社，1999.

［8］ 葛常清，魏小鹏等．工程制图．北京：中国矿业大学出版社，2001.

［9］ 李子铮．AutoLISP实例教程．北京：机械工业出版社，2006.

［10］ 薛焱，王新平．中文版AutoCAD 2008基础教程．北京：清华大学出版社，2007.

［11］ 都健．化工过程分析与综合．大连：大连理工大学出版社，2009.

［12］ 黄华江．实用化工计算机模拟．北京：化学工业出版社，2010.

［13］ 陈杰等．MATLAB宝典．第3版．北京：电子工业出版社，2011.

［14］ 孙兰义．化工流程模拟实训．北京：电子工业出版社，2012.

［15］ 杨忠宝等．VB语言程序设计教程．北京：人民邮电出版社，2012.

［16］ Bruce A Finlayson．化工计算导论．朱开宏译．上海：华东理工大学出版社，2006.